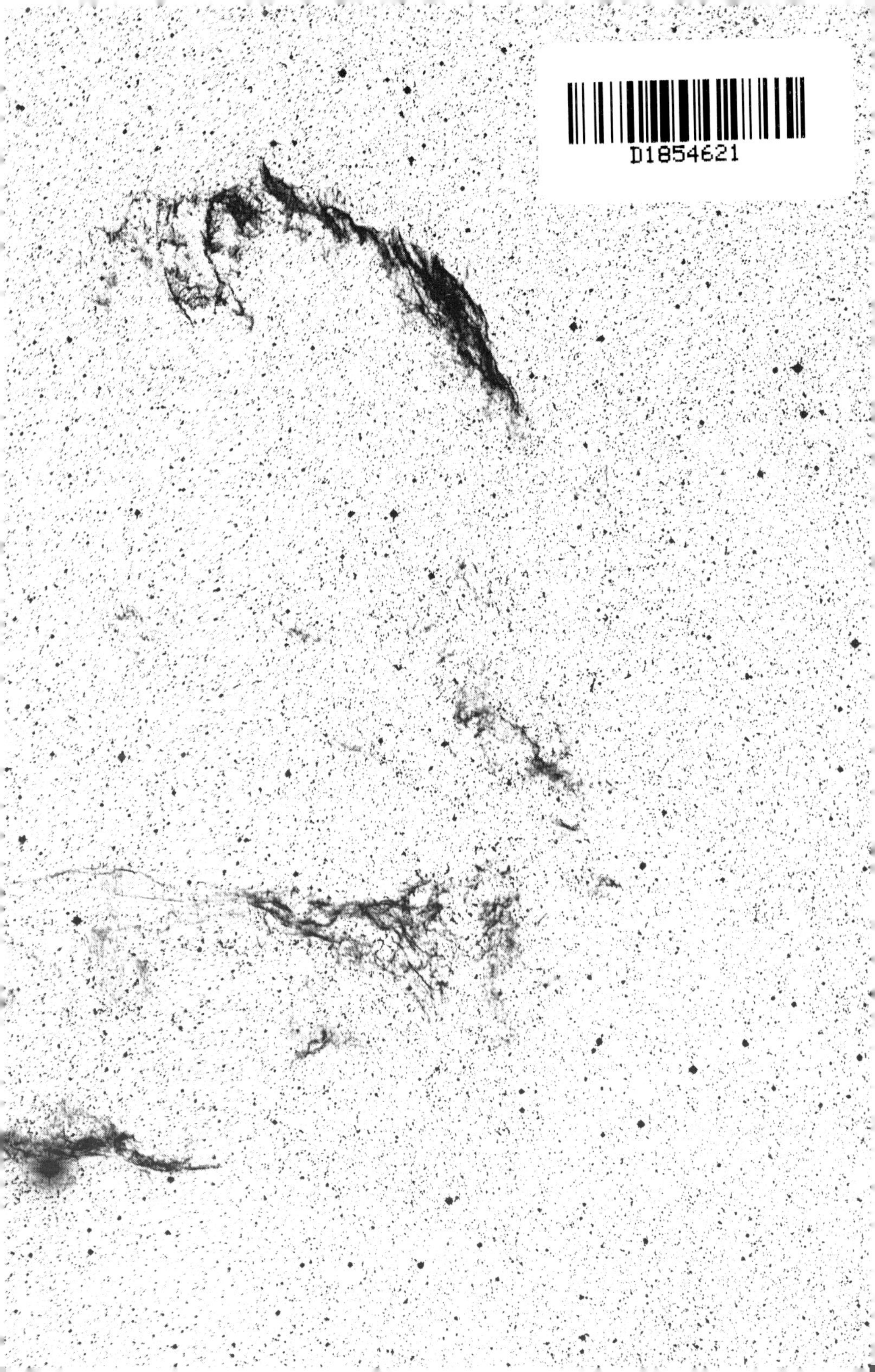

Weltall im Wandel
Die neue Astronomie

Hans Elsässer

Weltall im Wandel
Die neue Astronomie

Deutsche Verlags-Anstalt
Stuttgart

Bildhinweis zu den Vorsätzen
vorne: Reste einer Supernova-Explosion im Sternbild Cygnus (negativ)
hinten: Sternentstehungsgebiet im Orion mit Pferdekopfnebel (negativ)

CIP-Kurztitelaufnahme der Deutschen Bibliothek

Elsässer, Hans:
Weltall im Wandel: d. neue Astronomie / Hans Elsässer. –
Stuttgart: Deutsche Verlags-Anstalt, 1985.
ISBN 3-421-02741-2

Lektorat: Margot Adrion und Wolfram Knapp
Typographische Gestaltung: Bernd Penkwitt
Gesamtherstellung: Wilhelm Röck, Weinsberg
Printed in Germany

Inhalt

1 Alte und neue Astronomie 11

Vom geozentrischen System zur Welt ohne Mitte 12
Neue Methoden 23
Astronomie und Physik 31
Kosmische Evolution 41

2 Die Sterne des Milchstraßensystems 45

Erste Einsichten 46
Sternbewegungen und galaktische Rotation 55
Stellare Zustände 62
Innerer Aufbau und Sternentwicklung 73
Sterngenerationen und galaktische Geschichte 82

3 Sternentstehung und interstellare Materie 89

Modelle entstehender Sterne 90
Leuchtende Nebel, Infrarot- und Maserquellen 94
Interstellare Molekülwolken 108
Bipolare Quellen und zirkumstellare Scheiben 112
Ausblick 120

4 Unser Sonnensystem und seine Geschichte 123

Der Grundriß 124
Das Sonneninnere und die Neutrinos 131
Die Gesichter der Planeten 136
Asteroiden und Kometen 150
Wie alt ist das Sonnensystem? 156
Die Frühgeschichte 160

5 Interplanetarer Staub 165

Das Zodiakallicht 166
Von extraterrestrischer Warte – Die Helios-Mission 172
Herkunft und Dynamik 182

6 Vom Sterben der Sterne 187

Explodierende Sterne und Pulsare 187
Röntgenquellen in Doppelsternen 195
Alterskollaps, Supernovaausbruch
und Neutronensterne 201
Vom Roten Riesen über
den Weißen Zwerg zur Nova 211

7 Arbeitsmittel der optischen Astronomie 225

Optische Teleskope heute 226
Optisches System, Bildfeldgröße 230
Spiegelwerkstoff 234
Teleskopsteuerung, Antriebe 237
Teleskope der Zukunft 238
Detektoren 246

8 Ein neues Zentrum astronomischer Forschung 253

Vorgeschichte 253
Die Heidelberger Zentrale 256
Wohin mit den Teleskopen? 259
Die Calar Alto Sternwarte 264
Südhalbkugelprobleme 275

9 Galaxien 283

Wie sie aussehen 283
Ihre Enfernungen 291
Rotverschiebung und Galaxienflucht 297
Haufen und Superhaufen –
Mittlere Dichte im Weltall 303
Aktive Galaxien 308
Explosionen – Kollisionen 319

10 Ursprung und Entwicklung des Weltalls 325

Weltalter und Weltmodelle 325
Der Anfang im Urknall 331
Entstehung und Entwicklung der Galaxien 340
Mensch im Kosmos 345

Sachregister 351

Für Ruth

Vorwort

Dieses Buch will dem Leser etwas von der Faszination der heutigen Astronomie vermitteln. Aktuelle Probleme dieser gegenwärtig wieder so virulenten Wissenschaft kommen in ihren wesentlichen Zügen zur Sprache, wobei Vollständigkeit kein Ziel sein konnte und die Themenwahl von den Interessenten und Liebhabereien des Autors mitbestimmt war.

Bewußt sind Aktivitäten in unserem Land hervorgehoben, auch deshalb, weil die derzeit immer wieder vorgebrachten Klagen über die Leistungsschwäche der deutschen Forschung meines Erachtens nicht zuletzt aus mangelnder Kenntnis hervorgehen.

Der frühere Bundeskanzler Helmut Schmidt hat wiederholt »die Bringschuld der Wissenschaftler« angemahnt. Diesem in meinen Augen berechtigten Anspruch entgegenzukommen, war ein Motiv für den vorliegenden Band. Wissenschaft transparent zu machen und über ein heutzutage recht kostspieliges Forschungsgebiet zu berichten, ist die eine Absicht. Daneben liegt mir daran, die über das engere Fach weit hinausreichende Kraft der Astronomie zu verdeutlichen. Für sie scheint mir in ganz besonderem Maße das Wort Albert Einsteins zu gelten: »Die Beschränkung der wissenschaftlichen Erkenntnisse auf eine kleine Gruppe von Menschen schwächt den philosophischen Geist eines Volkes und führt zu dessen geistiger Verarmung.«

Ausgangsmaterial für den Text waren meine Vortragsmanuskripte und Aufsätze aus den letzten Jahren. Sofern auf diese zurückgegriffen wurde, habe ich sie aktualisiert und in der Regel stark erweitert. Vom Leser wird etwas physikalische Grundkenntnis erwartet.

Viele meiner Kollegen und Mitarbeiter haben mit Bildvorlagen und auf mancherlei andere Weise geholfen. Die sorgfältige Arbeit von Werner Neumann und seinen Damen im Fotolabor des Instituts ist der graphischen Ausgestaltung zugute gekommen. Traudl Filsinger hat auf ihrer Schreibmaschine unermüdlich jede Zeile meines Manuskriptes in eine druckfertige Vorlage umgesetzt. Diese kam danach bei den Damen und Herren des Verlags in die besten Hände und erfuhr dort engagierte Betreuung.

Dr. Hans Rössner hat das Entstehen des Manuskriptes über Jahre hinweg mit großer Geduld und stetiger freundlicher Ermunterung begleitet. Ihnen allen danke ich von ganzem Herzen!

Ohne meine Frau jedoch wäre das Werk nicht zustande gekommen. Ihr Verständnis und ihre Tatkraft in Haus und Familie haben es mir erlaubt, neben meinen anderen Verpflichtungen immer wieder in Ruhe daran zu arbeiten. Ihr ist es gewidmet.

Heidelberg-Königstuhl, August 1985 — Hans Elsässer

1 Alte und neue Astronomie

Tag und Nacht in stetem Wechsel, Sommer und Winter in regelmäßiger Wiederkehr bestimmen seit jeher den Rhythmus irdischen Lebens. Die täglich aufgehende und untergehende Sonne, ihr im Kreislauf der Jahreszeiten wechselnder Stand am Himmel, der monatliche Zyklus des zunehmenden und abnehmenden Mondes sind Erscheinungen, jedermann bekannt und für jedermann wahrnehmbar, die auf vielfältige Weise menschliches Verhalten prägen, während sie in ihrer geheimnisvollen Präzision auf eine uns entrückte Weltordnung hinweisen. Und wenn wir in klarer Nacht zu dem mit Sternen übersäten Himmel aufschauen, dann durchdringt uns die Empfindung, in ein Größeres eingebunden zu sein, in einen unerreichbaren Kosmos, der im Betrachter Gefühle der Geborgenheit wie der Angst zu wecken vermag. Diese Welt des Außerirdischen dem menschlichen Geist faßbar machen und ihre Beziehung zur irdischen Sphäre ergründen zu wollen – der Drang nach Erkenntnis also angesichts rätselhafter Naturerscheinungen und das Bestreben, über die eigene Existenz Klarheit zu gewinnen –, sind Wurzel und Triebkraft wissenschaftlicher Himmelsforschung.

Schon die alten Kulturvölker verfolgten aufmerksam den Wandel der Gestirne und spürten seinen Gesetzmäßigkeiten nach. Im Himmelsraum sahen sie den göttlichen Bereich erhabener Harmonie und allem Irdischen enthobener Ordnung, dem sie sich in religiöser Verehrung zuwandten. So wurde der Sonnengott, etwa im Aton-Kult des Echnaton, als Quelle allen Lebens verherrlicht, der jeden Morgen neu auferstanden die Erde mit seiner Schönheit erfüllt. Die Griechen erkannten am nächtlichen Himmel die Gestalten ihrer göttlichen Helden, in den Sternbildern waren ihnen deren Taten und Schicksale ständig zugegen.

Aber auch für einen geordneten Kalender und eine zuverlässige Zeitrechnung war es wichtig, die Himmelserscheinungen zu kennen. Ägyptische Priester bemühten sich bereits vor Jahrtausenden, mit Hilfe von in der Morgendämmerung aufgehenden Sternen, die genaue Länge des Jahres zu ermitteln. Liegt der Kalenderordnung eine falsche Jahresdauer zugrunde, so durchläuft der Neujahrstag langfristig alle Jahreszeiten. Die Ägypter stießen auf dieses Problem, als sie bemerkten, daß die alljährlich wiederkehrenden, für die Landwirtschaft so wichtigen Nilüberschwemmungen gegenüber ihrem Kalender immer mehr aus dem Tritt kamen. Auch Mond- und Sonnenfinsternisse wurden sorgfältig registriert. Diese pflegen zyklisch aufzutreten, eine Einsicht, die im Orient schon lange vor Christi Geburt die Voraussage von Finsternissen ermöglichte.

Mit solchen, kultischen wie praktischen Bedürfnissen dienenden Himmelsbeobachtungen und der dabei erworbenen Sternkunde legten die alten Völker den Grund, auf dem sich die Astronomie entwickeln konnte. Für die Griechen war die Regelmäßigkeit der Himmelserscheinungen der Anlaß, den Begriff der Naturgesetzlichkeit zu bilden.

Wir begegnen am Himmel zwei grundsätzlich verschiedenen Arten von Objekten. Die Fixsterne, von denen mit bloßem Auge einige tausend zu sehen sind, scheinen an der Himmelskugel befestigt zu sein und führen mit dieser die tägliche Drehung um die auf den Polarstern weisende Himmelsachse aus. Die Wandelsterne – Sonne, Mond und die Planeten, von denen die Alten die fünf hellsten kannten: Merkur, Venus, Mars, Jupiter und Saturn – nehmen zwar auch an der täglichen Drehung der Sphäre teil, bewegen sich aber langsam mit unterschiedlicher Geschwindigkeit gegenüber dem festen Muster der Fixsterne, im allgemeinen von Westen nach Osten. Die Sonne durchwandert so im Lauf eines Jahres alle Sternbilder des Tierkreises. Der irdische Betrachter kann nicht ohne weiteres eine räumliche Staffelung der Himmelskörper erkennen. Er sieht sie alle in der Projektion an die Himmelskugel, wenn auch die ausgedehnten Scheiben von Sonne und Mond für deren räumliche Nähe sprechen und eine langsamere Bewegung auf größere Entfernung schließen läßt. Den Sternkundigen des Altertums waren die Bewegungen der Wandelsterne mit ihren komplizierten Eigenheiten recht gut bekannt, die räumlichen Dimensionen der Gestirnswelt blieben ihnen dagegen weitgehend verschlossen. Die wahre Distanz der Sonne von der Erde ist erst im 17. Jahrhundert einigermaßen zuverlässig bestimmt worden.

Vom geozentrischen System zur Welt ohne Mitte

Das astronomische Wissen der antiken Welt, und insbesondere das des griechischen Kulturkreises, ist von Claudius Ptolemäus in Alexandria um 150 n. Chr. in seinem »Almagest« zusammengefaßt worden und diente ihm zum Entwurf eines Systems, das die Gestirnsbewegungen aufgrund allgemeiner theoretischer Prinzipien zu erklären versuchte. Dieses geozentrische Weltsystem hat für fast anderthalb Jahrtausende das astronomische Denken beherrscht. Ganz dem Augenschein entsprechend, nimmt es die Erde als das ruhende Zentrum der Himmelsbewegungen an. Die Wandelsterne laufen nach Ptolemäus auf Kreisbahnen, deren Abmessungen in der Folge Mond, Merkur, Venus, Sonne, Mars, Jupiter, Saturn größer werden, während die einmal am Tag rotierende Fixsternsphäre das sichtbare Weltall umschließt und nach außen begrenzt, wie schon Aristoteles gelehrt hatte. Die alten Philosophen konnten sich die Himmelskörper in ihrer Vollkommenheit nur in gleichförmiger Bewegung auf dem Umfang eines Kreises vorstellen. Es war aber schwierig, dieses Prinzip mit der beobachteten Wirklichkeit in Übereinstimmung zu bringen: Die Planeten laufen durchaus nicht gleichförmig über den Himmel, zeitweilig wechseln sie sogar die Richtung. Ptolemäus und seine Vorläufer sahen sich deshalb gezwungen, die verschiedenen Himmelskörper mindestens zwei sich überlagernde Kreisbewegungen ausführen zu lassen, die in der Kombination den beobachteten Ablauf wiedergeben (Epizykelprinzip).

Wenn dieses komplizierte System über viele Jahrhunderte hinweg unangefochten bleiben und schließlich zum Dogma erstarren konnte, so lag das sicher nicht zuletzt daran, daß ein Weltbild mit der Erde im Zentrum des Geschehens besser als jedes andere dem Weltgefühl der Antike und der christlichen Heilslehre entsprach. Dem Menschen diesen bevorzugten Platz streitig machen zu wollen, mußte als Sakrileg empfunden werden und auf heftigen Widerstand stoßen.

Die Wende vom geozentrischen zum heliozentrischen System, das die Sonne als Mittelpunkt des Weltalls annimmt, wurde von Nikolaus Kopernikus Anfang des 16. Jahrhunderts eingeleitet, zu einer Zeit, als im Gefolge der von Italien ausgehenden Renaissance und der großen Entdeckungsreisen in Kunst und Wissenschaft, wie in vielen anderen Lebensbereichen, eine neue Art des Denkens zum Durchbruch kam. Nach seinen eigenen Worten glaubte er sich »die Freiheit gestatten zu sollen ... den Versuch zu machen, ob aus der Annahme einer Erdbewegung eine bessere Darstellung der Himmelsbewegungen sich ergebe« und knüpfte dabei an von Plato überlieferte Gedankengänge der Pythagoräer an.

Die wichtigste Änderung gegenüber dem alten Weltsystem war, daß die Erde jetzt, wie alle anderen Planeten, die ruhende Sonne umkreisen und dabei, einmal am Tag, sich ständig um ihre eigene Achse drehen sollte. Auf ihrer Bahn um die Sonne, die sie in einem Jahr durchläuft, wird die Erde vom Mond, dem erdnächsten Himmelskörper, als ihrem Satelliten begleitet. Die tägliche Drehung der Fixsternsphäre ist nach Kopernikus durch die

Rotation der Erdkugel in umgekehrter Richtung vorgetäuscht, entgegen dem Schein steht die Himmelskugel also in Wirklichkeit still.

Aber auch Kopernikus, der nicht etwa grundlegend neue Fakten zur Hand hatte, sondern ebenfalls auf die Überlieferung der Alten angewiesen war, konnte sich von der gleichförmigen Kreisbewegung als der den Himmelserscheinungen allein angemessenen Bewegungsform nicht freimachen. Dem Vorbild des Ptolemäus folgend, kommt deshalb auch im kopernikanischen System das Prinzip der »Beikreise«, deren Mittelpunkte auf dem Umfang von »Hauptkreisen« geführt werden, mit allen seinen Komplikationen zur Anwendung. Dieses philosophische Dogma starb erst im darauffolgenden Jahrhundert, nachdem Johannes Kepler aufgrund einer mit größter Sorgfalt ausgeführten Analyse der Marsbeobachtungen von Tycho Brahe die elliptische Gestalt der Planetenbahnen erkannt hatte. Insgesamt konnte Kopernikus mit seinem heliozentrischen System die beobachteten Bewegungen und die künftigen Stellungen der Planeten keineswegs genauer beschreiben und vorhersagen als Ptolemäus. Auch fehlte ihm ein durchschlagender Beweis für dessen Wahrheitsgehalt.

Die Auseinandersetzungen darüber, ob die geozentrische oder die heliozentrische Weltlehre die richtige sei, fanden ihren Höhepunkt in dem Prozeß der römischen Inquisition gegen Galileo Galilei. Dieser war einer der ersten, die ein Fernrohr zum Himmel richteten. Er sah 1610 den Planeten Jupiter als Scheibe, umkreist von vier Satelliten wie in einem verkleinerten Abbild des Sonnensystems, und entdeckte den Phasenwechsel der Venus, die wie der Mond zeitweise Sichelgestalt hat. Auch seine Experimente mit Pendeln und fallenden Körpern lehrten ihn, die Natur unvoreingenommen zu beobachten und traditionellen Ansichten kritisch zu begegnen. Durch seine astronomischen Entdeckungen von der zentralen Rolle der Sonne überzeugt, propagierte er in aller Offenheit das kopernikanische System in Schrift und Rede. Der Konflikt mit den kirchlichen Instanzen war wohl mit eine Folge seines Übereifers.

Auch wenn Galilei einen wirklichen Beweis zugunsten des heliozentrischen Systems hätte vorbringen können, wäre die neue Lehre, so ist zu vermuten, von Rom zur Irrlehre erklärt worden. Nicht allein, daß biblische Aussagen ihr entgegenstanden – sie mußte als Angriff auf den Menschen empfunden werden, den sie in seinem mittelalterlichen Selbstverständnis tief verletzte. Er mußte an seinen Sinneseindrücken zweifeln, da die

Abb. 1.1: *Das Sonnensystem und die alles umschließende Fixsternsphäre nach der Zeichnung von Kopernikus im Manuskript seines Werkes »De Revolutionibus Orbium Coelestium«.*

ratione salua manente; nemo enim conuenientiore allegabit q̄ ut magnitudinē orbium multitudo tpis metiatur, ordo sphaerarum sequitur in hunc modū: a summo capientes initium.

prima et suprema omniū est stellarum fixarum sphaera seipsam et omnia continens ideoq; immobilis Nempe universi locus ad quē motus et positio ceterorū omniū syderum conferatur. Nam quod aliquo modo illā etiā mutari existimat aliqui: nos aliā, cur ita appareat

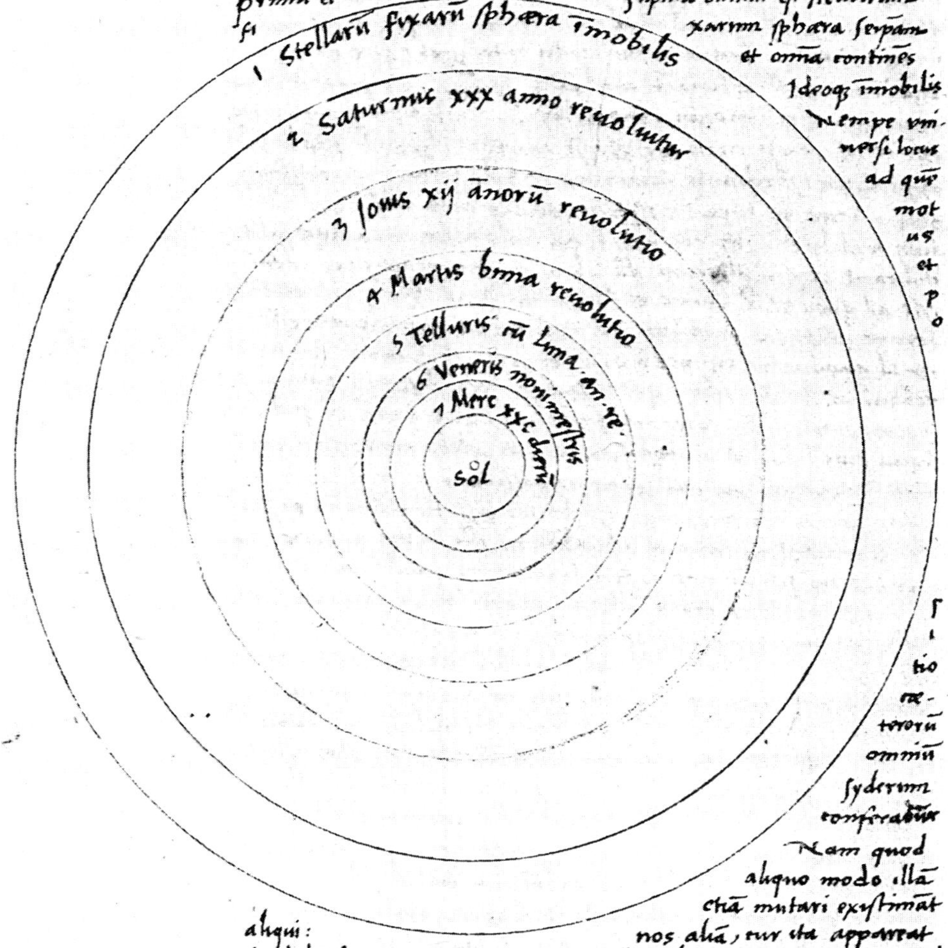

in deductione motus terrestris assignabimus causam. Sequit' errantium primus Saturnus: qui XXX anno suū complet circuitū post hunc Jupiter duodecennali revolutione mobilis. Deinde Mars ~~volv~~ qui biennio circuit. Quartū in ordine annua revolutio locum optinet: in quo terra cum orbe Lunari tanquā epyciclio contineri diximus. Quinto loco Venus nono mense reducitur

Wirklichkeit nach Kopernikus mit seiner unmittelbaren sinnlichen Erfahrung nicht im Einklang war. Er fand sich vom Thron der Weltmitte gestoßen und zu einer Randerscheinung degradiert.

In Bertolt Brechts »Leben des Galilei« sagt der sehr alte Kardinal zu Galilei: »Sie wollen die Erde erniedrigen, obwohl Sie auf ihr leben und alles von ihr empfangen. Sie beschmutzen Ihr eigenes Nest! Ich bin nicht irgendein Wesen auf irgendeinem Gestirnchen, das für kurze Zeit irgendwo kreist. Ich gehe auf einer festen Erde, in sicherem Schritt, sie ruht, sie ist der Mittelpunkt des Alls, ich bin im Mittelpunkt, und das Auge des Schöpfers ruht auf mir und auf mir allein. Um mich kreisen, fixiert an acht kristallene Schalen, die Fixsterne und die gewaltige Sonne, die geschaffen ist, meine Umgebung zu beleuchten. Und auch mich, damit Gott mich sieht. So kommt sichtbar und unwiderleglich alles an auf mich, den Menschen, die Anstrengung Gottes, das Geschöpf in der Mitte, das Ebenbild Gottes...« Dieser Konflikt zwischen faktenorientierter Wissenschaft und dem Glauben an Autorität heischende Überlieferungen bebt bis in unsere Tage nach. In dem Phänomen der »beiden Kulturen«, der Kluft des Nichtverstehens zwischen naturwissenschaftlicher und literarischer Intelligenz, lebt er bis heute fort.

Ein gewichtiger Einwand gegen die kopernikanische Vorstellung, die Erde laufe um die Sonne, hob auf den scheinbar stets gleichbleibenden Fixsternhimmel ab. Schon Ptolemäus hatte darauf hingewiesen, daß eine bewegte Erde an perspektivischen Ortsverschiebungen der Fixsterne zu erkennen sein müßte, ähnlich den perspektivischen Veränderungen, die beim Durchqueren einer Landschaft zu sehen sind. Die jährliche Umkreisung der Sonne muß sich für den irdischen Beobachter in der Tat in einer jährlichen Schwankung der Fixsternörter widerspiegeln, und der Nachweis dieser »Parallaxe« war als eindeutiger Beweis zugunsten des heliozentrischen Systems gefordert. Die Größe des Effektes hängt aber von der Entfernung der Sterne ab, und schon Kopernikus hatte erwidert, daß bei großer Distanz der Sterne, groß im Vergleich zum Durchmesser der Erdbahn, die parallaktische Verschiebung unbedeutend und schwer feststellbar sei.

Diese jährliche Sternparallaxe nachzuweisen, war eine Herausforderung, die auf die Entwicklung der astronomischen Beobachtungskunst ungemein befruchtend wirkte und zu Verbesserungen im Instrumentenbau führte, die das Fernrohr schließlich zu einem Meßgerät höchster Präzision werden ließen. Es ging dabei nicht allein um die endgültige Bestätigung der kopernikanischen Lehre, vielmehr ist mit der Größe der parallaktischen Verschiebung eines Sterns auch dessen Entfernung bestimmt, sobald die

Dimension der Erdbahn als Basis dieser Winkelmessung bekannt ist. Aber erst im 19. Jahrhundert waren die Beobachtungsmethoden soweit verfeinert, daß um 1838 Friedrich Wilhelm Bessel in Königsberg, Wilhelm Struve in Pulkowo und Thomas Henderson an der Kapsternwarte fast gleichzeitig die ersten Fixsternparallaxen messen konnten. Es zeigte sich, daß die Örter selbst der allernächsten Sterne im Laufe eines Jahres nur etwa 1 Bogensekunde hin- und herschwanken. Das entspricht dem Winkel, unter dem ein Pfennigstück in 3 km Entfernung erscheint! Die Distanz zu den nächsten Sternen ist demnach weiter als das Hunderttausendfache des Erdbahndurchmessers.

Mit Recht werden diese Messungen noch heute als großartige Leistungen der beobachtenden Astronomie bewundert. Es ist aber nicht nur ihr winziger Betrag, der die jährliche Sternparallaxe so schwer zugänglich macht. Sie wird dazu noch von andersartigen Wanderungen der Sternpositionen überdeckt und muß aus diesen herausgefiltert werden. Ein solcher Effekt ist durch die endliche Ausbreitungsgeschwindigkeit des Lichtes bedingt und führt ebenfalls zu einer Ortsschwankung mit der Periode eines Jahres. Merklich größer als die parallaktische Verschiebung und, im Gegensatz zu dieser, unabhängig von der Entfernung des beobachteten Sterns war diese »Aberration des Lichtes« schon etwa hundert Jahre früher von dem englischen Astronomen James Bradley bei der Suche nach dem parallaktischen Effekt entdeckt worden; sie stellte einen ganz unerwarteten Beweis für die Bewegung der Erde um die Sonne dar. Die Bestätigung des heliozentrischen Systems war also eigentlich gar nicht mehr gefragt, als die ersten Sternparallaxen bekannt wurden. Deren wirkliche Bedeutung liegt auch nicht darin, hinter den langanhaltenden Streit um die kopernikanische Lehre den Schlußpunkt gesetzt zu haben. Eine neue Größenordnung kosmischer Weite war vielmehr erschlossen und das Tor zur Welt der Fixsterne endgültig aufgetan! Seither wissen wir, daß sich die Entfernungen der Sterne nach Lichtjahren* bemessen, während die Abstände im inneren Sonnensystem Lichtminuten entsprechen.

Für die empirische Erforschung der Sternenwelt war jetzt eine neue zuverlässige Basis geschaffen. Noch Kepler vertrat die Meinung, die Sterne wären an einer das Weltall begrenzenden Kugelschale angeheftet und dem Menschen zur nächtlichen Orientierung bestimmt. Ganz anders dagegen die Lehre des Nikolaus von Cues, der schon im 15. Jahrhundert zu dem Schluß kam, die Welt sei nicht als endlich begreifbar und die Fixsternsphäre

---

* Ein Lichtjahr (Lj.) ist die Distanz, die das Licht mit seiner Geschwindigkeit von 300000 Kilometer pro Sekunde in einem Jahr zurücklegt: 1 Lj. = 9,46 Billionen km.

könne nicht ihre Peripherie sein. Nicht weniger kühn waren die Ideen des Giordano Bruno, der in den Sternen andere Sonnen sah, die in unendlicher Vielzahl einen unendlichen Kosmos erfüllen. Diese theologisch-philosophischen Spekulationen, die den heutigen Einsichten recht nahe kamen, konnten sich aber in ihrer Radikalität und Gegensätzlichkeit zum mittelalterlichen Weltbild nicht durchsetzen. Bruno mußte seine Ketzereien im Jahre 1600 sogar mit dem Feuertod bezahlen.

Die wahre Beschaffenheit des Systems der Sterne ist schließlich durch geduldiges Messen und Zählen der Astronomen aufgeklärt worden, mit dem Resultat, daß unsere Sonne zusammen mit allen sichtbaren und vielen anderen Sternen einer übergeordneten Einheit gewaltigen Ausmaßes, aber deutlicher räumlicher Begrenzung angehören, dem sogenannten Milchstraßensystem. Dessen flache, scheibenartige Form ist von angenähert 100 Milliarden Sternen erfüllt, mit starker Konzentration zur Mitte hin, von Sternen, die in ihrer Natur der Sonne recht ähnlich sind. Seine Ausdehnung ist so groß, daß ein Lichtstrahl von einem Rand zum anderen etwa 100000 Jahre braucht, der Durchmesser des Sternsystems beläuft sich also auf 100000 Lichtjahre. Unser Stern, die Sonne mit den sie umkreisenden Planeten, ist in der Randzone angesiedelt, als ein Wandelstern neuer Art, der auf einer Millionen von Jahren beanspruchenden Bahn das weit entfernte Milchstraßenzentrum umläuft.

Die wesentlichen Züge unseres Sternensystems, wie sie hier skizziert sind, kennen wir erst seit wenig mehr als fünfzig Jahren. Die Entwicklung der Astronomie erhielt nach der Jahrhundertwende wesentliche Anstöße durch den Einsatz der ersten Großfernrohre in Kalifornien. Diese lichtstarken Spiegelteleskope ermöglichten es, merklich lichtschwächere und damit weiter entfernte Objekte zu untersuchen als vorher, und mit diesen leistungsfähigen Instrumenten gelang es nicht nur, neue Einsichten in die Struktur des Milchstraßensystems zu gewinnen. Auch die kosmischen Nebel wurden zu jener Zeit zu einem zentralen Thema der Forschung und schließlich unstrittig als große, außerhalb unseres eigenen Systems stehende, in ihrer Natur diesem ähnliche Sternsysteme erkannt. Seither sprechen wir von Galaxien und außergalaktischen Systemen. In der Einleitung des 1969 erschienenen »Hubble Atlas of Galaxies« schreibt Allen Sandage: »What are Galaxies? No one knew before 1900. Very few people knew in 1920. All astronomers knew after 1924.«

Die blaß schimmernden Nebelflecke von meist elliptischer Form waren seit der Zeit der ersten Fernrohre in größerer Zahl bekannt. Mit bloßem Auge ist am Nordhimmel nur ein Objekt dieser Art, der Andromedanebel,

Abb. 1.2: *Die Milchstraße im Sternbild Cygnus (Aufnahme: H. Vehrenberg mit Weitwinkelkamera).*

zu sehen. Daß es sich dabei um selbständige Sternansammlungen handeln könnte, deren Einzelsterne wegen der großen Entfernung selbst bei teleskopischer Beobachtung nicht zu unterscheiden sind, ist schon Mitte des 18. Jahrhunderts neben anderen von Immanuel Kant in seiner »Naturgeschichte und Theorie des Himmels« ganz richtig vermutet worden. Der Erhärtung dieser spekulativen Vorstellungen durch stichhaltige empirische Fakten ging aber eine Phase der Verwirrung voraus, in der sich als Folge fehlerhafter, wie auch korrekter, aber falsch interpretierter Beobachtungen starke Zweifel am außergalaktischen Charakter breitmachten. Eine denkwürdige Debatte der National Academy of Sciences in Washington war im April 1920 dem Thema »The Scale of the Universe« gewidmet.

Zwei prominente amerikanische Astronomen jener Tage, Heber D. Curtis und Harlow Shapley, erörterten die Dimensionen des Milchstraßensystems und legten die konträren Standpunkte über die Natur der »nebligen Sterne« dar, ohne daß der Streit danach als geklärt gelten konnte. Die allseits akzeptierte Entscheidung fiel 1924, nachdem Edwin Hubble mit dem 100-Zoll-Teleskop auf Mt. Wilson bei Los Angeles in verschiedenen Nebeln Sterne von periodisch schwankender Helligkeit lokalisiert hatte, die sich so verhielten wie die aus unserer Milchstraße bekannten δ-Cephei-Veränderlichen. Hubble hatte dabei anhand photographischer Aufnahmen auch die Auflösung der näheren Galaxien in Einzelsterne demonstriert.

Das Bild von den »Weltinseln« – eine auf Alexander von Humboldt zurückgehende Bezeichnung –, die den Kosmos bis in unvorstellbar große Weiten des Raumes bevölkern, eine unter ihnen unser Milchstraßensystem, war nun endgültig bestätigt. Deren Zahl nimmt stark zu, wenn die Beobachtungen zu geringeren Helligkeiten und damit zu größeren Distanzen vordringen, wie es mit der Himmelsphotographie möglich wurde. Man hat deshalb bald aufgehört, die Objekte einzeln zu katalogisieren und zu benennen. Werden sie bis zu den schwächsten noch nachweisbaren Helligkeiten erfaßt, so geht die Zahl der über den ganzen Himmel verteilten und mit modernen Teleskopen sichtbaren Galaxien in die hundert Millionen – und viele von ihnen umfassen Milliarden von Sternen! Sie scheinen im Raum ziemlich gleichmäßig verteilt zu sein, ein ausgezeichnetes Zentrum ist jedenfalls nicht zu erkennen. Jetzt konnte die Astronomie zum ersten Male sicher sein, über den Horizont unserer engeren kosmischen Umgebung hinauszublicken, die lokalen Eigenheiten hinter sich zu lassen und das Universum großräumig in seinen charakteristischen Bauprinzipien vor sich zu sehen.

Eine weitere Bestätigung dafür war die Entdeckung der allgemeinen Nebelflucht. Wie auch in den zwanziger Jahren zum erstenmal auffiel, sind die Linien im Spektrum einer Galaxie um so stärker nach Rot verschoben, je lichtschwächer diese ist. Das gilt gleichermaßen für alle Richtungen im Raum. Geringere Helligkeit bedeutet im allgemeinen größere Entfernung, rotverschobene Spektrallinien eine vom Beobachter weggerichtete Bewegung. Das Phänomen besagt also, daß sich die Galaxien mit um so größerer Geschwindigkeit von uns entfernen, je weiter sie weg sind. Und zwar wächst diese Fluchtgeschwindigkeit proportional dem Abstand, doppelter

Abb. 1.3: *Der Andromedanebel M 31 und seine beiden elliptischen Begleiter (Aufnahme: K. Birkle, Schmidt-Teleskop Calar Alto).*

Abb. 1.4: *Zentraler Teil des Galaxienhaufens im Sternbild Coma (Negativ) mit Hunderten von Galaxien, den länglichen oder diffus begrenzten runden Objekten. Der helle Vordergrundstern hat ein instrumentell bedingtes Strahlenkreuz. (Aufnahme: 4-m-Teleskop Kitt Peak National Observatory USA)*

Distanz entspricht doppelt so schnelle Bewegung. In neuerer Zeit konnten solche Messungen der Radialgeschwindigkeit auf extrem weit entfernte Galaxien ausgedehnt werden – ihre Distanzen gehen in die Milliarden von Lichtjahren –, mit dem Ergebnis, daß heute Fluchtgeschwindigkeiten bekannt sind, die fast an die Lichtgeschwindigkeit heranreichen! Es sieht zunächst so aus, als wären wir der Mittelpunkt dieser generellen nach außen gerichteten Galaxienflucht; man macht sich aber leicht klar, daß von einer anderen Galaxie aus genau derselbe Eindruck entstehen muß, auch sie könnte sich für das Zentrum halten, von dem sich alles entfernt. Die Beobachtungen geben nämlich nur über relative Bewegungen Auskunft und lassen nicht entscheiden, ob sich einer der Beobachter in Ruhe befindet.

Die Befunde sprechen vielmehr für die folgende Vorstellung: Das System der Galaxien ist in dem für uns überschaubaren Bereich des Universums in allseitiger Ausdehnung begriffen. Die Weltinseln rücken auseinander, ihre gegenseitigen Abstände vergrößern sich ständig, und wir nehmen mit unserem Milchstraßensystem an dieser Expansion des Weltalls teil. Das Universum bietet jedem Betrachter, unabhängig von dessen Standort, den in großen Zügen gleichen Anblick dar. Keine Stelle ist ausgezeichnet, die Welt ist ohne Mitte.

Die Astronomie des 20. Jahrhunderts hat das Bild vom Bau der Welt weit radikaler verändert als der Schritt vom geozentrischen zum heliozentrischen System. Die Frage nach dem Weltzentrum hat sich als gegenstandslos erwiesen. Der Mensch und seine Erde sind heute jeglicher Sonderstellung im Kosmos beraubt. Dieser neuerliche Beitrag der Astronomie zu menschlicher Selbstfindung und Selbsterkenntnis, für manchen vielleicht ein weiterer Akt der Desillusionierung, ist von Theologie und Philosophie ohne merklichen Widerstand hingenommen, man darf getrost auch sagen: bis heute kaum registriert worden.

Neue Methoden

Alles was wir am Himmel sehen, wird uns durch das Licht der Gestirne zugetragen; es tritt in unser Auge und wird über das Bild auf der Netzhaut zu Sinneseindrücken verarbeitet. Auch das künstliche Auge des Astronomen, sein Fernrohr, sammelt die Lichtstrahlen der Himmelskörper auf und konzentriert sie in der Brennebene zu einem Bild, das von einer Photoplatte oder einem anderen Strahlungsempfänger festgehalten werden kann. Wie allein schon ein bewölkter Himmel lehrt, ist es aber alles andere als selbstverständlich, daß das Licht der Sterne bei uns ankommt und wir diese sehen können.

Bei seiner oft Millionen Jahre dauernden Reise zur Erdoberfläche stößt die Strahlung der Sterne in der letzten tausendstel Sekunde auf das Hindernis der irdischen Lufthülle. Diese wirkt als Filter und läßt von dem ankommenden breiten Spektrum, auch bei wolkenlosem Himmel, nur einen schmalen Teil unbehindert passieren. Das menschliche Auge ist gerade für dieses von der Atmosphäre ausgesonderte Licht im engeren Sinne empfindlich und kann gerade diese Strahlung sehen. Das mag ein glücklicher Zufall sein; es wird sich indessen eher um eine Folge der physikalisch-biologischen Entwicklung des Auges und seiner Anpassung an das Sonnenlicht handeln. Die Sonne strahlt nämlich gemäß der Temperatur ihrer Oberfläche von etwa 6000 Grad überwiegend sichtbares Licht aus, das dank diesem »atmosphärischen Fenster« den Erdboden mit der Biosphäre erreicht und unsere Umwelt erhellt. Dieser Harmonie von Natur und Sinnesorgan gilt Goethes Bewunderung: »Wär nicht das Auge sonnenhaft, die Sonne könnt es nie erblicken.«

Die Astronomie war deshalb von ihren frühen Anfängen mit bloßem Auge bis in die jüngere Vergangenheit eine reine Astronomie des Lichtes und unsere Kenntnisse über das Weltall beruhten bis dahin ausschließlich auf der Wahrnehmung der von den Himmelskörpern einfallenden sichtbaren Strahlung. Es ist ein wesentliches Merkmal der neuen Astronomie, daß sie diese von der Erdatmosphäre aufgezwungene Begrenzung überwunden hat.

Wir wissen heute, daß uns aus dem Weltraum jede Art elektromagnetischer Strahlung zugeschickt wird, von den kürzesten Wellen der Gamma- und Röntgenstrahlung über das Ultraviolett, das sichtbare Licht und das Infrarot bis zu den längsten Wellen im Radiobereich. Die kurzwellige Strahlung hat es besonders schwer mit der irdischen Atmosphäre. So bleibt ultraviolettes Licht bereits in mehr als 100 km Höhe über dem Erdboden stecken und wird von den Sauerstoff- und Stickstoffmolekülen der Hochatmosphäre am weiteren Eindringen gehindert. Kosmische Röntgenstrahlung kann bis auf etwa 30 km Höhe eintauchen bevor sie vollständig absorbiert ist. Für die infraroten Strahlen bilden die Wasserdampf- und die Kohlensäuremoleküle der untersten Atmosphärenschichten die wesentlichen Sperren, die aber zwischen 1 μm und 1 mm Wellenlänge mehrere Lücken freilassen, durch welche die Infrarotstrahlung die Erdoberfläche und die sie dort erwartenden Teleskope erreichen kann. Radiowellen zwischen 1 cm und

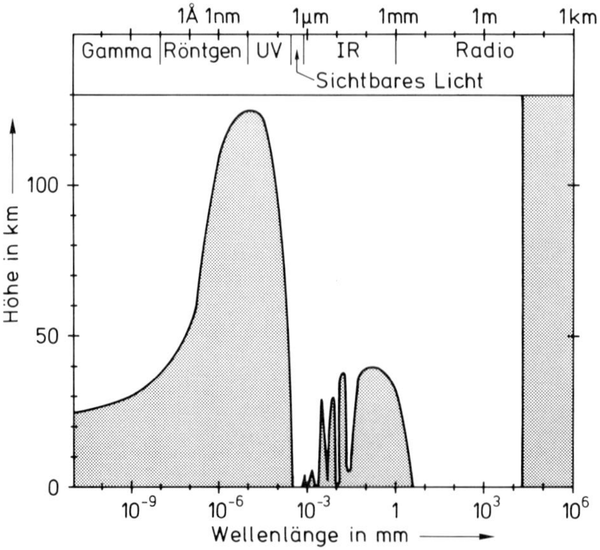

Abb. 1.5: *Durchlässigkeit der Erdatmosphäre. Die Kurve zeigt, in welchen Höhen die aus dem Weltraum einfallende Strahlung auf die Hälfte der ursprünglichen Stärke abgeschwächt ist. Den Erdboden erreicht ohne merkliche Absorption nur sichtbares Licht und Radiostrahlung zwischen 1 cm und 20 m Wellenlänge.*

20 m Wellenlänge durchqueren die irdische Lufthülle völlig unbehindert, während die längeren von außen ankommenden Wellen von den ionosphärischen Schichten zwischen 250 km und 400 km Höhe reflektiert und wieder in den Weltraum zurückgeworfen werden.

Auch für das schmale Band des sichtbaren Lichtes ist die Atmosphäre nicht völlig transparent, für einen Beobachter auf Meereshöhe gehen selbst im günstigsten Fall etwa 10 Prozent durch Streuung an Luftmolekülen und Dunstteilchen verloren. Es ist deshalb von Vorteil, Sternwarten in der reinen Luft höherer Berglagen zu errichten.

Vom Erdboden aus ist uns also der »Blick« ins All nur durch die beiden Fenster der Licht- und der Radiowellen möglich, sowie durch einige schmale und nicht ganz reine Lücken des dazwischenliegenden Infrarots. Das Licht der Sterne kann der Mensch wahrnehmen, weil eines seiner natürlichen Sinnesorgane darauf anspricht. Für den übrigen, weitaus umfangreicheren Teil der Strahlung aus dem Kosmos ist er auf technische Hilfsmittel angewiesen, die er sich erst in seiner jüngeren Geschichte geschaffen hat und die ihn dann in die Lage versetzten, auch die anderen Fenster der Atmosphäre zu nutzen. Mit der Weltraumfahrt gelang es schließlich, den bodengebundenen Standort zu verlassen und jenseits der irdischen Lufthülle sich von allen atmosphärischen Störungen zu befreien.

Daß durch das Radiofenster tatsächlich eine interessante kosmische Landschaft zu »sehen« ist, war eine Entdeckung mit weitreichenden Folgen für die neuere Astronomie. Sie ist den Amerikanern Karl G. Jansky und Grote Reber zu verdanken; wesentliche Voraussetzung dafür war eine bereits gut entwickelte Rundfunktechnik. Jansky untersuchte anfangs der dreißiger Jahre als Mitarbeiter des Bell Telephone Laboratory atmosphärische Radiostörungen bei 15 m Wellenlänge und stieß dabei völlig unerwartet auf einen ständig vorhandenen Strahlungsfluß aus der Richtung des Sternbildes Sagittarius, aus der Himmelsgegend, wo sich das Zentrum des Milchstraßensystems befindet. Angeregt durch diese Beobachtungen, die von den Astronomen zunächst kaum beachtet wurden, konnte dann der Radioingenieur Grote Reber mit Hilfe einer 10 m großen parabolischen Antennenschale längs des ganzen Milchstraßenbandes Radiostrahlung nachweisen, deren Intensität zur Richtung des galaktischen Zentrums ansteigt. Dagegen fand er bei helleren Sternen keine Signale, auch die Sonne zeigte sich ihm nur als schwacher Radiostrahler. Seine ersten Ergebnisse publizierte Reber 1940.

Die neuartigen Befunde waren nicht mehr zu übersehen, als es um 1951 an mehreren Stellen gelang, die erste Radiolinie aus der Milchstraße zu empfangen. Diese Linie des Wasserstoffs mit 21.2 cm Wellenlänge oder der Frequenz 1420 MHz war von dem Holländer Hendrik van de Hulst aufgrund theoretischer Überlegungen vorhergesagt worden. Spektrallinien sind unverwechselbare Fingerabdrücke der verschiedenen chemischen Elemente und deren atomarer Struktur. Für den Astronomen sind sie in der Regel Fundgruben an Information, da sie auf direkterem Wege Aussagen über den physikalischen Zustand des leuchtenden Mediums zulassen als ein breitbandiges Wellengemisch kontinuierlicher Strahlung. Wasserstoff ist das am einfachsten gebaute und im Weltall am häufigsten vorkommende Element. Die 21-cm-Linie ist aber nur dann zu erwarten, wenn das Wasserstoffgas kalt und so dünn verteilt ist, daß sich die Atome gegenseitig wenig stören; von dem in heißen Sternen konzentrierten Wasserstoff kommt keine 21-cm-Strahlung. Bedingungen dieser Art gibt es indessen im weiten Raum zwischen den Sternen und die Vorhersage van de Hulsts stellte in Aussicht, neue Kenntnisse über das interstellare Wasserstoffgas zu gewinnen. Optische Untersuchungen der interstellaren Materie sind durch Staubwolken im interstellaren Raum stark behindert, da diese das Licht schwächen und die Sichtweite begrenzen. Für den Beobachter der 21-cm-Strahlung, die sich davon unbeeinflußt ausbreitet, wurde dagegen das Milchstraßensystem durchsichtig und auch in seinen entfernteren Teilen zugänglich. Heute kennt und nutzt man eine große Zahl weiterer Spektrallinien im radiofrequenten Bereich, vom Wasserstoff selbst wie von anderen Atomsorten und Molekülen. Aber auch die galaktische Kontinuumsstrahlung, die von Jansky und Reber als ersten im Meterwellenbereich beobachtet wurde, ist zu einer wichtigen Quelle der Information über das interstellare Gas geworden.

Für die heutige Radioastronomie ist zwar der interstellare Raum nach wie vor ein ergiebiges Feld, ihre Aktivitäten gehen aber weit darüber hinaus und reichen von Körpern des Sonnensystems bis zu den entferntesten Galaxien. Ihr großes Gewicht in der modernen Forschung geht darauf zurück, daß sie nicht nur hilft, bereits bekannte Erscheinungen besser zu verstehen, Radiobeobachtungen haben vielmehr grundsätzlich neue Fakten, ja vorher unbekannte Klassen kosmischer Objekte zutage gefördert und damit der Astronomie völlig neue Arbeitsgebiete erschlossen. Davon wird in den folgenden Kapiteln noch öfters die Rede sein.

Abb. 1.6: *100-m-Radioteleskop des Max-Planck-Instituts für Radioastronomie Bonn in Bad Münstereifel-Effelsberg, die größte voll schwenkbare Reflektorantenne zum Empfang kosmischer Radiowellen (Bild: MPI für Radioastronomie).*

Was hier für die Radioastronomie gesagt ist, gilt in gleichem Maße für die extraterrestrische Forschung mit Hilfe von Raumflugkörpern. An astronomische Beobachtungen außerhalb der Atmosphäre in Höhen über 100 km konnte zum erstenmal ernsthaft gegen Ende des Zweiten Weltkrieges gedacht werden, als mit der V2-Rakete ein geeigneter Träger für Meßgeräte zur Verfügung stand, der dann in der Pionierzeit der Weltraumforschung auch vielfach eingesetzt wurde. Ein erstes, 1946 erreichtes Ziel war damals, das Ultraviolettspektrum der Sonne zu photographieren. Nach und nach konnten die Messungen zu kürzeren Wellen ausgedehnt werden, bis geklärt war, daß die Sonne auch im Röntgenbereich leuchtet. Daraus ergaben sich neue Aufschlüsse über die äußerste Gashülle der Sonne: Die solare Röntgenstrahlung kommt aus der Korona, die bei totalen Finsternissen außerhalb der vom Mond abgedeckten Sonnenscheibe zu sehen ist. Sie ist etwa 2 Millionen Grad heiß und strahlt deshalb energiereiches Röntgenlicht aus.

Die solare Röntgenstrahlung ist aber nicht nur ein interessantes Phänomen der äußersten Sonnenschichten, sie hat auch handfeste Auswirkungen in unserem irdischen Umfeld. Trotz ihrer hohen Energie kann sie, wie schon erwähnt, die Lufthülle der Erde nicht durchdringen. Sie wird bereits in großen Höhen aufgehalten, und dabei entstehen die elektrisch leitenden Schichten der Ionosphäre, die für den Funkverkehr und die Ausbreitung der Rundfunkwellen längs der Erdoberfläche eine wichtige Rolle spielen. Schon seit langem gab es Hinweise auf solar-terrestrische Beziehungen dieser Art; ein deutliches Indiz dafür sind Variationen mit dem elfjährigen Aktivitätszyklus der Sonne, wie sie auch von den ionosphärischen Schichten bekannt sind. Mit der extraterrestrischen Beobachtung des kurzwelligen Sonnenlichtes wurde es jetzt möglich, ein wichtiges Agens dieser kosmischen Einflüsse zu erkennen und direkt zu erfassen.

Solange Raketen Träger und zugleich Plattform der Meßgeräte waren, unterlagen die Beobachtungen in großer Höhe starken Einschränkungen: Eine Rakete hält sich nur wenige Minuten nahe dem Gipfel ihrer Flugbahn auf, bevor sie wieder in die tiefere Atmosphäre eintaucht. Für die extrater-

Abb. 1.7: *Der Röntgensatellit ROSAT soll 1987 von der Weltraumfähre Space Shuttle aus in Umlauf gebracht werden und mit dem bisher größten Röntgenteleskop (83 cm Öffnung) den Himmel nach unbekannten Quellen durchmustern. Diesem deutschen Projekt liegen Entwicklungen und Pläne des Max-Planck-Instituts für Extraterrestrische Physik Garching zugrunde, das auch den Bau betreut. An der wissenschaftlichen Nutzung werden außerdem amerikanische und englische Gruppen beteiligt sein. (Bild: MPI für Extraterrestrische Physik)*

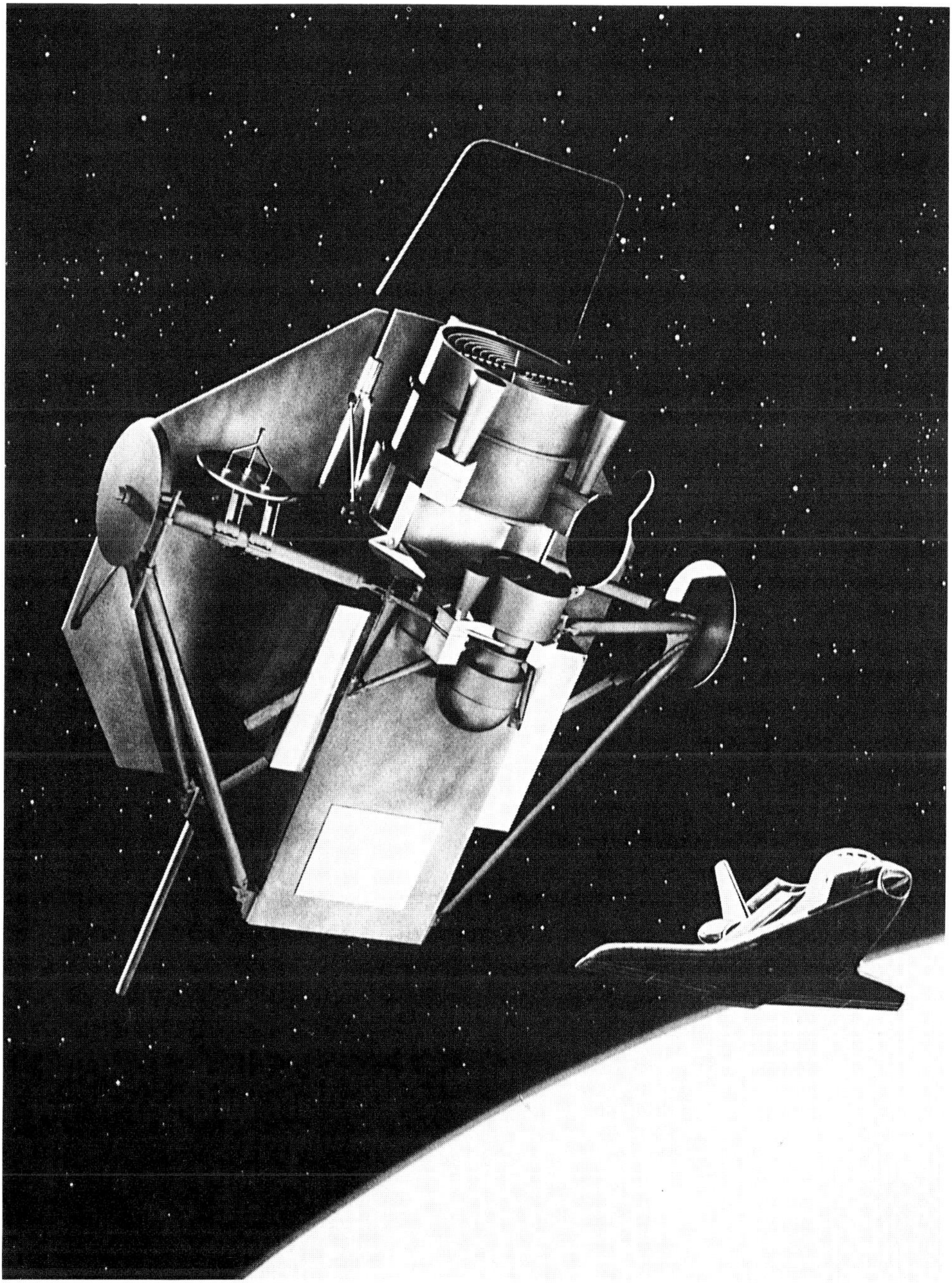

restrische Forschung bedeutete es deshalb großen Gewinn, als es mit stärkeren Triebwerken möglich wurde, künstliche Satelliten um die Erde kreisen zu lassen und sogar Raumsonden als Planeten von Menschenhand in eine Bahn um die Sonne zu schicken. Beobachtungszeiten von Wochen und Monaten verbesserten jetzt vor allem die Chancen, schwache Signale und damit eine Vielzahl neuer Strahlungsquellen zu registrieren. Meßverfahren mußten entwickelt werden, bei denen es darauf ankam, leistungsfähige Geräte geringen Gewichtes und Energiebedarfs auf kleinstem Raume unterzubringen und die von ihnen gewonnenen Daten über große Distanzen hinweg der irdischen Basis zu übermitteln.

Der neuen Methodik öffnen sich rasch vielerlei Anwendungsbereiche. Nicht allein das Ultraviolett- und Röntgenlicht vieler neuentdeckter galaktischer und extragalaktischer Quellen interessiert, *in situ* werden die Oberflächen der erdnahen Himmelskörper untersucht und interplanetare Teilchen aufgesammelt, die Beobachtungen der Planeten im nahen Vorbeiflug zeigen Bilder vorher unbekannter Welten. Die bemannte Raumfahrt mit den mehrfachen Landungen auf dem Mond bringt schließlich außerirdische Materie zur Analyse in unsere Laboratorien, ohne aber die Bedeutung der unbemannten Raummissionen, insbesondere wenn es um Objekte außerhalb des Sonnensystems geht, im geringsten zu schmälern.

Man begegnet heute häufig der Meinung, durch Radioastronomie und extraterrestrische Forschung wäre die Astronomie mit optischen Fernrohren als ältere Methode antiquiert und überholt. Das ist alles andere als richtig. Wie soeben erläutert, haben diese jüngeren Zweige vorher unzugängliche Bereiche im elektromagnetischen Strahlungsspektrum der Himmelskörper erschlossen, und ihre Methoden sind in erster Linie auf diese begrenzten Teile der Wellenlängenskala zugeschnitten. Es kommt aber gerade darauf an, das Spektrum möglichst lückenlos in seiner vollen Breite zu erfassen und im Zusammenspiel der unterschiedlichen Arbeitsweisen ein Maximum an Information von den untersuchten Objekten zu gewinnen. Deshalb ist die Astronomie des Lichtes in diesem Konzert der verschiedenen Methoden nach wie vor ein wichtiges und nicht zu ersetzendes Instrument.

Das wird nicht zuletzt durch ihr kräftiges Wachstum in jüngster Zeit belegt. In den letzten Jahren ist eine ganze Reihe neuer Observatorien für optische Beobachtungen an günstigen Standorten geringer Bewölkung entstanden. Die Teleskope werden größer und leistungsfähiger. Neuartige Strahlungsempfänger registrieren die vom Fernrohr aufgesammelten Lichtquanten, sie sind merklich empfindlicher als die Photoplatte und dieser auch in anderer Hinsicht überlegen. Die elektronische Datenverarbeitung hilft bei der Auswertung der Beobachtungen. Optische Teleskope werden heute zudem für Infrarotmessungen eingesetzt. Dafür geeignete Detektoren gibt es seit einigen Jahren als Produkte der modernen Halbleitertechnologie. Sie ermöglichen es, die schwache Strahlung kühler Objekte nachzuweisen. Dadurch hat sich der empirischen Erforschung der Sternentstehung ein neues Tor aufgetan.

Wie sich die verschiedenen astronomischen Arbeitsrichtungen gegenseitig ergänzen können, sei hier am Beispiel der quasistellaren Radioquellen, der Quasare, demonstriert. Sie wurden aufgrund ihrer Radiostrahlung entdeckt und überraschten mit ihren scheinbar geringen Durchmessern an der Sphäre. Ihr optisches Bild unterscheidet sich nicht von dem eines Sterns, sie wären deshalb dem optischen Beobachter wohl nie als etwas Besonderes aufgefallen. Von einzelnen Quasaren ist hochenergetisches Röntgenlicht nachgewiesen, teilweise sind sie auch intensive Infrarotstrahler. Den Schlüssel zum Verständnis aber lieferte das Spektrum ihres sichtbaren Lichtes. Dieses war zunächst nicht zu entziffern, bis 1963 Maarten Schmidt vom Mt. Palomar Observatorium erkannte, daß es sich aus extrem weit ins Rot verschobenen Linien des Wasserstoffs und anderer Elemente zusammensetzt und Fluchtgeschwindigkeiten vorher unbekannter Größe anzeigt. Bei den Quasaren kann es sich deshalb nicht um abnorme Sterne handeln. Es sind Galaxien mit stark überhöhter Energieabstrahlung und die Objekte mit den größten gegenwärtig bekannten Entfernungen im Weltall.

Die heutige Astronomie ist eine Astronomie aller Wellenlängen. Das ist die Wurzel ihrer großartigen Erfolge. Das stark erweiterte Arsenal der Beobachtungsmethoden brachte den alten Baum der Himmelskunde zu neuer Blüte.

Astronomie und Physik

Die empirische Astronomie ist darauf gerichtet, die kosmischen Phänomene in ihren vielen Varianten möglichst vollständig kennenzulernen und mit Hilfe objektiver Meßmethoden quantitativ zu erfassen. Durch die Beobachtung ähnlich gearteter Objekte versucht sie, typische Merkmale herauszuschälen, die Gesetzmäßigkeiten erkennen lassen und auf gemeinsame Ursachen hinweisen. Denn wie jede naturwissenschaftliche Disziplin will die Himmelskunde nicht bloß Phänomene registrieren, sie will diese außerdem verstehen und auf allgemeingültige Prinzipien zurückführen. In der Vielfalt der Erscheinungen sucht sie nach den einheitlichen Gründen.

Die Physik studiert das Verhalten der Materie im irdischen Labor. Dort kann sie Versuchsbedingungen vorgeben, unerwünschte Einflüsse ausschalten und dadurch den Verlauf eines Experimentes in kontrollierter Weise beeinflussen. In der Regel soll ein Laborversuch eine vorausgegangene Vermutung bestätigen oder widerlegen. »Das Experiment ist Ausübung von Macht im Dienste der Erkenntnis« (C. F. v. Weizsäcker). Die Situation der Astronomie ist eine andere, sie kann nicht in diesem Sinne experimentieren. Die Objekte ihres Interesses sind ihr nicht zur Hand, auf deren Zustand hat sie keinen Einfluß. Andererseits herrschen im Weltraum Bedingungen, die im irdischen Versuch nicht zu verwirklichen sind. Die Astronomie vermag deshalb die Erfahrungen der Laborphysik wesentlich zu ergänzen und zu erweitern.

Beide sind bestrebt, die in der Natur wirkenden Kräfte zu erkunden und herauszufinden, nach welchen Gesetzen sich diese entfalten. Mit mathematisch formulierten Theorien, die klar definierte Begriffe voraussetzen, wird dann versucht, die Naturvorgänge zu beschreiben und in ihren wesentlichen Ursachen zu erklären. Ein empfindliches Kriterium für den Erfolg solchen Bemühens sind theoretisch vorhergesagte, bis dahin unbekannte Phänomene, die danach in der Natur empirisch geprüft werden können. Die Astronomie folgt hier den Grundregeln einer exakten Naturwissenschaft ebenso wie die Physik. Ferner sind im Kosmos oft dieselben Kräfte am Werk und dieselben Eigenschaften der Materie im Spiel wie im Laboratorium. Es ist deshalb nicht verwunderlich, daß seit jeher enge Wechselwirkungen zwischen Astronomie und Physik bestehen. Die stürmische Entwicklung beider Wissenschaften in jüngerer Zeit hat sie einander nur nähergebracht, so daß die Astronomie heute nicht allein in großem Umfang von der Physik entwickelte Meßverfahren einsetzt, sondern auch in der Ausrichtung ihrer Interessen und der Deutung der beobachteten Phänomene stark von physikalischen Konzepten geprägt ist. Schon seit längerem wird von der Astrophysik als der Arbeitsrichtung gesprochen, die sich der Erforschung des Einzelsterns mit physikalischen Methoden widmet. Aus heutiger Sicht erscheint diese differenzierende Benennung nicht mehr ganz angebracht, die Astronomie ist insgesamt »physikalischer« geworden.

Eines der ältesten und bekanntesten Beispiele für die engen Beziehungen von Physik und Astronomie ist die Erforschung der Schwerkraft, die aufs engste mit dem Entstehen der Bewegungslehre und Mechanik verknüpft war. Über die gegenseitige Anziehung schwerer Körper ist schon im Altertum viel spekuliert worden, die gültige Formulierung des Gesetzes der Gravitation ist aber erst Isaak Newton um 1665 gelungen. Er hatte erkannt, daß der freie Fall eines Steines zum Boden und die Bewegung des Mondes um die Erde die gleiche Ursache haben: die irdische Schwerkraft. Aufgrund dieser Einsicht konnte er die Abnahme der Gravitationskraft mit zunehmender Entfernung von der anziehenden Masse beweisen; sie erfolgt quadratisch, in doppelter Distanz geht die Schwerkraft also auf ein Viertel zurück. Sie wächst dagegen mit der Masse des anziehenden Körpers, das heißt mit der Menge der in ihm vereinigten Materie. Im Laborversuch ist die Wirkung der Gravitation 1798 von Henry Cavendish demonstriert worden. Mit einer Drehwaage gelang es ihm, die von der Anziehung einer großen Bleikugel ausgelöste Bewegung eines kleinen Probekörpers zu messen und die Größe der Schwerkraft in ihrem Verhältnis zur anziehenden Masse zu bestimmen. Damit war die bis dahin noch unbekannte Konstante im Newtonschen Gravitationsgesetz ermittelt und die Schwerkraft in physikalischen Maßeinheiten bekannt.

Newton hatte außerdem zeigen können, daß die ein halbes Jahrhundert vorher von Johannes Kepler aus umfangreichen Beobachtungen erschlossenen Regeln der Planetenbewegung aus seinem Anziehungsgesetz und den Grundgleichungen der Mechanik mathematisch abzuleiten sind. Die wechselnden Stellungen der Planeten, die vom Schwerefeld der Sonne als zentraler Masse des Systems in ihren Bahnen gehalten werden, fanden so ihre kausale Erklärung und waren für die Zukunft vorausberechenbar geworden.

Im Anschluß an diese grundlegende Erkenntnis haben sich die Astronomen ausführlich damit befaßt, rationelle Verfahren zur Berechnung künftiger Planeten- und Mondpositionen zu finden. Das ist eine nicht einfache Aufgabe, da neben der von der Sonne ausgehenden Schwerkraft die gegenseitige Anziehung der Planeten untereinander zu berücksichtigen ist. Für genaue Bahnberechnungen reicht es nicht aus, das Zweikörperproblem Sonne–Planet zu betrachten, in Wirklichkeit handelt es sich um ein Vielkörperproblem, wobei allerdings der Einfluß der Sonne den der übrigen Körper weit übertrifft. Zur Lösung dieser Aufgabe sind mathematische Methoden entwickelt worden, die heute noch zum wesentlichen Bestand der theoretischen Mechanik und damit zu den Grundlagen der modernen Technik gehören. Mit zu den schönsten Erfolgen der Himmelsmechanik zählen die Entdeckungen der äußersten Planeten Neptun im Jahre 1846 und Pluto im Jahre 1930. Deren Schwereanziehung führt zu kleinen Bahnstörungen der nächstinneren Planeten, die sich bei diesen in Abweichungen der beobachteten von den berechneten Positionen bemerkbar machen. Aus solchen Differenzen läßt sich rechnerisch auf den störenden Körper schließen, und in beiden Fällen wurden dann die vermuteten sonnenfernen, bis dahin unbekannten Mitglieder unseres Planetensystems in der Tat dicht bei den vorhergesagten Himmelsörtern aufgefunden. Für die Tragfähigkeit der Fundamente, die Newton mit seinem Gravitationsgesetz und seinen Bewegungsgleichungen geschaffen hatte, war das ein erneuter eindrucksvoller Beweis.

Aber auch eine Fülle von Erscheinungen, die sich weit jenseits der Grenzen des Sonnensystems abspielen, lernte der Astronom mit Hilfe dieser Theorie als mechanische Naturvorgänge verstehen. So gelingt es zum Beispiel, aus der Beobachtung von Doppelsternen, der Bewegungen zweier dicht beieinander stehender Sterne um ihren gemeinsamen Schwerpunkt, unter Anwendung des Gravitationsgesetzes die Massen der beiden stellaren Komponenten abzuleiten. Von daher wissen wir heute, daß die Massen der Sterne über einen weiten Bereich streuen und nach oben bis zum fast Hundertfachen der Masse unserer Sonne, nach unten dagegen bis zu etwa einem Zehntel der in der Sonne vereinigten Materie reichen können. Auch der Aufbau von Sternsystemen – seien es Sternhaufen mit einigen hundert Mitgliedern oder große Galaxien – ist weitgehend durch die Wirkung der Schwerkraft bestimmt und die Bewegungen innerhalb dieser Systeme erfolgen nach den mechanischen Gesetzen. Heute werden auf großen elektronischen Rechenanlagen Vielkörperprobleme gigantischen Ausmaßes behandelt, mit dem Ziel, unter Berücksichtigung von Tausenden gravitierender Massenpunkte die Struktur solcher Sternsysteme nachzubilden. Selbst wesentliche Züge des Baus der Welt als Ganzes, einschließlich der Expansion des Weltalls, lassen sich aufgrund der universellen Gravitation und im Rahmen der auf Newton zurückgehenden Mechanik verstehen. Das gilt um so mehr, wenn man von der Allgemeinen Relativitätstheorie Albert Einsteins ausgeht, die zu einem tieferen physikalischen Verständnis der Schwerkraft und ihrer Auswirkungen führte und als Theorie der Gravitation die reale Welt in einem noch höheren Grad der Annäherung zu beschreiben vermag als die klassische Theorie.

Wenn dem Gravitationsgesetz und der Mechanik bei der Deutung astronomischer Beobachtungen in der auf Newton folgenden Zeit bis ins 19. Jahrhundert hinein eine beherrschende Rolle zukam, so lag das daran, daß die Astronomie sich damals fast ausschließlich mit Bewegungsvorgängen am Himmel befaßte. Noch im Jahre 1840 sagte kein Geringerer als F. W. Bessel vor der physikalisch-ökonomischen Gesellschaft zu Königsberg: »Die Astronomie hat keine andere Aufgabe, als Regeln für die Bewegung jedes Gestirns zu finden, aus welchen sein Ort . . . für jede beliebige Zeit folgt.«

Mit der Verbesserung der Fernrohre, dem Aufkommen der Himmelsphotographie und der Verwendung des Spektrographen für astronomische Beobachtungen rücken jedoch andere Aspekte in den Vordergrund. Der Stern als solcher wird nun ein bevorzugtes Objekt astronomischen Interesses. Man erkennt, daß aus der spektralen Energieverteilung des Sternlichtes und den das kontinuierliche Spektrum durchsetzenden Absorptionslinien Informationen über den physikalischen Zustand der Sterne zu gewinnen sind. Es wird jetzt nach den Temperaturen der Sternoberflächen, nach Zustand und Aufbau des Sterninneren, nach der stofflichen Zusammensetzung der stellaren Materie und ähnlichem gefragt. Das eingehende Studium der Sonne erweist sich hier als aufschlußreich. Sie ist der uns räumlich am nächsten stehende Stern, der ins Detail gehende Beobachtungen erlaubt, die bei der relativ geringen Helligkeit der weit entfernten Fixsterne nicht möglich sind. Dieser heute keineswegs abgeschlossen behandelte Fragenkreis war und ist wieder auf das enge Wechselspiel von Astronomie und Physik angewiesen.

Bei Experimenten mit Prismen verschiedener Glassorten zerlegte Joseph Fraunhofer 1814 das Sonnenlicht in seine Farben und entdeckte auf dem hellen Hintergrund des Sonnenkontinuums eine große Zahl schwarzer Linien. Heute kennt man im Sonnenspektrum über 20000 solcher Fraunhoferscher Absorptionslinien. Daß bei Beleuchtung mit kontinuierlicher Strahlung jedes chemische Element im gasförmigen Zustand Licht charakteristischer Wellenlängen absorbiert, erkannten dann Gustav R. Kirchhoff und Robert W. Bunsen und waren dadurch auf die Methode »der chemischen Analyse durch Spektralbeobachtungen« gestoßen. Die dunklen Linien der Sonne werden offenbar durch die Gase der äußeren Sonnenschichten hervorgerufen, die dem aus dem Sonneninnern kommenden Lichtstrom ausgesetzt sind.

Am Haus »Zum Riesen« in der Hauptstraße von Heidelberg findet man eine Gedenktafel mit der Inschrift: »In diesem Hause hat Kirchhoff 1859 seine mit Bunsen begründete Spektralanalyse auf Sonne und Gestirne gewandt und damit die Chemie des Weltalls erschlossen«. Der Physiker Kirchhoff und der Chemiker Bunsen hatten sofort gesehen, daß ihre Methode nicht nur im Laboratorium ganz neue Möglichkeiten eröffnete. Die Botschaften der Linienspektren von Sternen und Sonne konnten aber erst vollständig entschlüsselt werden, nachdem geklärt war, wie die Absorption und Emission von Licht in den Elektronenhüllen der Atome vor sich geht.

Aus den in einem Sternspektrum vertretenen Linien ist unmittelbar zu ersehen, welche Stoffe auf dem Stern sicher vorhanden sind. Durch

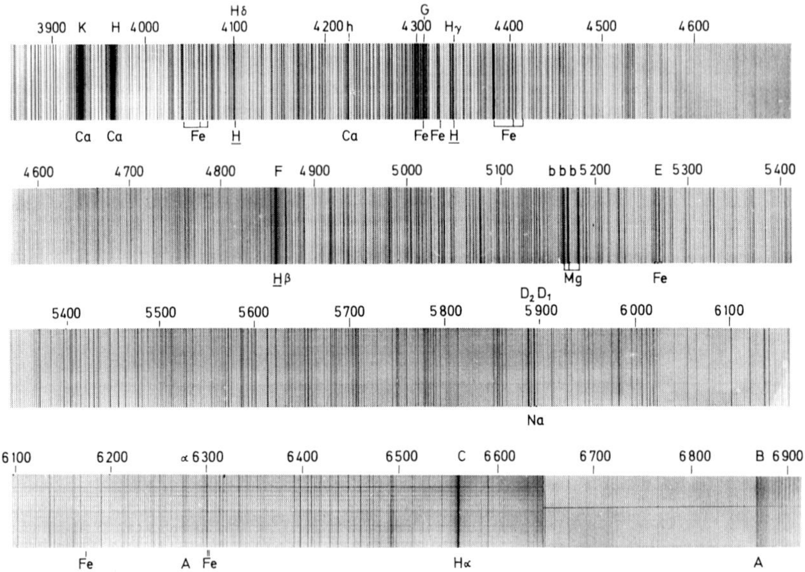

Abb. 1.8: *Spektrum der Sonne mit Fraunhofer-Linien, den ganzen sichtbaren Bereich umfassend, von 3900 bis 6900 Å (1 Ångström = 10^{-7} mm). Wellenlängenskala am oberen Rand. Für einige der stärkeren Linien ist die Identifizierung angegeben. (Mt. Wilson und Palomar Oberservatorien)*

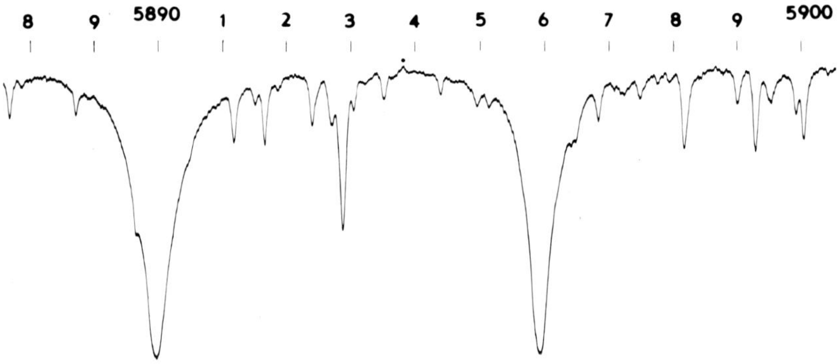

Abb. 1.9: *Ausschnitt des Sonnenspektrums im Bereich der Natrium-D-Linien. Wellenlängen am oberen Rand in Å. Die Registrierkurve zeigt den Verlauf der Intensität für einen winzigen Ausschnitt von Abb. 1.8 mit den tiefen Einsenkungen der Na-D_1- und Na-D_2-Linien. Daneben sind eine Reihe schwächerer Absorptionslinien zu sehen. An den höchsten Stellen wird die hier durch Linien stark gestörte Kontinuumsintensität erreicht. (Aus: Utrechter Sonnenatlas)*

Laboruntersuchungen und die Theorie des Atombaus ist heute weitgehend bekannt, bei welchen Wellenlängen die einzelnen Elemente Licht absorbieren oder emittieren können. Zur Identifikation von Elementen ist es also nur erforderlich, im Sternspektrum die Wellenlängen der Linien zu messen. Der Verdacht, die Sterne könnten uns unbekannte Stoffe enthalten, hat sich so bald als unbegründet herausgestellt. Die relativ wenigen Ausnahmen, bei denen beobachtete Linien keinem aus dem irdischen Labor bekannten Element zugeordnet werden können, deuten eher auf Lücken in unseren Kenntnissen von den Spektren der bekannten Atom- und Molekülsorten hin als auf unbekannte Stoffe. Bei der Sonne lassen sich aufgrund einer solchen qualitativen Analyse von den 92 natürlichen Elementen des Periodensystems 63 mit Sicherheit nachweisen.

Eine quantitative Analyse durchzuführen, also festzustellen, in welchen Mengen die verschiedenen Elemente im Stern vorhanden sind, hat sich dagegen als eine recht komplizierte Aufgabe herausgestellt, deren befriedigende Lösung erst in neuerer Zeit gelungen ist. Die Hauptschwierigkeit rührt daher, daß aus der zu beobachtenden Stärke einer Linie nicht direkt auf die Häufigkeit des dazugehörenden Elementes geschlossen werden kann. Die Linienstärke hängt davon ab, wie viele Atome der betreffenden Art so angeregt sind, daß sie Licht der fraglichen Wellenlänge absorbieren können. Es ist durchaus möglich, daß die Anregungsbedingungen für charakteristische Linien eines stark vertretenen Elementes so ungünstig sind, daß diese Linien im Sternspektrum sehr schwach bleiben oder gar nicht auftreten. Die Anregung ist durch Temperatur und Druck in den Schichten des Sterns bedingt, wo die Linie entsteht, sie wird außerdem von der Häufigkeit der übrigen Elemente beeinflußt. Diese verwickelten Zusammenhänge zu durchdringen, verlangte von den Astronomen, sich mit der Physik des Atombaus, der Strahlungsprozesse und des Strahlungstransportes vertraut zu machen und von ihrer Problemstellung her zu deren tieferem Verständnis beizutragen.

Auf diesem Felde ist von Karl Schwarzschild, einem der größten deutschen Naturforscher, Pionierarbeit geleistet worden. Seine Arbeiten zur Physik der Sterne und der Atome, die kurz nach der Jahrhundertwende an den Sternwarten in Göttingen und Potsdam entstanden, leiteten diese neue Phase der Astronomie ein.

Die Spektren verschiedener Sterne haben oft wenig Ähnlichkeit miteinander. So ist bei den sogenannten frühen Spektraltypen das Kontinuum nur von wenigen Absorptionslinien des Heliums und einiger weiterer Atomsorten unterbrochen. Andere zeigen fast ausschließlich die Serie der Wasserstofflinien, während bei den späten Spektraltypen die Linien – noch

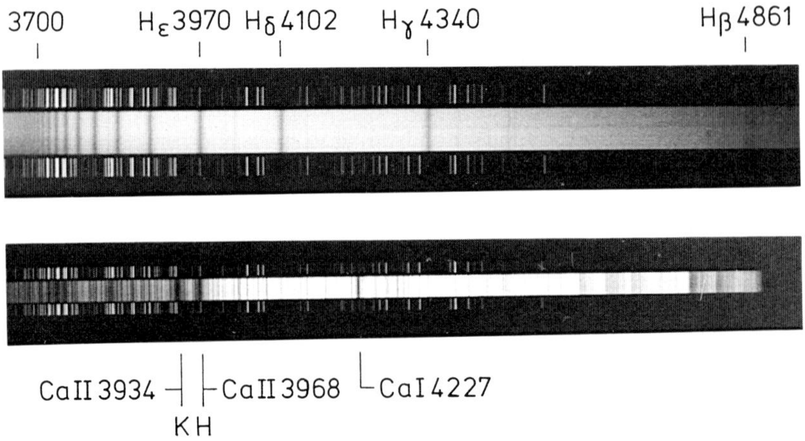

Abb. 1.10: *Sternspektren im Blauen zwischen 3600 und 4800 Å, eingerahmt von den Emissionslinien eines irdischen Vergleichsspektrums zur Festlegung der Wellenlänge. Einige der stärksten Linien sind identifiziert.*
Oben: Bei dem 16000 Grad heißen Hauptreihenstern (ϰ Draconis, Spektraltyp B 5) sind vor allem die Balmerlinien des Wasserstoffs zu sehen.
Unten: Bei dem Überriesen mit 3000 Grad Oberflächentemperatur (α_1 Herculis, Spektraltyp M 5) sind die Absorptionslinien viel zahlreicher, am rechten Ende treten Molekülbanden auf. (Aufnahmen: Ch. Trefzger, 1.2-m-Teleskop Calar Alto)

stärker als bei der Sonne – so dicht gepackt sind, daß von einem Kontinuum fast nichts mehr zu sehen ist. Man hatte deshalb zunächst geglaubt, die stoffliche Zusammensetzung würde von Stern zu Stern stark variieren. Wie wir heute wissen, nicht zuletzt dank der Arbeit von Albrecht Unsöld und seiner Kieler Schule, gehen aber diese Unterschiede in erster Linie auf die verschiedenen Temperaturen der Sterne zurück – an den Sternoberflächen reichen sie von etwa 3000 bis 50000 Grad –, während die stoffliche Zusammensetzung sich als außerordentlich einheitlich erwiesen hat. Das leichteste Element mit dem einfachsten Atombau, der Wasserstoff, ist weitaus am häufigsten, von der Sternmaterie entfallen auf ihn 73 Gewichtsprozent. An zweiter Stelle steht Helium mit etwa 25 Prozent, während alle schwereren Elemente zusammen nur etwa 2 Prozent beitragen. (Das sind mittlere Richtwerte, Abweichungen davon kommen vor, seien aber hier übergangen.)

Wenn auf der Erde und anderen Planeten Wasserstoff und Helium im Verhältnis zu den schwereren Elementen weit weniger häufig sind als auf der Sonne und den Sternen, so ist das eine Besonderheit, die mit der

Entstehung und Frühgeschichte dieser im Vergleich zur Sonne wenig massiven Körper zu tun hat. Die Häufigkeitsverhältnisse der schweren Elemente zueinander sind jedoch in der Erdkruste und in den Steinmeteoriten dieselben wie in den Sternen.

Hier gibt sich ein wesentliches Merkmal der im Kosmos verteilten Materie zu erkennen: Sie stellt sich in ihrer Zusammensetzung über weite Räume hinweg als gleichartig und einheitlich heraus. Für die heutigen Vorstellungen von der Geschichte der Welt als Ganzes und ihrer materiellen Bausteine ist dieses Faktum von fundamentaler Bedeutung.

Aber nicht nur die Physik der Atomhülle und der Linienspektren ist für die Deutung astronomischer Phänomene wichtig geworden, auch die Physik des Atomkerns ist heute für die Himmelskunde bedeutsam. Die Untersuchung der Sternspektren hat bald gezeigt, daß die von uns beobachtete Strahlung aus den äußersten Schichten der Sterne kommt. So stammt zum Beispiel das unser Auge treffende Licht der Sonne aus der 200 km dicken sogenannten Photosphäre, die sich bei einem Durchmesser der Sonne von mehr als einer Million Kilometern nur als eine hauchdünne Schale ausnimmt. Wie sieht es unterhalb dieser uns sichtbaren Hülle, wie sieht es im Sterninnern aus? Diese Frage ist vor allem deshalb zu stellen, weil die uns erreichende Strahlungsenergie ihre Reise in den Weltraum zwar von der Sternoberfläche aus antritt, dort aber keinesfalls erzeugt werden kann. Die Quellen, aus denen sie geschöpft wird, müssen wir tief im Sterninnern suchen; von dort wandert die Energie langsam nach außen, verläßt schließlich den Stern und geht ihm verloren. Welcher Art ist nun das Kraftwerk im Sterninnern? Dieses Problem zeigte sich in seinem vollen Umfange erst, nachdem klar geworden war, daß das Alter der Sterne nach Milliarden von Jahren zu messen ist und die stellaren Energiequellen offenbar über solche Zeiträume hinweg nicht versiegen.

Temperatur und Druck im Sterninnern sind extrem hoch; das ist eine unmittelbare Folge der großen Masse eines Sterns. Das Sterninnere muß das auf ihm lastende Gewicht der äußeren Schichten tragen und gerade kompensieren können, wenn der Stern stabil sein, wenn er also weder in sich zusammenstürzen noch auseinanderfliegen soll. Der dafür nötige Gegendruck wird über die hohen Temperaturen der inneren Zonen aufgebracht. Dieser Zustand des Gleichgewichtes zwischen der in Richtung auf das Zentrum des Sterns wirkenden Schwerkraft und dem Druck seines heißen Inneren nach außen läßt sich relativ einfach berechnen und führt für eine Gaskugel von Masse und Durchmesser der Sonne auf eine Temperatur im Mittelpunkt von etwa 10 Millionen Grad.

Bei Temperaturen dieser Größenordnung haben die meisten Atome ihre Elektronenhüllen verloren, und ihre thermischen Geschwindigkeiten sind so hoch, daß die nackten Atomkerne bei Zusammenstößen miteinander verschmelzen können. Solche Kernfusionen setzen Energie frei. Die Kerne müssen dazu ihre gegenseitige elektrische Abstoßung überwinden, und es bestanden zunächst Zweifel, ob im Sterninnern ihre Stoßkraft dafür ausreicht. Gegen Ende der zwanziger Jahre hatte die sich rasch entwickelnde Kernphysik in dem von George Gamow entdeckten »Tunneleffekt« jedoch die Erscheinung erkannt, die es den Kernen auch unter den Bedingungen des Sterninnern ermöglicht, das sie zunächst trennende Gebirge der elektrischen Abstoßung zu durchdringen und sich zu vereinigen. Hans Bethe und Carl Friedrich von Weizsäcker fanden dann 1938, unabhängig voneinander, einen Prozeß, bei dem im Stern vier Wasserstoffkerne über mehrere Zwischenstufen unter Gewinn von Energie zum Kern eines Heliumatoms »verbrannt« werden. Die von diesem stellaren Kernkraftwerk produzierte Energie heizt die Sternmaterie auf und dringt, im wesentlichen in der Form von Strahlung, längs des Temperaturgefälles von innen nach außen langsam in die Randzonen des Sterns vor. Die freigesetzte Energie kommt in der um 7 Promille kleineren Masse des Heliumkerns gegenüber der Summe von vier Wasserstoffkernen zum Ausdruck. Dieser Massendefekt entspricht gemäß der Einsteinschen Gleichung $E = m \cdot c^2$ (E Energie, m Masse, c Lichtgeschwindigkeit) dem Gewinn an Energie. In der ungeheueren Menge an Wasserstoff, die in einem Stern zusammengeballt ist, verfügt dieser über ein Energiereservoir, von dem er viele Milliarden Jahre zehren kann.

Arthur Eddington, der zu unseren heutigen Kenntnissen über das Sterninnere Wesentliches beitrug, publizierte 1926 sein berühmtes Buch »The Internal Constitution of the Stars«. In der Einleitung kommentiert er die soeben geschilderten Probleme unter anderem mit der Bemerkung: »We started to explore the inside of a star; we soon found ourselves exploring the inside of an atom!«

Seit Jahren wird an mehreren Stellen des In- und Auslandes mit beträchtlichem Aufwand daran gearbeitet, den Prozeß der Energiegewinnung, wie ihn die Natur im Inneren der Sterne verwirklicht, im irdischen Laboratorium nachzuahmen und nutzbar zu machen. Mit einem solchen Verfahren, unter Verwendung von Wasserstoff als Brennmaterial, wäre eine praktisch unerschöpfliche Energiequelle erschlossen. Während die Sterne allein aufgrund ihrer großen Masse die dafür nötigen Temperaturen aufbringen, ist aber die entsprechende Aufheizung eines Gases im Labor alles andere als einfach. Schwierigkeiten bereitet auch der Einschluß des heißen Plasmas aus Wasserstoffkernen und Elektronen. Da materielle Wände diesem nicht standhalten können, wird mit Erfolg versucht, das elektrisch leitende Gas in Magnetfelder einzusperren. Auch wenn es trotz wichtiger Fortschritte in jüngster Zeit gegenwärtig noch keinen funktionierenden Fusionsreaktor gibt, so ist er doch die große Hoffnung unserer Energiewirtschaft und eines der schönsten Beispiele dafür, wie oft als esoterisch geltende Fragestellungen – hier nach dem inneren Aufbau der Sterne – ganz unerwartet technologische Entwicklungen großer Tragweite anregen.

Das Thema Astronomie und Physik kann im Rahmen dieser Einleitung nur anhand einiger wichtiger Beispiele erörtert werden. In den folgenden Kapiteln klingt es in immer wieder neuen Variationen an.

Kosmische Evolution

Die Welt in ihrer jetzigen Erscheinungsform entsprang der Singularität eines zeitlich fixierbaren Anfanges, ihr Alter ist endlich, sie ist in ständigem Wandel begriffen. Evolution im Kosmos ist eine für die heutige Astronomie charakteristische Leitidee, Werden und Vergehen im Universum ein zentrales Thema der Forschung. Die Geschichte der Welt zu ergründen, ist dem Menschen ein Anliegen, seit er über die Natur und den Ursprung seiner eigenen Existenz nachdenkt. Dem Bestreben, das Dunkel der Vergangenheit zu erhellen, verdanken wir die Schöpfungsmythen und spekulativ konzipierte Weltsysteme, wie auch Kunstwerke der verschiedensten Epochen.

Wissenschaftlich fundierte Aussagen über zeitliche Abfolgen eines materiellen Systems setzen die Kenntnis der wirkenden Kräfte und der Gesetze voraus, denen diese unterliegen. Beim Studium kosmischer Entwicklungsprozesse geht man davon aus, daß die Naturgesetze an allen Orten und zu allen Zeiten unverändert dieselben seien. Wie weit diese Annahme der Wirklichkeit gerecht wird, läßt sich nicht unmittelbar nachprüfen. Es gibt aber keinerlei ihr entgegenstehende Erfahrungen, sie führt vielmehr auf ein konsistentes Bild des Naturgeschehens, auf ein dicht geknüpftes Netz von Aussagen ohne innere Widersprüche. Dieser Arbeitshypothese darf man deshalb einen hohen Grad von Wahrscheinlichkeit beimessen; vieles spricht für den Gedanken von der Einheit der Natur.

Es ist ein klassisches Problem der Physik, den Zustand eines Systems in die Zukunft hinein vorherzusagen und für die Vergangenheit zu rekonstruieren, das gelöst werden kann, wenn die genannten Voraussetzungen erfüllt sind und außerdem der Zustand des betrachteten Systems für *einen* bestimmten Zeitpunkt, wie die Gegenwart, hinreichend genau und vollständig bekannt ist. Unser Planetensystem ist, wie schon erwähnt, ein Beispiel eines solchen determinierten Systems: Die künftigen Planetenörter lassen sich mit großer Genauigkeit vorausberechnen, Konstellationen der Vergangenheit mit derselben Sicherheit nachvollziehen und datieren.

Dieser Idealfall eines transparent erscheinenden Systems macht aber gleichzeitig auch deutlich, wie er uns in die Irre führen kann. Die Stellungen der Planeten als Folge ihrer periodischen Bewegungen im Schwerefeld der Sonne sind nach den Gesetzen der Himmelsmechanik grundsätzlich für jeden beliebigen Zeitpunkt berechenbar – auch für Zeiten, zu denen Sonne und Planeten noch gar nicht existierten. Daraus geht unmittelbar hervor, daß wir aus dem zeitlichen Ablauf der Bewegungen im Sonnensystem über dessen Entwicklung als Ganzes und seine Entstehungsgeschichte, die sich vor einigen Milliarden Jahren abspielte, so gut wie nichts erfahren können. Offensichtlich zeigt uns die so klar überschaubare Bewegungsmechanik der Planeten nur einen Teilaspekt des Systems, der zwar auch aus dessen Geschichte resultiert, auf diese aber nicht zurückschließen läßt. Wesentliche Faktoren bleiben uns verborgen, unsere Kenntnis des Systems ist insofern unvollständig. Ebensowenig ist unter diesem Blickwinkel sein langfristiges Schicksal vorherzusagen, weil dafür wiederum Vorgänge maßgebend sind, wie langsame Veränderungen im Aufbau der Sonne, die beim Studium der Planetenmechanik außer acht gelassen werden können.

Im Grunde handelt es sich hier um ein Problem unterschiedlicher Zeitskalen. Die Frühgeschichte des Sonnensystems aufzuklären, erfordert, vergangene Milliarden Jahre zu überbrücken, auffällige Alterserscheinungen werden gleichfalls nur über ähnliche Zeitspannen hinweg feststellbar sein. Wenn von der Sicherheit die Rede ist, mit der frühere oder künftige Planetenkonstellationen berechnet werden, denken wir dagegen allenfalls an Jahrtausende, schon deshalb, weil Himmelsbeobachtungen, anhand deren sich diese Aussage untermauern läßt, keinesfalls weiter zurückreichen. Für solche und noch merklich größere Zeitintervalle kann aber der Zustand des Sonnensystems, samt seiner uhrwerksähnlichen Mechanik, als gleichsam eingefroren, als dem Strom der Zeit entzogen gelten.

Wenn auch solche und andere Hindernisse den Weg zu Vergangenem und Zukünftigem verstellen mögen, so sind doch in neuerer Zeit, dank der enormen Ausweitung des physikalischen Wissens, tiefreichende Einblicke in die kosmische Evolution möglich geworden. Diese Thematik wird im Studium theoretischer Modelle, vereinfachter Abbilder der kosmischen Realität, mit dem Ziel angegangen, deren zeitliches Verhalten rechnerisch zu erfassen. Leistungsfähige Computer sind dafür ein unersetzliches Werkzeug, eine Reihe der modernen Probleme konnte überhaupt erst mit ihrer Hilfe behandelt werden. Die so gewonnenen theoretischen Aussagen empirisch auf ihre Stichhaltigkeit zu kontrollieren, ist keineswegs ausgeschlossen, dann vor allem, wenn die Natur für den Beobachter eine Vielzahl Objekte gleicher Art, jedoch unterschiedlichen Entwicklungsstadiums bereithält. Nicht selten ist es unter diesen Umständen sogar möglich, Entwicklungssequenzen aufgrund empirischer Kriterien ohne eine im Detail ausgearbeitete Theorie abzuleiten. So lassen sich Sterne in der Frühphase ihrer Entwicklung anhand der gemessenen Wellenlängen ihrer Ausstrahlung in eine Altersfolge einordnen: die Objekte sind um so jünger, je weiter ihre Strahlung ins Infrarote reicht. »Aus dem räumlichen Nebeneinander das zeitliche Nacheinander zu erschließen«, ist ein vielfach praktiziertes und bewährtes Prinzip heutiger astronomischer Forschung.

Dieses Wechselspiel von Theorie und Beobachtung hat in der jüngeren Vergangenheit entscheidend dazu beigetragen, der Entwicklung des einzelnen Sterns, seinem Lebensweg von der Entstehung aus interstellarer Materie bis zur Erschöpfung seiner Energiereserven und altersbedingten Kollapserscheinungen, auf die Spur zu kommen: Durch das Wasserstoffbrennen wird das Sterninnere zunehmend mit Helium und weiteren schwereren Elementen angereichert und erfährt dadurch langsam fortschreitende Veränderungen seines Aufbaus, die schließlich auch nach außen durchschlagen und beobachtbar werden. Diese Zusammenhänge können heute als weitgehend geklärt gelten. Sie haben die Astronomie in die Lage versetzt, das Alter von Sternen zu bestimmen, und zu der Erkenntnis geführt, daß das Milchstraßensystem, wie andere ähnlich große Galaxien, eine Mischung unterschiedlichster Sterngenerationen umfaßt, von denen die älteste vor mehr als 10 Milliarden Jahren entstand und die jüngste in der Gegenwart, vor unseren Augen, geboren wird.

Ein anderer aktueller Fragenkreis betrifft den Anfang der Welt als Ganzes und ihre frühen Entwicklungsphasen. Schon die Entdeckung der allgemeinen Nebelflucht legte die Folgerung nahe, die Welt sei in vergangenen Zeiten kleiner und die heute im Universum weit verteilte Materie auf engerem Raum konzentriert gewesen. Tatsächlich gibt es neuerdings klare empirische Hinweise darauf, daß die Expansion der Welt, vor der Bildung der ersten Galaxien und Sterne, im »Urknall« explosionsartig von einem Zustand enormer Verdichtung und Temperatur ausging, von Bedingungen, die weit extremer waren als etwa diejenigen im Sterninnern. Mit den modernen Kenntnissen über die Physik der Elementarteilchen läßt sich einigermaßen beurteilen, wie sich die Materie in diesem »Feuerball« verhielt und, vor allem, welchen Umwandlungen sie dort unterlag. In dieser Grenzsituation des Anfangs müssen nämlich selbst die Atomkerne in ihre Bestandteile zerlegt gewesen sein und Reaktionen zwischen Elementarteilchen eine Rolle gespielt haben, wie sie heute in den Beschleunigungsanlagen der Hochenergiephysik studiert werden. Unter jenen Umständen war die Erzeugung von Materie aus Strahlung wie ihre Vernichtung zu Strahlung möglich, und es ist zu vermuten, daß die eigentliche materielle Substanz der heutigen Welt, die Protonen und Neutronen als Bausteine der Atomkerne, überhaupt erst in einem bereits etwas abgekühlten Stadium des Feuerballs »ausfroren« und zu stabiler Existenz kamen. In diesen faszinierenden Betrachtungen über Anfang und Ursprung der Welt trifft sich die Erforschung des Allerkleinsten mit der Wissenschaft vom Allergrößten, Mikrokosmos und Makrokosmos gehen ineinander auf.

Wenn sich die neue Astronomie weithin vom Thema der Evolution leiten läßt, so steht sie dabei nicht allein in der Reihe naturwissenschaftlicher Disziplinen. Mit der Frage nach der Entstehung der Arten und der Stammesentwicklung haben Charles Darwin und Ernst Haeckel im letzten Jahrhundert die Biologie revolutioniert und der Erforschung des Lebendigen eine Richtung gewiesen, die an Aktualität bis heute nichts eingebüßt hat. Die neuere Geologie und Geophysik haben erkannt, daß die irdischen Kontinente und Ozeane ständigem Wechsel unterworfen sind und das jetzige Gesicht unserer so dauerhaft erscheinenden Erde in ihrer jüngeren Vergangenheit durch Gebirgsfaltung und die von Alfred Wegener erahnte Kontinentaldrift geprägt worden ist. Die Welt sei ein fließendes Geschehen – diese Vorstellung des Heraklit ist der heutigen Wissenschaft nicht fremd.

Die Erforschung evolutionärer Prozesse setzt eine gründliche Kenntnis der betrachteten Objekte und Systeme voraus. Das Erfassen von Fakten, der Überblick über das Bestehende, muß einen gewissen Grad von Vollständigkeit erreicht haben, bevor man die Dimension Zeit ins Spiel bringen und darangehen kann, geschichtliche Entwicklungen aufzuklären. Das gilt für alle empirischen Wissenschaften. Diese Phase der Astronomie, im ersten Teil dieser Einleitung in ihren großen Zügen dargestellt, führte den Menschen schrittweise in den Raum jenseits seiner irdischen Sphäre hinaus, zeigte ihm Art und Zustand der im Universum vorhandenen Materie, machte ihn mit den Dimensionen des Weltalls vertraut und ließ ihn schließlich seinen eigenen Standort erkennen. Heute versucht er, mit Hilfe neuer Methoden und vertiefter Kenntnisse der kosmischen Physik, zu ergründen, wie die von ihm so erfahrene Welt sich entwickelte, warum sie so ist, wie sie ist. Er sucht nach ihren Anfängen und fragt nach ihrer Zukunft. Im forschenden Menschen, selber ein Spätprodukt kosmischer Evolution, wird die Natur sich ihrer selbst bewußt.

2 Die Sterne des Milchstraßensystems

Mit bloßem Auge können wir am Himmel einige tausend Sterne sehen. Weit mehr sind es, wenn wir nur ein kleines Fernrohr zu Hilfe nehmen. So benützten Friedrich Wilhelm Argelander und seine Mitarbeiter Adalbert Krüger und Eduard Schönfeld an der Bonner Sternwarte für die erste größere systematische Erfassung des Sternhimmels Mitte des vorigen Jahrhunderts einen Refraktor von 76 mm Öffnung bei zehnfacher Vergrößerung. Ihre Beobachtungen bilden die Grundlage für die »Bonner Durchmusterung«, eine Sammlung von Sternkarten und ein dazugehörender Katalog, die noch heute ein wichtiges Hilfsmittel für den beobachtenden Astronomen darstellen. Vom nördlichen Himmel sind in ihr, 324198 Sterne mit Helligkeiten und Örtern verzeichnet!

Betrachtet man die Milchstraße mit einem Fernrohr oder im Feldstecher, dann löst sich das diffuse Lichtband in viele einzelne schwache Sterne auf. Mit einem modernen lichtstarken Teleskop aufgenommene Photographien enthalten innerhalb einer Fläche, die der des Vollmondes am Himmel entspricht, oft mehr als 10000 Sterne. An der ganzen Sphäre finden sich bis zu den schwächsten nachweisbaren Helligkeiten mehr als 1 Milliarde, wobei die lichtschwachen Objekte deutlich zur Milchstraße hin konzentriert sind.

Der den Himmel längs eines Großkreises umspannende Lichtgürtel hat seinen Namen von den Griechen (galaxias). In einer ihrer Sternsagen ist uns auch eine Deutung des Phänomens überliefert: Einst wollte Zeus, der Götterkönig, seinem mit der Sterblichen Alkmene gezeugten Sohn Herakles die Unsterblichkeit verleihen und legte ihn heimlich seiner schlummernden Gattin Hera an die Brust. Da sog der kräftige Knabe die göttliche Milch so heftig, daß ein mächtiger Strahl sich über den weiten Himmel ergoß und dort dauerhafte Spuren hinterließ. Aber auch die richtige Erklärung ist schon von den Griechen erörtert worden. Demokrit äußerte die Vermutung, »die Milchstraße bestehe aus sehr vielen kleinen und dicht beieinanderstehenden Sternen, die gemeinsam leuchten und infolge ihrer Dichte ihr Licht vermehren«.

Erste Einsichten

Offensichtlich sind die Sterne am Himmel nicht völlig zufällig verteilt, in der Erscheinung der Milchstraße deutet sich vielmehr eine übergeordnete Struktur an. Für deren empirische Erforschung sind aber die großen Sternzahlen eine grundsätzliche Schwierigkeit, da jeder Versuch, etwa alle beobachtbaren Sterne einzeln erfassen und als Individuen kennenlernen zu wollen, von vornherein zum Scheitern verurteilt ist. In der Milchstraßenastronomie spielen deshalb seit jeher statistische Betrachtungen eine wichtige Rolle. Man orientiert sich an Stichproben und fragt nach dem durchschnittlichen Verhalten ausgewählter Objektgruppen mit einheitlichen Merkmalen.

Das trifft schon für die ersten Untersuchungen über die Anordnung der Sterne im Raum zu, die Friedrich Wilhelm Herschel in der zweiten Hälfte des 18. Jahrhunderts mit Hilfe der von ihm selbst gebauten Spiegelteleskope unternahm. Er zählte die im Gesichtsfeld seines Fernrohrs zu sehenden Sterne an 3400 Stellen des Himmels, innerhalb eines Streifens, der die Milchstraße senkrecht durchschnitt, und erfuhr auf diese Weise, wie die Sternzahlen zur Milchstraße hin ansteigen. Herschel hatte nur ungefähre Vorstellungen über die Entfernung der nächsten Sterne. Um zu einem Bild vom räumlichen Aufbau des Systems zu kommen, nahm er an, die wahre Helligkeit sei für alle Sterne die gleiche, Helligkeitsunterschiede also die Folge verschiedener Distanzen, und der Raum wäre mit Sternen gleichmäßig erfüllt bis an die äußeren Ränder des Systems, die er innerhalb der Reichweite seines Fernrohrs glaubte. Die größeren Zahlen schwacher Sterne in der Milchstraße bedeuten dann größere räumliche Erstreckung in den entsprechenden Richtungen. In einer 1785 publizierten Abhandlung beschreibt er das Sternsystem als eine viele Millionen umfassende Sternansammlung, deren äußere Form einer flachen Linse mit ausgezackten Rändern ähnlich sei. Die Sonne befinde sich in der Nähe des Zentrums, das Phänomen der Milchstraße entstehe für den irdischen Beobachter beim Blick längs der Ebene der größten Ausdehnung.

Herschels Ergebnissen kommt heute nur noch historisches Interesse zu. Die Art seines Vorgehens ist indessen nach wie vor aufschlußreich, zeigt sie doch bereits die wesentlichen Hindernisse, die der Astronom überwinden muß, wenn er die großräumige Struktur des Sternsystems aufklären will. Da sind einmal die Entfernungen der Sterne, ohne deren genaue Kenntnis zuverlässige Aussagen über die Dimensionen des Systems nicht möglich sind. Die ersten Messungen von Sternparallaxen waren zwar ein Durchbruch, leider führt aber die Methode der trigonometrischen Entfer-

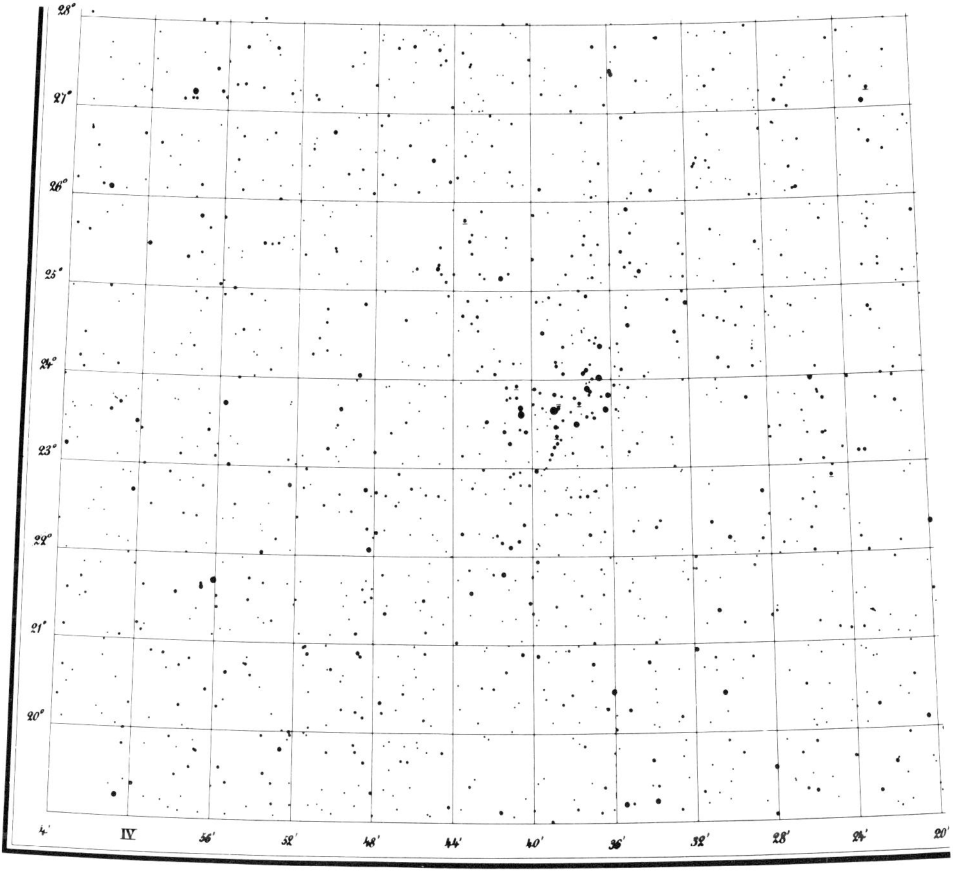

Abb. 2.1: *Eine Karte der Bonner Durchmusterung im Ausschnitt: das Feld um den offenen Sternhaufen der Plejaden. Jeder Punkt entspricht einem Stern. Die unterschiedlichen Sternhelligkeiten sind durch verschiedene Punktstärken gekennzeichnet. Am Rand Koordinaten.*

nungsbestimmung nicht über die nähere Sonnenumgebung hinaus. Selbst bei den allernächsten, wenige Lichtjahre entfernten Sternen bleibt die jährliche Parallaxe, die Wanderung des Sternortes infolge der Erdbewegung (siehe Abb. 2.2), unter einer Bogensekunde. Diese winzige Ortsschwankung kann zwangsläufig nicht beliebig genau gemessen werden. Die Entfernungen werden spätestens dann unsicher, wenn der Betrag der Parallaxe in die Nähe des Meßfehlers kommt und selbst in den günstigsten Fällen ist dieser kaum kleiner als 0.01 Bogensekunden. Auch wenn bis heute für rund 7000 Sterne trigonometrische Parallaxen bestimmt worden

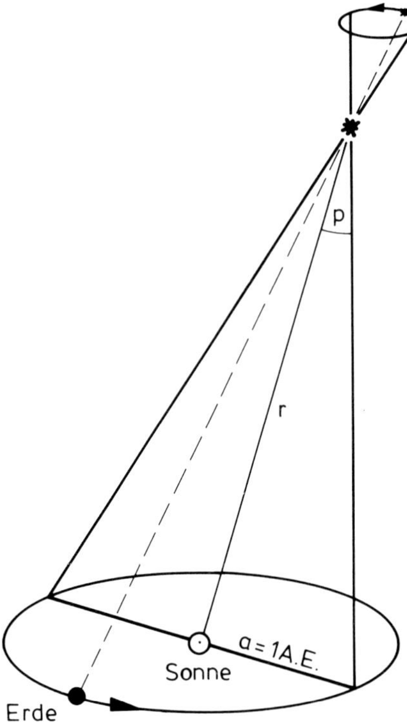

Abb. 2.2: *Trigonometrische Sternparallaxe. In der scheinbaren Bewegung des anvisierten Sterns auf dem Hintergrund weiter entfernter Bezugssterne spiegelt sich der jährliche Umlauf der Erde um die Sonne. Diese parallaktische Verschiebung wird durch den Winkel p, die Parallaxe, charakterisiert. Wachsende Entfernung r bedeutet kleineres p. a = 1 Astronomische Einheit (A.E.) ist der Halbmesser der Erdbahn. Erscheint vom Stern aus a unter dem Winkel p = 1 Bogensekunde, dann gilt per Definition r = 1 pc. Dieses in der Fachwelt fast ausschließlich benützte Entfernungsmaß verhält sich zum Lichtjahr gemäß 1 pc = 3,26 Lichtjahre. 1 kpc = 10^3 pc, 1 Mpc = 10^6 pc.*

sind, so kennt man doch nur für wenige Hundert davon die Distanzen genauer als auf 10 Prozent. Sie stehen alle innerhalb der nächsten 100 Lichtjahre – keine sehr eindrucksvolle Weite, wenn man weiß, daß der Durchmesser des Milchstraßensystems bei 100000 Lichtjahren liegt!

Entfernungen dieser Größenordnung und darüber sind nur mit Hilfe von Helligkeitsmessungen zu erschließen, wie es Herschel schon in ersten Ansätzen versuchte. Die beobachtete, die sogenannte scheinbare Helligkeit eines Objektes hängt von dessen Entfernung ab, halb so weit weg erscheint es viermal heller, aus zehnfacher Distanz erreicht uns nur noch ein Hundertstel seines Lichtes: Die Helligkeit nimmt mit dem Quadrat wachsender Entfernung ab. Ist von einem Stern die wahre oder absolute Helligkeit bekannt, dann kann daher aus der gemessenen scheinbaren seine Entfernung abgeleitet werden. Entgegen der Annahme von Herschel begegnen wir aber im Milchstraßensystem einer Vielfalt von Typen unterschiedlichster wahrer Helligkeiten. Die Sterne sind keineswegs alle einander gleich, ein schwaches Sternchen muß nicht weit weg sein. Es kommt deshalb darauf an, einmal Klassen von Objekten einheitlicher Absoluthelligkeit auszusondern, die in ihren typischen Merkmalen, unabhängig davon, wie weit entfernt sie sind, identifiziert werden können und zum anderen, deren absolute Helligkeiten abzuleiten. Sterne desselben Typs lassen sich zum Beispiel aufgrund spektraler Kriterien selektieren. Ein anderes oft genutztes Erkennungszeichen ist ein regelmäßiger Lichtwechsel, wie er bei verschiedenen Sorten von veränderlichen Sternen vorkommt.

Der Begriff der absoluten Helligkeit geht dagegen von folgendem aus: Bei einheitlicher Entfernung wären Helligkeitsunterschiede, frei vom Einfluß der Distanz, allein durch die unterschiedlichen Leuchtkräfte, den Sternen anhaftende Eigenheiten ihres Zustandes, bedingt. Als derartige »Normentfernung« sind 32.6 Lichtjahre = 10 Parsec vereinbart, definitionsgemäß zeigt ein 10 Parsec entfernter Stern seine »wahre« absolute Helligkeit. Auf direktem Weg ist an diese nur heranzukommen, wenn es gelingt, für relativ nahe Repräsentanten einer bestimmten Klasse die Parallaxe trigonometrisch zu messen, dann die bei dieser Entfernung beobachtete Helligkeit auf die 10 Parsec Einheitsdistanz umzurechnen und damit die Normhelligkeit zu erhalten. Und auch nur so läßt sich schließlich die Leuchtkraft in physikalischen Einheiten, die vom Stern pro Zeiteinheit abgestrahlte Energie, ermitteln.

Die vielerlei Sterntypen mit ihren unterschiedlichen Leuchtkräften bedeuten für die Milchstraßenastronomie ein gravierendes Hemmnis und machen sie zu einem mühsamen Unternehmen. Herschel ahnte das bereits und mußte sich später durch seine eigenen Doppelsternbeobachtungen davon überzeugen lassen. Neben Sternpaaren, bei denen zufällig zwei Objekte von uns aus gesehen in fast der gleichen Richtung, aber in verschiedenen Entfernungen stehen, gibt es echte Doppelsterne, die durch ihre Schwerkraft aneinander gebunden sind und sich gegenseitig umkreisen, wie es in vielen Fällen aufgrund von Positionsveränderungen festzustellen ist. Die Helligkeiten der beiden von uns gleich weit entfernten Komponenten liegen oft deutlich auseinander und demonstrieren so unmittelbar deren unterschiedliche Leuchtkräfte. Die Wirklichkeit des Milchstraßensystems ist jedenfalls weit komplizierter als zunächst angenommen, und die ihrer Erforschung gewidmete Stellarastronomie gewann deshalb erst sicheres Land, nachdem das Vielerlei von Sterntypen und Absoluthelligkeiten in diesem Jahrhundert einigermaßen überschaubar geworden war.

Aber selbst die in den zwanziger Jahren erarbeiteten Modelle des Sternsystems hatten mit der Realität noch nicht viel zu tun. Wic das von Herschel entworfene Bild, zeigen sie eine abgeplattete Sternverteilung mit der Sonne in der Mitte. Heute ist klar, daß die damaligen Beobachtungsdaten nur einen relativ kleinen Teil des Gesamtsystems erfaßten und über die

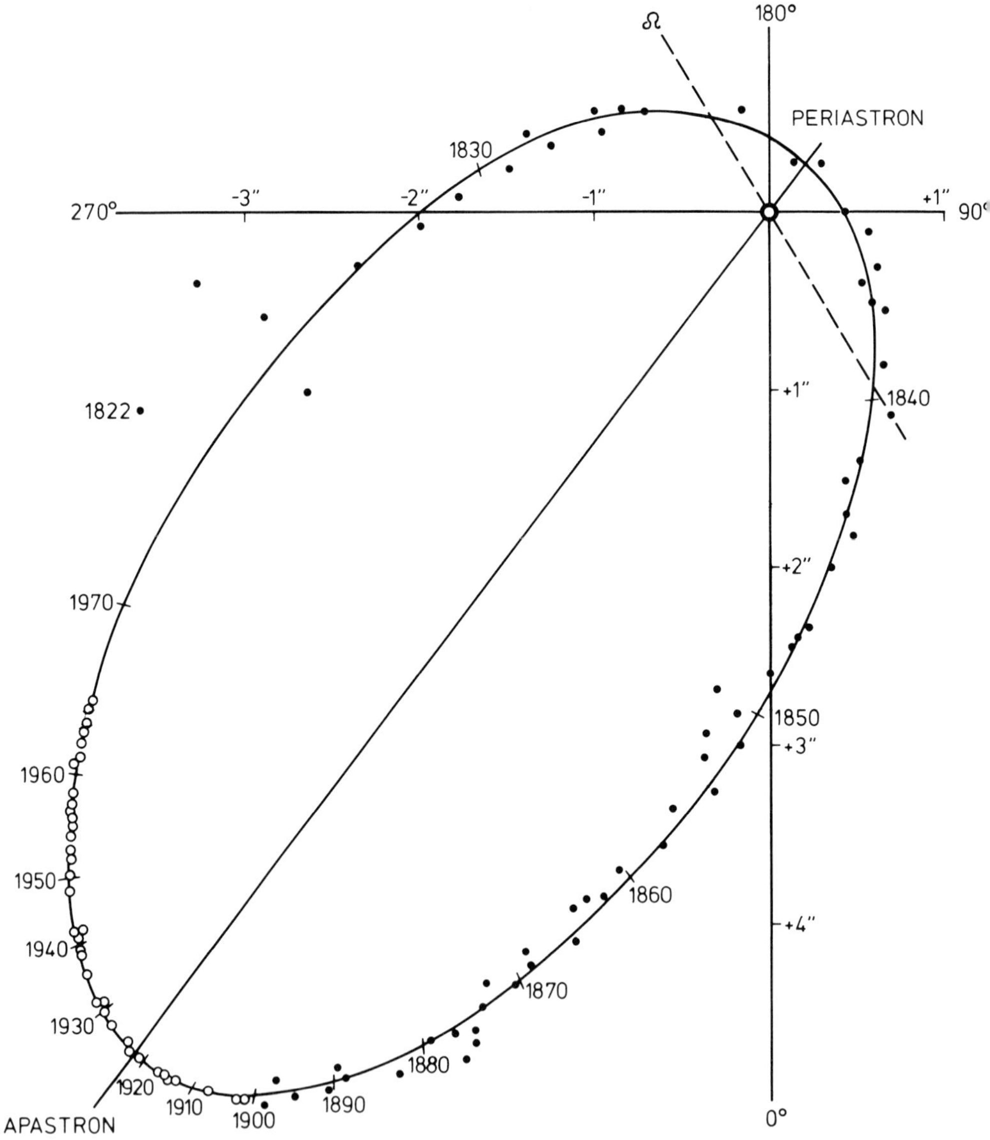

Abb. 2.3: *Bewegung im Doppelsternsystem γVirginis. Bahn der einen Komponente relativ zur anderen nach visuellen Beobachtungen seit 1822 (Punkte). Die Genauigkeit der Positionen hat ständig zugenommen, insbesondere durch den Übergang zur photographischen Astrometrie nach 1900 (Kreise). Der maximale Abstand der beiden Komponenten entspricht 6" (Bogensekunden). Die übrigen Angaben charakterisieren die Orientierung der Bahn.*

nähere Sonnenumgebung nicht hinausreichten. Die Modelle beschrieben ein Scheingebilde, da ein entscheidend eingreifender Faktor – die Schwächung des Sternlichtes durch interstellare Teilchen – noch nicht erkannt war.

Die Einsicht, daß der Raum zwischen den Sternen nicht leer ist, wurde durch die Himmelsphotographie gefördert, die gegen Ende des letzten Jahrhunderts aufkam und die Astronomie insgesamt stark befruchtete. In Deutschland ist die neue Beobachtungstechnik vor allem durch die Pionierarbeit von Max Wolf an der Heidelberger Sternwarte bekannt geworden. Die lichtsammelnde Wirkung der photographischen Schicht macht es möglich, zu lichtschwachen Erscheinungen und weitentfernten Objekten vorzudringen, die der visuellen Beobachtung entzogen sind. Die zwischen den Sternen zerstreute Materie gibt sich einerseits in dem Phänomen der Dunkelwolken zu erkennen, scheinbaren Sternleeren, wie sie an einigen Stellen der Milchstraße schon mit bloßem Auge zu sehen sind und insbesondere die Teilung des galaktischen Lichtbandes zwischen den Sternbildern Schwan und Schütze-Skorpion hervorrufen. Diese »Löcher im Sternhimmel«, auffallend vor allem im Kontrast zu einer hellen sternreichen Umgebung, werden durch Wolken absorbierender Teilchen vorgetäuscht, die das Licht der hinter ihnen stehenden Sterne teilweise oder ganz verschlucken. Sofern die betroffenen Sterne überhaupt noch zu sehen sind, erscheinen sie rötlich verfärbt, wie wir es von der Sonne kennen, wenn sie in Horizontnähe hinter atmosphärischen Dunstschleiern steht. Aus der Art der Verfärbung läßt sich ableiten, daß die Lichtschwächung auf sehr kleine Partikel zurückgeht, deren Abmessungen etwa der Wellenlänge des sichtbaren Lichtes entsprechen. Dieses absorbierende Medium ist längs des Milchstraßenbandes konzentriert und behindert in diesen Richtungen den Blick in größere Distanzen. Kein Wunder also, daß sich der Mensch zunächst im Mittelpunkt des Sternsystems wähnte!

Neben diesen Staubkörnern oder Rauchteilchen begegnen wir im interstellaren Raum stark verdünntem Gas, aus einzelnen Atomen und Molekülen bestehend. Dort, wo es durch benachbarte oder eingebettete Sterne aufgeheizt und zum Leuchten angeregt wird, tritt es als heller Nebel in Erscheinung, ein durch den Reichtum seiner Formen und Größen eindrucksvolles Phänomen. Das Spektrum solcher leuchtenden Gaswolken setzt sich, im Gegensatz zu den Spektren der Sterne, aus einer größeren Zahl von Emissionslinien zusammen, die Aufschluß geben über den physikalischen Zustand des Mediums und aus welchen chemischen Elementen es besteht. Die stoffliche Zusammensetzung unterscheidet sich nicht von derjenigen stellarer Materie, mit Abstand ist wieder der Wasserstoff am häufigsten vertreten. Aber nur ein kleiner Bruchteil des interstellaren

Gases macht sich in dieser auffälligen Weise bemerkbar, die überwiegende Menge befindet sich weitab von heißen Sternen auf sehr niederer Temperatur und ist der Beobachtung weniger leicht zugänglich. Seit es möglich geworden ist, die aus dem interstellaren Raum kommende Radiostrahlung und insbesondere die 21-cm-Linie des Wasserstoffs zu erfassen, kann es indessen keinen Zweifel daran geben, daß dieses kalte Gas das ganze Milchstraßensystem durchdringt.

Die interstellare Materie trug auch zu einem anderen folgenschweren Irrtum bei, der die Vorstellungen über den Aufbau des Universums für längere Zeit auf einen falschen Weg brachte. Neben den soeben erwähnten Gasnebeln, die praktisch nur entlang der Milchstraße vorkommen, gibt es die vielen kleinen rundlichen, oft spiralförmigen »Nebel«, von denen schon früh und, wie sich später herausstellte, völlig richtig vermutet worden war, es seien weit entfernte Galaxien von der Art unserer eigenen. Sie meiden die Milchstraße, ihre Häufigkeit am Himmel nimmt sogar mit dem Abstand vom Milchstraßenband deutlich zu. Und gerade diese, am Verlauf der Milchstraße sich orientierende Verteilung wurde dann fälschlicherweise, wenn auch beim damaligen Kenntnisstand durchaus folgerichtig, als Indiz dafür gewertet, daß es sich um relativ nahe Objekte, um Mitglieder des Systems der Fixsterne handle. Als Edwin Hubble 1924 schließlich ihre außergalaktische Stellung zweifelsfrei bewiesen hatte und auch ihre charakteristischen Unterschiede zu den galaktischen Gasnebeln erkannt waren – zum Beispiel sind ihre Spektren denen von Sternen ähnlich –, blieb aber kein anderer Schluß mehr, als daß hier die interstellare Absorption die Hand im Spiel hat. Der lichtschwächende Staub ist es, ein Effekt des Vordergrundes also, der die Zahl der sichtbaren Galaxien längs der Milchstraße herabsetzt; mit deren wirklicher Verteilung im extragalaktischen Raum hat das überhaupt nichts zu tun.

Die Erkenntnis, daß der Weltraum von vielen eigenständigen Sternsystemen bevölkert ist, blieb nicht ohne Einfluß auf die Erforschung des Milchstraßensystems, zeigen doch die extragalaktischen Nebel, wie dieses von außerhalb betrachtet aussehen würde. Auch wie die großräumige Struktur der Galaxis sich in den von innen beobachteten Phänomenen abzeichnet, wird so deutlicher. Heute kann als gesichert gelten, daß das

Abb. 2.4: *Die Milchstraße in Richtung zum galaktischen Zentrum mit stark kontrastierenden Dunkelwolken (zusammengestellt von H. Vehrenberg mit Aufnahmen der Mt. Wilson und Palomar Observatorien).*

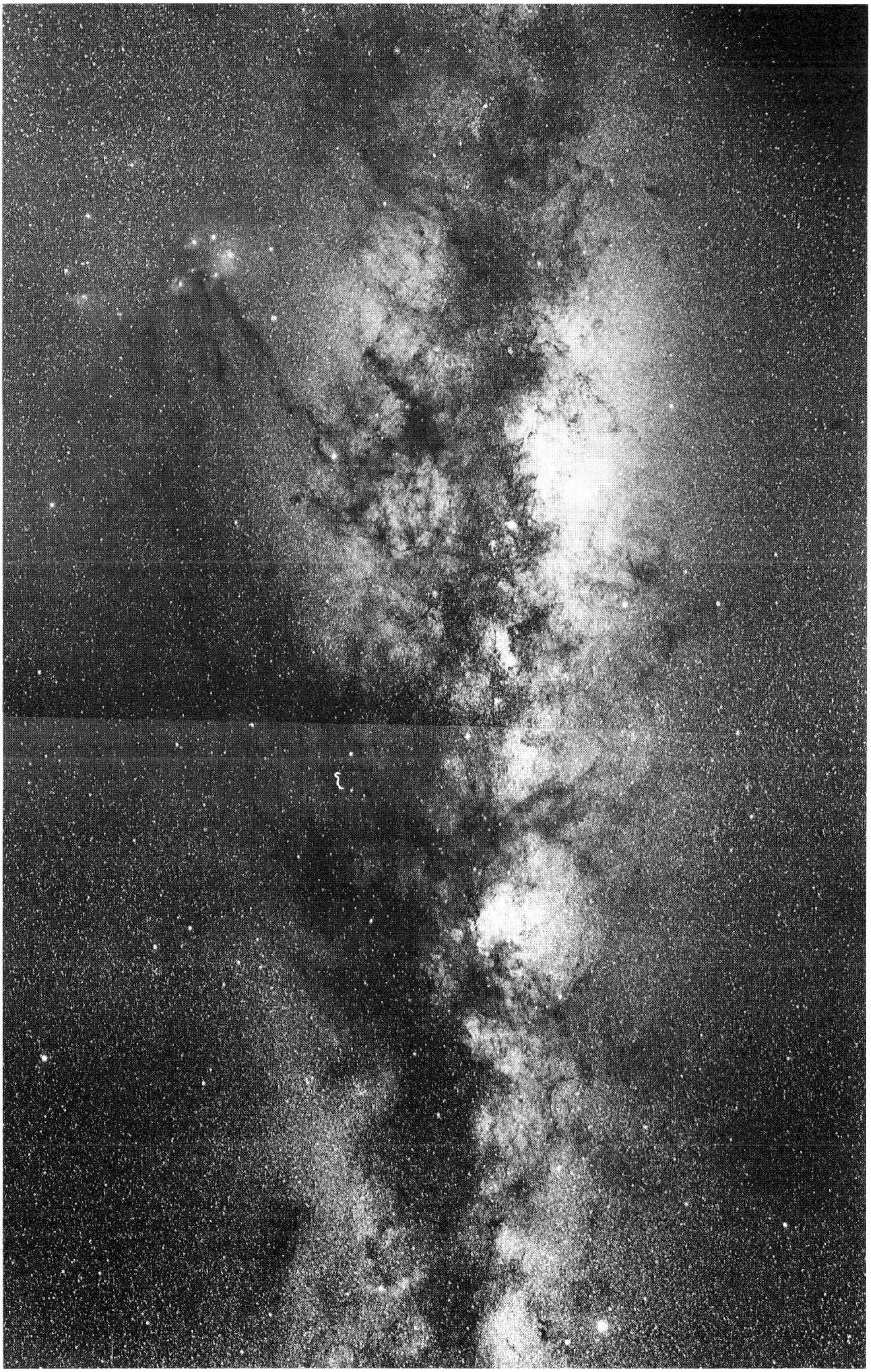

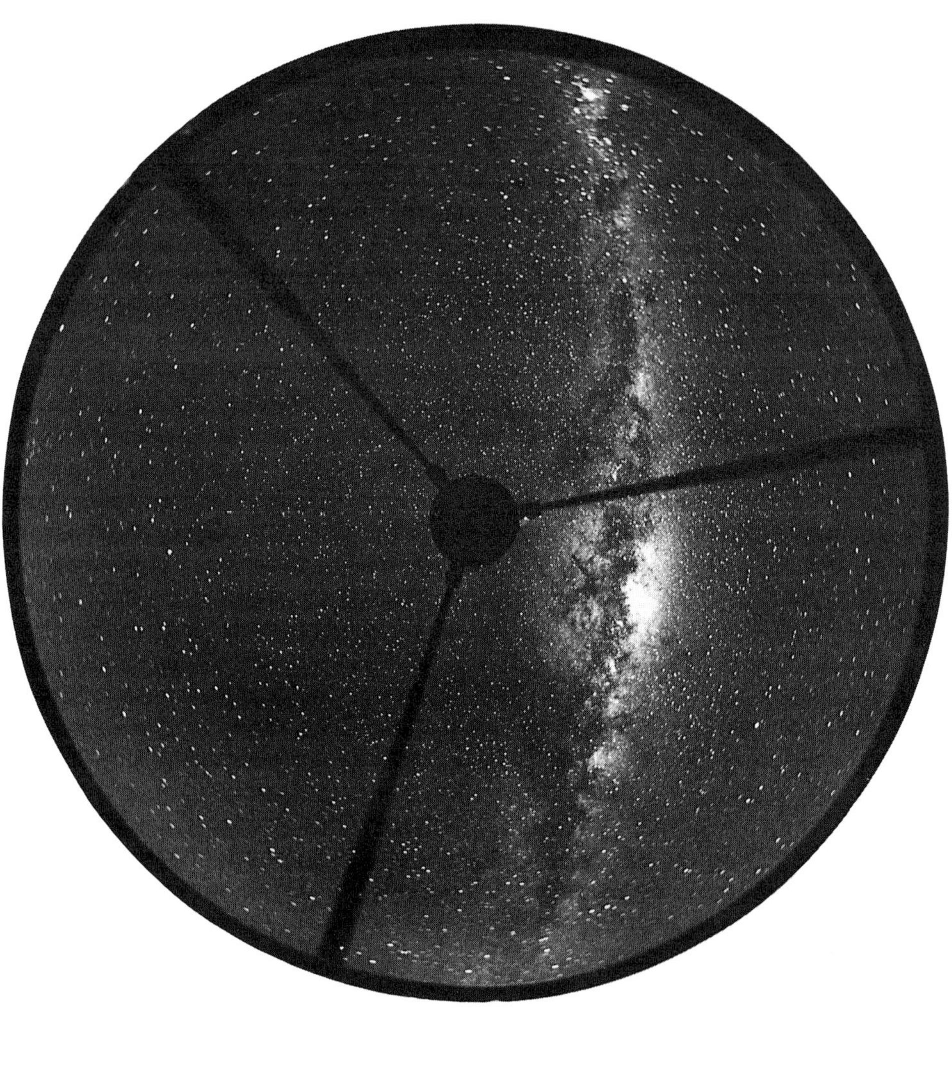

Abb. 2.5: *Die Milchstraße zwischen Aquila (unten) und Carina im roten Licht, aufgenommen mit einer Kugelspiegelkamera. Die helle Sternwolke in der Mitte markiert die Richtung zum galaktischen Zentrum im Sagittarius. In das helle Milchstraßenband sind interstellare Staubwolken eingelagert, im oberen Teil der »Kohlensack«. (Aus: W. Schlosser et al., Atlas der Milchstraße, Universität Bochum)*

Milchstraßensystem zu den großen Spiralgalaxien gehört, wie sie sich im extragalaktischen Raum in zahlreichen Exemplaren und unter den verschiedensten Blickwinkeln präsentieren.

Diese nahe Verwandtschaft ist bereits unverkennbar, wenn man eine moderne Weitwinkelaufnahme der südlichen Milchstraße mit Photographien extragalaktischer Systeme vergleicht, bei denen wir die stark abgeplattete sternenerfüllte Scheibe mit ihrer verdickten Kernregion gerade von der Kante sehen. Ein solches Milchstraßenbild läßt auch sofort vermuten, daß wir aus einiger Distanz auf den Kern des Systems schauen, also nicht selbst im Zentrum sitzen, das man in Richtung der hellen und besonders am Südhimmel ins Auge springenden Sternwolken des Sternbildes Schütze anzunehmen geneigt sein wird. Messungen und Helligkeitsverteilung längs des ganzen Milchstraßenbandes lassen in der Tat keinen Zweifel daran, daß diese Himmelsgegend gegenüber allen anderen ausgezeichnet ist; man beobachtet dort eine gegen das allgemeine Niveau sich stark abhebende Helligkeitsspitze. Der irdische Beobachter kann jedoch nicht weit von der Hauptebene der flachen galaktischen Scheibe angesiedelt sein. Wir würden sonst die Milchstraße nicht als einen die Himmelskugel überspannenden Großkreis sehen. Entlang dieser ausgezeichneten Ebene dringt der Blick in die sternreichen Gegenden unserer Galaxis ein, senkrecht dazu schauen wir aus der Hauptebene des Systems heraus und finden Himmelsfelder, wo die Sterne dünn gesät sind.

Der Vergleich mit extragalaktischen Systemen ist gewiß eine wertvolle Orientierungshilfe bei der Erkundung der eigenen Galaxis, die gerade für uns als Innenbewohner so schwierig ist. Andererseits tragen solche vergleichenden Beobachtungen aber auch nicht zu weit. Wichtige Eigenschaften des Systems, wie seine Ausdehnung, sein innerer Bewegungszustand und einiges andere, von dem noch die Rede sein wird, sind auf diesem Wege nicht zu erfahren.

Sternbewegungen und galaktische Rotation

Neben der Verteilung im Raum sind die Bewegungen der Sterne ein wichtiges Thema bei der Erforschung des Milchstraßensystems. Es wurde eingeleitet durch die Entdeckung von Edmond Halley im Jahre 1718, der anhand von im »Almagest« des Ptolemäus angegebenen Sternpositionen feststellen konnte, daß einige der helleren Fixsterne, wie Sirius und Arktur, innerhalb der vergangenen anderthalb Jahrtausende ihre Stellung am Himmel merklich geändert haben. Die Sterne sind in Wirklichkeit nicht

»Fixsterne«, sondern bewegen sich durch den Raum, die Konstellationen an der Sphäre unterliegen deshalb langsamen stetigen Veränderungen. Die Effekte sind zwar, auf kürzere Zeitspannen bezogen, sehr klein, summieren sich aber im Lauf von Jahrzehnten oder gar Jahrhunderten zu deutlichen Versetzungen. Von wenigen Ausnahmen abgesehen, wie dem Barnardschen Pfeilstern, der sich jährlich um 10.3 Bogensekunden fortbewegt, sind sie kleiner als 1 Bogensekunde pro Jahr. Diese Eigenbewegungen der Sterne werden heute systematisch untersucht durch den Vergleich von zu verschiedenen Zeiten aufgenommenen Photographien desselben Himmelsfeldes, wobei Intervalle von einigen Jahrzehnten üblich sind. Die an die Sphäre projizierte Ortsveränderung wird im Winkelmaß erfaßt, zunächst relativ zu benachbarten Sternen, dann zum astronomischen Koordinatensystem, und gibt nur Auskunft über Bewegungen senkrecht zur Verbindungslinie Erde–Stern.

Eine wichtige Ergänzung sind deshalb Messungen der Radialgeschwindigkeit, der Bewegung *in* der Sichtlinie, die unter Anwendung des Dopplerschen Prinzips aus dem Vergleich der Spektrallinien eines Sterns mit denen eines irdischen Spektrums gewonnen wird. Sind die Linien des Sterns nach Rot zu größeren Wellenlängen verschoben, dann bewegt sich dieser von uns weg, bei Blauverschiebung auf uns zu. Die ersten befriedigend genauen Radialgeschwindigkeiten sind nach dieser Methode 1890 von Hermann Carl Vogel in Potsdam gemessen worden, der sich einen Spektrographen baute, mit dem er die Spektren photographieren konnte. Während die Eigenbewegung als Winkeländerung pro Zeiteinheit erst bei bekannter Entfernung des Objektes als Geschwindigkeit ausgedrückt wer-

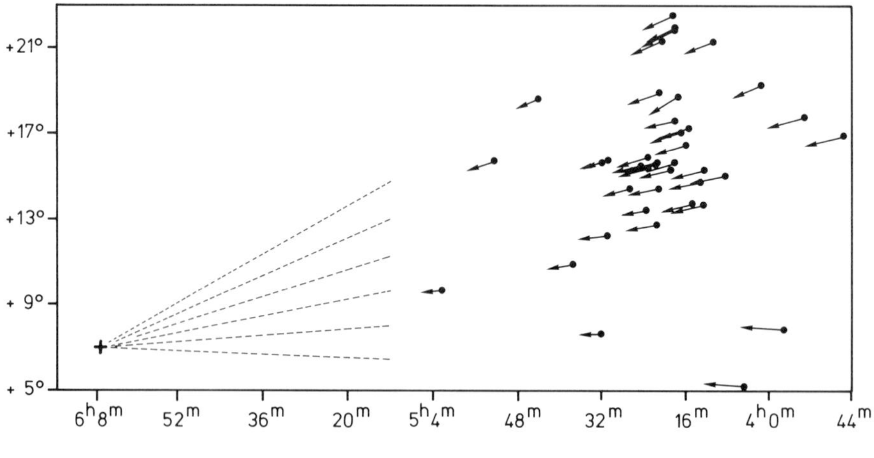

den kann, folgt aus der Dopplerverschiebung im Sternspektrum die Radialgeschwindigkeit direkt in Kilometer pro Sekunde. Die Kombination der beiden gibt die Geschwindigkeit im Raum nach Größe und Richtung.

Bei der Analyse der so ermittelten Sternbewegungen muß vor allem anderen beachtet werden, daß auch wir uns mit der Sonne durch den Raum bewegen, die Beobachtungen also nicht etwa von einem festen Standort, sondern »aus dem fahrenden Zug« gemacht sind. Die Sterndaten enthalten deshalb einen Anteil, der nur unsere eigene Bewegung widerspiegelt, die Sterne vor uns scheinen uns entgegenzukommen, die hinter uns fortzulaufen. Diese Komponente läßt sich aber abtrennen, wenn man die Sonnenbewegung selbst, ihre Geschwindigkeit und den Zielpunkt, auf den sie gerichtet ist, kennt. Um sie zu bestimmen, wird angenommen, die wahren Bewegungen der Sterne, ihre sogenannten Pekuliarbewegungen, seien regellos, einzelne Geschwindigkeiten und Richtungen träten nicht bevorzugt auf. Dann nämlich muß sich in den kinematischen Daten einer größeren Zahl von über den Himmel verteilten Sternen der immer vorhandene, systematische Anteil der Sonnenbewegung von den gegenseitig sich aufhebenden, regellosen Pekuliaranteilen abheben und aussondern lassen.

Wie aus vielen gründlichen Studien hervorgeht, kann mit dieser Annahme in der näheren Umgebung der Sonne sinnvoll operiert werden. Die Werte der pekuliaren Sonnenbewegung stützen sich heute auf Messungen von Eigenbewegungen und Radialgeschwindigkeiten an Tausenden von Sternen in Entfernungen bis zu einigen hundert Lichtjahren und besagen, daß die Sonne und ihr Planetensystem mit etwa 15 km/s auf einen

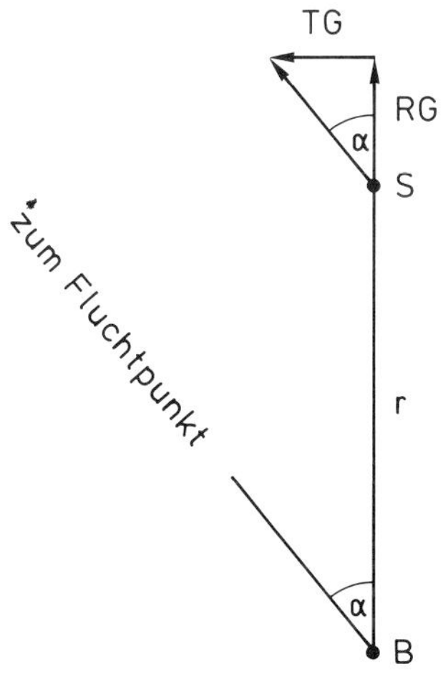

Abb. 2.6:
a) Der Sternstrom der Hyaden. Die Eigenbewegungen der einzelnen Sterne sind nach Größe und Richtung aufgetragen. Sie zielen alle auf einen gemeinsamen Fluchtpunkt. (Links)
b) Aus gemessener Radialgeschwindigkeit RG und der bekannten Richtung des Fluchtpunktes folgt die Tangentialgeschwindigkeit TG. TG dividiert durch die Entfernung r des Sterns S vom Beobachter B entspricht der Eigenbewegung. Ist diese gemessen, dann läßt sich r berechnen.

Punkt im Sternbild Herkules zustreben. Auch für die Pekuliargeschwindigkeiten der uns benachbarten Sterne finden sich dann ähnliche Werte, sie liegen im allgemeinen unter 30 km/s. Für den Nahbereich ist demnach eine ungeordnete Schwarmbewegung mit relativ geringen Geschwindigkeiten charakteristisch.

Es gibt aber Ausnahmen: die Sternströme, bei denen eine größere Anzahl von Objekten, die über ein weites Gebiet am Himmel zerstreut sein können, in geordneter Marscheinheit, fast parallel zueinander, gemeinsam den Raum durchqueren. Diese verdienen aus verschiedenen Gründen besonderes Interesse. Die Eigenbewegungen der Mitglieder eines solchen Stromes sind alle von ähnlicher Größe und treffen sich in ihrer Verlängerung in einem Punkt, der am Himmel in einigem Abstand von der betreffenden Sterngruppe liegen kann, analog den in einem Fluchtpunkt sich treffenden Parallelen einer perspektivischen Darstellung. Die Richtung zu diesem Konvergenzpunkt ist die Bewegungsrichtung des Stromes im Raum. Aus den Radialgeschwindigkeiten der Sterne, die auch alle annähernd einander gleich sind, folgt dann sofort die Stromgeschwindigkeit, da der Winkel zwischen der radialen Sichtlinie zu den Sternen und der Stromrichtung bekannt ist. Mit ihr ist auch die Geschwindigkeit des Stromes in Kilometern pro Sekunde senkrecht zur Sichtlinie gegeben, die sogenannte Tangentialgeschwindigkeit, die andererseits als Eigenbewegung in Bogensekunden pro Jahr beobachtet wird.

Wie die Tangentialgeschwindigkeit als Ortsveränderung im Winkelmaß an der Sphäre erscheint, hängt aber, wie schon erwähnt, von der noch unbekannten Entfernung ab, die wir jetzt aus dem Vergleich der beiden bekannten tangentialen Bewegungen unmittelbar berechnen können. Die Sternströme, auch wenn man davon nicht allzu viele kennt, eröffnen so einen neuen Zugang zu den kosmischen Distanzen. Das ist nicht zuletzt deshalb wichtig, weil diese Methode weiter in den Raum hinausreicht als die trigonometrischen Parallaxen.

Von besonderer Bedeutung ist der Strom des Hyadenhaufens, dessen nahezu 200 Mitglieder im Sternbild Stier stehen und auf einen mehr als 20 Grad davon entfernten Fluchtpunkt im Orion zulaufen. Er bewegt sich in einer Entfernung von 150 Lichtjahren, die mit einem Fehler von weniger als ± 10 Prozent bestimmt sind. Wie noch zu erläutern sein wird, ist die Entfernung der Hyaden eine der tragenden Säulen für die mit Helligkeitsmessungen erschlossenen Distanzen oder, anders ausgedrückt, für die Ermittlung absoluter Sternhelligkeiten und hat dadurch den Charakter eines Eichmaßes für die kosmische Entfernungsskala.

Die Spiralgalaxien sind große rotierende Scheiben. Schon aufgrund ihrer Form ist zu vermuten, daß sie sich um eine Achse drehen, die auf der Ebene der größten Ausdehnung senkrecht steht. Scheibenartige Konfigurationen kosmischer Objekte sind stets ein Indiz für Rotation: Während die von einem massigen Zentrum ausgehende Schwerkraft in alle Richtungen gleich wirkt, ist die mit einer Drehbewegung verknüpfte Zentrifugalkraft senkrecht zur Drehachse gerichtet und zeichnet dadurch eine Ebene aus. In der Scheibenform eines rotierenden Systems mit Schwerezentrum spiegelt sich das von der Kugelsymmetrie abweichende Kraftfeld wider. Die Rotation der Galaxien ist besonders deutlich zu erkennen bei flachen Systemen, die wir von der Kante sehen. Die Radialgeschwindigkeiten zu beiden Seiten des Kernes unterscheiden sich um den doppelten Betrag der Drehbewegung, die eine Seite läuft auf uns zu, die andere von uns weg. Aus solchen Beobachtungen geht auch hervor, daß die Systeme sich nicht wie starre Gebilde drehen, wie Wagenräder, mit einer für alle Teile gleichen Rotationsperiode. Die gemessenen Drallgeschwindigkeiten müßten sonst mit zunehmendem Abstand vom Kern der Galaxie ständig anwachsen. In der Regel bleiben sie aber, nach einem relativ steilen Anstieg in Kernnähe, in den äußeren Teilen fast konstant oder nehmen wieder ab. Die Zeiten für einen Umlauf werden also nach außen größer. Das ist insofern nicht verwunderlich, als ein Sternsystem allem anderen als einem starren Körper entspricht: Die weit voneinander getrennten Sterne umkreisen das Schwerezentrum einer Galaxie ohne sich gegenseitig merklich zu beeinflussen und folgen dabei denselben Regeln wie die Planeten bei ihrem Lauf um die Sonne.

Natürlich ist zu erwarten, daß auch unser Milchstraßensystem rotiert. Wie aber können wir das im Inneren feststellen, von einem Ort aus, der uns das System nur unvollständig zu überblicken gestattet? Wenn in unserem Teil des Milchstraßensystems die Rotationsperiode auch nach außen wächst und die Geschwindigkeit der Sterne in ihren Bahnen um das galaktische Zentrum nach außen sogar abnimmt, dann ändern die Sterne ihre gegenseitige Lage; solche, die dem Zentrum näher sind als wir, werden die Sonne im Lauf der Zeit überholen, weiter außen liegende werden zurückfallen. Dieses wesentliche Kennzeichen der sogenannten differentiellen Rotation, im Gegensatz zur starren, müßte sich längs der Milchstraße in einer systematischen Variation von Radialgeschwindigkeit und Eigenbewegung niederschlagen, wenn man Sterne herausgreift, die sich in unterschiedlichen Distanzen vom galaktischen Kern befinden. Die berühmten Doppelwellen (siehe Abb. 2.7) hat als erster der Holländer Jan Hendrik Oort 1927 in den Radialgeschwindigkeiten von Sternen aus verschiedenen Partien der

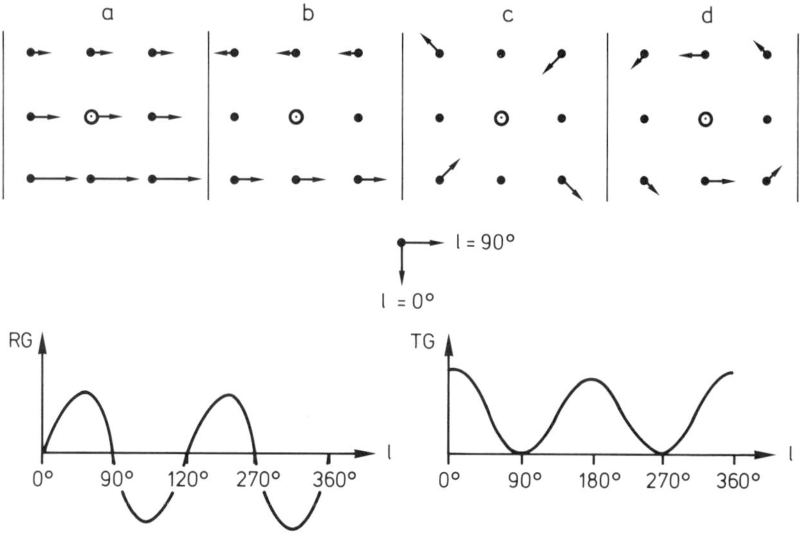

Abb. 2.7: *Differentielle Rotation und die auftretenden Geschwindigkeitsfelder schematisch. ⊙ markiert jeweils die Sonne. Nach oben wachsende Entfernung vom galaktischen Zentrum in Richtung l = 0°. Rotationsrichtung l = 90°; a) Absolute Geschwindigkeiten, nach außen abnehmend, b) Geschwindigkeiten relativ zur Sonne, c) bzw. d) Relativgeschwindigkeiten aufgetrennt in Radial- bzw. Tangentialkomponenten (RG bzw. TG). In Abhängigkeit von der galaktischen Länge l resultieren die beiden Doppelwellen (unten). TG wird über die Eigenbewegung der Sterne ermittelt.*

Milchstraße nachgewiesen. Sie sind heute, auch in den Eigenbewegungen, mit einem an Umfang wesentlich erweiterten und in der Qualität verbesserten Beobachtungsmaterial abgesichert. Die Effekte der differentiellen Rotation können aber nur mit Sternen von einigen tausend Lichtjahren Entfernung klar erfaßt werden, in geringerer Distanz heben sie sich gegenüber dem vorher erwähnten ungeordneten Schwärmen der Sterne nicht deutlich genug ab. Im Nahbereich ist die großräumige Drehung von diesem lokalen Verhalten überdeckt.

Die Oortschen Doppelwellen sind nicht nur deshalb bemerkenswert, weil sie uns das Phänomen der differentiellen Rotation des Milchstraßensystems dokumentieren. Mit diesen Beobachtungen aus einem räumlich relativ eng begrenzten Bereich werden weitere Informationen über das System als Ganzes gewonnen. So sind in den Doppelwellen zwei um 90 Grad differierende galaktische Längen ausgezeichnet. Die eine muß die Richtung zum Zentrum der Rotation sein; im Einklang mit den Befunden über die Helligkeitsverteilung längs der Milchstraße zeigt sie auf die sternreiche Gegend im Sternbild Schütze. Die andere weist uns die Richtung, in welche die Sonne und ihre Umgebung von der galaktischen Rotation geführt wird; sie entspricht einer Gegend im Sternbild Schwan. Den Doppelwellen von Radialgeschwindigkeit und Eigenbewegung ist ferner die Winkelgeschwindigkeit der Rotation in Sonnenumgebung zu entnehmen, wie sich also die Richtung zum galaktischen Zentrum im Winkelmaß pro Zeiteinheit ändert. Die heute bekannten Daten sprechen für einen Wert von 0.53 Bogensekunden pro Jahrhundert. Eine Änderung um 360 Grad bedeutet einen vollen Umlauf, aus dieser Winkelgeschwindigkeit folgt demnach unmittelbar die Umlaufsperiode, das »galaktische Jahr«, zu etwa 250 Millionen Jahren. So lange braucht die Sonne, um einmal das galaktische Zentrum zu umkreisen!

Die Geschwindigkeit in der Umlaufbahn, die pro Zeiteinheit zurückgelegte Strecke, ist dagegen der Winkelgeschwindigkeit, multipliziert mit dem Abstand der Sonne vom Zentrum, gleich. Letzterer muß, wie noch zu besprechen ist, auf einem anderen unabhängigen Weg erkundet werden; er entspricht etwa 9000 pc oder knapp 30000 Lj., wie heute allgemein angenommen wird. Die Bahngeschwindigkeit der Sonne und der Sterne ihrer Nachbarschaft ergibt sich damit zu 220 km/s.

Mit diesen Größen kennen wir charakteristische Merkmale des galaktischen Bewegungszustandes. Daneben eröffnen sie uns den Zugang zu einer anderen grundlegenden Information: In einem die Wirklichkeit stark vereinfachenden Modell kann man annehmen, die innerhalb der Sonnenbahn vorwiegend in Sternen konzentrierte Materie sei im Kern des Milchstraßensystems vereinigt und die Sonne bewege sich im Schwerefeld dieser Zentralmasse. Die Sonne unterliegt dann einerseits der nach innen gerichteten Schwereanziehung, andererseits der von ihrer Geschwindigkeit und der Bahnkrümmung abhängigen, nach außen gerichteten Zentrifugalkraft. Beide Kräfte müssen gleich groß sein, andernfalls könnte die Sonne sich nicht in ihrer Bahn halten. Da Bahndurchmesser und Geschwindigkeit bekannt sind, läßt sich so die noch unbekannte gravitierende Zentralmasse berechnen. (In gleicher Weise ist aus den Daten der Bahnbewegung der Erde um die Sonne die Masse unseres Zentralgestirns abzuleiten.) Diese Abschätzung der innerhalb der Sonnenbahn vorhandenen Masse des Milchstraßensystems führt auf rund 10^{11} Sonnenmassen, auf die Masse von 100 Milliarden sonnenähnlicher Sterne. Verfeinerte Modelle der Massenverteilung kommen für die gesamte im Milchstraßensystem vereinigte Masse auf die gleiche Größenordnung. Sie dürfte typisch sein für große Spiralgalaxien.

Die Bewegungen der Sterne zu bestimmen, erfordert, deren Positionen an der Himmelssphäre zu verschiedenen Epochen innerhalb eines astronomischen Koordinatensystems mit hoher Genauigkeit festzulegen. Dieses Koordinatensystem kann aber seinerseits nur wieder an den Örtern von Sternen aufgehängt werden, die sich wie alle anderen selber bewegen und deshalb keine echten Fixpunkte repräsentieren. Aus diesem Grunde werden seit längerem in international abgestimmten Programmen für eine begrenzte Anzahl sogenannter Fundamentalsterne Örter und Eigenbewegungen besonders genau vermessen und verfolgt. Mit ihnen ist das astronomische Koordinatensystem definiert, das im Lauf der Zeit ständig verbessert worden ist und weiterhin verbessert werden muß. Alle astronomischen Entfernungsbestimmungen und damit unsere ganzen Vorstellungen über den räumlichen Aufbau des Universums sind von der Qualität dieses Fundamentalsystems abhängig.

Die Positionsastronomie ist ein Arbeitsgebiet, zu dem deutsche Sternwarten immer wieder wichtige Beiträge geleistet haben. Gegenwärtig entsteht am Astronomischen Recheninstitut in Heidelberg unter der Leitung von Walter Fricke der 5. Fundamentalkatalog (FK 5) mit Örtern und Eigenbewegungen von einigen tausend Fundamentalsternen, für die neuere Daten aus aller Welt berücksichtigt werden. Gegenüber seinen Vorläufern wird der FK 5 vor allem am südlichen Himmel deutliche Verbesserungen enthalten. Ein astrometrisches Großunternehmen ist mit dem europäischen Satelliten Hipparcos geplant: Er soll ab 1986, unbeeinträchtigt durch die Atmosphäre und andere Störeffekte, die Positionsbeobachtungen vom Boden aus behindern, 100000 Sterne mit bisher nicht möglicher Präzision vermessen und so die Basis unserer Kenntnisse über Sternbewegungen und -entfernungen entscheidend verbreitern und verfestigen.

Stellare Zustände

Die Vielfalt an Sterntypen, der wir im Milchstraßensystem begegnen, kommt einmal in den Leuchtkräften, den von den Sternen abgestrahlten Energiemengen, zum Ausdruck. Sie bewegen sich innerhalb weiter Grenzen. Die Leuchtkraft der absolut hellsten Sterne ist hunderttausendmal größer als die der Sonne, und diese gehört noch keineswegs zu den schwächsten. Eine andere Größe, die sich von Stern zu Stern stark unterscheiden kann, ist die Temperatur der Sternoberflächen. Von ihr hängt die Farbe des Sternlichtes ab, und schon mit bloßem Auge können wir feststellen, daß die Sterne keineswegs einheitlich koloriert sind.

Blaue Sterne sind heiß, rote relativ kühl. Der Astronom erfaßt die Farbe, indem er die Helligkeit eines Sterns mit Hilfe von Farbfiltern bei verschiedenen Wellenlängen mißt. Der daraus abgeleitete Farbindex ist ein Maß für die Temperatur der obersten Schichten des Sterns, von wo das Licht in den Weltraum hinaustritt. Die Methode der Farbmessungen hebt auf das kontinuierliche Spektrum des Sternlichtes ab. Ein anderer Weg zu den Sterntemperaturen geht über das Linienspektrum. Welche Spektrallinien und in welcher Stärke diese zu beobachten sind, hängt wesentlich von der Temperatur einer Sternatmosphäre ab. Bei den roten kühlen Objekten, deren Spektren in dichter Folge metallische und molekulare Linien enthalten, gehen die Temperaturen bis etwa 3000 Grad herunter, während die blauen heißen Sterne, deren kontinuierliche Spektren kaum durch Linien unterbrochen sind, bis 50000 Grad und darüber hinaufreichen. Die Oberfläche der Sonne ist nicht ganz 6000 Grad heiß.

Nun könnte man erwarten, die Ausstrahlung eines Sterns, seine Leuchtkraft, wachse mit der Temperatur und diese beiden Größen seien direkt miteinander verkoppelt. Das wäre so, wenn die Sterne gleichgroße Oberflächen hätten, niedere Temperatur bedeutete dann in der Tat geringe Leuchtkraft. Aber auch die Durchmesser der Sternkugeln und damit ihre Oberflächen variieren über einen weiten Bereich. Ein kühler Stern wird deshalb, sofern er nur genügend groß ist, sehr leuchtkräftig sein, während ein Objekt kleiner strahlender Oberfläche, auch wenn diese heiß ist, lichtschwach bleiben kann.

Da wir die Sterne ihrer großen Distanz wegen auch mit den stärksten Fernrohren stets nur als Lichtpunkte und nicht als ausgedehnte Himmelskörper sehen, sind ihre Durchmesser nur auf Umwegen zugänglich. Anders allerdings bei der Sonne: Aus dem Winkeldurchmesser der Sonnenscheibe an der Sphäre und bekannter Entfernung folgt unmittelbar der lineare Durchmesser unseres Zentralgestirns zu 1.39 Millionen km. Wichtige Aufschlüsse verdanken wir einer speziellen Klasse von Doppelsternen, den Bedeckungsveränderlichen. Die beiden Komponenten sind bei diesen Systemen nicht getrennt zu sehen, ihr Licht verschmilzt zu einem gemeinsamen Lichtpunkt, dessen Helligkeit regelmäßig schwankt. Ein bekanntes Objekt dieser Art ist der Stern Algol im Perseus. Die Periode seines Lichtwechsels ist 2.87 Tage, bei anderen umfaßt sie Jahre. Die Bahnebene dieser Systeme ist im Raum zufällig so orientiert, daß die beiden Sterne bei ihrer gegenseitigen Umkreisung von der Erde aus gesehen immer wieder genau hintereinander zu stehen kommen. Während einer solchen Bedekkung erreicht uns nicht das volle Licht, wobei die Helligkeitsabnahme eine andere ist, je nachdem, ob die größere der beiden Komponenten vorne oder hinten steht. Die Dauer der Bedeckungen und dementsprechend die Phasen verminderter Helligkeit hängen davon ab, wie sich die Durchmesser der beiden Sterne zueinander und zur Länge der Umlaufbahn verhalten. Die letztere läßt sich ermitteln, wenn es gelingt, die Bahngeschwindigkeit einer Komponente in Kilometern pro Sekunde aufgrund der periodisch schwankenden Dopplerverschiebung im Linienspektrum zu messen.

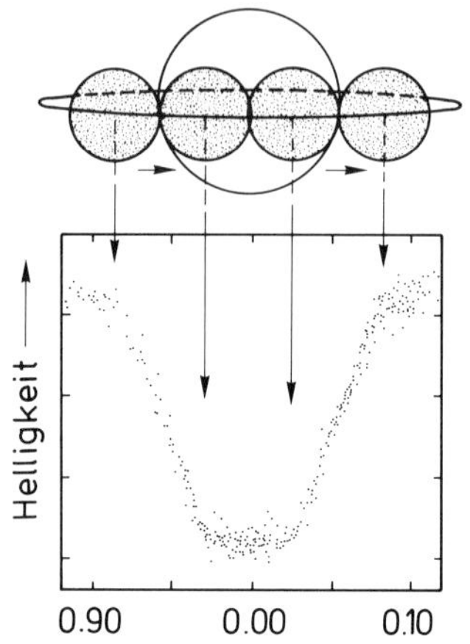

Abb. 2.8: *Bedeckungsveränderlicher VV Orionis während der Hauptverfinsterung mit Lichtkurve. Die Bedeckung der helleren, größeren Komponente durch die dunklere, kleinere reduziert die Gesamthelligkeit des Systems um ein Drittel, wie die Meßpunkte zeigen. Angegeben ist die Phase dieses periodischen Wechsels, wobei das Intervall 0.0–1.0 der Periode von 1.48 Tagen entspricht. (Nach C. M. Huffer und Z. Kopal)*

Dann sind die Voraussetzungen gegeben, um aus dem zeitlichen Verlauf des Lichtwechsels die Durchmesser beider Sterne in Kilometern zu errechnen. Dieses Verfahren zeichnet sich dadurch aus, daß es nicht die Kenntnis der Entfernung verlangt. Es führt zwar nur bei relativ wenigen der zahlreichen bekannten Doppelsternsysteme, bei nicht viel mehr als zwei Dutzend, zu uneingeschränktem Erfolg, vermittelt aber ein klares Bild von der Variationsbreite der stellaren Durchmesser. Einige Doppelsternkomponenten sind so groß – man nennt sie deshalb Riesen –, daß die Sonne zusammen mit einem wesentlichen Teil des Planetensystems in ihnen Platz hätte. Andererseits gibt es Zwergsterne, deren Durchmesser dem der Erde ähnlich ist. Der Sonne kommt also auch hier, innerhalb dieser enormen Spannweite stellarer Dimensionen, eine eher mittlere Stellung zu.

Mit Leuchtkraft, Temperatur und Durchmesser kennen wir wichtige, der Beobachtung zugängliche Eigenschaften der Sterne. In der weiten Skala von Werten, die jede dieser Zustandsgrößen überdeckt, spiegeln sich die vielerlei Sternarten des Milchstraßensystems. Die Zustandsgrößen sind aber nicht voneinander unabhängig, zwischen ihnen bestehen überraschende und nicht ohne weiteres einsichtige Zusammenhänge. Vergleicht man zum Beispiel Sterne einheitlicher Oberflächentemperatur miteinander, so kommen darunter nicht etwa beliebige Leuchtkräfte und Durchmesser vor, diese sind vielmehr auf wenige enge Bereiche eingeschränkt. Offensichtlich gibt es in der Physik des stellaren Zustandes ruhende Gründe, die viele an sich denkbare Kombinationen dieser äußeren Kenngrößen nicht zulassen. Dieser empirische Befund, dem wir uns jetzt etwas eingehender widmen müssen, ist für das heutige Verständnis vom Aufbau der Sterne und ihrer zeitlichen Entwicklung grundlegend.

Die beobachteten Werte von Zustandsgrößen ordnet der Astronom mit Hilfe des Hertzsprung-Russell-Diagramms (abgekürzt HR-Diagramm). Es geht auf den Dänen Einar Hertzsprung und den Amerikaner Henry N. Russell zurück, die sich bereits um 1910 anhand dieses Schemas Aufschluß

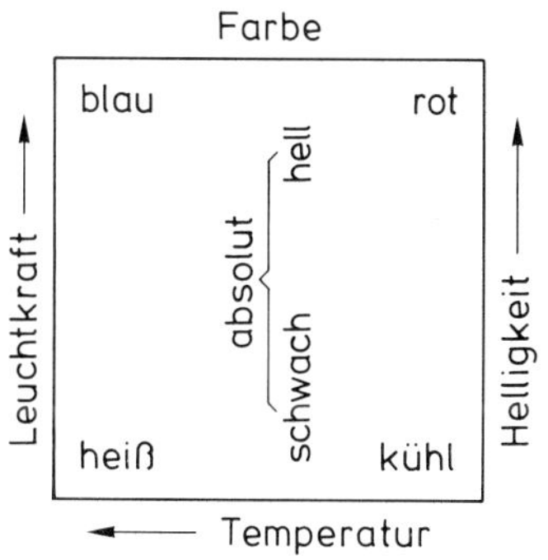

Abb. 2.9: *Schema des Hertzsprung-Russell- bzw. des Farben-Helligkeits-Diagramms.*

über die Entwicklung der Sterne erhofften. Das Diagramm hat zwei Achsen: In der Vertikalen (Ordinate) werden, von unten nach oben wachsend, die Leuchtkräfte, in der Horizontalen (Abszisse), von rechts nach links zunehmend, die Oberflächentemperaturen der betrachteten Sterne eingetragen. Wird als Äquivalent für die Temperatur die Farbe verwendet und bei einer Sterngruppe einheitlicher Entfernung, anstelle der Leuchtkraft die scheinbare Helligkeit, dann spricht man von einem Farben-Helligkeits-Diagramm. Absolut helle Sterne stehen also im oberen Teil des Diagramms, absolut schwache unten; rote Sterne sind kühl und stehen deshalb rechts, heiße blaue links. Von der Temperatur hängt es ab, wieviel Energie von einem Quadratzentimeter der Sternoberfläche abgestrahlt wird, wobei die Strahlung mit der Temperatur stark zunimmt

(Stefan-Boltzmannsches Gesetz). Kühle Sterne großer Leuchtkraft, rechts oben im HR-Diagramm, kann es demnach nur geben, wenn diese ihre geringe Abstrahlung pro cm^2 durch große Oberfläche überkompensieren; wir sprechen dann von Roten Riesen und Überriesen. Finden wir Sterne im linken unteren Teil, dann muß es sich dagegen um heiße Objekte kleiner Oberfläche, das heißt um Blaue (oder Weiße) Zwerge handeln. Das Diagramm veranschaulicht also nicht nur, welche Leuchtkraft oder Absoluthelligkeit mit welcher Oberflächentemperatur gekoppelt ist, sondern enthält auch Informationen über den Sterndurchmesser.*

Wo im HR-Diagramm stehen nun die in der Natur verwirklichten Sterne? Wir betrachten zunächst die Sterne unserer näheren Umgebung, von denen die Entfernungen und damit die Leuchtkräfte relativ genau bekannt sind. In der Abbildung 2.10 sind insgesamt fast 1000 Sterne dieses Nahbereichs mit Distanzen bis zu etwa 80 Lichtjahren eingetragen, jeder Punkt entspricht einem Stern. Als erstes fällt auf: Die Punkte sind nicht etwa gleichmäßig über das Diagramm verteilt, sondern vorwiegend innerhalb eines schmalen Bandes konzentriert, das sich von links oben nach rechts unten erstreckt, von etwa 10000 Grad heißen Sternen mit mehr als 10 Sonnenleuchtkräften bis herab zur Temperatur von 2000 Grad und 0.0001 Sonnenleuchtkräften. Einige relativ heiße Sterne finden sich davon deutlich getrennt bei geringen Leuchtkräften, das sind Weiße Zwerge, andere wenige in einer Ausbuchtung nach oben in den Bereich der Roten Riesen hinein. Auch die Sonne hat ihren Platz innerhalb des ausgezeichneten Bandes, innerhalb der sogenannten Hauptreihe.

Die Sterndurchmesser nehmen längs dieser Hauptreihe nach unten hin ab, am oberen Ende entsprechen sie etwa dem Dreifachen, am unteren 1/4 des Sonnendurchmessers. Die Weißen Zwerge sind mit ca. 1/100 des Durchmessers der Sonne deutlich kleiner und in ihrer Größe mit der Erde vergleichbar.

Eine andere wichtige Variation, geht man die Hauptreihe entlang, betrifft die Masse der Sterne. Wie schon früher erwähnt, lassen sich Sternmassen anhand der in ihrem Schwerefeld zu beobachtenden Bewegung eines planetarischen Begleiters (Sonne–Erde) oder eines Schwestergestirns bei einem Doppelstern ermitteln. Die Massen der Hauptreihensterne des

---

* Ein aus dem HR-Diagramm abgeleiteter Sterndurchmesser setzt aber im Gegensatz zu der vorher erläuterten Methode bei Bedeckungsveränderlichen die Kenntnis der Leuchtkraft und damit der Entfernung voraus. Auch wirken sich kleine Fehler von Leuchtkraft und Temperatur auf die Genauigkeit dieser sogenannten strahlungsenergetischen Durchmesser stark negativ aus.

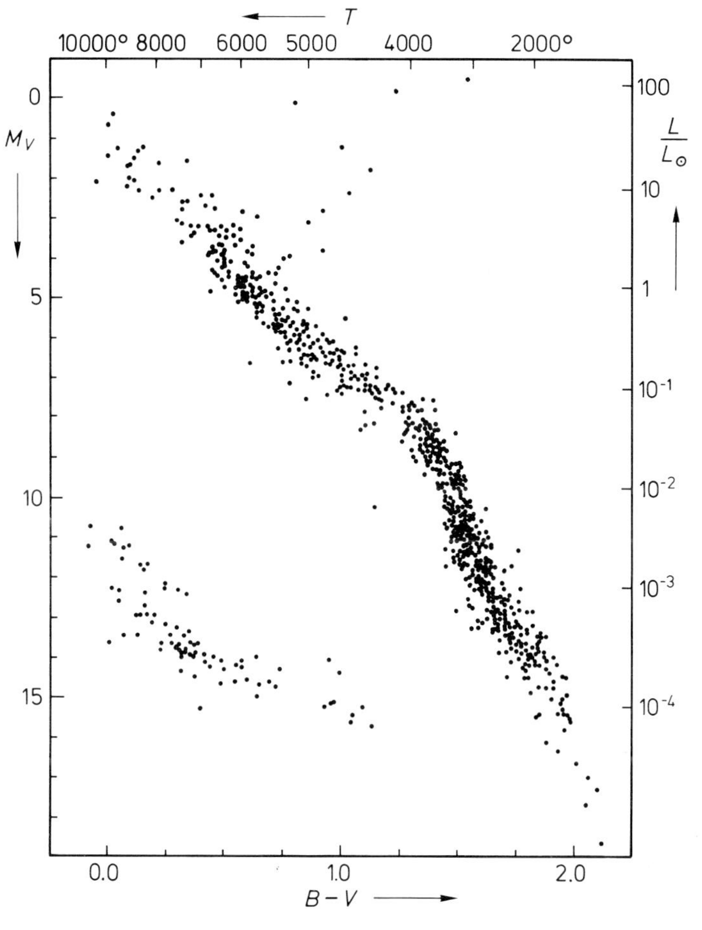

Abb. 2.10: *Hertzsprung-Russell-Diagramm von 860 Sternen der Sonnenumgebung mit Entfernungen bis 80 Lichtjahre (25 pc). Rechts: Leuchtkraft in Einheiten der visuellen Sonnenleuchtkraft. Oben: Temperatur. Links und unten: Absolute Helligkeit* M_V *bzw. Farbindex B-V in astronomischen Größenklassen. (5 Größenklassen Differenz entsprechen einem Helligkeitsverhältnis von 100:1, steigende Zahlen bedeuten abnehmende Helligkeit.) B Helligkeit im Blauen, V im Visuellen. Für die Sonne, die auf der Hauptreihe steht, gilt:* $M_V = 4.77$, *B-V = 0.62, T = 5700°. (Nach H. Jahreiß)*

Diagramms liegen zwischen 3 und 0.1 Sonnenmassen. Der größere Wert gilt für die hellen Sterne am oberen Ende der Hauptreihe, der kleinere für die lichtschwachen unten. Es besteht also eine Masse-Leuchtkraftbeziehung in dem Sinne, daß die abgestrahlte Energie bei Hauptreihensternen mit der Masse stark anwächst; einer Variation der Masse um das Dreißigfache entspricht eine Steigerung der Leuchtkraft um das Dreißigtausendfache: ein Zusammenhang von fundamentaler Bedeutung.

Auch von einigen Doppelsternen, bei denen die eine Komponente ein Weißer Zwerg ist, konnten die Massen bestimmt werden. Das bekannteste System mit dieser Besonderheit ist Sirius und sein lichtschwacher Begleiter, der sich in 50 Jahren um den hellen Hauptstern bewegt. Ungeachtet seiner geringen Leuchtkraft entspricht die Masse eines Weißen Zwerges etwa 1 Sonnenmasse. Sie weicht von der Masse-Leuchtkraftbeziehung der Hauptreihensterne ganz stark ab. Damit verknüpft ist die enorme mittlere Dichte: Die Materie von 1 Sonnenmasse ist hier in einem winzigen Stern zusammengepreßt, dessen Durchmesser sich zu dem der Sonne wie 1:100 verhält, sein Volumen also wie 1:1000000. In einem Kubikzentimeter eines Weißen Zwerges ist deshalb die in diesem Verhältnis größere Materiemenge konzentriert. In der Sonne kommt im Mittel, das heißt als Durchschnitt für den ganzen Stern gerechnet, etwas mehr als 1 g auf den Kubikzentimeter – die mittlere Sonnendichte oder das spezifische Gewicht ist der des Wassers vergleichbar –, während ein Kubikzentimeter eines Weißen Zwerges 1000 kg enthält! Entsprechend gravierend müssen sich die inneren Strukturen beider Sterntypen unterscheiden.

Das abgebildete HR-Diagramm der sonnennahen Sterne zeigt uns als typisches Merkmal die stark herausgehobene Hauptreihe. Mit dieser kleinen Stichprobe aus der Gesamtheit der galaktischen Sterne ist aber die Hauptreihe nicht in ihrer vollen Ausdehnung besetzt. Geht man weiter in den Raum hinaus, dann wird sie nach oben angereichert und schließlich über das Hunderttausendfache der Sonnenleuchtkraft hinaus und bis zu fast 50000 Grad Temperatur fortgesetzt. Die Sternmassen nehmen mit der Leuchtkraft weiter zu, am obersten Ende übertreffen sie die fünfzigfache Sonnenmasse. Je massereicher die Sterne sind, um so seltener kommen sie allerdings vor.

Auch das Ausdünnen im unteren Bereich, wie es aus Abbildung 2.10 hervorgeht, zeigt nicht die wahren Verhältnisse. Diese lichtschwachen Objekte vollständig zu erfassen, ist jedoch selbst in der unmittelbaren Sonnenumgebung schwierig. Wie häufig die ganz schwachen Sterne sind und wie weit die Hauptreihe nach unten reicht, ist deshalb nicht völlig klar. Es kann aber keinen Zweifel daran geben, daß diese Roten Zwerge

Abb. 2.11: *Der offene Sternhaufen der Plejaden mit seinen vielen lichtschwachen Mitgliedern (vgl. Abb. 2.1). Um die helleren Sterne leuchtet interstellare Materie im reflektierten Licht. Die Strahlenkreuze und aufgehellten Scheiben sind instrumentellen Ursprungs, die dunklen Flecke Plattendefekte. (Aufnahme: K. Birkle, Schmidt-Teleskop Calar Alto)*

überaus zahlreich sind. Die kleinsten vorkommenden Sternmassen dürften bei 0.02 Sonnenmassen liegen. Verglichen mit diesen Objekten am Schwanz der Hauptreihe sind die massiven Sterne in ihrem obersten Teil billionenfach leuchtkräftiger.

Das bisher gezeichnete Bild wird durch Beobachtungsbefunde bei den Sternhaufen des Milchstraßensystems wesentlich ergänzt. An verschiedenen Stellen des Himmels sind innerhalb relativ kleiner Areale deutlich mehr Sterne zu finden als außerhalb. Manchmal ist die Ansammlung eine Folge des Zufalls, oft aber handelt es sich um einen echten Verband mit einem hohen Grad innerer Verwandtschaft, die sich zum Beispiel in der gemeinsamen Bewegung dieser Sterne äußert. Ein solcher Sternhaufen ist auf vergleichsweise engem Raum zusammengedrängt, seine Mitglieder sind alle praktisch gleich weit von uns entfernt! Alles spricht dafür, daß die Sterne eines Haufens gemeinsam und etwa gleichzeitig entstanden sind. Ihre Bindung aneinander hat bisher ausgereicht, die Gruppe vor der Auflösung zu bewahren. Ein mit bloßem Auge sichtbares Objekt dieser Art sind die Hyaden, denen wir bereits als Sternstrom begegnet sind. Ein noch bekannteres Beispiel ebenfalls im Wintersternbild Stier: die Plejaden, das Siebengestirn, zu dem nicht nur die wenigen auffälligen hellen, sondern mehr als hundert weitere schwächere Sterne gehören.

Heute sind die Farben-Helligkeits-Diagramme (abgekürzt FH-Diagramme) einer ganzen Reihe von Sternhaufen bekannt. Wegen der einheitlichen Entfernung der Haufenmitglieder geht ja bereits aus den scheinbaren Helligkeiten die Verteilung der Leuchtkräfte hervor und auch andere wesentliche Züge des Zustandsdiagramms zeichnen sich ab, ohne daß dazu die Distanz bekannt sein müßte. Aufschlußreich sind insbesondere die nicht zu weit entfernten Haufen, bei denen die Beobachtungen bis zu den lichtschwachen Mitgliedern reichen: Sie alle zeigen eine gut besetzte Hauptreihe. Wie die Diagramme demonstrieren, die auf Helligkeits- und Farbmessungen hoher Genauigkeit beruhen, ist das Band der Hauptreihe bei den Sternhaufen auffallend schmal und scharf definiert. Das Phänomen der Hauptreihe ist also nicht etwa eine Eigenheit der sonnennahen Sterne, bei den dicht aufeinandersitzenden Angehörigen einer Sternfamilie tritt es eher noch deutlicher in Erscheinung.

Die Hyaden sind in diesem Zusammenhang von besonderem Interesse. Ihre Entfernung von 150 Lichtjahren, abgeleitet mit der vorher beschriebenen Methode der Sternstromparallaxe, ist recht genau bekannt. Die aus den Beobachtungen unmittelbar folgenden scheinbaren Sternhelligkeiten lassen sich deshalb sofort in absolute umwandeln und das FH-Diagramm geht damit in ein HR-Diagramm über, das Leuchtkräfte enthält. Legt man jetzt das HR-Diagramm der Hyaden auf das der Sonnenumgebung, dann fällt die Hauptreihe des Hyadenhaufens auf die der nahen Sterne. Diese Koinzidenz ist keineswegs selbstverständlich. Sie besagt, daß die Sterne des Hyadenhaufens sich von denen der Sonnenumgebung über einen weiten Bereich der Zustandsgrößen in nichts unterscheiden. Für die Hauptreihen anderer Sternensembles gilt allem Anschein nach dasselbe und wir können deshalb mit guten Gründen von *der* Hauptreihe als einer vielerorts verwirklichten Auswahl stellarer Zustände sprechen.

Auf diese Feststellung gründet sich ein wichtiges Verfahren der Entfernungsbestimmung. Ist ein Sternhaufen unbekannter Distanz in scheinbaren Helligkeiten und Farben so weit vermessen, daß die Lage der Hauptreihe zu erkennen ist, dann ergibt sich seine Entfernung durch »Aufschieben« des FH-Diagramms auf das HR-Diagramm der Hyaden oder der sonnennahen Sterne. Letzteres zeigt in der vertikalen Achse Leuchtkräfte oder absolute Helligkeiten an. Sind die beiden Hauptreihen so zur Dekkung gebracht, daß die einander entsprechenden Farben beziehungsweise Temperaturen der horizontalen Achse übereinstimmen, dann ist die Differenz zwischen scheinbarer Helligkeit im FH-Diagramm und absoluter Helligkeit im HR-Diagramm ein direktes Maß der Entfernung. Das ist leicht zu verstehen: Mit dem Aufeinanderschieben der beiden Hauptreihen werden gleichartige Sterne identifiziert. Deren »wahre« Helligkeiten in der Normdistanz von 10 Parsec gehen definitionsgemäß aus den absoluten Helligkeiten des HR-Diagramms hervor. Die beobachteten scheinbaren Helligkeiten der gleichen Sterne im entfernten Sternhaufen differieren dann von den absoluten allein wegen der distanzbedingten Lichtschwächung, die vom Verhältnis der unbekannten Entfernung zur Standardweite 10 Parsec abhängt. Wie schon eingangs erwähnt, kommt es bei der Methode der photometrischen Entfernungen darauf an, Objekte bekannter Absoluthelligkeit auszusondern. Das geschieht hier mit Hilfe der Hauptreihe. Sie ist in ihrem absoluten Verlauf nicht zuletzt durch die Sterne des Hyaden-

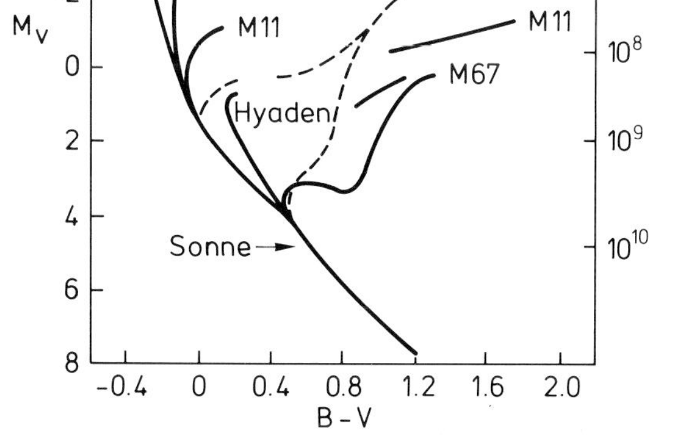

Abb. 2.12: *Schematisches Farbenhelligkeitsdiagramm offener Sternhaufen und des Kugelhaufens M 3 (vgl. Abb. 2.10). Das Alter der rechten Skala gilt jeweils für die Stellen, wo die Sterne von der Hauptreihe »abbiegen«.*

Abb. 2.13: *Der kugelförmige Sternhaufen M 13 im Sternbild Hercules, der größte des nördlichen Himmels mit weit über 100000 Sternen. (Aufnahme: K. Birkle, 1.2-m-Teleskop Calar Alto)*

haufens fixiert. Und deshalb sind die Hyaden als ein wichtiger Meilenstein für die Skala kosmischer Distanzen zu betrachten.

Bringt man die Hauptreihen verschiedener Sternhaufen, wie soeben beschrieben, zur Deckung, dann stellt sich heraus, daß sie verschieden weit nach oben besetzt sind. In der Abbildung 2.12 ist dieser Vergleich anhand mehrerer gut vermessener Haufen dargestellt. Während die Hauptreihensterne der beiden Sternhaufen im Perseus bis zum etwa Tausendfachen der

Sonnenleuchtkraft gehen, reichen sie bei den Hyaden nur ähnlich weit nach oben wie die sonnennahen Sterne. Es ist aber nicht ein abruptes Abbrechen, die Hauptreihe geht vielmehr jeweils kontinuierlich in Sterne über, die rechts oberhalb von ihr stehen, sie erscheint wie abgebogen. Im Zusammenhang damit ist auch zu beachten, daß die Sternhaufen keineswegs nur Hauptreihensterne enthalten. So kommen in den Hyaden auch einige von der Hauptreihe deutlich abgesetzte Rote Riesen vor und, wie die Abbildung verdeutlicht, sind auch bei anderen Haufen gerade im Bereich der kühlen Riesen Sterne zu finden.

Extremfälle sind in dieser Hinsicht die kugelförmigen Sternhaufen. Mit in der Regel mehr als 10000 Mitgliedern sind sie besonders sternreich und dicht gepackt. Selbst die nächsten Kugelhaufen stehen in beträchtlicher Entfernung. FH-Diagramme, die sich auf eine repräsentative Zahl von Sternen stützen und nicht nur die allerhellsten erfassen, konnten deshalb erst in neuerer Zeit unter Einsatz der größten Teleskope gewonnen werden. In die Abbildung 2.12 ist auch ein typisches Kugelhaufen-Diagramm aufgenommen. Bei ihm ist die Hauptreihe nur im unteren Teil besetzt, bereits kurz oberhalb der Sonne kommt die Biegung nach rechts und von dort geht es ohne Unterbrechung hinüber zu den Roten Riesen. In der äußersten Spitze liegen 3000 Grad kühle Sterne mit 1000 Sonnenleuchtkräften und Durchmessern vom etwa Hundertfachen der Sonne. Eine weitere Spezialität ist der von einer Lücke unterbrochene »Horizontalast« bei etwa 100 Sonnenleuchtkräften und Temperaturen zwischen 13000 Grad und 6000 Grad.

Für die HR-Diagramme der Sternhaufen ist es also vor allem charakteristisch, daß jeweils oberhalb einer bestimmten Leuchtkraft die Hauptreihe leer ist. Da die Masse der Sterne längs der Hauptreihe nach oben stetig zunimmt, bedeutet das auch eine obere Begrenzung der Sternmassen. In den Perseus-Sternhaufen kommen Hauptreihensterne bis etwa 15 Sonnenmassen vor, in dem Kugelhaufen M 3 dagegen nur bis 1.3 Sonnenmassen. Dieses Phänomen wird uns den Blick auf die zeitliche Entwicklung und das Alter der Sterne öffnen.

Innerer Aufbau und Sternentwicklung

Leuchtkraft, Oberflächentemperatur und andere aus Beobachtungen abzuleitende Eigenschaften eines Sterns sagen uns wenig über dessen inneren Zustand. Diesen müssen wir aber kennen, wenn wir die Natur der Sterne als langlebige leuchtende Gaskugeln verstehen wollen. Da die Sterne uns nur ihr Alleräußerstes zeigen, ist ihr innerer Aufbau ein Thema, das über weite Strecken mit theoretischen Untersuchungen erschlossen wird. Diese sollen uns insbesondere die Frage beantworten, warum die Sterne über offensichtlich große Zeiträume hinweg in einem stabilen, sich gleichbleibenden Zustand verharren können. Sind die Gründe für dieses stationäre Stadium, das andererseits nicht ewig dauern kann, offengelegt, dann wird auch erkennbar, wie die Sterne sich mit der Zeit verändern und ihren Lebensweg durchlaufen.

Während der stabilen Phase muß ein Stern verschiedenen Forderungen gerecht werden, die sich aus allgemeinen physikalischen Grundsätzen ableiten. Als erstes muß er im Inneren und als Ganzes austariert sein: Die Gaskugel wird einerseits durch ihre eigene Schwerkraft zusammengehalten, andererseits sucht der Druck des heißen Gases sie auseinanderzutreiben. Diese nach innen ziehenden und nach außen drückenden Kräfte müssen sich an jeder Stelle im Stern die Waage halten, oder anders formuliert: die inneren Schichten müssen durch ihren Gegendruck das Gewicht der darüber liegenden äußeren tragen, nur dann ist der Stern mechanisch stabil. Wie schon im Eingangskapitel erwähnt, sind als Folge dieses mechanischen Gleichgewichtes Druck und Temperatur im Mittelpunkt der Sterne extrem hoch – und zwar so hoch, daß durch die Verschmelzung von Atomkernen Energie freigesetzt werden kann. Das Sterninnere arbeitet als Fusionsreaktor.

Die dort produzierte Energie kann einmal durch Strahlung zur Sternoberfläche befördert werden, sie wird dann von Lichtquanten, von Photonen, durch das Sterninnere transportiert. Obwohl die Photonen mit Lichtgeschwindigkeit laufen, braucht das seine Zeit. Auf ihrem Weg nach außen bleiben sie nämlich immer wieder stecken und werden umgelenkt, immer wieder werden sie von den Atomen der Sternmaterie absorbiert und anschließend durch Reemission erneut auf ihre alles andere als geradlinige Wanderung geschickt. In der Sonne ist die Strahlung dadurch mehr als 10 Millionen Jahre vom Mittelpunkt zum Rand unterwegs. Erst nach dieser Zeitspanne würden wir ein Aussetzen des Kernreaktors im Sonneninneren bemerken! Die andere Möglichkeit, Energie zu transportieren, ist mittels Konvektion. Dabei kommt die Sternmaterie selbst in Bewegung; heiße Gasballen steigen langsam auf und tragen ihren Wärmeinhalt ein Stück nach außen, bis sie ihre Fracht mit der Umgebung ausgetauscht haben. Zum Ausgleich sinken kühlere Gasmassen nach innen, ein Kreislauf von der Art eines Schöpfwerkes zur Beförderung von Wärmeenergie setzt ein. Wir kennen dieses Spiel von unserer Atmosphäre. Bei starker Sonneneinstrahlung und entsprechender Erwärmung des Erdbodens steigt flimmernde Luft nach oben und führt Wärme mit sich. Die beim Segelflug genutzten thermischen Aufwinde, begleitet auch von gefährlichen Fallwinden, haben darin ihre Ursache. Konvektion setzt ein, wenn es innerhalb kleiner Höhenstufen zu größeren Temperaturunterschieden kommt, wie bei der über dem erhitzten Boden lagernden kühlen Luft. Ähnliche Situationen gibt es im Sterninneren. Die Konvektion unterstützt dann den Strahlungstransport und baut Wärmestaus ab.

Nun muß eine solche energieproduzierende und von Energie durchströmte Gaskugel neben den Bedingungen des mechanischen Gleichgewichts weitere Vorschriften beachten, wenn sie langfristig stabil sein will. So muß die von der Oberfläche in den Weltraum abgestrahlte Energie genau der im Inneren erzeugten entsprechen. Bei einem Zuviel an Leuchtkraft würde der Stern auskühlen, bei einem Zuwenig würde er sich innerlich zunehmend erhitzen. Dieses Energiegleichgewicht geht nicht nur den Stern als Ganzes an, es muß auch für jedes Teilvolumen gelten, was in ein solches an Energie einströmt, muß dieses auch wieder verlassen, ein stationärer Zustand im Sterninnern wäre sonst nicht denkbar. Daraus geht schon hervor, daß die Eigenschaften der Oberfläche, deren Temperatur und Größe ja die Abstrahlung bestimmen, und die Energieerzeugung in den zentralen Regionen des Sterns aufeinander abgestimmt sein müssen. Wieviel Energie pro Zeiteinheit an die Oberfläche geliefert und durch den Stern hindurch transportiert werden kann, hängt aber davon ab, wie die Temperatur im Inneren verläuft, wie die Millionen Grad im Zentrum auf die Tausende am Rand heruntersteigen. Auch die Art des Energietransports ist davon beeinflußt. Das Temperaturgefälle seinerseits ist dagegen mit dem mechanischen Gleichgewicht verkoppelt, das die Druckverteilung und damit auch den Temperaturverlauf regelt.

Diese Bedingungen und gegenseitigen Abhängigkeiten sind in den vier Grundgleichungen des Sternaufbaus formuliert, in vier Differentialgleichungen, deren Lösungen dann ein Abbild des realen Sterninneren sein sollten. Sie werden ergänzt durch drei weitere Beziehungen, die das Verhalten der stellaren Materie beschreiben, nämlich wie Gasdichte, Druck und Temperatur voneinander abhängen, wie die nukleare Energieerzeugung und wie die Durchlässigkeit gegenüber der energietransportierenden Strahlung mit diesen physikalischen Parametern variieren. Alle drei Beziehungen enthalten als wichtigen Faktor die chemische Zusammensetzung der Sternmaterie. Sie wird in der Regel durch drei Zahlen charakterisiert, nämlich welche Anteile eines Gramms Sternmaterie auf Wasserstoff, auf Helium und auf alle schwereren Elemente zusammen entfallen. Typische Werte sind etwa 70 Prozent für Wasserstoff, um 25 Prozent für Helium, während die ganzen schwereren Elemente, die oft verkürzt »Metalle« genannt werden, nur wenige Prozent ausmachen.

Dieses System von Gleichungen läßt bereits aufgrund seiner mathematischen Eigenschaften interessante und für die Deutung der empirischen Fakten wesentliche Aussagen zu, ohne daß dazu konkrete Lösungen bekannt sein müßten. Eine Aussage dieser Art ist das schon in den dreißiger Jahren formulierte Vogt-Russellsche Theorem, nach dem die Grundgleichungen des inneren Aufbaus für einen Stern bestimmter chemischer Zusammensetzung und vorgegebener Masse nur *eine* Gleichgewichtslösung zulassen. Mit anderen Worten: Es gibt nicht mehrere Konfigurationen für dieselbe Zusammensetzung und Masse, der Aufbau des Sterns ist vielmehr durch diese beiden Größen eindeutig festgelegt, einschließlich seiner äußerlichen Merkmale. Diesem einen Gleichgewichtszustand entspricht also eine und nur eine bestimmte Kombination von Leuchtkraft, Oberflächentemperatur und Durchmesser, die durch *einen* Punkt im HR-Diagramm veranschaulicht wird.*

Wir ahnen jetzt schon, wie dann die Hauptreihe zu verstehen ist: Die meisten Sterne sind in ihrer stofflichen Zusammensetzung einander sehr ähnlich. Insbesondere können wir bei den Mitgliedern eines Sternhaufens davon ausgehen, daß sie einheitlich zusammengesetzt sind. Unterschiedlicher Aufbau und unterschiedliche äußere Eigenschaften sind dann nur noch eine Folge unterschiedlicher Masse. Der Vogt-Russellsche Eindeutigkeitssatz legt deshalb den Schluß nahe, die Hauptreihe als eine Sequenz von Sternen derselben Zusammensetzung, aber verschiedener Masse, im Zustand des Gleichgewichtes zu interpretieren. Die beobachtete Variation der Sternmassen längs der Hauptreihe paßt gut dazu.

Heute ist diese Deutung durch eine Serie von Sternmodellen, die mit Hilfe schneller elektronischer Computer als Lösungen der Grundgleichungen errechnet wurden, zweifelsfrei bestätigt. Die Modelle unterscheiden sich in der vorgegebenen Masse, nicht in der Zusammensetzung, die – wohlgemerkt – als homogen, als innerhalb des Sterns überall gleich, angenommen ist. Die Zustandsgrößen solcher Sequenzen berechneter Sterne entsprechen genau den in der Natur vorkommenden und im HR-

* Es wird immer wieder diskutiert, ob das Theorem von Heinrich Vogt und Henry Noris Russell als eine mathematisch exakte Aussage oder als eine physikalisch plausible Interpretation der Grundgleichungen zu betrachten ist. Aus heutiger Sicht ist eher letzteres der Fall. Ungeachtet dessen sind diesem Theorem wesentliche Einsichten in den Aufbau der Sterne zu verdanken.

Diagramm festgehaltenen, wenn von der obigen wasserstoffreichen Mischung ausgegangen wird. Solche Gleichgewichtsmodelle bauen die beobachteten Sterne der Hauptreihe in ihren äußeren Merkmalen exakt nach. Die Übereinstimmung zwischen der empirisch erfaßten Realität und den theoretisch gewonnenen Daten ist verblüffend und nahezu vollkommen!

Wir werden dann erwarten dürfen, daß auch das von den Modellen gezeichnete Sterninnere der Wirklichkeit gerecht wird. Ein Stern mit der Masse der Sonne zum Beispiel kommt danach im Zentrum, infolge des enormen Druckes von Milliarden Atmosphären, auf eine Dichte von 100 Gramm pro Kubikzentimeter, das ist etwa die neunfache Dichte von Blei. (Gleichwohl ist die Materie gasartig: Im heißen Sterninneren sind die Atome ihrer Elektronenhüllen beraubt. Ein solches »Plasma« aus nackten Atomkernen und freien Elektronen läßt wesentlich höhere Verdichtungsgrade zu als normales Gas oder feste Materie.) Die Temperatur beträgt dort 13 Millionen Grad; die Fusion von Wasserstoff zu Helium findet innerhalb einer Kugel um den Mittelpunkt statt, deren Durchmesser etwa ein Viertel des Sterndurchmessers ausmacht. Die Hitze im Zentrum wächst mit der Sternmasse an, der Hauptreihe entlang von unten nach oben nimmt die Mittelpunktstemperatur also ständig zu. Das hat weitreichende Konsequenzen.

Die Produktion von Energie im stellaren Kernreaktor hängt nämlich stark von der Temperatur ab. Wasserstoff kann auf zweierlei Weise zu Helium verschmolzen werden: Die Proton-Proton-Reaktion wird von zusammenstoßenden Wasserstoffkernen (Protonen) eingeleitet und nach wenigen Zwischenstufen, ohne Beteiligung weiterer Elemente, sind vier Kerne des Wasserstoffs in einem Heliumatomkern zusammengebacken. Der Bethe-Weizsäckersche Kohlenstoffzyklus führt zwar zu demselben Resultat, die Protonen lagern sich hier aber an einen Kohlenstoffkern an, der als Katalysator wirkt und am Ende der Reaktionsfolge einen fertigen Heliumkern entläßt. Bei den Sternen im unteren Teil der Hauptreihe, bei zentralen Temperaturen unter etwa 20 Millionen Grad, wie im Fall der Sonne, wird die Energie durch die Proton-Proton-Kette erzeugt, die massiveren Sterne verbrennen dagegen ihren Wasserstoff nach dem Kohlenstoffzyklus, dessen Ausbeute mit der Temperatur besonders steil ansteigt.

Damit wird jetzt verständlich, warum die Sterne der Hauptreihe der erwähnten Masse-Leuchtkraftbeziehung folgen: Mit wachsender Sternmasse klettert die Temperatur im Inneren höher, damit verknüpft ist eine überproportionale Steigerung der Produktion von Energie – von Energie, die den Stern schließlich an der Oberfläche verläßt und von uns als Leuchtkraft gemessen wird.

Und jetzt sind wir auch endlich soweit, etwas über die Sternentwicklung sagen zu können. In den energieproduzierenden Regionen des Sterninneren nimmt das Helium auf Kosten des Wasserstoffs nach und nach zu. Das gilt vor allem für den Mittelpunkt einer Sternkugel, wo die Temperatur am höchsten ist. Dort wird Wasserstoff am intensivsten umgewandelt und dort wird er auch zuerst verbraucht sein. Ist dieses Stadium erreicht, dann breitet sich vom Zentrum her langsam eine Zone aus, die nur noch Helium und schwerere Elemente enthält. Wasserstoff brennt jetzt in einer Schale, die diese innerste heliumreiche Sphäre umschließt und immer weiter vom Mittelpunkt wegrückt. Während in den äußeren Partien die wasserstoffreiche Materie unverändert bleibt, wandelt sich innen die ursprüngliche chemische Zusammensetzung irreversibel: der Stern weicht mit fortschreitender Zeit immer stärker von der Homogenität ab. Und die massiven Sterne haben es mit dieser Entwicklung besonders eilig; ihre höhere Energieproduktion bedeutet ja, daß pro Sekunde mehr Wasserstoff zu Helium verbrennt als in den Sternen geringerer Masse.

Es dauert lange, bis diese Veränderungen im Inneren von außen zu bemerken sind. Wie ein zunächst homogen aufgebauter, auf der Hauptreihe sitzender Stern sich im Lauf der Zeit entwickelt, geht wiederum aus Modellen hervor, mit denen die internen Verschiebungen der stofflichen Mischung und ihre Folgen nachvollzogen werden. Auch diese Rechnungen stützen sich auf die Grundgleichungen des Sterninneren: die im allgemeinen langsam ablaufende Entwicklung kann als eine Serie von Gleichgewichtszuständen behandelt werden. Es zeigt sich folgendes: Mit der Anreicherung von Helium verteilt sich die Materie auf eine abnehmende Zahl von Partikeln, bei der Fusion wird eins aus vieren. Dadurch ändert sich unter anderem der von der Teilchenzahl pro Kubikzentimeter abhängige Gasdruck. Diese anhaltende Störung des Gleichgewichts nahe des Mittelpunktes balanciert der Stern durch Korrekturen seines Druck- und Temperaturprofils aus, die auch weiter außen zu spüren sind. Die heliumangereicherte Mitte verkleinert ihr Volumen durch Kontraktion, während in der Reaktion darauf der Druckverlauf nach außen hin flacher wird, so daß sich dort der Stern etwas aufbläht. Durchmesser und Sternoberfläche werden also nach und nach größer, die Verdichtung im Zentrum ist dagegen von einer Erhöhung der Temperatur und damit der Energieproduktion, sprich: der Leuchtkraft des Sterns, begleitet. Diese Bemühungen, das

Gleichgewicht zu halten, setzen in allen Sternen ähnlich ein, unabhängig von ihrer Masse und unabhängig davon, ob die Energie durch Strahlung oder stellenweise durch Konvektion transportiert wird, sofern es überhaupt zu einem merklichen Wasserstoffverbrauch im Inneren kommt.

Wie sieht das im HR-Diagramm aus? Ein zunächst homogener Stern wird seinen Platz auf der Hauptreihe allmählich verlassen, sobald sich sein Inneres über ein gewisses Maß hinaus entwickelt hat. In welche Richtung er abwandert, ist nach dem Vorhergehenden klar: Zunehmende Leuchtkraft und wachsender Durchmesser bedeuten nach »rechts oben«, in Richtung Rote Riesen. Wir erinnern uns an die Diagramme der Sternhaufen mit ihrer charakteristischen Krümmung nach rechts im hellen Teil! Offenbar beobachten wir dort genau dieses Stadium – Sterne, die gerade dabei sind, von der Hauptreihe herunterzurutschen. Und warum tritt dieses Phänomen nicht immer an derselben Stelle auf, warum ist die Hauptreihe bei den Sternhaufen unterschiedlich weit nach oben besetzt?

Die massereichen Sterne verlassen die Hauptreihe früher als die massearmen. Große Masse heißt zwar auch großer Brennstoffvorrat, durch die intensive Abstrahlung – siehe die Masse-Leuchtkraftbeziehung – wird dieser aber weit schneller verbraucht. Und deshalb liegt es nahe, die Unterschiede in den HR-Diagrammen der Sternhaufen als Alterseffekte zu interpretieren. Wie schon erwähnt, können wir davon ausgehen, daß die Sterne eines Haufens etwa zur selben Zeit miteinander entstanden sind. Ursprünglich werden sie alle einheitlich zusammengesetzt und homogen aufgebaut gewesen sein. Mit dem Zünden der Wasserstoffverbrennung war die Geburtsphase abgeschlossen, jetzt saßen sie, nach Masse wohlgeordnet, auf der Hauptreihe. Finden wir dort noch heute heiße leuchtkräftige Energieverschwender, dann können diese nicht sehr alt sein; sie halten dieses Stadium nicht lange durch. Je weiter die Hauptreihe von oben her entblößt ist, desto weiter ist die Entwicklung vorangeschritten, desto älter ist der Haufen. Das »Knie« auf der Hauptreihe, die Stelle, wo sie nach rechts abknickt, ist die Altersmarke der jeweiligen Sterngruppe. Die HR-Diagramme der Abbildung 2.12 entsprechen demnach unterschiedlichen Altersstufen, die Sternhaufen im Perseus sind die jüngsten, der Kugelhaufen ist der älteste.

Wie alt sind aber nun die verschiedenen Sternhaufen – oder: wie lange verweilt ein ursprünglich homogener Stern bestimmter Masse auf der Hauptreihe? Die vom Computer entworfenen Sternmodelle geben darüber Auskunft. Indessen lassen sich diese Zahlen auch einfach abschätzen, wenn man von den genauen Rechnungen die Einsicht übernimmt, daß ein Stern von der Hauptreihe abzuwandern beginnt, nachdem er etwa ein Zehntel seines anfänglichen Wasserstoffgehaltes, etwa 7 Prozent der Sternmasse also, in Helium umgewandelt hat. Aus dem Massendefekt des Heliumkerns gegenüber vier Wasserstoffkernen (7 Promille) und der Einsteinschen Beziehung $E = mc^2$ zwischen Energie und Masse (c Lichtgeschwindigkeit) folgt dann die äquivalente, während des Hauptreihenstadiums freizusetzende Energie, das bereitstehende Reservoir. Wieviel davon pro Sekunde abfließt, sagt uns andererseits die Leuchtkraft des Sterns. Die Zeit, nach der jenes Guthaben erschöpft ist, berechnet sich dann aus dem Quotienten von Energievorrat durch Leuchtkraft, letztlich also aus dem Verhältnis Masse zu Leuchtkraft.

Die Masse der Sonne beträgt $2 \cdot 10^{33}$ Gramm, ihre Leuchtkraft $4 \cdot 10^{33}$ erg/s und nach dieser simplen Rechnung folgt, daß sie und die ihr ähnlichen Sterne 6 Milliarden Jahre ($6 \cdot 10^9$a) auf der Hauptreihe verbleiben. Für die leuchtkräftigsten und massereichsten Sterne gelten etwa 1 Million Jahre, während die massearmen länger als 20 Milliarden Jahre ohne merkliche Veränderung vor sich hin leuchten. Beobachten wir Sterne beim Verlassen der Hauptreihe, am Knie des HR-Diagramms eines Haufens, dann entsprechen diese Zahlen seinem ungefähren Alter. Ein Stern *auf* der Hauptreihe kann dagegen nicht älter sein als die für ihn geltende Verweildauer.

Das Zeitmaß der Sterne, ihrer stabilen Phase, geht demnach in die Jahrmillionen und -milliarden. Dieser hier aus der Theorie des inneren Aufbaus und der nuklearen Energieerzeugung gewonnenen Erkenntnis lassen sich im Fall der Sonne anderweitige Erfahrungen gegenüberstellen. So ist aufgrund geologischer Daten seit längerem bekannt, daß während der letzten Milliarde Jahre die Temperatur der Erdoberfläche – und das bedeutet auch die von der Sonne einfallende Strahlung – im wesentlichen unverändert blieb. Auch das heute über einen ganz eigenen Weg ermittelte Alter der Erde und des Planetensystems von 4.6 Milliarden Jahren (siehe Kapitel 4) paßt nahtlos dazu, denn es gibt keinen Grund anzunehmen, die Sonne sei merklich jünger oder älter als ihre planetarischen Begleiter.

Offensichtlich überdecken die Sternhaufen eine weite Skala von Alterswerten. Die jüngsten, wie die in Abbildung 2.12 eingetragenen Perseus-Haufen sind einige Millionen, die Plejaden um 30 Millionen, die Hyaden mehr als 100 Millionen Jahre alt. Für die kugelförmigen Sternhaufen, allem Anschein nach die ältesten Objekte des Milchstraßensystems, kommen die ausführlich berechneten Entwicklungsmodelle auf Werte zwischen 10 und 20 Milliarden Jahren. Theorie und Beobachtungsdaten sind hier allerdings nicht ganz frei von Unsicherheiten, so daß bei den höchsten Altern eine Fehlermarge von ein paar Milliarden Jahren vorerst noch in Kauf genommen werden muß. Transformiert man diese Resultate in ein uns vertrauteres Zeitmaß, dann wird erst richtig deutlich, wie stark sie sich unterscheiden: Nimmt man das Alter der Sonne zu 46 Jahren ($= 4.6 \cdot 10^9$a) an, so reichen die Kugelhaufen in dieser Skala bis zu fast 200 Jahren. Die Haufen mit den heißen blauen Sternen am oberen Hauptreihenende sind dagegen wenige Tage jung und sozusagen erst vorgestern entstanden!

Die weitere Entwicklung, nach Verlassen der Hauptreihe, sei hier nur kurz angedeutet. Als Leitfaden dienen wieder die Sternhaufen-Diagramme. Sie zeigen uns quasi als Momentaufnahme den gegenwärtigen Zustand einer unter Umständen vor Milliarden Jahren gemeinsam entstandenen Sterngruppe und geben damit Aufschluß darüber, wie sich die ursprüngliche Anordnung auf der Hauptreihe durch Alterung verformt. Offensichtlich können die massiveren Mitglieder im Lauf der Zeit an ganz andere Stellen des HR-Diagramms getragen werden.

Die Wege, längs deren sich die Sterne je nach Masse entwickeln, sind heute mit Modellrechnungen weitgehend erkundet und nachgezeichnet. Mit fortschreitendem Alter weicht das Sterninnere immer mehr von der Homogenität ab, die Verdichtung zum Zentrum wächst an, die Zentraltemperatur nimmt zu und auf diese Weise erschließt sich der Stern neue Energiequellen, die aber immer weniger ergiebig sind. Zunächst treiben die Sterne im HR-Diagramm generell weiter nach rechts, zu kleineren Oberflächentemperaturen, bis sie schließlich gegen ein unüberwindliches Hindernis anlaufen, gegen die nach ihrem japanischen Entdecker benannte Hayashi-Linie. Sie verläuft zwischen Temperaturen von 3000 bis 5000 Grad von oben nach unten fast vertikal durch das Diagramm und charakterisiert insofern eine Grenzsituation, als dort die Energie im Sterninnern vollständig durch Konvektion transportiert wird. Jenseits, rechts der Hayashi-Linie gibt es keine Gleichgewichtslösungen, sie kann nicht überschritten werden. Die Entwicklungswege führen deshalb von dort nach links zurück, wieder auf die Hauptreihe zu. In den Sternen des Horizontalastes der Kugelhaufen-Diagramme beobachten wir solche Stadien.

Diese Wanderungen durch das HR-Diagramm beanspruchen deutlich kürzere Zeiten als das Verweilen auf der Hauptreihe. Haben sich die Sterne erst einmal von dort entfernt, dann wechseln ihre Alterserscheinungen in dichter Folge. Besonders rasch verläuft die Entwicklung in den »Lücken« der Diagramme. Diese Bereiche werden relativ schnell durchquert und dementsprechend klein ist die Zahl der dort anzutreffenden Objekte. Auch die Entstehungsphase vor dem Einsetzen der Wasserstoffverbrennung ist von vergleichsweise kurzer Dauer. Es ist also nicht verwunderlich, wenn wir die meisten Sterne des Milchstraßensystems auf der Hauptreihe finden: dort verbringen sie den weitaus größten Teil ihres Lebens.

Wie sich Hauptreihensterne zu Roten Riesen entwickeln können, ist von Fred Hoyle in Cambridge/England und Martin Schwarzschild in Princeton/USA als ersten durch ihre 1955 publizierten Modellrechnungen geklärt worden. Zu den heutigen Kenntnissen über den Aufbau der Sterne und ihre zeitliche Entwicklung haben dann die Arbeiten von Rudolf Kippenhahn und seiner Gruppe in Göttingen und München entscheidend beigetragen. Das 1980 erschienene Buch »100 Milliarden Sonnen« aus Kippenhahns Feder enthält in allgemeinverständlicher Form eine umfassende und detailreiche Darstellung dieses Fragenkreises.

Sterngenerationen und galaktische Geschichte

Das Sternenheer des Milchstraßensystems ist ein Gemisch vieler Altersstufen, die bei den Sternhaufen besonders klar in Erscheinung treten. Die verschiedenen Sterngenerationen unterscheiden sich aber nicht allein im Alter, sie zeigen auch andere charakteristische Eigenheiten, in denen sich die Geschichte des Gesamtsystems widerspiegelt. Betrachtet man das Verhalten der Extreme, der jüngsten und der ältesten Sternpopulation, dann vor allem kommen wesentliche Züge zum Vorschein.

So findet man die heißen blauen Sterne hoher Leuchtkraft, die typischen Repräsentanten der jüngsten Generation, nur innerhalb des Milchstraßenbandes, ohne daß sie in bestimmten Bereichen besonders stark konzentriert wären. Insbesondere ist die Richtung zum galaktischen Zentrum keineswegs herausgehoben. Auf ihre Verteilung im Raum übertragen, bedeutet das, daß sie sich vorwiegend nahe der Hauptebene der galaktischen Scheibe befinden. Innerhalb eines Umkreises von einigen tausend Lichtjahren um die Sonne lassen sich ihre Entfernungen relativ genau bestimmen. Es zeigt sich, daß sie in der galaktischen Ebene nicht gleichmäßig verteilt sind, sondern ein Muster bevorzugen, das an Bruchstücke von Spiralarmen erinnert. Das ist nicht unerwartet: Aufgrund von Beobachtungen an externen Spiralgalaxien ist nämlich bekannt, daß die Sterne geringen Alters längs der dort leichter als in unserem eigenen System zu lokalisierenden Spiralarme angeordnet sind. Die leuchtkräftigen blauen Sterne und die jungen Haufen werden deshalb auch als typische Spiralarmobjekte bezeichnet.

Diese Fakten sprechen für eine enge Kopplung der jungen Sterngeneration an die interstellare Materie. Auch diese ist in der galaktischen Ebene zu finden, wie vor allem die Beobachtungen der 21-cm-Strahlung des kalten Wasserstoffgases erhärten. Letzteres bildet eine mit der Hauptebene zusammenfallende, nur wenige hundert Lichtjahre dicke Schicht, die das ganze Milchstraßensystem durchdringt. In ihr schwimmt der interstellare Staub und dort sind auch die jüngsten Sterne eingebettet. Spiralarme sind lange zusammenhängende Schläuche höherer Gas- und Staubdichte innerhalb dieser Schicht, primär also eine Erscheinung der interstellaren Materie. Nach der Entdeckung der 21-cm-Linie war es deshalb naheliegend, mit ihrer Hilfe die Spiralstruktur unserer Galaxis ableiten zu wollen. Diesem Vorhaben war aber, nach anfänglicher Euphorie, kein durchschlagender Erfolg beschieden. Es erwies sich als äußerst schwierig, den Zonen höherer Gasdichte zuverlässige Distanzen zuzuordnen. Hier begegnen wir wieder diesem typischen Problem der Milchstraßenforschung, nämlich Phänomene, die in der Projektion an die Himmelssphäre beobachtet werden, in der räumlichen Tiefe richtig zu ordnen, eine Schwierigkeit, die es bei

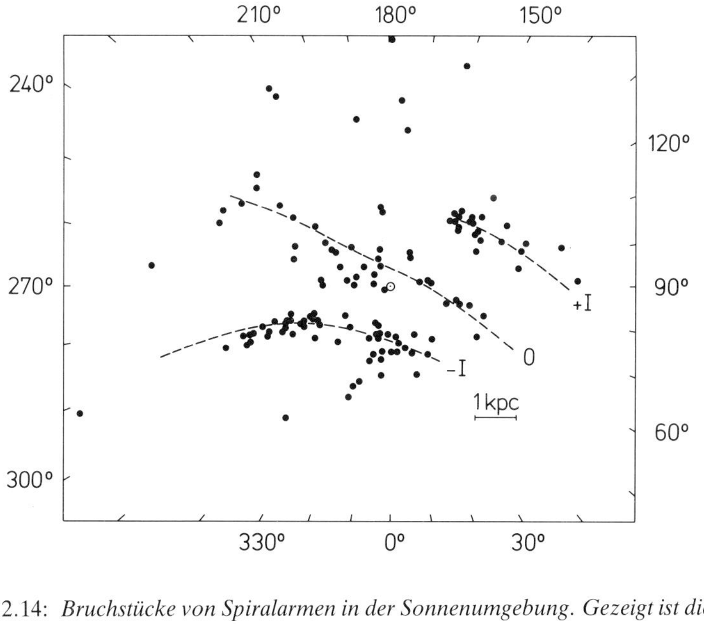

Abb. 2.14: *Bruchstücke von Spiralarmen in der Sonnenumgebung. Gezeigt ist die Verteilung junger offener Sternhaufen in der galaktischen Ebene. Die Gradeinteilung am Rand entspricht der galaktischen Länge, 0° ist die Richtung zum galaktischen Zentrum. ⊙ gibt die Lage der Sonne an. Die Entfernungsmarke entspricht 1000 pc. (Nach N. Vogt und A. F. J. Moffat)*

extragalaktischen Systemen, die wir von außen unter günstigem Blickwinkel sehen, nicht gibt. Die gegenwärtigen Kenntnisse über die Spiralstruktur unseres Milchstraßensystems können deshalb nur als fragmentarisch gelten.

Wie sich im folgenden Kapitel zeigen wird, ist die enge Verflechtung von jungen Sternen und Wolken interstellaren Materials auch durch zahlreiche Einzelfälle belegt. Die jungen Sterne als vor relativ kurzer Zeit entstandene, noch in der Nähe ihres Geburtsortes befindliche Abkömmlinge der sie einhüllenden Wolken zu betrachten, ist deshalb eine Deutung, die sich geradezu aufdrängt. Und es ist auch zu erwarten, daß gegenwärtig noch immer Teile der im interstellaren Raum zerstreuten Materie zu neuen Sternen verdichtet werden. Sie ist offenbar das Reservoir, das die Sternbildung speist. Heute stecken noch etwa 10 Prozent der Gesamtmasse der Galaxis in der interstellaren Materie; der weit überwiegende Teil der Masse ist also bereits in Sternen konzentriert.

Ein ganz anderes Bild zeigen die ältesten Mitglieder des Milchstraßensystems, die kugelförmigen Sternhaufen. Sie sind viel weniger stark zur galaktischen Ebene konzentriert. Kugelförmige Sternhaufen, etwa 130 Objekte dieser Art sind bekannt, werden auch weit außerhalb der Milchstraße beobachtet. Ihre Häufigkeit ist am größten in der Nähe des galaktischen Zentrums und nimmt von dort nach allen Richtungen in etwa der gleichen Weise ab. Auch ihr Bewegungszustand ist völlig anders als der der Sterne geringen Alters. Während diese auf nahezu kreisförmigen Bahnen in der Hauptebene das galaktische Zentrum umlaufen, nehmen die Kugelhaufen an der Rotation des Systems kaum teil. Ihre Bahnen sind teilweise stark gegen die Milchstraßenebene geneigt, diese durchstoßend, und können langgestreckte Ellipsen sein, in deren einem Brennpunkt das galaktische Massenzentrum zu denken ist.

Der amerikanische Astronom Harlow Shapley erkannte um 1920 aufgrund seiner Arbeiten an der Mt. Wilson Sternwarte, daß an der so andersartigen räumlichen Verteilung der ältesten Sternpopulation die wahren Umrisse des Milchstraßensystems abzulesen sind, für die damalige Milchstraßenforschung eine Einsicht von umstürzendem Charakter. Shapley war darauf aus, die Entfernungen der kugelförmigen Sternhaufen zu bestimmen, und hatte dabei, ohne es zu wissen, das Glück, daß seine Objekte von der interstellaren Lichtschwächung kaum behelligt werden, da sie teilweise weit außerhalb der galaktischen Ebene stehen. Eine von Shapley favorisierte Methode waren Helligkeitsmessungen an periodischen Veränderlichen. Die Qualität der so abgeleiteten Distanzen hängt natürlich in erster Linie davon ab, wie gut die Absoluthelligkeiten der beobachteten Objekte bekannt sind und Shapley verwandte deshalb große Mühe darauf, letztere zuverlässig zu ermitteln. Das war und ist nicht allein für die Milchstraßenastronomie von großer Bedeutung, auch im extragalaktischen Raum sind Veränderliche Sterne wichtige Entfernungsmarken.

Die neueren Versuche, die Distanz des galaktischen Zentrums zu bestimmen, stützen sich vor allem auf Beobachtungen von Veränderlichen des Typs RR Lyrae. Der Stern, nach dem diese Klasse ihren Namen hat, steht im Sternbild Leier und zeichnet sich durch einen sehr regelmäßigen Lichtwechsel von 0.57 Tagen Periode aus. Im Maximum ist er mehr als doppelt so hell wie im Minimum. Die Helligkeitsschwankung ist bedingt durch die Pulsation des Sterns, in strengem Rhythmus schwingt sein Durchmesser um eine mittlere Lage hin und her. An diesem typischen Lichtwechsel sind RR Lyrae-Veränderliche relativ leicht zu erkennen, wenn auch ihre Perioden etwas unterschiedlich sein können und von weniger als 0.1 Tagen bis zu 1.2 Tagen reichen. Sie kommen in größerer Zahl in Kugelhaufen vor und stehen im FH-Diagramm in der »Lücke« des Horizontalastes, die deshalb auch oft »Veränderlichenlücke« genannt wird. Es sind also Objekte hohen Alters. Ihre Absoluthelligkeit ist heute relativ gut bekannt, da die nächsten Kugelhaufen bis hinunter zu den Sternen der Hauptreihe photometriert und durch »Aufschieben« in die absolute Helligkeitsskala eingeordnet werden können. Wie auch aus Abbildung 2.12 hervorgeht, sind RR Lyrae-Sterne absolut fast hundertmal heller als die Sonne und deshalb noch in relativ großer Entfernung zu beobachten.

Aber nicht nur in Kugelhaufen sind sie zu finden, sie kommen auch im »Feld« außerhalb und zwischen den Haufen vor. Diese alleinstehenden RR Lyrae-Veränderlichen sind es, mit denen sich heute das galaktische Zentrum am besten lokalisieren läßt. Ähnlich wie die Kugelhaufen trifft

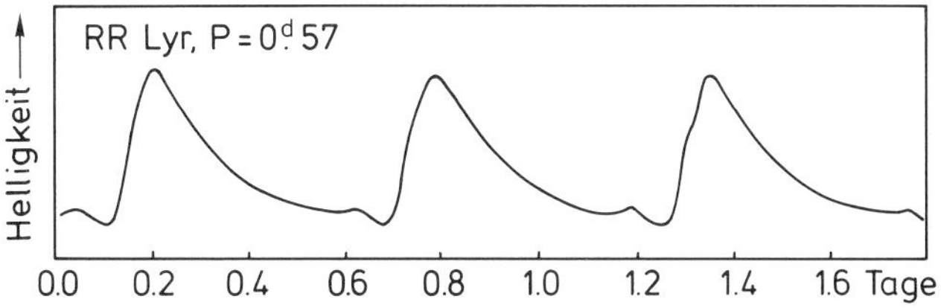

Abb. 2.15: *Lichtkurve des pulsierenden Veränderlichen RR Lyrae. Periode des Lichtwechsels 0.57 Tage. Im Maximum ist der Stern 2.5mal so hell wie im Minimum. Die Absoluthelligkeit der RR Lyrae-Veränderlichen liegt bei* $M_V = 0.0$ *(vgl. Abb. 2.12).*

man sie innerhalb einer Sphäre um die galaktische Scheibe an, innerhalb eines kugelförmigen Volumens, dessen Mittelpunkt mit dem galaktischen Kern zusammenfällt und dessen Durchmesser etwa dem des Milchstraßensystems entspricht. Diesen die Scheibe überwölbenden Raum nennt man auch den galaktischen Halo. Als typische Haloobjekte sind die RR Lyrae-Sterne ebenfalls vor allem um den galaktischen Kern versammelt. Das zeigt sich schon daran, daß sie in der Nähe des Sternbilds Schütze, der Richtung zum Zentrum, häufiger sind als in anderen Himmelsgegenden. In solchen Feldern, die etwas außerhalb der galaktischen Ebene liegen müssen, damit die interstellare Absorption nicht zu sehr stört, zeigen die Sternzahlen innerhalb eines schmalen Intervalls der scheinbaren Helligkeit ein ausgeprägtes Maximum; hellere wie schwächere RR Lyrae-Sterne fallen dagegen deutlich ab. Diese Häufigkeitsspitze markiert die dichtesten Teile der zentralen Konzentration und gleichzeitig, da es sich um Objekte einheitlicher Absoluthelligkeit handelt, die dazugehörige Entfernung. An der entsprechenden Stelle tangiert die Sichtlinie den Kern des Milchstraßensystems.

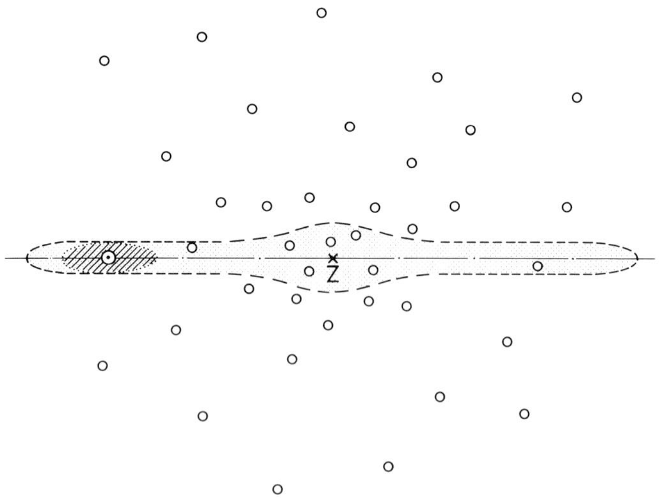

Abb. 2.16: *Schematische Darstellung des Milchstraßensystems. Schnitt senkrecht zur galaktischen Ebene durch das Zentrum Z und die Sonne. Begrenzung der galaktischen Scheibe gestrichelt, Kreise repräsentieren die Kugelhaufen im Halo. Die frühen Untersuchungen erfaßten etwa den schraffierten Bereich um die Sonne.*

Die umfangreichste Untersuchung dieser Art, sie beruht auf Messungen an Hunderten von RR Lyrae-Veränderlichen, ist 1975 von holländischen Astronomen publiziert worden und kommt für die Entfernung des galaktischen Zentrums von der Sonne auf den schon an früherer Stelle genannten Wert von 9000 pc oder etwa 30000 Lichtjahre. Für das Zentrum des Systems der Kugelhaufen, das nicht ganz so gut zu fassen ist, findet sich eine Distanz, die innerhalb ihrer Fehlergrenzen damit übereinstimmt. Die für unsere Kenntnisse über die eigene Galaxis so fundamentale Größe dürfte auf ± 1000 pc sicher sein. Mit diesem Resultat ist auch quantitativ belegt, daß wir uns mit Sonne und Erde weit außerhalb der galaktischen Kernpartien befinden. Andererseits, und auch das ist nicht zu bezweifeln, ist hier der Rand des Milchstraßensystems noch lange nicht erreicht.

Eine weitere Besonderheit der alten Sterne, neben der haloartigen Verteilung über der galaktischen Scheibe und dem ungeordneten Bewegungszustand, folgt aus den spektroskopischen Analysen ihrer chemischen Zusammensetzung: Im Vergleich zu jungen Objekten sind bei ihnen die schwereren Elemente ab dem Kohlenstoff weniger häufig. Bereits bei einer »normalen« Zusammensetzung entfällt, wie erwähnt, nur ein kleiner Bruchteil auf die Elemente jenseits des Heliums. Bei der Halopopulation, die man deshalb auch als metallarm bezeichnet, ist dieser Anteil nochmals zehn- bis hundertfach kleiner. Die relativen Häufigkeiten der einzelnen Elemente jedoch sind auffallenderweise ganz ähnlich wie bei den metallreicheren Sternen: Magnesium und Eisen zum Beispiel sind stets etwa gleichläufig und verglichen mit Kohlenstoff etwa zehnmal seltener (in Atomzahlen), insgesamt jedoch liegen die schwereren Elemente bei den alten Sternen auf einem deutlich niedrigeren Niveau. Das ist ein wichtiger Befund, der so zu interpretieren ist, daß die neuen Sterne aus einer Materiemischung entstehen, die gegenüber früher in den schweren Elementen angereichert ist. Es muß also Prozesse geben, die langfristig dem interstellaren Medium schwere Atome zufügen und ihren Anteil gegenüber Wasserstoff und Helium steigern. Wie das zu verstehen ist, wird an späterer Stelle erläutert werden (siehe Kapitel 6). Die altersabhängigen Unterschiede im Metallgehalt bringen eine Komplikation mit sich, die hier nur angedeutet werden kann: Da der stellare Zustand von der chemischen Zusammensetzung abhängt, liegen sonst gleiche Sterne im HR-Diagramm an etwas verschiedenen Stellen, je nach dem Anteil der schwereren Elemente. Das muß berücksichtigt werden, wenn photometrische Entfernungen und absolute Helligkeiten, wie geschildert, durch Aufschieben der Hauptreihen abgeleitet werden. Hat man es mit Objekten stark unterschiedlichen Alters zu tun, dann kommen also noch Korrekturen ins Spiel, die im Vorausgegangenen unterschlagen wurden.

Der Begriff der Sternpopulationen geht auf Walter Baade zurück, der 1931 die Hamburger Sternwarte verlassen hatte, um am kalifornischen Mt. Wilson Observatorium arbeiten zu können. Aufgrund seiner vor allem mit dem 100-Zoll-Teleskop ausgeführten Untersuchungen des Andromedanebels, der uns am nächsten stehenden Spiralgalaxie, hat er in den vierziger Jahren erkannt, daß die Sterne der dortigen Kernregion ein ganz anderes FH-Diagramm zeigen als die der Spiralarme. Daß seine beiden Populationen I und II (I Spiralarm-, II Halosterne) die beiden äußersten Enden einer Generationskette sind, ist erst wesentlich später durch die geschilderte Erforschung der Sternentwicklung klar geworden, an der Baade mit seinen Beobachtungen ebenfalls maßgeblich beteiligt war.

Zwischen den ins Auge springenden unterschiedlichen Eigenarten der Haloobjekte und der jüngsten Generation in der galaktischen Ebene gibt es, wie man heute weiß, fließende Übergänge. Weniger alte Sterne finden sich in stärker abgeplatteter Anordnung näher bei der galaktischen Scheibe, ihre Bewegung ist kreisbahnähnlicher, ihr Metallgehalt höher. Das Alter erweist sich als eine Größe, die anderen wichtigen Eigenschaften der Generationenfolge ihren Stempel aufdrückt und uns damit Einblicke in die galaktische Evolution eröffnet.

Ursprünglich, vor mehr als 10 Milliarden Jahren, dürfte unsere Galaxis eine annähernd kugelförmige, im wesentlichen aus Wasserstoff und Helium bestehende Gaswolke gewesen sein, die von ungeordneten turbulenten Bewegungen durchsetzt war und sich unter dem Einfluß der eigenen Schwerkraft zusammenzog. Die erste in diesem großen Gaskomplex entstandene Sterngeneration spiegelt in ihrer räumlichen Verteilung, ihren Bewegungen und ihrer stofflichen Zusammensetzung allem Anschein nach diesen Urzustand.

In der weiteren Entwicklung muß die galaktische Wolke als Folge einer vermutlich von Anfang an vorhandenen oder sich allmählich herausschälenden Rotation des Ganzen und ihrer Schwere längs der Drehachse auf die heute ausgezeichnete Ebene zusammengesackt sein. Die steigende Konzentration des Gases löste eine Lawine neu entstehender Sterne aus, in denen ein schnell wachsender Anteil der vorhandenen Materie gefangen wurde, und dämpfte das chaotische Durcheinander. So trat die mit Sternen übersäte galaktische Scheibe in Erscheinung. Übrig blieb schließlich die stark geschrumpfte Schicht des diffusen Gas-Staub-Gemenges in der Hauptebene des Systems. Dort wächst die heutige Sterngeneration heran.

3 Sternentstehung und interstellare Materie

Wenn es in unserer kosmischen Umgebung junge Sterne gibt, dann ist damit zu rechnen, daß dort auch jetzt noch Sterne entstehen. Und wenn sich der Geburtsakt gewissermaßen vor unseren Augen abspielt, dann können wir vielleicht beobachten, wie es zur Sternbildung kommt. Diese langgehegte Hoffnung der Astronomen hat sich in neuerer Zeit weitgehend erfüllt, in erster Linie dank der Meßmethoden im Radio- und Infrarotbereich, denen die Frühphasen der Sternentwicklung eher zugänglich sind als optische Beobachtungen. Infolgedessen ist die Erforschung der Sternentstehung heute viel stärker durch empirische Erfahrungen geprägt als noch vor zwei Jahrzehnten. Darüber sollten aber die Fortschritte in der Theorie unseres Themas nicht vergessen werden.

Schon Immanuel Kant hatte vermutet, daß Sterne aus »nebelhafter Materie« entstehen und mit dieser Annahme den ersten konsequenten Versuch unternommen, die Sternbildung zu erklären. Heute kann es daran keinen Zweifel mehr geben. Die wenige Millionen Jahre jungen blauen Sterne hoher Leuchtkraft, von denen an früherer Stelle die Rede ist, werden häufig in oder nahe bei interstellaren Wolken gefunden. Da sie sich vom Ort ihrer Entstehung noch nicht weit entfernt haben können, spricht alles dafür, daß sie aus dem verdichteten Gas und Staub dieser Wolken hervorgegangen sind. Wir wissen heute auch recht gut, welche Extreme überbrückt werden müssen, wenn das diffuse interstellare Medium sich zu einem neuen Stern zusammenballen soll. Am Anfang steht äußerst verdünnte Materie niedrigster Temperatur – etwa 1 Atom/cm^3 und einige 10 Grad über dem absoluten Nullpunkt sind typisch –, am Ende das 10^{25}fach dichtere Sterninnere mit etwa 100 g/cm^3 und mehr als 10 Millionen Grad, wenn es sich um einen sonnenähnlichen Stern handelt.

Kant war auch bereits klar, daß eine Verdichtung dieses Ausmaßes nur mit Hilfe der Schwerkraft möglich ist. Eine zunächst weit ausgedehnte Materiewolke wird unter günstigen Umständen durch ihre Eigengravitation in den Kollaps getrieben und stürzt in sich zusammen. Ob es zur Sternbildung kommt, ist jedoch keineswegs sicher. Die Kompression der Wolke ist nämlich von einer Erhöhung des inneren Druckes begleitet, die sich der weiteren Verdichtung widersetzt und zur Auflösung drängt. Die Schwerkraft kann in diesem Wechselspiel nur gewinnen, wenn sie genügend groß ist, um die inneren Widerstände zu überwinden, wenn die Ansammlung interstellarer Materie also genügend Masse umfaßt. James Jeans hat dieses Problem schon kurz nach der Jahrhundertwende theoretisch behandelt und das nach ihm benannte Instabilitätskriterium abgeleitet, aus dem hervorgeht, daß unter den geschilderten Bedingungen im interstellaren Raum 1000 bis 10000 Sonnenmassen zusammenkommen müssen, wenn die Verdichtung andauern und am Ende Sterne entstehen sollen. Instabilität verlangt demnach eine relativ große Materiemenge, die für viele neue Sterne ausreicht. Beim Kollaps scheint die Wolke die Tendenz zu haben, in kleinere Bruchstücke aufzuspalten, die ihrerseits unter dem Einfluß der eigenen Schwere weiter kontrahieren und schließlich Sterne werden können. Diese Fragmentierung, das Aufbrechen in die aus der Natur bekannten Sternmassen, ist bis heute in den physikalischen Ursachen nicht völlig durchschaut. Andererseits wird man aufgrund dieses Bildes erwarten, daß Sterne nicht einzeln, sondern in Gruppen, als Sternhaufen, entstehen.

Modelle entstehender Sterne

Das Schicksal eines solchen Fragments läßt sich dagegen heute theoretisch vorhersagen, aufgrund einer berechneten Sequenz von Zuständen, ähnlich den an anderer Stelle skizzierten Modellen der Sternentwicklung. Erste Rechnungen dieser Art sind um 1970 von Richard Larson in den USA ausgeführt worden. Die Abbildung 3.1 veranschaulicht seine Ergebnisse für eine Wolke, aus der ein Stern von 1 Sonnenmasse wird. Die Rechnung setzt zu einem Zeitpunkt Null ein, zu dem die ersten 5 Zehnerpotenzen der Verdichtung bereits durchlaufen sind, 1 Kubikzentimeter also nicht mehr 1 Atom, sondern bereits 100000 enthält. Diese Teilwolke ist immer noch hundertmal größer als unser Planetensystem beziehungsweise mehr als millionenfach so ausgedehnt wie die Sonne. Die Materie stürzt im freien Fall zum Wolkenzentrum, dort wächst die Dichte an. Durch das Hineinstürzen wird Gravitationsenergie frei – die Energie, die im Schwerefeld aufzuwenden wäre, um die Materie wieder in große Zentrumsabstände zu transportieren – und die weitere Entwicklung hängt davon ab, was mit dieser Energie geschieht.

Zunächst ist die Wolke durchsichtig, aus dem Kollaps gespeiste Strahlung kann deshalb ungehindert entweichen und läßt die Wolke kalt. Mit zuneh-

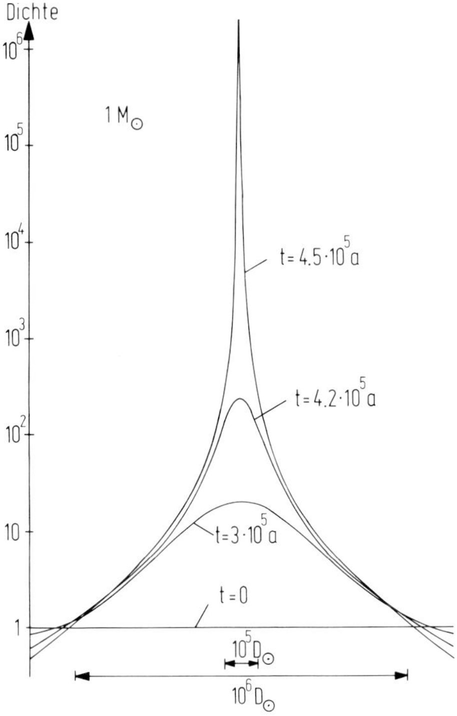

Abb. 3.1: *Verdichtung einer kontrahierenden Wolke von 1 Sonnenmasse über einen Zeitraum von 450 000 Jahren. Die Ausdehnung (untere Skala) ist in Sonnendurchmessern D⊙ angegeben, die Dichte in relativen Einheiten. Dichte 1 zum Zeitpunkt t = 0 entspricht etwa 10^{-19} g/cm^3. (Nach R. B. Larson)*

mender Masse in der Mitte wird das anders, der Strahlungsfluß nach außen wird gehemmt, das Wolkeninnere heizt sich auf und über mehrere Zwischenstufen kommt es schließlich zur Abbremsung des Kollapses. Wie die Abbildung 3.1 demonstriert, spielt sich die Verdichtung vor allem im Zentrum ab. Dort bildet sich ein im Vergleich zum Durchmesser der Wolke sehr kleiner Kern hoher Dichte (und Temperatur), aus dem der zukünftige Stern herauswächst. Er ist von einer ausgedehnten, relativ kühlen Hülle umgeben, deren Materie weiterhin auf den Kern abregnet. Diese zentrale Dichtespitze ist eine typische Eigenheit der Sternbildung, wie auch Rechnungen für andere Massenwerte zeigen. Bei größeren Massen kann dort bereits die Wasserstoff-Fusion in Gang kommen, und sie setzt gewissermaßen den Schlußpunkt der Entstehungsphase, wenn noch ein wesentlicher Anteil der Materie in der äußeren Hülle steckt.

Im Hertzsprung-Russell-Diagramm bewegt sich ein in der Entstehung begriffener Stern von weit rechts, aus dem Bereich niederster Temperatur und großen Durchmessers kommend, nach links auf die Hauptreihe zu. Wie die Modelle von Larson zeigen, ist das aber ein recht verwickelter Weg, unter anderem mit Phasen überhöhter Leuchtkraft, in denen ein

Vielfaches der für das Hauptreihenstadium typischen Energie abgestrahlt wird. Das hängt damit zusammen, daß das Bombardement der einstürzenden Masse mehrmals kurzfristige lokale Überhitzungen auslöst und interne Umschichtungen erzwingt, bis sich schließlich die Ordnung des mechanischen Gleichgewichtes durchsetzen kann.

Die Kontraktionsphase, der Übergang vom interstellaren Medium zum fertigen Stern, beansprucht etwa ein Hundertstel der Zeit, die der Stern danach auf der Hauptreihe sitzt. Während er dort seinen Wasserstoffvorrat zu Helium verbrennt, strahlt er in dieser Frühphase die durch Schrumpfung freigesetzte Gravitationsenergie ab. Wieder ist die Sternmasse die wesentliche Größe, massereiche Objekte entwickeln sich stürmischer als weniger massive. Das gilt ganz generell: Die verschiedenen Altersabschnitte werden von einem Stern um so schneller durchlaufen, je größer seine Masse ist.

Nun ist aber nachzutragen, daß diese Modelle vom gravitativen Kollaps eines Wolkenfragmentes einen Effekt gewollt ausklammern, der eine wesentliche Rolle spielen kann: Allem Anschein nach ist den interstellaren Wolken eine Drehbewegung eingeprägt. Das ist schon deshalb zu erwarten, weil sie an der differentiellen Rotation des Milchstraßensystems teilnehmen. Zudem lassen Beobachtungen keinen Zweifel daran, daß die Sterne rotieren, daß sie große Kreisel sind. Die Sonne dreht sich in 25 Tagen einmal um die Achse, wie sich zum Beispiel an der Bewegung der Sonnenflecke über die Scheibe hinweg verfolgen läßt. Die Geschwindigkeit eines Punktes am Sonnenäquator beträgt rund 2 km/s. Andere Sterne rotieren wesentlich schneller, an ihren Spektrallinien sind Drallgeschwindigkeiten von über 100 km/s zu erkennen. Das Bild, die Materie stürze bei der Sternentstehung radial auf ein Massezentrum zu, ist deshalb eine Vereinfachung, die wahrscheinlich in vielen Fällen der Wirklichkeit nicht ganz gerecht wird. Und die von einer Rotation ausgehenden Wirkungen können in den Kollapsvorgang spürbar eingreifen.

Wesentlich ist hier die aus der Physik bekannte Erhaltung des Drehimpulses, die darin zum Ausdruck kommt, daß ein rotierendes System bei Kontraktion immer schneller wird. Das demonstriert uns zum Beispiel ein Schlittschuhläufer, der zur Pirouette die Arme anlegt und sich möglichst dünn macht. Ein sich selbst überlassener Körper kann seinen Drehimpuls nicht loswerden. Es ist deshalb zu erwarten, daß eine Wolke um so rascher rotiert, je stärker sie sich zusammenzieht und ihr Volumen verkleinert. Mit der Drehgeschwindigkeit wächst aber auch die Fliehkraft. Letztere drückt senkrecht zur Drehachse nach außen und stemmt sich damit der nach innen ziehenden Schwerkraft entgegen. Dem Kollaps stellt sich jetzt also neben dem steigenden Gasdruck eine weitere Hürde in den Weg, die besonders unangenehm ist. Unter gewissen Voraussetzungen gewinnt sie nämlich so schnell an Höhe, daß die Gravitation sie nicht mehr zu nehmen vermag und die Sternbildung unterbleibt.

Offenbar kennt die Natur aber doch Wege, mit diesem Problem fertig zu werden. Und wie sie das macht, ist eine Frage, an der sich die Theoretiker der Sternentstehung gegenwärtig die Zähne ausbeißen. Die Antwort zu finden, ist deshalb schwierig, weil einmal nicht völlig klar ist, welche physikalischen Prozesse im Spiel sind. Zum andern sind die entsprechenden Modellrechnungen selbst mit den leistungsfähigsten Computern nicht leicht zu bewältigen. Während beim einfachen Kollaps nur der Abstand vom Schwerezentrum eingeht, sind jetzt die Verhältnisse richtungsabhängig: senkrecht zur Drehachse kommt die Fliehkraft voll zur Geltung, längs der Achse verschwindet sie. Oder in der Sprache der Theorie: Das achsialsymmetrische Modell mit Rotation um eine Achse ist weit komplizierter als der kugelsymmetrische Fall.

Man wird erwarten, daß sich eine rotierende Wolke bei der Kontraktion längs der Drehachse zu einer Scheibe abflacht. Die Entwicklung geht auch zunächst in diese Richtung. Wie detaillierte Kollapssimulationen auf der Rechenmaschine zeigen, sehen jedoch die Strukturen am Ende in der Regel anders aus. Unverkennbar besteht die Neigung, eine zentrale Konzentration aufzulösen oder gar nicht erst entstehen zu lassen. Die Materie wird dazu von der Fliehkraft nach außen getrieben und schließlich in einem schnell rotierenden ringartigen Wulst, einem Torus, verdichtet. Ein solcher Materiekranz ist jedoch instabil und zerbricht leicht in mehrere Stücke – einem Wurstring ähnlich, den ein Messer unterteilt –, die danach ihrerseits zu Sternen kollabieren können. Dieser Prozeß, eventuell in mehrfacher Wiederholung, ist von grundsätzlicher Bedeutung. Er weist einmal den Weg, wie eine Wolke mit Hilfe ihres Dralls in Fragmente zerfallen könnte. Ihr Anfangsdrehimpuls wird dabei, und das ist ein zweiter wichtiger Aspekt, in die Bahnbewegung der Bruchstücke um ein gemeinsames Zentrum überführt, geht also nur teilweise in die Eigenrotation der Fragmente und der daraus entstehenden Sterne ein. Das scheint der Trick zu sein, mit dem die Natur die vorher besprochene Hürde überlistet. Und schließlich zeichnet sich hier eine Erklärung dafür ab, wie die recht häufigen Doppelsterne und Mehrfachsysteme zustande kommen. Man muß dazu wissen, daß nur etwa die Hälfte aller Sterne der näheren Sonnenumgebung Einzelsysteme sind.

Nicht zuletzt unsere eigene Sonne demonstriert andererseits unübersehbar, daß es isolierte Einzelsterne gibt. Wie ist sie mit ihrem Drehimpulsproblem fertig geworden? Die Gegebenheiten im Sonnensystem deuten an, wo die Antwort auf diese Frage zu suchen ist: Während die Planeten insgesamt nur wenig mehr als 1 Promille der Sonnenmasse ausmachen, ist der Drehimpuls ihrer Bahnbewegungen fünfzigmal größer als derjenige der Sonnenrotation. Die Masse steckt also fast vollständig im Zentralkörper, der Drehimpuls dagegen im Umlauf der Planeten. Das spricht dafür, daß die Planeten beziehungsweise eine flache Scheibe, aus der sie vermutlich hervorgegangen sind, in der Kollapsphase Drehimpuls übernommen hat, der ihr vom Zentrum nach außen zugeliefert wurde. Für die Entstehung der singulären Zentralsonne wäre demnach eine wesentliche Voraussetzung gewesen, Drehimpuls an ihre Umgebung abschieben zu können. Wenn dieses Bild der Realität entspricht – was heute generell angenommen wird –, dann ist die Alternative zum Doppel- oder Mehrfachsystem nicht der nackte Einzelstern, sondern die Zentralsonne plus ein sie umkreisendes System planetarer Begleiter.

Nach welchem Mechanismus der entstehende Stern Drehimpuls loszuwerden vermag, ist nicht völlig klar. Es gibt mehrere Möglichkeiten. Ein in der Scheibe verankertes Magnetfeld, das die zentrale Verdichtung durchdringt und nach Art einer Wirbelstrombremse ihre Rotation reduziert, könnte dafür gleichermaßen verantwortlich sein wie turbulente Strömungen und die damit verbundene Reibung. Auch aus der Mitte abströmende Masse ist imstande, Drehimpuls mitzunehmen. Der Transport von Drehimpuls in einer rotierenden Gasscheibe ist schon in den fünfziger Jahren in der Gruppe um Carl Friedrich von Weizsäcker in Göttingen theoretisch untersucht worden. Die Dissertation von Reimar Lüst, dem späteren Präsidenten der Max-Planck-Gesellschaft, war diesem Thema gewidmet. Es ist nach wie vor von großer Aktualität.

Leuchtende Nebel, Infrarot- und Maserquellen

Die enge Kopplung zwischen jungen Sternen und diffuser interstellarer Materie tritt bei den leuchtenden Gasnebeln der Milchstraße wie dem in Abbildung 3.2 gezeigten Lagunennebel am augenfälligsten in Erscheinung. Eines der bekanntesten Objekte dieser Art ist der Orionnebel, den man

Abb. 3.2: *Gasnebel M 8, auch Lagunennebel genannt, im Sternbild Sagittarius (Aufnahme: K. Birkle, G. Lingenfelder, 1.2-m-Teleskop Calar Alto).*

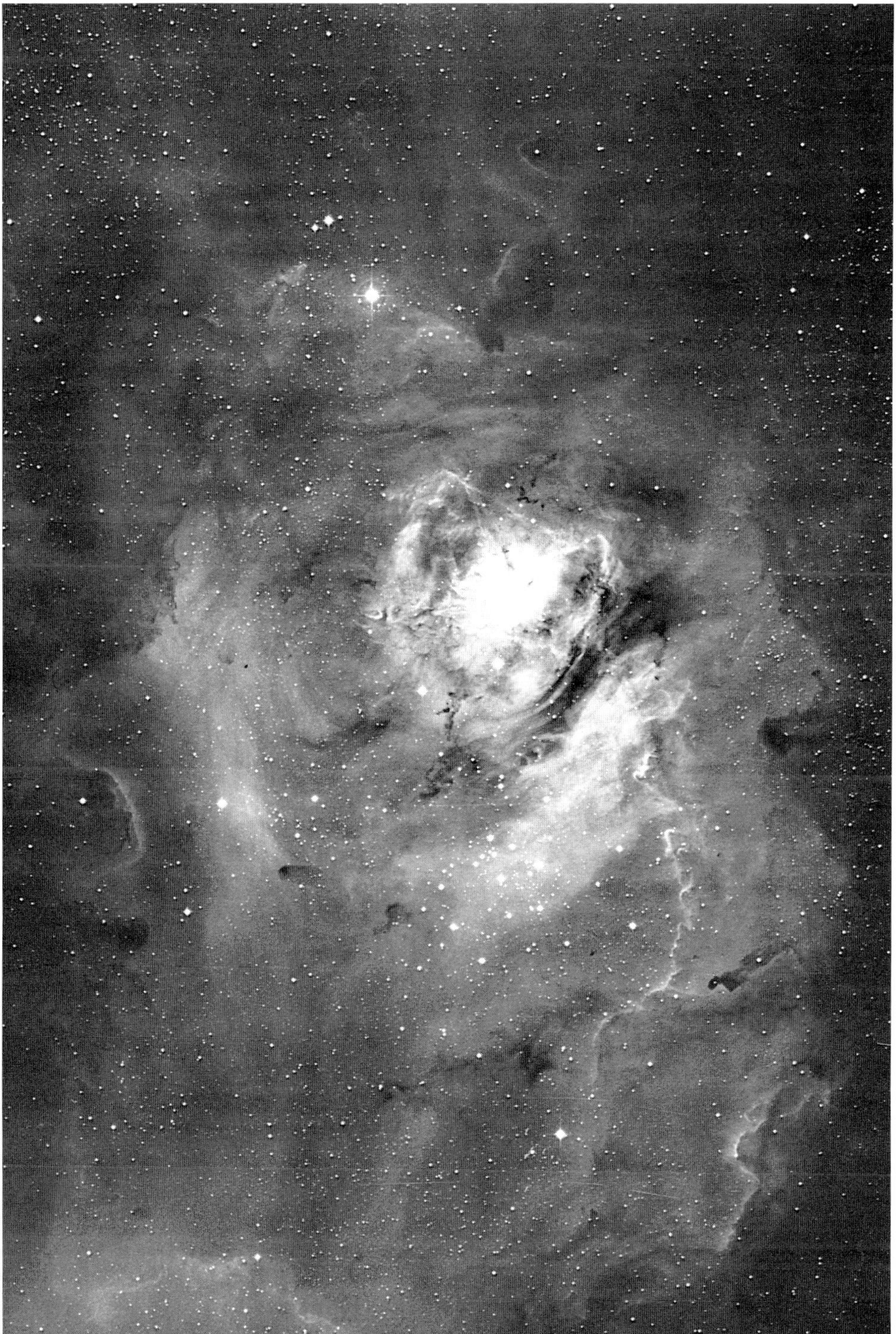

bereits mit Hilfe eines Feldstechers bei dem mittleren Schwertstern im Sternbild des Himmelsjägers sehen kann. Ein anderes, auch ästhetisch eindrucksvolles Beispiel ist der Rosettennebel im Monoceros (Abb. 3.3), in den ein junger Sternhaufen eingebettet ist. Solche Gaswolken bergen einen oder mehrere heiße Sterne hoher Leuchtkraft, deren intensive Ultraviolettstrahlung das vorwiegend aus Wasserstoff (Symbol H) bestehende Wolkengas ionisiert, das heißt die Elektronen der H-Atome abspaltet, und es zum Leuchten anregt. Im Orionnebel ist dafür vor allem das »Trapez« verantwortlich, eine dicht aufeinanderstehende Gruppe von vier Sternen mit Oberflächentemperaturen bis zu 50000 Grad. In der Regel ist das Gas überdies von interstellarem Staub durchsetzt, der sich auf den gezeigten Photographien in den stark kontrastierenden, scharf begrenzten dunklen Partien zu erkennen gibt. Dort sind Fetzen von Staubwolken dem leuchtenden Nebel vor- oder eingelagert und verschlucken das von hinten kommende Licht.

Das Wolkengas wird von den Sternen im Innern auf etwa 10000 Grad aufgeheizt. Es ist ein Plasma, in dem negativ geladene Elektronen und positiv geladene Atomkerne, Ionen, durcheinanderschwirren. Bei nahen Begegnungen werden die leichten Elektronen infolge der gegenseitigen Anziehung beschleunigt und emittieren dann kontinuierliche Strahlung insbesondere im Bereich der Radiowellen. Die heißen Gasnebel, auch HII-Regionen genannt (HII = ionisierter Wasserstoff), sind deshalb dankbare Objekte für den Radioastronomen. Kommt es aber durch die thermische Bewegung zur Wiedervereinigung von Elektronen und Ionen, auf die eine erneute Ionisation durch das kurzwellige Sternlicht folgen kann, dann wird ein Linienspektrum ausgesendet, bei dem die rote Hα-Linie des Wasserstoffs besonders hervortritt. Das sichtbare Licht der Gasnebel ist vorwiegend durch dieses Rekombinationsleuchten bestimmt. Typische Werte der Gasdichte in den Wolken entsprechen 100 Atomen/cm^3; gegenüber der mittleren Dichte des interstellaren Mediums von etwa 1 Atom/cm^3 liegt also eine sich deutlich abhebende lokale Konzentration von Materie vor. Außerhalb des leuchtenden Volumens muß die Dichte jedoch nicht unbedingt kleiner sein. Das ultraviolette Sternlicht kann an dem sichtbaren Rand auch so verbraucht sein, daß es für weitere Ionisierungen zu schwach ist. Die größten solcher Emissionsnebel des Milchstraßensystems haben Durchmesser bis zu 100 Lichtjahren. Ihre Massen reichen fast bis zu 1000

Abb. 3.3: *Der Rosettennebel (NGC 2237–39) im Sternbild Monoceros (Aufnahme: K. Birkle, Schmidt-Teleskop Calar Alto).*

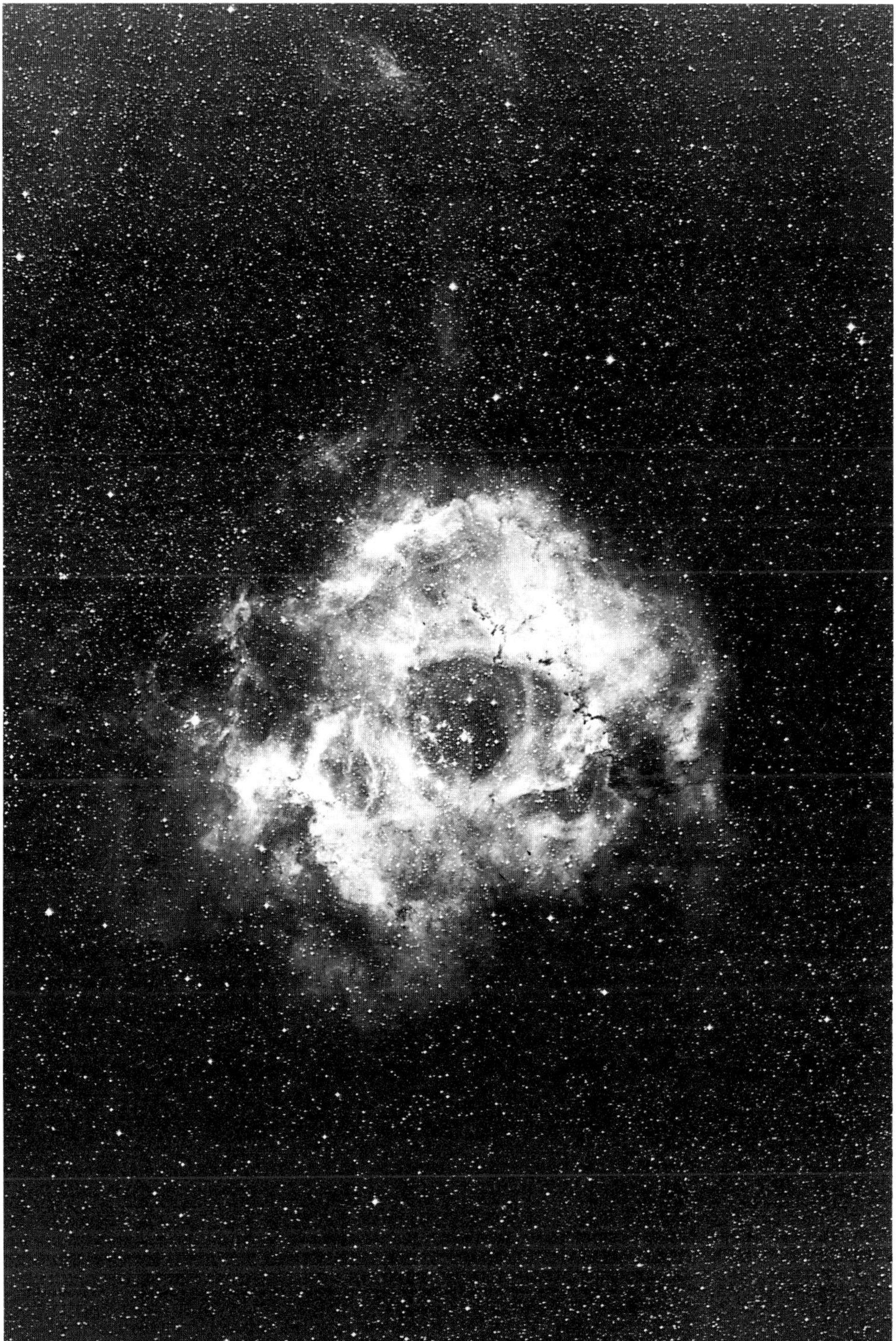

Sonnenmassen und kommen damit in die Nähe der eingangs erwähnten Jeansschen Instabilitätsgrenze, wobei ganz offensichtlich nur ein Teil der gesamten Materie in Sternen gefangen ist.

Die Bindung junger Sterne an das interstellare Medium wird auch durch ein anderes Phänomen verdeutlicht. Die Abbildung 3.4 enthält eine an der Calar Alto Sternwarte gewonnene Aufnahme der Spiralgalaxie M 101 im Sternbild des Großen Bären. Perlschnurartig aufgereiht sehen wir längs der Spiralarme helle Objekte. Das sind nicht etwa Sterne der Galaxie, sondern Gasnebel der eben beschriebenen Art, das leuchtende Umfeld junger Sterne. Wenn wir uns daran erinnern, daß die interstellare Materie vorwiegend in den Spiralarmen konzentriert ist, dann wird sie uns durch ein solches Bild erneut als das materielle Reservoir für die Sternbildung vor Augen geführt.

Das interstellare Medium befindet sich in turbulenter Bewegung und seine wolkige Struktur ist eine Folge davon. Ähnlich den früher erwähnten Pekuliarbewegungen der Sterne in der galaktischen Scheibe, als deren Gegenstück sie zu betrachten sind, haben diese ungeordneten Ströme Geschwindigkeiten von einigen 10 km/s. In zufälliger Ballung kommen Wolken der verschiedensten Größen zustande, die wieder zerfließen oder auch zu mächtigen Komplexen verschmelzen – Vorgänge, wie wir sie in unserer Atmosphäre beim Wachsen von Gewitterwolken verfolgen können. Wird die erforderliche Massierung erreicht, dann kann der gravitative Kollaps einsetzen. Vermutlich helfen aber auch großräumige Bewegungen mit, die Entstehung von Sternen auszulösen. Die Spiralstruktur einer Galaxie geht nach heutigem Verständnis auf eine das ganze System durchdringende, mit dessen Rotation verkoppelte Dichtewelle zurück. Sie sorgt für die verstärkte Ansammlung von interstellarer Materie in den Spiralarmen, und die von ihr ausgehenden Druckkräfte dürften von außen nachhelfen, eine Wolke zum Einsturz zu bringen. Der Kollaps muß also nicht unbedingt durch die Eigengravitation ausgelöst sein, sicher ist diese aber für das weitere Schicksal entscheidend.

Die leuchtenden Gasnebel markieren demnach Stellen, an denen die Voraussetzungen zur Bildung neuer Sterne vor nicht allzu langer Zeit bestanden und vielleicht weiterhin bestehen. Es liegt deshalb nahe, in ihrer Umgebung nach Objekten zu suchen, die vielleicht frühere Stadien der Entwicklung repräsentieren, früher als die zwar jungen, aber bereits ferti-

Abb. 3.4: *Die Spiralgalaxie M 101 im Sternbild Ursa Major, photographisches Negativ (Aufnahme: K. Birkle, 2.2-m-Teleskop Calar Alto).*

gen anregenden Sterne. Insbesondere ist an kühle Stadien zu denken, da die Verdichtung bei Temperaturen wenig über dem absoluten Nullpunkt einsetzen muß. Chancen zur Entdeckung dieser frühesten Phasen gibt es nur im Infraroten: Nach dem Planckschen Strahlungsgesetz emittieren Körper von 100 Kelvin (K) Temperatur und weniger fast ausschließlich jenseits von 3 µm Wellenlänge, in einem Spektralbereich, der erst in jüngerer Zeit durch die Entwicklung ausreichend empfindlicher Halbleiterdetektoren der astronomischen Beobachtung zugänglich wurde.

Eines der in dieser Hinsicht am gründlichsten untersuchten Areale der Milchstraße – neben der Umgebung des Orionnebels – gehört zu dem in Abbildung 3.5 gezeigten Feld in Cassiopeia. Es enthält die zwei deutlich voneinander getrennten Gasnebel W5 = IC 1848 und W4 = IC 1805, zwei HII-Regionen der beschriebenen Art mit mehreren Lichtjahren Durchmesser, Gasdichten von etwa 100 Atomen/cm^3 und nicht zu übersehenden Spuren von Staub. Von besonderem Interesse ist das einem Ohr ähnliche Anhängsel rechts oben mit der Bezeichnung W3 = IC 1795. Gegenüber den beiden eher locker strukturierten Wolken W4 und W5 hebt es sich durch seine geringere Ausdehnung und intensivere Flächenhelligkeit ab. Es ist eine sogenannte kompakte HII-Region relativ hoher Dichte mit eigenen anregenden Sternen im Inneren. Auf diesen Typ sind zuerst Radioastronomen aufmerksam geworden, neben anderen Peter Mezger, der heute in Bonn arbeitet. Sie hatten die erwähnte kontinuierliche Emission des ionisierten Gases gemessen und für solche kompakten Wolken Dichten von über 1000 Atomen/cm^3 gefunden, merklich höhere Werte als in »normalen« Gasnebeln. Allem Anschein nach handelt es sich um junge HII-Regionen im folgenden Sinne: Sie demonstrieren einen Zustand, der sich kurz nach der Entstehung eines oder mehrerer massiver heißer Zentralsterne ausbildet, der aber nicht von langer Dauer sein kann, da wegen der hohen Dichte und Temperatur schnelle Expansion zu erwarten ist. Wenn diese Deutung richtig ist, dann sehen wir in Abbildung 3.5 nebeneinander HII-Regionen unterschiedlicher Entwicklungsstadien.

Abb. 3.5: *Die Gasnebel W5, W4 und W3 im Sternbild Cassiopeia (Aufnahmen des Mt. Palomar Observatoriums).*

Abb. 3.6: *Felder bei W3 (eingerahmt), in denen Infrarot- und Maserquellen gefunden wurden.*

Abb. 3.9: *CO-Emission in der Umgebung von W3 und W4, dargestellt durch Linien gleicher Intensität. (Nach Ch. J. Lada et al.)*

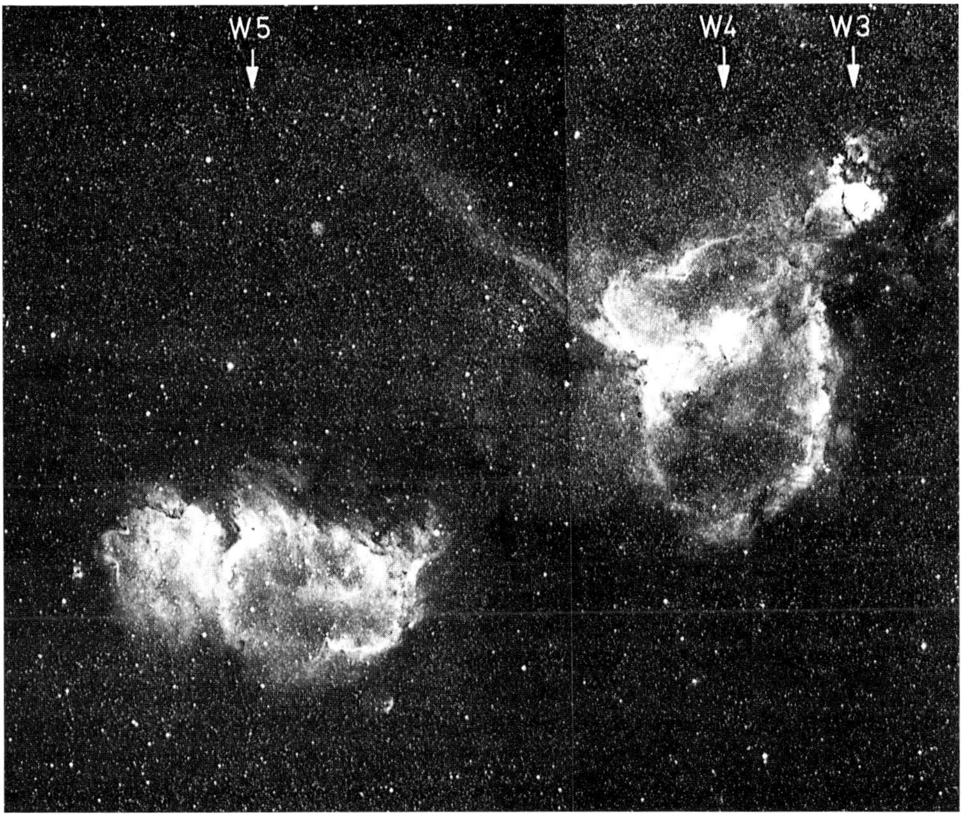
W5
W4
W3

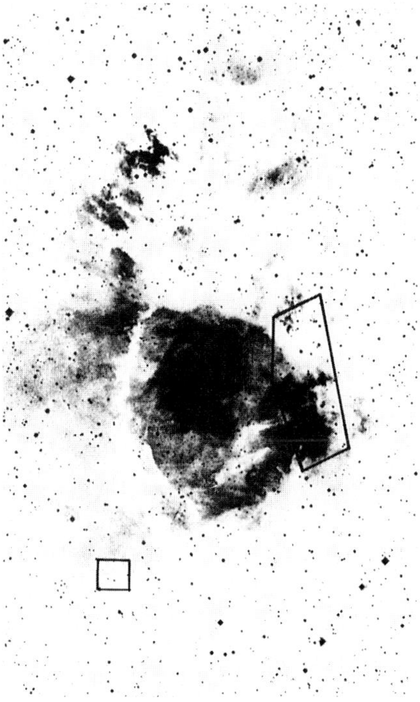

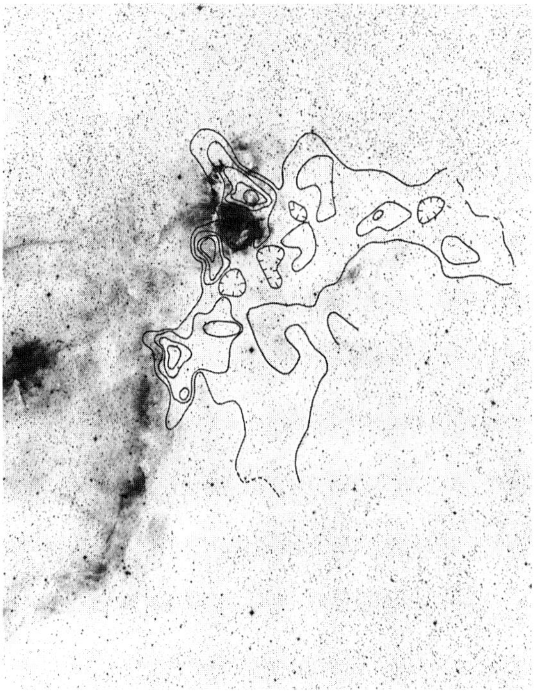

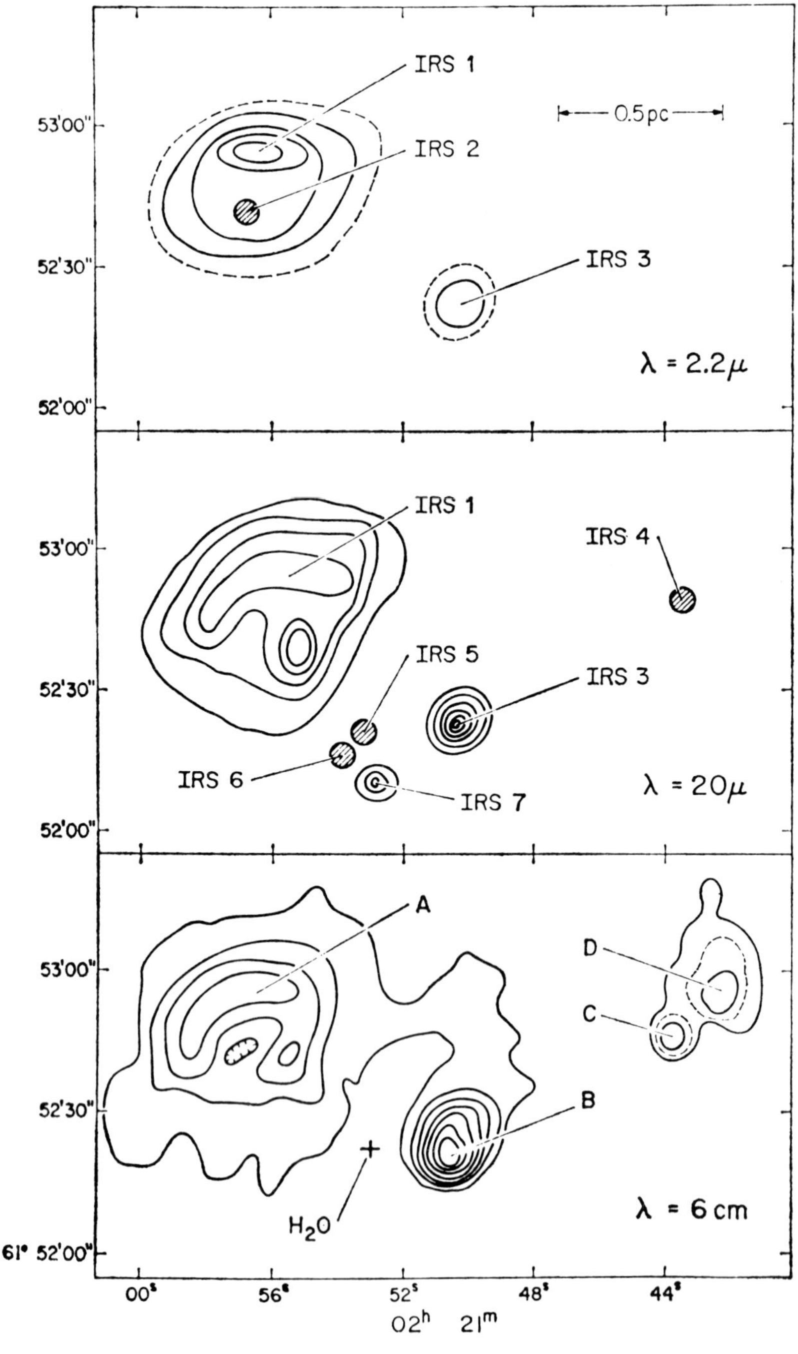

IRS 1
IRS 2
IRS 3
0.5pc
λ = 2.2μ
IRS 1
IRS 4
IRS 5
IRS 3
IRS 6
IRS 7
λ = 20μ
A
D
C
B
H2O
λ = 6 cm
53'00"
52'30"
52'00"
61° 52'00"
00s
56s
52s
48s
44s
02h 21m

Nach den heute vorliegenden Erfahrungen ist es besonders erfolgversprechend, in oder bei solchen kompakten Wolken nach Infrarotquellen zu suchen. In Abbildung 3.6, die das W3-Gebiet verglichen mit der vorausgegangenen stark vergrößert zeigt, sind die Felder, innerhalb deren die Beobachter fündig geworden sind, schwarz umrandet. Was hier zu finden ist, demonstriert das Diagramm in Abbildung 3.7. Es entspricht einem kleinen Ausschnitt aus der oberen Hälfte des größeren Feldes und geht auf Wynn-Williams und Kollegen zurück, die diese, zum Teil mit dem 5-m-Teleskop des Mt. Palomar Observatoriums gewonnenen Meßergebnisse 1972 publiziert haben. Für dieses eine, sehr kleine Areal sind die Beobachtungen bei den zwei infraroten Wellenlängen 2.2 μm und 20 μm sowie der Radiowellenlänge von 6 cm dargestellt. Auch wenn die Bilder gemeinsame Züge haben, unterscheiden sie sich im einzelnen beträchtlich. Insgesamt enthalten sie vier sternartige, nichtaufgelöste Infrarotquellen (schraffierte Scheibchen) neben mehreren ausgedehnten Objekten, deren Struktur durch Linien gleicher Helligkeit wiedergegeben ist. Nichts von dem hier Gezeigten war im sichtbaren Licht nachzuweisen und selbst bei 2.2 μm macht sich ja nur ein Teil der Objekte bemerkbar. IRS 5 (Infrared Source 5) ist ein herausragend intensiver Strahler, seine Leuchtkraft entspricht 30000 Sonnenleuchtkräften! Die spektrale Energieverteilung der bei 20 μm beobachteten sternähnlichen Quellen zeigen Temperaturen von einigen 100 Grad absolut und damit die gesuchten kalten Stadien der Frühentwicklung an. Die flächenhafte Emission IRS 1 und die an derselben Stelle gefundene Radioemission A sind von ähnlicher Ausdehnung und Struktur. Hier haben wir wieder eine kompakte HII-Region relativ geringen Durchmessers vor uns. Einer der anregenden Sterne scheint sich in der Quelle IRS 2 zu verbergen (siehe unten). Die kontinuierliche Strahlung ihres heißen Gases erstreckt sich von den Radiowellen bis ins Infrarote hinein, indessen erreicht uns kein sichtbares Licht, wir sehen keinen leuchtenden Nebelfleck, da das ganze Gebiet hinter dichtem Staub versteckt ist.

Bei den im W3 entdeckten Infrarotquellen, und das gleiche gilt für die an anderen Stellen der Milchstraße gefundenen Objekte, zeichnen sich zwei verschiedene Arten ab. Zur einen gehören punktförmige Quellen (ihre Ausdehnung ist nicht festzustellen, sie sind unaufgelöst) mit dem Maximum der spektralen Energieverteilung im nahen Infrarot bei 1 bis 2 μm Wellen-

Abb. 3.7: *Punktförmige und flächenhafte Infrarot- und Radioquellen bei W3 nach Messungen von C. G. Wynn-Williams et al. bei drei verschiedenen Wellenlängen λ. Das Kreuz markiert eine H_2O-Maserquelle.*

länge. Sie lassen sich zwanglos als bereits fertige heiße Sterne deuten, in deren Nähe dichte Staubansammlungen stehen. Ihr Licht ist deshalb stark geschwächt und gerötet. Im Sichtbaren finden sich Extinktionswerte von 10^6:1 und mehr, das heißt von einer Million Lichtquanten, die den Stern verlassen, kommt allenfalls eines durch. Abschwächungen dieses Ausmaßes waren den Astronomen vorher nicht geläufig. Die Staubteilchen sind kleiner als die Lichtwellenlänge, die Extinktion nimmt deshalb mit wachsender Wellenlänge ab, blaues Licht wird stärker geschwächt als rotes. Das wahre Spektrum dieser Sterne mit seinem Maximum im Ultraviolett ist infolgedessen so stark deformiert, daß sie dem Beobachter als rote Objekte erscheinen. (In der Rötung der tiefstehenden Sonne sehen wir dasselbe Phänomen, nur bei wesentlich geringerer Lichtschwächung durch atmosphärische Teilchen!) Oft handelt es sich um die anregenden Sterne einer kompakten HII-Region, IRS 2 im W3 ist ein solcher Fall.

Wenn nun die Objekte dieses Typs auch nur scheinbar kühl sind und sicher nicht die gesuchten Vorstadien der Sternbildung repräsentieren, so weisen sie uns doch auf dichten Staub als charakteristische Begleiterscheinung der Sternentstehung hin. Dieser wird sich allerdings nicht auf Dauer in der Nähe heißer Sterne halten können. Dort erhitzt er sich und verdampft gar, auch blasen ihn die Sterne mit Hilfe des Strahlungsdrucks oder eines Sternwindes weg und säubern so ihre Umgebung. Wenn wir junge Sterne und ihre leuchtenden Nebel unbehindert sehen können, dann signalisiert uns das demnach einen Zustand, der zeitlich auf diese »Staubphase« folgt.

Die Quellen der zweiten Art, punktförmige wie ausgedehnte, strahlen bei den längeren Wellen des mittleren und fernen Infrarot, sind also kühler. Sie emittieren ein Kontinuum und haben ähnliche Energieverteilungen, wie sie von Wärmestrahlern, zum Beispiel einer Herdplatte, bekannt und durch das Plancksche Gesetz mit einer bestimmten Temperatur darzustellen sind. Die so abgeleiteten Temperaturwerte reichen von etwa 1000 K bis, in extremen Fällen, unterhalb 100 K. Ein typisches Beispiel einer solchen Strahlungsverteilung enthält Abbildung 3.8, sie wird durch eine Plancksche Kurve von 600 K gut reproduziert. Die Einsenkungen bei 3 und 10 μm werden auf die Extinktion vorgelagerter kalter Schichten zurückgeführt, wobei die erstere durch H_2O-Eis verursacht sein könnte, die letztere durch Silikate. Die gefundenen Leuchtkräfte liegen zwischen 100 und mehreren 10000 Sonnenleuchtkräften und kommen so den Leuchtkräften der Sterne im oberen Teil der Hauptreihe gleich. Vermutlich gibt es auch Quellen schwächerer Leuchtkraft – jenseits der heutigen Nachweisgrenze.

Infrarotobjekten dieser Sorte begegnen wir im W3 wie auch in anderen Entstehungsgebieten. Man nimmt heute an, daß etliche von ihnen sich noch im Kontraktionsstadium befinden und ihre Abstrahlung aus der Energie einstürzender Materie decken. Dafür kommen vor allem die sehr kalten Quellen in Frage, die nur wenig wärmer sind als das ungestörte interstellare Medium. Sind sie zudem ausgedehnt, dann ist das ein weiteres Indiz für die prästellare Phase. Ihre Strahlung kommt von erwärmten Staubteilchen, die für den Energieaustausch dieser Zustände niederer Temperatur eine wichtige Rolle spielen. Wenn vorher der Staub durch Lichtschwächung und Verfärbung in Erscheinung trat, dann macht er sich jetzt, im längerwelligen Infrarot, als Strahler bemerkbar.

Die Beobachtungsbefunde sind durchaus im Einklang mit den anfangs geschilderten Modellen der Kollapsphase, die man bei der Deutung der empirischen Daten stets im Auge behalten wird. Leider gibt es jedoch vorerst keinen endgültigen Beweis dafür, daß wir bei diesen kühlen Infrarotquellen kontrahierende Protosterne, prästellare Objekte, vor uns haben. Insbesondere ist es bisher in keinem der fraglichen Fälle möglich gewesen, den Materieeinsturz auf ein Schwerezentrum direkt zu beobachten. Ein wesentlicher Unterschied zu dem zuvor diskutierten Typ darf indessen nicht übersehen werden: Die kühlen Quellen sind in der Regel nicht mit kompakten HII-Regionen, mit der Radiostrahlung heißen Gases assozi-

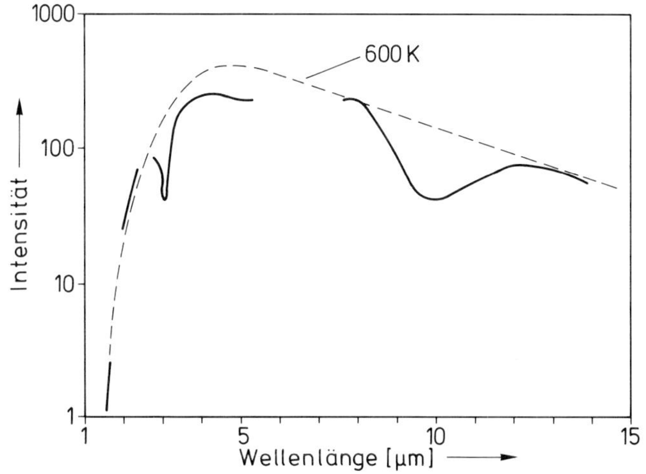

Abb. 3.8: *Spektrale Energieverteilung einer Infrarotquelle, die durch eine Plancksche Kurve mit 600 K Temperatur gut dargestellt wird. Die gemessene Verteilung beschränkt sich auf die atmosphärischen »Fenster«.*

iert. Sie ionisieren ihre Umgebung nicht, trotz ihrer teilweise enormen Leuchtkraft. Sollten einzelne im Inneren bereits einen heißen, von nuklearer Energie lebenden Stern enthalten, so muß in diesen Fällen ein mächtiger Staubmantel das Kernobjekt verbergen und die Ionisierung seiner Nachbarschaft abblocken. Nach den erläuterten Modellrechnungen sind derartig strukturierte Gebilde durchaus plausibel. Keine Strahlung aus dem Inneren kann hier auf direktem Weg nach außen kommen. Sie bleibt im Staub stecken, wärmt diesen dabei auf, und wir registrieren die Infrarotstrahlung der äußeren Schale. Ist dieses Stadium aber erst einmal erreicht und die Sternbildung im Kern abgeschlossen, dann ist es nicht mehr weit bis zu den Quellen der ersten Art. Der eingesponnene Stern wird von innen an seinem Staubkokon ständig nagen und ihn am Ende aufbrechen. Auch wenn die Frage, welche der Objekte Protosterne sind, zur Zeit noch nicht eindeutig beantwortet werden kann – wir wissen zu wenig Sicheres über ihre innere Struktur –, so sind doch die kühlen Infrarotquellen ohne Zweifel die frühesten heute bekannten Stadien des Sternenlebens.

Eine ganz andere, für Entstehungsgebiete charakteristische Sorte von Objekten ist noch zu erwähnen: Punktartige Quellen von Linienemission im Radiobereich. Vorwiegend findet man die Linien des OH-Radikals bei 18 cm und des H_2O-Moleküls bei 1.35 cm Wellenlänge. Auch innerhalb des gezeigten Ausschnittes von W3 (Abb. 3.7) ist eine solche Stelle mit Emission von H_2O markiert. Die gemessenen Strahlungsflüsse sind extrem hoch, die Energie, die allein in dieser Linienstrahlung steckt, kann 1/10000 der Sonnenleuchtkraft erreichen. Daraus folgt unmittelbar, daß die Linien unter ganz abnormalen und völlig anderen Bedingungen entstehen müssen als etwa die von den Gasnebeln bekannten Spektrallinien. Sie werden als Folge einer Inversion in der Besetzung der molekularen Energieniveaus erklärt, die, in der Sprache des Physikers, zu stimulierter Emission führen kann. Es ist derselbe Prozeß, der im Laser* zur Erzeugung scharfer Linien im Bereich der Lichtwellen ausgenützt wird und in Analogie dazu werden solche Quellen als interstellare Maser bezeichnet.

Sie sind in den letzten Jahren mit den Methoden der Radiointerferometrie großer Basislänge untersucht worden. Weit voneinander entfernte Radioteleskope werden dabei, oft in interkontinentaler Kooperation, gleichzeitig auf dieselbe Quelle gerichtet, um dort Einzelheiten auflösen zu können, die einem Teleskop allein nicht zugänglich sind. Auf diesem Wege

* Laser = Light Amplification by Stimulated Emission of Radiation –
Maser = Microwave Amplification by Stimulated Emission of Radiation.

ist es den Radioastronomen gelungen, ihre »Sehschärfe« ungeheuer zu steigern und bis an die tausendstel Bogensekunde heranzukommen. (Das Auflösungsvermögen eines Einzelteleskops liegt bei einigen Bogenminuten!) Eine Reihe der zunächst punktförmig erscheinenden Maserquellen erwies sich dann als ausgedehnt mit Durchmessern von etwa 10^{13} cm, das heißt dem Abstand Sonne – Erde vergleichbar. Das spricht dafür, die Maser als relativ kleine Wölkchen aus Molekülgas, als lokale Verklumpungen innerhalb der verdichteten Umgebung entstehender Sterne zu betrachten. Strittig ist, was die Besetzungsinversion hervorruft. Die Pumpenergie für den angeregten Zustand kann der aus nächster Nähe kommenden Infrarotstrahlung entnommen sein, aber auch Anregung durch Stöße im Gas wird ernsthaft diskutiert.

Der phantastischen Präzision der Interferometrie ist ein anderes bemerkenswertes Resultat neueren Datums zu verdanken, zu dem das Bonner Max-Planck-Institut für Radioastronomie mit dem 100-m-Teleskop entscheidend beitrug. Genaue Positionsmessungen im Abstand von wenigen Jahren lassen in einigen Fällen systematische Eigenbewegungen der Maser erkennen, die auf einen gemeinsamen Ursprungsort hindeuten. Das ist besonders gut belegt im Orionnebel, wo es zwischen den dortigen Infrarotquellen zahlreiche Maser gibt. Ihre Eigenbewegungen liegen bei 0.01 Bogensekunden pro Jahr (!), die entsprechenden Geschwindigkeiten sind einige 10 km/s, und sie treffen sich, nach rückwärts verlängert, alle in einem gemeinsamen Ausgangspunkt, und zwar dicht bei einer leuchtkräftigen kühlen Infrarotquelle. Es entsteht der Eindruck, als ob von dort kontinuierlich Maser ausgestoßen würden, die sich dann durch das umgebende Medium hindurchbewegen. Diese Beobachtungen sprechen jedenfalls für eine enge Beziehung der Maserquellen zu einem Zentrum, dessen Aktivität sich nicht auf die Abstrahlung von Infrarotlicht beschränkt. Und es ist zu vermuten, daß diese Phänomene mit dem Aufbrechen des Kokons eines neuen Sterns zusammenhängen. Sie erscheinen in vielem noch rätselhaft, aber zweifellos sind die interstellaren Maser ein typisches Wahrzeichen von Geburtsstätten.

Zusammenfassend sei festgestellt: Längs des Milchstraßenbandes sind heute eine ganze Reihe von Regionen bekannt, in denen allem Anschein nach die Bildung von Sternen im Gange ist und wo wir nebeneinander unterschiedlichen Stadien der stellaren Frühentwicklung begegnen. Die Sterne entstehen in stark verdichteten, mit hoher Staubextinktion verknüpften Konzentrationen des interstellaren Mediums. Auch am Ende der Kontraktionsphase steckt ein neugeborener Stern noch immer in einer ausgedehnten Hülle von Gas und Staub, aus der er sich dann nach und nach herausschält. Vermutlich beziehen sich die geschilderten Erscheinungen auf die Frühphasen massiver Sterne. Diese entwickeln sich schneller als sonnenähnliche und setzen merklich höhere Energien um; dadurch sind sie der Beobachtung leichter zugänglich.

Interstellare Molekülwolken

Neuerdings ist deutlich geworden, daß die im vorhergehenden geschilderten Phänomene das Szenario der Sternentstehung nur unvollständig erfassen, und wichtige Wesenszüge bis dahin verborgen blieben. Wie nämlich radioastronomische Beobachtungen der letzten Zeit gezeigt haben, sind die beschriebenen Entstehungsgebiete ihrerseits in kalte Molekülwolken wesentlich größerer Ausdehnung und Masse eingebettet. Die leuchtenden Gasnebel insbesondere heben sich in der Regel nur als der auffälligste Teil eines weit umfangreicheren Komplexes ab, der jedoch konventionellen Beobachtungsmethoden weniger leicht zugänglich ist.

Die interstellaren Moleküle sind heute eines der interessantesten Themen der radioastronomischen Forschung, nicht allein deshalb, weil man lange Zeit glaubte, im interstellaren Raum könnten Moleküle in nennenswerten Mengen weder sich bilden noch überleben. Heute sind über 50 verschiedene Arten nachgewiesen. Drei Viertel davon sind kohlenstoffhaltige Verbindungen, aus der organischen Chemie bekannte Grundstoffe der Lebensvorgänge in Pflanze und Tier. Unter anderem sind eine Reihe von Carbonylen, wie Formaldehyd (H_2CO), Ameisensäure (HCOOH), Formamid ($HCONH_2$), Acetaldehyd ($HCOCH_3$) entdeckt worden. Das bisher schwerste Molekül ist das 13atomige $HC_{11}N$ mit dem Molekulargewicht 147, alle bis jetzt bekannten bauen sich aus den Elementen Wasserstoff H, Kohlenstoff C, Stickstoff N, Sauerstoff O, Schwefel S und Silizium Si auf. Der molekulare Wasserstoff H_2, zwei aneinandergeknüpfte Wasserstoffatome, ist mit Abstand am häufigsten, jedoch schwierig zu beobachten, da er weder im Radiobereich noch im Sichtbaren Spektrallinien emittiert. Er macht sich dagegen im Ultraviolett bemerkbar, bei Wellenlängen, die nur außerhalb der Erdatmosphäre zu fassen sind und für einen Teil der H_2-Linien im Infraroten gilt dasselbe. Besonders stabil und interstellar ebenfalls weitverbreitet ist das CO-Molekül. Es ist vor allem anhand seiner 2.6-mm-Linie untersucht worden, die durch Stöße mit H_2 angeregt wird. Auch viele andere Molekülarten geben sich im Zentimeter- und Millimeter-Bereich zu erkennen. Auf diesem Hintergrund ist das heutige Interesse an der Radioastronomie der Millimeterwellen zu sehen. Unter anderem kommt es in einem deutsch-französischen Gemeinschaftsprojekt mit dem Ziel, leistungsfähige Empfangsanlagen für kosmische Millimeterwellenstrahlung zu schaffen, zum Ausdruck. Im Rahmen dieses Unternehmens ist in den letzten Jahren eine 30-m-Antenne mit einer Reflektorfläche höchster Präzision in der Sierra Nevada oberhalb von Granada aufgebaut worden.

In Abbildung 3.9 (Seite 101) ist eine Karte der CO-Emission in der Umgebung von W3 und W4 nach Messungen an der Kitt Peak Sternwarte gezeigt. Sie demonstriert die enge Verzahnung einer nach Westen sich erstreckenden CO-Wolke mit der HII-Region W4. Der östliche Rand der Molekülwolke fällt mit der sichtbaren Grenze von W4 zusammen. Längs dieser Kontaktfläche treten die höchsten CO-Intensitäten dort auf, wo nach Abbildung 3.6 Sterne entstehen. Dieses Bild ruft unmittelbar den Eindruck hervor, die HII-Region presse die CO-Wolke zusammen und löse in den verdichteten Zonen nahe der Grenzfläche die Sternbildung aus.

Heute ist eine ganze Reihe ähnlicher Fälle bekannt, bei denen Sternentstehungszentren in den verdichteten Randzonen großer Molekülkomplexe gefunden werden. Auch im Beispiel der Abbildung 3.10 treten die höchsten CO-Intensitäten in der Nähe des Wolkenrandes auf, der zudem durch leuchtendes Gas markiert ist. Und gerade dort ist eine kühle Infrarotquelle zu finden. Darüber hinaus ist die Zahl der Sterne im Bereich der Wolke stark reduziert, ein klares Indiz für die in der Wolke verstärkte Staubextinktion, die den Sternhintergrund abschwächt.

Mit Ausdehnungen bis zu Hunderten von Lichtjahren, wie etwa die an dem Gasnebel M 17 hängende Anhäufung, und in Einzelfällen bis zu 100 000 Sonnenmassen sind solche Molekülwolken die größten und massivsten Objekte innerhalb des Milchstraßensystems. Ihre Existenz ist offenbar eine notwendige Voraussetzung für die Entstehung von Sternen. Vielfach scheint es durch einen Anstoß von außen zur Instabilität und zum Kollaps zu kommen. Die Sternentstehung setzt dann am Rand der Wolke ein, pflanzt sich darin fort und zerstört sie schließlich. Dieses Bild der »brennenden Zigarre«, mit leuchtenden Gasnebeln und neuen Sternen am heißen Ende, ist vermutlich der Sequenz W5/W4/W3/Molekülkomplex zugrunde zu legen, wenn es auch nicht allen Entstehungsgebieten gerecht wird.

Bis dahin erschien es als abwegig, reelle Chancen für die Bildung von Molekülen im interstellaren Raum zu erwarten. Gewiß werden die Atome eines kalten Gases dazu neigen, sich in Molekülen aneinanderzuketten und diesem Zustand niederer Energie angepaßte chemische Bindungen einzugehen. Und die in Molekülwolken gemessenen Temperaturen sind in der Tat extrem niedrig, 50 K und weniger entsprechen durchaus der Regel. Im freien interstellaren Raum mit seiner geringen Materiedichte ist aber die Begegnungswahrscheinlichkeit atomarer Partner praktisch gleich Null. Zudem haben komplexe Verbindungen dort nur geringe Lebenschancen, da sie der Bestrahlung durch energiereiches Sternlicht und durch die schnellen Teilchen der kosmischen Ultrastrahlung ausgesetzt sind. Die Skepsis gegenüber dem Auftreten von Molekülen, insbesondere in vielatomigen Formen, war also nicht unbegründet.

Aus den Beobachtungen geht nun hervor, daß Moleküle nicht im stark verdünnten interstellaren Medium vorkommen, sondern in Wolken relativ hoher Dichte und in enger Kopplung an Staub. Dunkelwolken, die vom interstellaren Staub vorgetäuschten Sternleeren, sind ein fast untrügliches Indiz für das Vorhandensein von Molekülen. Ein klares Beispiel dafür lernen wir in Abbildung 3.10 kennen. Dichten von 10000 und 100000 Atomen/cm^3 sind nicht selten und kommen jenen in kompakten HII-Regionen gleich beziehungsweise übertreffen sie noch. Die Moleküle sind demnach ein typisches Merkmal verdichteter kalter Zonen. Wie heute durch umfangreiche Rechnungen plausibel demonstriert ist, kann in einem Gasgemisch unter solchen Bedingungen die Mehrzahl der gefundenen Molekülsorten, durch Reaktionen der passenden Partner miteinander, Schritt für Schritt entstehen. Dem Staub kommt dabei offenbar eine wichtige Rolle zu. Einmal schirmt er die von der Zerspaltung bedrohten Moleküle gegen die gefährliche Strahlung ab und erhöht dadurch ihre Lebenschancen. So werden im Orionnebel die empfindlichen Verbindungen, wie Methylalkohol (CH_3OH), nur in den innersten Teilen gefunden, dort, wo die Staubextinktion hoch ist und Licht kaum hingelangt. Die robusteren Sorten, wie CO und CS, gibt es dagegen auch in den äußeren durchsichtigeren Regionen. Daneben dürfte der Staub auch der Bildung von Molekülen förderlich sein. Gasatome können sich auf der Oberfläche von Staubkörnern niederlassen und warten, bis sich ein Partner einfindet, mit dem der Zusammenschluß möglich ist. Das weit verbreitete H_2-Molekül kann zum Beispiel nach heutiger Auffassung nur so zustande kommen, da atomare Eigenheiten des Wasserstoffs eine Verbindung in freier Begegnung zweier Atome ausschließen. Die bei der Bildung freigesetzte Energie geht auf das Staubteilchen über und reicht aus, um das Molekül von der

Abb. 3.10: *S 140 mit CO-Emission, HII-Region, Infrarotquelle (+) und hoher Staubextinktion (nach G. N. Blair et al.).*

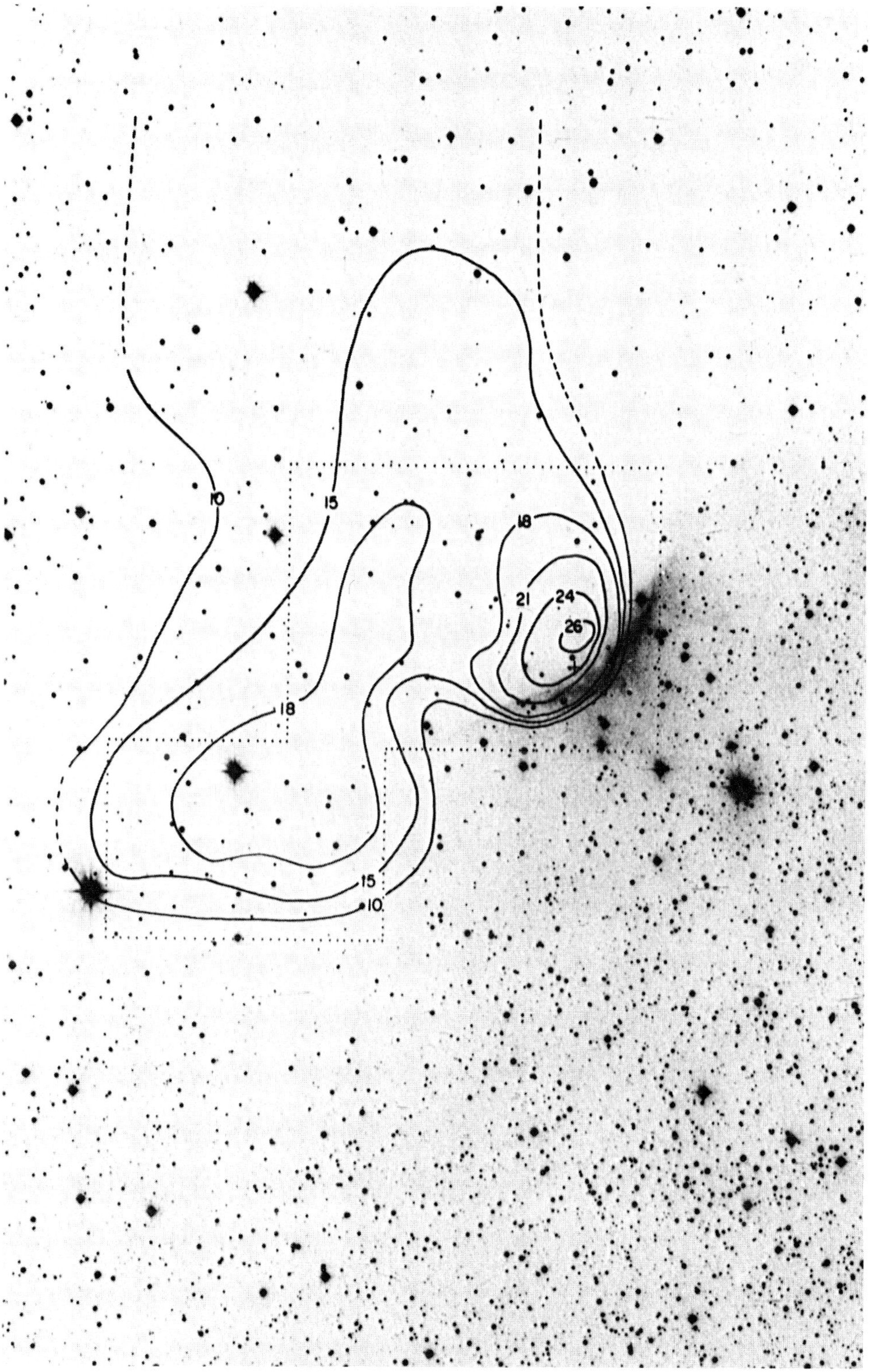
10
15
18
21
24
26
18
15
10

Oberfläche abzudampfen. Der Staub wirkt hier als Katalysator der Molekülentstehung. Jedenfalls gibt es keinerlei Anlaß, etwa an einen biologischen Ursprung der beobachteten Moleküle zu glauben.

Woher aber kommt der optisch so auffällig in Erscheinung tretende Staub? War er schon vorher im interstellaren Medium vorhanden oder ist er ein Beiprodukt der Verdichtung zur Wolke? Auch wenn das vorerst nicht eindeutig zu beantworten ist, so spricht doch einiges dafür, daß bei zunehmender Konzentration des diffusen Mediums sich mindestens zeitweilig physikalische Bedingungen einstellen, die das Kondensieren fester Teilchen aus der Gasphase zulassen. Das kann mit Molekülen schwerer Elemente, zum Beispiel Silikaten, anfangen, an die sich weitere auftreffende Partikel anlagern, um schließlich zu kleinen festen Körpern anzuwachsen. Ein derartiger Prozeß dürfte auch der Planetenbildung im frühen Sonnennebel vorausgegangen sein. Allem Anschein nach begünstigen die kalten dichten Wolken die Synthese von Strukturen der unterschiedlichsten Dimensionen: Am oberen Ende der Skala stehen neue Sterne großer Massen, am unteren Mikrosysteme wie Moleküle und Staubkörner.

Wie schon an früherer Stelle erwähnt, wird die Kompression der Wolken, neben ihrer Eigengravitation, vermutlich von außen durch großräumige Bewegungen innerhalb einer Galaxie unterstützt. Vor allem anderen ist dabei an die mit der Spiralstruktur verbundene Dichtewelle zu denken. Aber auch die von Supernova-Explosionen ausgelösten interstellaren Schocks kommen dafür in Frage. Es gibt Fälle, und der in Abbildung 3.3 gezeigte Rosettennebel ist von dieser Art, wo das Sternentstehungsgebiet ganz in der Nähe einer solchen Schockfront liegt. Sodann können von einem neuen massereichen Stern weitere Instabilitäten ausgehen, indem dieser heißes Gas der von ihm entzündeten HII-Region in das umgebende kalte Medium hineintreibt und dadurch eine Art Kettenreaktion auslöst. Beispiele für diese ansteckende Wirkung der Entstehung massiver Sterne scheinen die W3/W4-Region wie auch S 140 (Abb. 3.10) zu sein. Daß die leicht zerbrechlichen Moleküle der Ausbreitung solcher heißen Zonen nicht standhalten und die molekularen Wolken dabei schließlich zerstört werden, ist nach dem Vorhergehenden nicht überraschend.

Bipolare Quellen und zirkumstellare Scheiben

Heutige Bemühungen zielen darauf ab, das nahe Umfeld junger oder in der Entstehung begriffener Sterne zu erkunden, in der Hoffnung, so den Prozessen der Sternbildung besser auf die Spur zu kommen. Das wird um so eher möglich sein, je weniger weit die Objekte entfernt sind. Interessante Kandidaten sind leider dementsprechend rar, aber es gibt welche, und der in den letzten Jahren an der Calar Alto Sternwarte von Wissenschaftlern des Max-Planck-Instituts für Astronomie ausführlich untersuchte bipolare Nebel S 106 im Sternbild Schwan gehört offenbar dazu. Wie man heute weiß, steht er weniger als 2000 Lichtjahre von uns weg. Eine Photographie im sichtbaren Licht zeigt zwei leuchtende, deutlich voneinander getrennte Gaswolken der bekannten Sorte, kompakte HII-Regionen, wobei die südliche merklich heller ist als die nördliche. Sie sind einige Zehntel Lichtjahre groß. Innerhalb beider Wolken sind aber keine anregenden Sterne zu finden. Die wahre Struktur des Objektes, das zunächst als intensive Infrarotquelle auf sich aufmerksam machte, ist anhand von Aufnahmen zu erkennen, die mit einer Infrarot-Bildwandlerkamera am 1.2-m-Teleskop auf dem Calar Alto gewonnen worden sind. Sie enthüllten zum ersten Mal den zentralen Stern von S 106.

Bei dieser am Heidelberger Institut gebauten Kamera wird eine lichtelektrische Bildröhre verwendet, deren Kathode für Wellenlängen um 1 μm noch genügend empfindlich ist, um diese unsichtbare Strahlung in sichtbares Licht umzuwandeln. Dadurch wird es möglich, im nahen Infrarot, das mit Photoschichten nicht zu erreichen ist, zu »photographieren«. Welchen Gewinn das bedeuten kann, demonstriert der Vergleich der linken und rechten Hälfte von Abbildung 3.11. Wenn der Zentralstern bei der kürzeren Wellenlänge von 0.7 μm noch nicht zu sehen ist, dann kann das nur den Grund haben, daß eine ihn umhüllende Staubschicht erst bei etwa 1 μm durchsichtig wird. Aus den gemessenen Helligkeiten dieses Sterns geht in der Tat hervor, daß sein sichtbares Licht im Verhältnis 100 Millionen : 1 abgeschwächt wird und daß er sich dadurch der Entdeckung mit üblichen Methoden entzieht. Das von der Staubschicht verschluckte Licht führt andererseits, wie auch schon früher diskutiert, zu deren Erwärmung und zur Emission im Infrarot. Diese vom Staub zu längeren Wellen umgesetzte Sternstrahlung ist am Calar Alto von Herbert Hefele und Edgar Hölzle mit einem Germanium-Bolometer zwischen 8 und 13 μm vermessen worden, das zur Steigerung seiner Empfindlichkeit mit flüssigem Helium auf 3 K gekühlt wird. Die spektrale Energieverteilung der registrierten Strahlung entspricht ungefähr einer Temperatur von 250 K. Das ist ein zweiter Weg, Informationen über die den Stern verdeckende Staubhülle zu erhalten.

S 106 ist aber offensichtlich nicht kugelsymmetrisch aufgebaut: Der Staub scheint im wesentlichen in einer flachen Scheibe konzentriert zu sein, die sich als Lücke zwischen den beiden leuchtenden Gaswolken abzeichnet und die wir nahezu von der Kante sehen. Zu den Polen muß sie

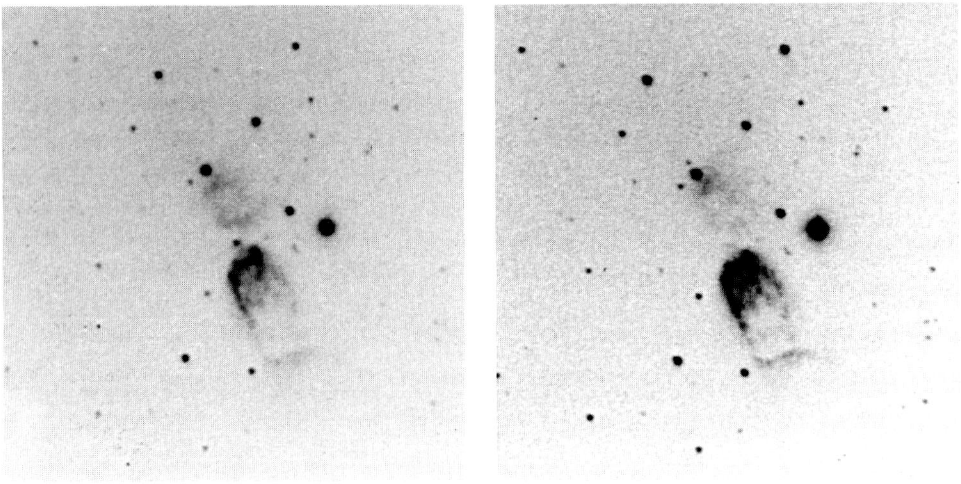

Abb. 3.11: *Bipolarer Nebel S 106 nach Aufnahmen mit einer Infrarot-Bildwandlerkamera (Negativ).*
Links: Wellenlänge um 1 µm, rechts: um 0.7 µm. Der Zentralstern zwischen den beiden leuchtenden Wolken ist bei der größeren Wellenlänge klar zu erkennen. (Aufnahmen: C. Eiroa, H. Lahulla, 1.2-m-Teleskop Calar Alto)

Der Schutzumschlag des Buches zeigt dasselbe Objekt in anderer Darstellung: Durch Rasterscan der Bildwandleraufnahme wurden Stufen gleicher photographischer Dichte bestimmt und durch verschiedene Farben wiedergegeben. Dort ist auch in unmittelbarer Nähe des zentralen Sterns nebelhafte Emission zu sehen.

indessen offen oder mindestens merklich durchsichtiger sein als in der Äquatorebene; dann ist zu verstehen, warum das ultraviolette Sternlicht nach diesen beiden Seiten austreten und das Nebelleuchten anregen kann. Der Grund für das bipolare Erscheinungsbild des Objektes ist demnach in einer Staubscheibe mit zentralem Loch oder in einem den Stern umklammernden Staubring zu suchen. Das ganze System scheint gegen die Sichtlinie leicht geneigt zu sein, die südliche Wolke, die hellere der beiden, liegt »vorne«, während das Licht der nördlichen »hinteren« stärker abgeschwächt wird.

Nach allen heute bekannten Beobachtungsdaten handelt es sich bei dem stellaren Objekt um einen ausgebildeten Hauptreihenstern von etwa 20 Sonnenmassen mit rund 30000 Grad Oberflächentemperatur. Aus den am Coudé-Spektrographen des 2.2-m-Teleskopes auf dem Calar Alto von Josef Solf aufgenommenen Spektren und interferometrischen Messungen von Hans Hippelein und Guido Münch mit dem 1.2-m-Teleskop geht hervor, daß die beiden Gaswolken mit hoher Geschwindigkeit – stellen-

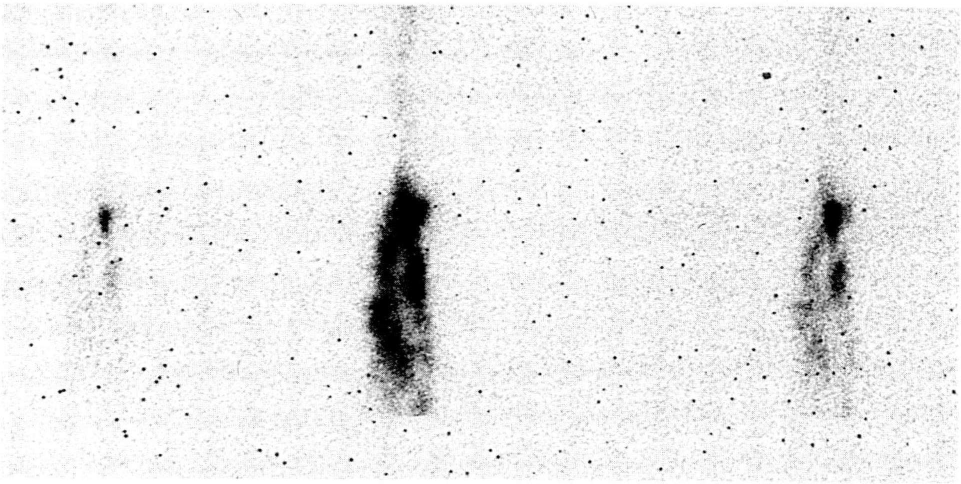

Abb. 3.12: *Spektrum der südlichen Gaswolke von S 106 (Negativ), gewonnen mit dem Coudé-Spektrographen des 2.2-m-Teleskops auf dem Calar Alto von J. Solf. Es zeigt die Wasserstofflinie H α (Mitte) und die davon 14 beziehungsweise 21 Å getrennten »verbotenen« Stickstofflinien (NII) in Emission. Der Spalt des Spektrographen lag parallel zur Symmetrieachse des Nebels. Den Linien ist die wolkige Struktur des Nebels eingeprägt. Sie zeigen deutliche Verschiebungen durch Radialgeschwindigkeit und sind in sich aufgespalten. Das bedeutet, daß das vom Stern nach außen getriebene Gas nicht gleichmäßig die Wolke ausfüllt, sondern in einer relativ dünnen Außenschicht konzentriert ist, die von der vorderen und rückwärtigen Seite zur beobachteten Emission beiträgt. Die Trennung in den Linien geht bis zu 100 km/s.*

weise werden bis zu 100 km/s gefunden – nach außen wegfliegen, getrieben von dem heißen Stern in der Mitte. Allem Anschein nach erleben wir hier, wie ein junger Stern dabei ist, seine Umgebung aufzubrechen, das Nest seiner Geburt zu zerstören und die »Eierschalen« abzustreifen.

Dieses Bild ergänzen Befunde über das weitere Umfeld: S 106 sitzt inmitten eines größeren Molekülkomplexes von etwa 1000 Sonnenmassen, als verdichteter Kern einer interstellaren Wolke, die sich in den radiofrequenten Linien von CO und NH_3 zu erkennen gibt. Sie ist deutlich abgeplattet, und auch in den beobachteten Radiolinien ist nach Meinung einzelner Autoren die Rotation der gesamten Wolke um eine Achse angedeutet, deren Richtung nahezu mit der Längsachse des bipolaren Nebels zusammenfällt. Der Aufbau von S 106 läßt ohnehin den Einfluß von Rotation um eine die Staubscheibe senkrecht durchstoßende Drehachse vermuten. Indizien für einen solchen Drall sind gleichfalls in den spektroskopischen Beobachtungen der beiden Gasnebel vorhanden, können allerdings auch anders interpretiert werden. Jedenfalls zeichnen sich hier

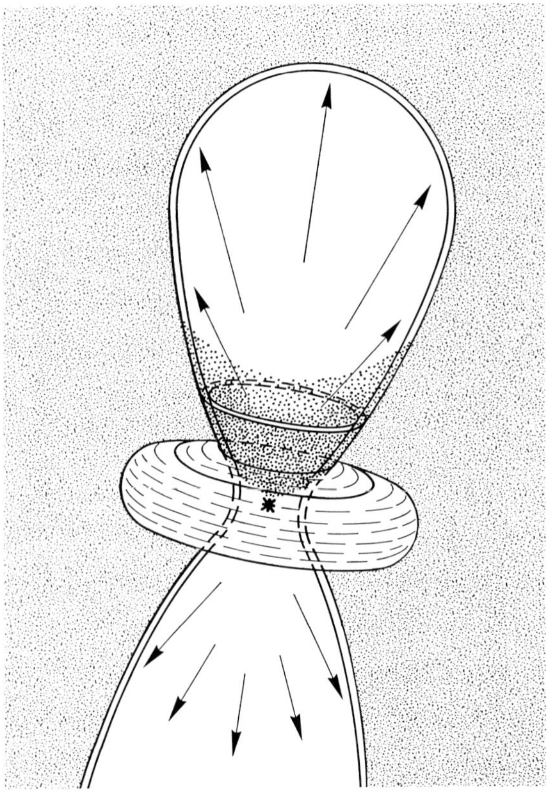

Abb. 3.13: *Modell eines bipolaren Nebels. Der junge Stern sitzt inmitten einer Staubscheibe, die er an der dünnsten Stelle polwärts durchbrochen hat. Ein hochenergetischer Wind (Pfeile) treibt nach beiden Seiten in das umgebende Medium eine sich ausdehnende Blase. Die Grenzfläche zur dichten Umgebung (Molekülwolke) bildet eine Schockfront, die als leuchtende Haut zu beobachten ist.*

Zusammenhänge zwischen den strukturellen Eigenheiten eines jungen Objektes und solchen seiner Mutterwolke ab, auch wenn vorerst eindeutige Aussagen noch nicht möglich sind. Diese Beziehungen aufzuklären wird eine wichtige Aufgabe der kommenden Jahre sein.

Der bipolare Nebel S 106 ist kein Einzelfall. Einige ähnlich strukturierte Objekte, wenn auch kleineren scheinbaren Durchmessers infolge ihrer größeren Distanzen, waren schon seit längerem bekannt und in einer systematischen Durchmusterung der Milchstraße sind neuerdings von Thorsten Neckel und Jakob Staude weitere zwanzig gefunden worden. Sie werden gegenwärtig an der Calar Alto Sternwarte im Sichtbaren und Infraroten mit den verschiedensten Methoden untersucht. Daß der bei S 106 beobachtete anisotrope Massenfluß, das Abblasen von Materie in zwei entgegengesetzte Richtungen, eine in Sternentstehungsgebieten nicht selten anzutreffende Erscheinung ist, haben in jüngster Zeit auch radioastronomische Messungen an Molekülwolken deutlich gemacht. In einer ganzen Reihe heute bekannter Fälle findet man gebündelte Ströme von Molekülgas, die von einem punktartigen Zentrum mit hoher Geschwindigkeit nach zwei gegenüberliegenden Seiten abfließen. Ein instruktives Beispiel ist in der 500 Lichtjahre entfernten Dunkelwolke L 1551 im Sternbild Stier entdeckt worden, in einer Region, in der es zahlreiche Indizien aktiver Sternentstehung gibt. Dort sind von amerikanischen Beobachtern des CO-Moleküls zwei längliche Wolken ausgemacht worden, die sich, in ein und dieselbe Richtung weiter als 1 Lichtjahr erstreckend, an ihren Spitzen fast berühren. Und an dieser Trennstelle steht ein kühles Infrarotobjekt. Die beiden Wolken streben auseinander, wie aus ihren Radialgeschwindigkeiten hervorgeht. Darüber hinaus weisen kleine sichtbare, in dem Strom mitschwimmende Wölkchen die Richtung zum gemeinsamen Ursprung: Ihre Positionen haben sich im Lauf von 30 Jahren meßbar verschoben und in der rückwärtigen Verlängerung treffen sich ihre Eigenbewegungen dicht bei dem Infrarotobjekt. Diese nach ihren Entdeckern benannten Herbig-Haro-Objekte erinnern uns an die früher besprochenen, von einem aktiven Zentrum ausgestoßenen Maserquellen, andere

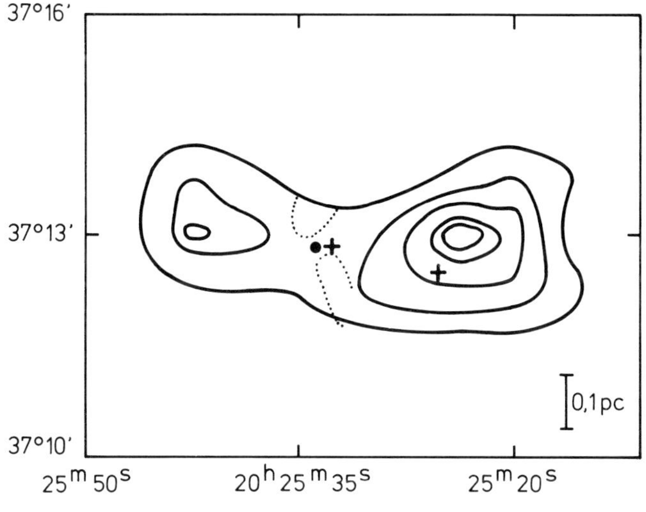

Abb. 3.14: *Die S 106 umhüllende Molekülwolke nach Messungen der Linienstrahlung von Ammoniak (NH_3). Positionen des Infrarotsterns (●), des sichtbaren bipolaren Nebels (· · ·) und zweier H_2O-Maserquellen (+). (Nach Torrelles et al.)*

typische Wegmarken eines Sternentstehungsgebietes. Beide Erscheinungen sind vermutlich eng miteinander verwandt, aber keineswegs wirklich verstanden.

Nun sind Hintergründe und Ursachen dieser gerichteten Strömungen insgesamt alles andere als klar. Die treibende Kraft dürfte ein von dem verdichteten Zentrum ausgehender Teilchenfluß sein, ein hochenergetischer Wind, der sich in das umgebende, Widerstand leistende Medium hineinbohrt und dieses, einem Schneepflug gleich, vor sich herschiebt. Was wir beobachten, ist das so beschleunigte, sich stauende Material – einmal als heißer leuchtender Nebel, wie bei S 106, ein andermal als relativ kühles Molekülgas, wie bei L 1551 –, dessen Masse in beiden Fällen nur einige Zehntel Sonnenmassen ausmacht. Eher wäre jedoch ein nach allen Seiten gleichstarker Wind zu erwarten. Die Kanalisierung muß mit der das Zentrum umhüllenden Scheibe zu tun haben, wie sie bei S 106 mehr oder weniger unmittelbar zu sehen ist. Auch in der Dunkelwolke L 1551 gibt es untrügliche Anzeichen für eine quer zur Strömung stehende, zirkumstellare Scheibe der Infrarotquelle. Warum aber bläst überhaupt ein Wind, und wie kann er im einzelnen durch eine Scheibe ausgerichtet werden? – das sind heute intensiv diskutierte Fragen ohne einhellig anerkannte Antworten.

Die Entdeckung scharf gebündelter Materiestrahlen (Jets) bei einer Reihe frisch entstandener und entstehender Sterne ist eine wichtige Ergänzung und Bestätigung dieses Bildes aus allerjüngster Zeit. Mehr als die Hälfte der heute rund 20 bekannten Objekte dieser Art sind am Calar Alto mit einer hochempfindlichen CCD-Kamera (S. 249) von Reinhard Mundt, Josef Fried und anderen gefunden worden. Die Abbildung 3.16 zeigt den von der Infrarotquelle in L 1551 ausgehenden Jet, der genau parallel zur Molekülströmung gerichtet ist. Aus den am 2.2-m-Teleskop gewonnenen

Abb. 3.15: *Gebündelter CO-Fluß in der Dunkelwolke L 1551. In den beiden umrandeten Gebieten entfernt sich das Molekülgas von der Infrarotquelle (+) im Zentrum nach außen. Die Eigenbewegungen der Herbig-Haro Objekte HH 28 und 29 treffen sich, rückwärts verlängert, bei dem Infrarotstern. (Nach R. L. Snell et al.)*

Abb. 3.16: *Der von der Infrarotquelle in L 1551 (IRS 5) ausgehende Jet nach einer CCD-Aufnahme, dargestellt in verschiedenen Kontrastniveaus. IRS 5 sitzt am oberen Ende des knotigen Gasstrahles, der mit hoher Geschwindigkeit in die Molekülwolke hineinschießt, richtungsgleich mit dem Molekülfluß. Beide Bilder zeigen die unmittelbare Umgebung der IR-Quelle und entsprechen einem winzigen Ausschnitt der Abb. 3.15. Der sichtbare Jet ist etwa 20 Bogensekunden lang. (Aufnahme: R. Mundt, J. Fried, 2.2-m-Teleskop Calar Alto)*

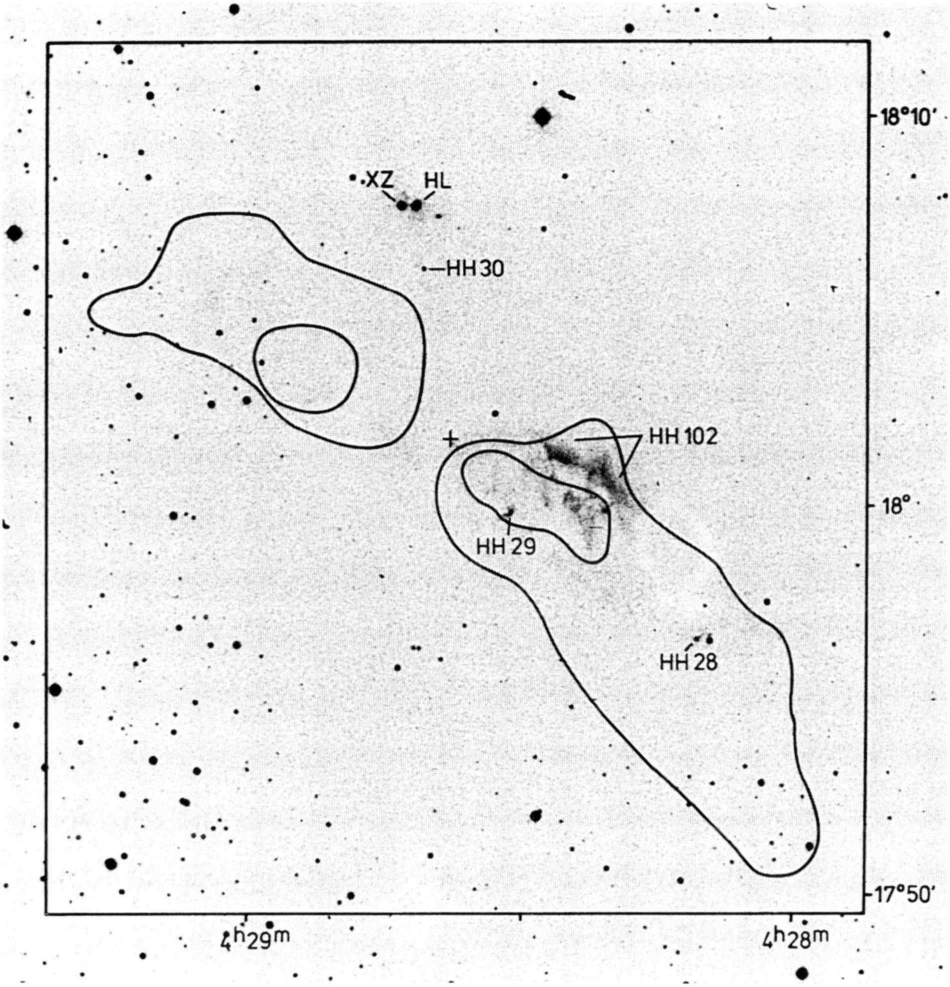
XZ
HL
HH 30
HH 102
HH 29
HH 28
18°10′
18°
17°50′
4h29m
4h28m

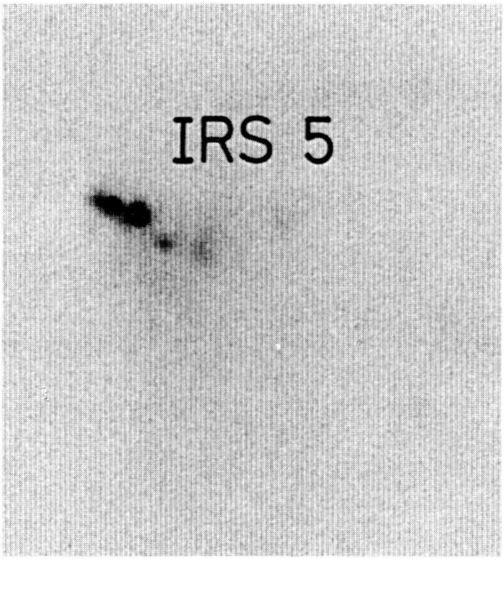
IRS 5

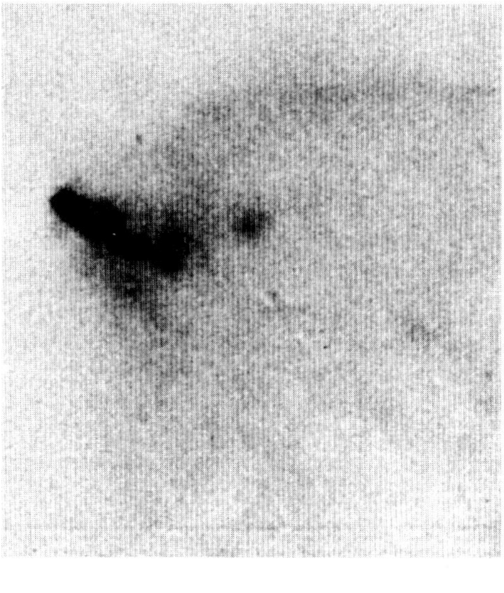

Spektren geht hervor, daß die Knoten dieses Gasstromes mit Geschwindigkeiten von mehreren 100 km/s in das umgebende Medium hineinschießen. Vermutlich sehen wir hier ein sehr frühes Stadium dieser aktiven Phase, wenn die Staubscheibe von innen her durchlöchert wird.

Wie wir noch an anderen Stellen dieses Buches sehen werden, sind Sternwinde und der damit verknüpfte Massenverlust ein Phänomen, das in verschiedenen Stadien der Sternentwicklung in wechselnder Stärke auftritt. Auch die Sonne bläst ständig atomare Partikel in den Raum hinaus. Auf diesem Wege wird ein Teil der in den Sternen zusammengeballten Materie wieder in das interstellare Medium zurückgeworfen. Die dargestellten Befunde lassen nur den Schluß zu, daß dieser Rücktausch bereits kurz nach oder gar schon während der Sternbildung einsetzt, also keineswegs erst in fortgeschrittenem Alter vorkommt.

S 106, L 1551 und andere ähnlich gebaute Quellen verdienen nicht zuletzt deshalb besonderes Interesse, weil ihre bipolare Struktur typisch sein könnte für eine Frühphase rotierender Objekte. Und die Staubscheiben um die Zentralsterne entsprechen möglicherweise einem Zustand, wie er der Bildung eines Planetensystems vorausgeht. Vielleicht sah unser Sonnensystem bei der Geburt vor nicht ganz 5 Milliarden Jahren ähnlich aus.

Ausblick

Sterne entstehen aus kalter interstellarer Materie. Den heißen, sichtbar leuchtenden Gaskugeln gehen extrem kalte Zustände voraus, die sich nur mit eigens darauf zugeschnittenen Beobachtungsmethoden erfassen lassen. Diese haben einmal damit zu kämpfen, daß die Erdatmosphäre das Infrarot und die ganz kurzen Radiowellen nur in einzelnen Fenstern durchläßt, größere Teile des Spektrums mit vielen interessanten Spektrallinien bleiben deshalb vom Erdboden aus verschlossen. Dazu ist die ankommende Strahlung außerordentlich schwach und auch noch von starken Störsignalen überlagert. Die Atmosphäre, das Teleskop, die ganze Umgebung des Beobachters strahlen selber bei ähnlichen Temperaturen wie die kosmischen Objekte. Die Strahlung aus dem Weltraum muß daher von einem vielfach helleren Untergrund abgetrennt werden, der das Vordringen zu weniger leuchtkräftigen Quellen und in größere Distanzen stark behindert.

Einen Ausweg aus diesen Schwierigkeiten bieten extraterrestrische Plattformen. Merklich günstiger sind die Bedingungen bereits in Höhen von 10 km und darüber, die mit Flugzeugen und ballongetragenen Gondeln zu erreichen sind, eine in jüngerer Zeit vielfach genutzte Möglichkeit. Um von den

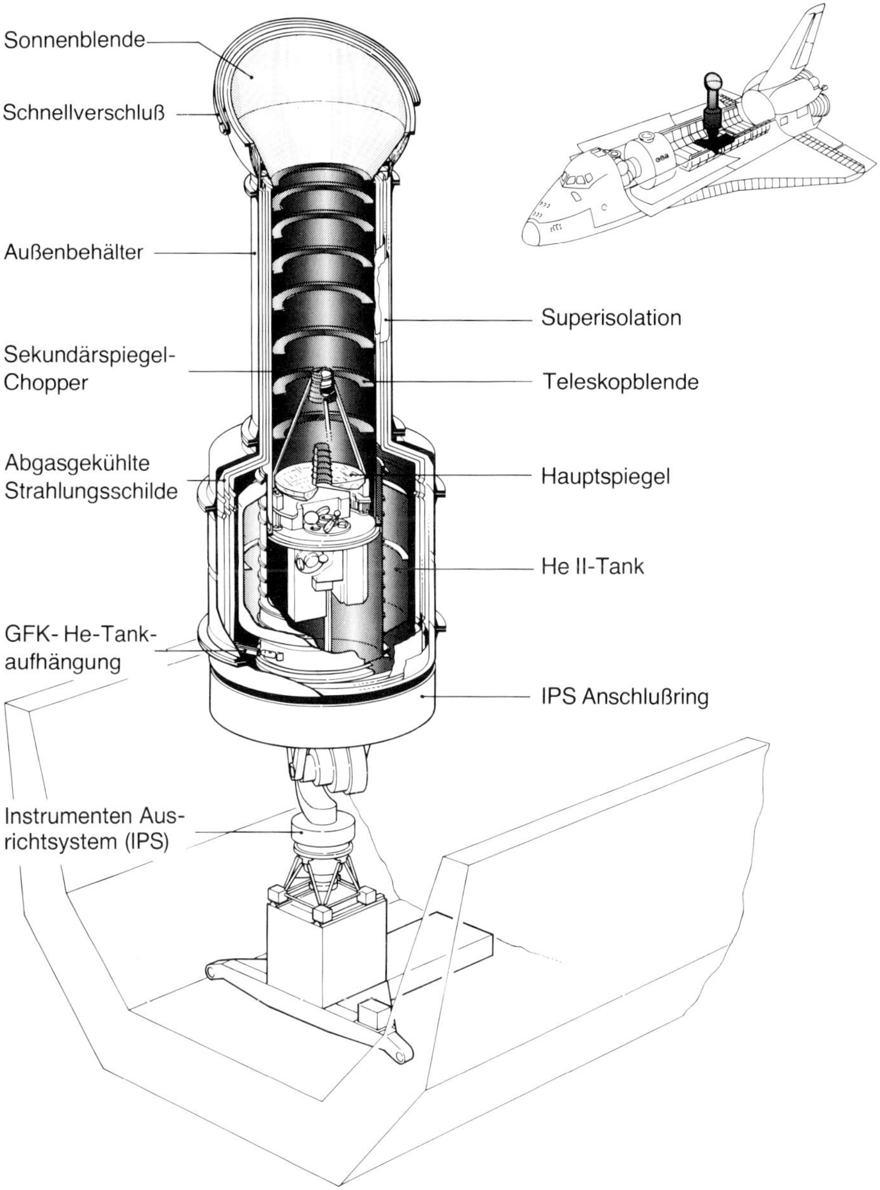

Abb. 3.17: *Das Prinzip eines gekühlten Weltraumteleskops, demonstriert am Beispiel von GIRL (German Infrared Laboratory). Das Teleskop und seine Zusatzinstrumente sind umgeben von tiefgekühlten Wänden. Durch das im Spacelab verankerte Ausrichtsystem (IPS) wird es auf die gewünschte Stelle am Himmel gerichtet.*

Einflüssen der Atmosphäre völlig frei zu sein, reicht das allerdings nicht aus und deshalb werden heute ernsthafte Anstrengungen unternommen, das kosmische Infrarot von Satelliten aus zu registrieren. Dieser Weg ist bisher kaum begangen worden, weil er auf nicht geringe technologische Probleme stößt. Einmal müssen die Strahlungsempfänger, die Detektoren, wie am Erdboden auf tiefe Temperaturen gekühlt werden, um empfindlich genug zu sein. Außerdem ist man aber auch auf einem Satelliten oder im Spacelab die Eigenstrahlung der Umgebung und des Teleskops nicht ohne weiteres los; sie zu unterdrücken, verlangt ebenfalls aufwendige Kühlung.

Der erste Satellit für Infrarot-Messungen, ein Gemeinschaftsunternehmen von Holland, England und den USA mit der Bezeichnung IRAS (Infrared Astronomy Satellite), ist 1983 in Umlauf gebracht worden. Das deutsche Projekt GIRL* für Spacelab, mit Dietrich Lemke vom Max-Planck-Institut für Astronomie in Heidelberg als astronomischem Projektwissenschaftler, und ein europäischer Satellit ähnlicher Bauart werden gegenwärtig vorbereitet. Allen dreien ist gemeinsam, daß ein relativ kleines Teleskop von 40 bis 60 cm Öffnung, zusammen mit den Instrumenten zur Strahlungsmessung, in einer Art Thermosflasche weit größeren Volumens versenkt und mit Hilfe von flüssigem Wasserstoff und Helium auf Temperaturen dicht am absoluten Nullpunkt gekühlt wird. Durch eine freie Öffnung sieht das Teleskop nur einen kleinen Ausschnitt am Himmel, seine übrige Umgebung besteht aus kalten Wänden. Eine angemessene Lebensdauer erfordert aber einen erheblichen Vorrat an Kühlmittel, das ja durch Verdampfen kontinuierlich abnimmt. So wird der europäische Infrarot-Satellit ISO mit 750 Liter flüssigem Helium und der gleichen Menge flüssigen Wasserstoffs auf die Bahn geschickt werden, um voraussichtlich 600 Tage lang arbeitsfähig zu sein. Während dieser Zeit befindet sich dann das Teleskop auf fast −270 °C. Die Technologie solcher Kühlsysteme im Weltraum wird erst seit kurzem beherrscht. Der astronomische Gewinn ist beträchtlich: Verglichen mit einem Teleskop derselben Größe am Erdboden lassen sich vom Satelliten aus hundert- bis tausendfach schwächere Quellen vermessen, bei unbehindertem Zugang zum langwelligen Infrarot, wo sich die prästellaren Verdichtungen am frühesten bemerkbar machen.

Das Entstehen von Sternen, ihr Anfang im unsichtbar Kalten, ist heute ein zentrales Thema astronomischer Forschung. Es ist noch für viele Überraschungen gut.

---

* Der Bundesminister für Forschung und Technologie sah sich 1985 genötigt, das über sieben Jahre geförderte Projekt wegen der hohen Kosten für Start und Flug der US-Weltraumfähre (Space Shuttle) einzustellen.

4 Unser Sonnensystem und seine Geschichte

Das Sonnensystem ist unsere engste kosmische Umgebung. Diese Feststellung mag heute sehr vertraut klingen, fast trivial, doch ist sie alles andere als selbstverständlich. Den Standort der Erde im Weltraum und die Natur der Sonne aufzuklären, hat die Himmelskunde über Jahrhunderte hinweg als zentrales Anliegen beschäftigt, das nicht allein im nüchternen astronomischen Bezug gesehen werden darf. Dahinter stand das Bemühen, die Stellung des Menschen und seine Bedeutung innerhalb der Welt des Großen zu erkennen. Mit welcher Sprengkraft diese Fragen beladen waren, läßt sich an den Erschütterungen ablesen, die durch die kopernikanische Wende vom geozentrischen Weltbild des Altertums zum heliozentrischen der Neuzeit ausgelöst wurden: Das menschliche Selbstverständnis jener Zeit war davon im Kern getroffen. Heute wissen wir, daß die Welt unseres Planetensystems mit der Sonne als Zentralgestirn nur einen winzigen Ausschnitt der kosmischen Wirklichkeit darstellt, eine Randprovinz des übergeordneten Milchstraßensystems, das sich aus rund 100 Milliarden Einzelsternen von ähnlicher Art wie unsere Sonne aufbaut und das seinerseits in das Heer der großen Sternsysteme einzuordnen ist, welches den Kosmos bis zu den größten beobachtbaren Entfernungen bevölkert.

Wenn auch aufs Ganze des Universums gesehen unserem Sonnensystem keine nennenswerte Rolle zukommt, so ist doch die Erforschung unserer unmittelbaren Umgebung für die Wissenschaft vom Kosmos grundlegend geworden und in ihrer Bedeutung kaum zu überschätzen. In der Auseinandersetzung damit hat die Astronomie mehrere ihrer zentralen Disziplinen entwickelt: So bekam sie bei der Ermittlung der wahren Größenverhältnisse des Planetensystems zum erstenmal kosmische Dimensionen in den Griff. Das Studium der Planetenbahnen hat sie die Gesetze gelehrt, denen die Bewegungen der Himmelskörper unterliegen. Die verschiedenartigsten Untersuchungen der Sonnenstrahlung haben Einblicke in den Aufbau eines für uns durch seine Nähe ausgezeichneten Sterns ermöglicht und die Grundlagen für unser heutiges astrophysikalisches Wissen geschaffen. Das Sonnensystem kann als ein klassischer Gegenstand der Himmelsforschung gelten, die sich hier die Fundamente gelegt hat, von denen aus es ihr möglich wurde, in die Tiefen des Kosmos einzudringen.

In jüngster Zeit erfuhr die Erforschung des Sonnensystems neue wesentliche Impulse durch den Einsatz künstlicher Satelliten und Raumsonden, die es ermöglichen, den Objekten des wissenschaftlichen Interesses wesentlich näher auf den Leib zu rücken als bei erdgebundenen Beobachtungen. Damit sind nicht nur die Landungen auf dem Mond gemeint, auch die zahlreichen unbemannten Missionen in unsere kosmische Umgebung haben reiche Beute erbracht. Bei diesen modernen Methoden profitiert die Astronomie erneut von der »Kleinheit« unseres Planetensystems, die Erfahrungen gewissermaßen vor unserer Haustür zuläßt, wie sie uns bei den Himmelskörpern in großer Entfernung unzugänglich sind und wohl auch für immer bleiben werden.

Der Grundriß

Zunächst seien einige für unser Sonnensystem typische Merkmale herausgestellt, die nicht etwa neuen Einsichten entsprechen, aber als wichtige Anhaltspunkte zu gelten haben, wenn man sich mit der Struktur des Systems und seiner Geschichte befassen will. Das beherrschende Zentrum ist die Sonne, mit einer Masse, die fast tausendmal größer ist als der ganze Rest. Sie wird umkreist von neun Planeten, die sich am Himmel durch die kontinuierliche Veränderung ihrer Stellung gegenüber den unbeweglich erscheinenden Fixsternen zu erkennen geben. Daher auch ihre Bezeichnung, die aus dem Griechischen stammt und »die Wandelnden« bedeutet. Von der Sonne her sind es Merkur, Venus, Erde, Mars, Jupiter, Saturn, Uranus, Neptun und Pluto.

Am Himmel finden wir sie stets innerhalb eines schmalen Bandes, des Tierkreises, in der Nähe des Großkreises, den die Sonne im Laufe eines Jahres durchwandert und der als Ekliptik bezeichnet wird. Die Bewegungen der Planeten sind im allgemeinen von Westen nach Osten gerichtet, kehren sich aber in regelmäßigen Abständen um und nehmen nach Durchlaufen einer Schleife die ursprüngliche Richtung wieder auf. Die Perioden dieser Vorgänge sind sehr verschieden: Mars durchläuft den Tierkreis in rund zwei Jahren, Saturn braucht dazu 30 Jahre, während Merkur und Venus sich nie weit von der Sonne entfernen – deshalb auch nur in der Abend- oder Morgendämmerung zu sehen sind – und von ihr bei der jährlichen Bewegung längs der Ekliptik mitgeschleppt werden.

Diese ständigen Stellungsveränderungen am Himmel in den Einzelheiten zu verstehen, war schwierig, solange man an ein Weltbild glaubte, bei dem die Erde Mittelpunkt dieser Bewegungen ist, wie es dem unmittelbaren Eindruck des Geschehens am Himmel durchaus entspricht. Im heliozentrischen System verliert der irdische Beobachter den raumfesten Standort, er nimmt an der gemeinsamen Bewegung aller um die Zentralsonne teil, auf nahezu kreisförmiger Bahn. Die ihm kompliziert erscheinenden Planetenbahnen sind dann zu verstehen als Überlagerung der Bewegungen von Objekt *und* Beobachter. Die Schleifenbahnen entwirren sich als Scheineffekte, die darauf zurückgehen, daß die von der Sonne weiter entfernten Planeten von den der Sonne näheren, also auf kürzeren Bahnen laufenden, regelmäßig überholt werden. Die Bahnperioden stehen in direktem Zusammenhang mit den Abständen von der Sonne, lange Perioden bedeuten große Bahndurchmesser. Als wichtiges Merkmal des Systems stellt sich dabei auch heraus, daß alle Planeten die Sonne in demselben Richtungssinn umkreisen. Betrachtet man das System so, daß die Bewegung der Erde dem Uhrzeigersinn entspricht, dann gilt das auch für alle anderen Planeten. Dieses Faktum ist für die Entstehungstheorien bedeutsam, da es als Ausdruck einer großräumigen Ordnung des Systems gelten muß.

Auch eine andere Feststellung ist wesentlich: Daß wir die Planeten am Himmel stets in der Nähe der Ekliptik finden, weist auf eine ausgezeichnete Ebene hin, von der sich Erde und Planeten nur wenig entfernen. Um es präzise zu sagen: Seit Kepler wissen wir, daß die Bahn eines Planeten eine Ebene definiert, in der sich der Planet ständig aufhält und in der auch die Sonne steht. Die Ekliptik entspricht der Projektion der Erdbahnebene an die Himmelssphäre. Die geringen Abstände der Planeten von der Ekliptik sind dann so zu interpretieren, daß ihre verschiedenen Bahnebenen, die sich ohnehin alle in der Sonne treffen, nur wenig voneinander abweichen. Die Planeten befinden sich demnach ständig innerhalb einer relativ dünnen Schicht, in der auch die Sonne liegt – ein Befund, der ohne Zweifel mit der Frühgeschichte des Systems zu tun hat.

Sodann muß noch darauf hingewiesen werden, daß die Bewegung um die Sonne von einer Drehung der Planeten um ihre eigene Achse begleitet ist. Bei der Erde dauert dies bekanntlich 24 Stunden und ist die Ursache des Wechsels von Tag und Nacht. Die Rotationsperioden sind zwar sehr unterschiedlich. Jupiter, der größte der Planetenfamilie, dreht sich in weniger als zehn Stunden um sich selbst; die dabei auftretenden Fliehkräfte sind so beträchtlich, daß er unter ihrer Wirkung deutlich abgeplattet ist. Venus führt dagegen nicht ganz eine Umdrehung aus während ihres 225 Tage dauernden Umlaufes um die Sonne. Trotzdem ist auch bei der Planetenrotation eine Regelmäßigkeit zu erkennen insofern, als der

Umdrehungssinn überwiegend der gleiche ist wie der Richtungssinn der Bahnbewegung. Ausnahmen sind Venus und Uranus. Die Rotationsachsen sind meistens gegen die Senkrechte auf der Bahnebene etwas geneigt, wie bei einem schiefstehenden Kreisel. Im Fall der Erde ist diese Abweichung gegen das Lot verantwortlich für das Auftreten der Jahreszeiten.

Auch die Sonne rotiert, wie aus der Bewegung der Sonnenflecke über die Scheibe hinweg hervorgeht. Zu einer Umdrehung braucht sie 25 Tage. Ihre Rotationsachse fällt bis auf wenige Grad mit der Senkrechten zur Erdbahnebene zusammen, und es ist ohne Frage höchst bemerkenswert, daß die Sonne im gleichen Sinne rotiert, wie die Planeten sie umrunden. Wir gehen sicher nicht fehl in der Annahme, dieser bevorzugte Drehsinn sei dem System bei seiner Entstehung eingeprägt worden.

Abb. 4.1: *Eine Planetenschleife: Der Lauf von Mars 1962/63. Ab 27. Dezember 1962 wurde Mars rückläufig und war am 4. Februar 1963 in Opposition zur Sonne. Ab 17. März bewegte sich der Planet wieder rechtläufig.*

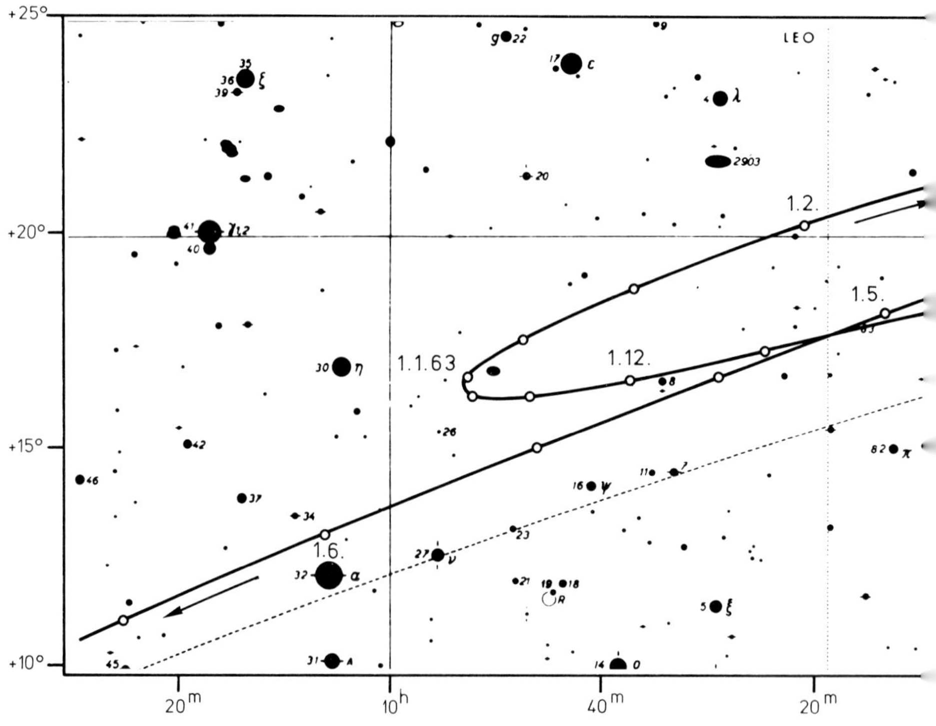

Bisher war noch nicht die Rede von den absoluten Dimensionen des Systems, von dem Abstand Erde – Sonne in Kilometern, oder davon, wo seine Grenzen liegen. Präzise Antworten auf diese Fragen geben zu können, hat die Astronomie viel Zeit und Mühe gekostet. Ein entscheidender Schritt ist Johannes Kepler mit seinen drei Gesetzen der Planetenbewegung gelungen, von denen das dritte für unser Problem von besonderer Bedeutung ist. Es besagt, daß die Quadrate (2. Potenzen) der Umlaufzeiten zweier Planeten im selben Verhältnis zueinander stehen wie die Kuben (3. Potenzen) ihrer mittleren Abstände von der Sonne. Danach ist es zwar nicht möglich, aus der Umlaufzeit direkt auf die Dimension einer Bahn zu schließen, kennen wir aber von zwei Planeten ihre Perioden, so folgt daraus, wie sich der Durchmesser der einen Bahn zu dem der zweiten verhält. Die Umlaufperioden sind relativ einfach zu ermitteln und waren aufgrund von Beobachtungen der Planetenstellungen am Himmel schon im Altertum recht gut bekannt. Mit dem dritten Keplerschen Gesetz läßt sich dann ein maßstabgerechtes Modell entwerfen, das die Abstände der Planeten von der Sonne in den richtigen Verhältnissen zueinander zeigt oder, anders gesagt, eine Landkarte des Systems zeichnen, deren Maßstabs-

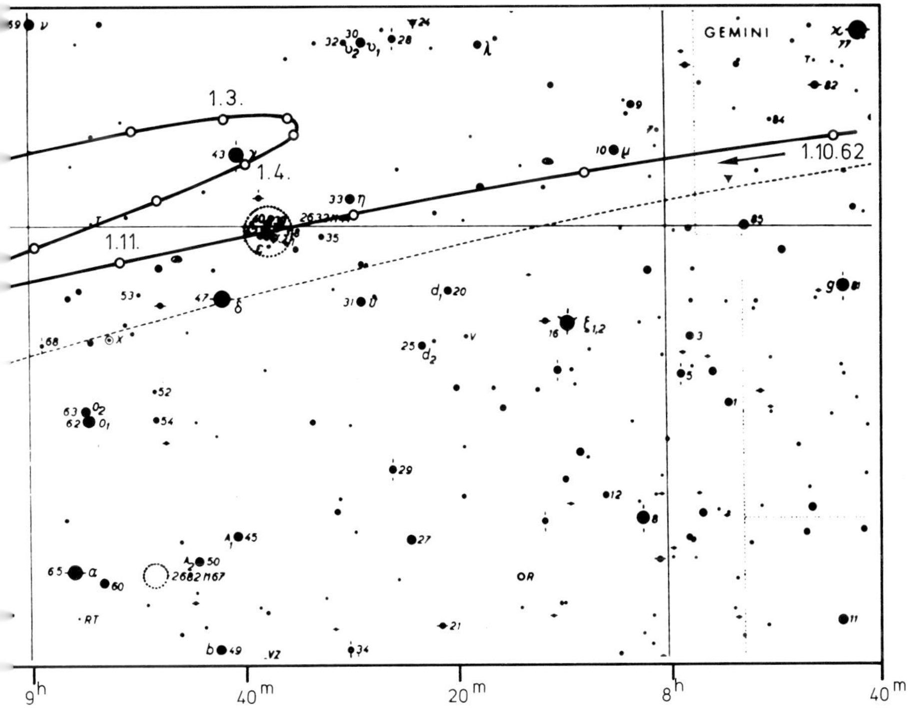

faktor vorerst noch unbekannt ist. Wenn man jetzt irgendeine Distanz auf dieser Karte in Kilometern kennt, dann sind auch die übrigen wahren Dimensionen des Systems ermittelt.

Dieser zweite entscheidende Schritt geschieht mit Hilfe der Triangulation, mit Hilfe des Verfahrens, das am Anfang jeglicher Entfernungsbestimmung im Kosmos steht und aus der Landvermessung bekannt ist. So wird zum Beispiel ein Kirchturm unbekannter Distanz von den Endpunkten einer Strecke genau bekannter Länge, der Basis oder Grundlinie aus, mit einem Theodoliten anvisiert, um die Winkel zwischen Basis und den beiden Richtungen zum Turm zu messen. Das aus Turm und den beiden Basispunkten bestehende Dreieck ist dann vollständig bestimmt und die Turmdistanz berechenbar.

Die Übertragung dieses Prinzips auf kosmische Objekte sieht sich generell der Schwierigkeit gegenüber, daß infolge der enormen Distanzen die Winkel an den Endpunkten selbst der längsten nutzbaren irdischen Basis in der Regel so wenig voneinander abweichen, die Richtungen zum Objekt also praktisch einander parallel sind, daß die kleinen unvermeidbaren Meßfehler eine zuverlässige Distanzbestimmung ausschließen.

Selbst eine Grundlinie, die dem Erddurchmesser von fast 13000 km entspräche, ist im allgemeinen zu kurz. Zum Glück ist das Verfahren aber für die allernächsten Himmelskörper wie den Mond und die uns nahekommenden Planeten anwendbar; die Sonne ist bereits zu weit weg. Diese werden dazu von weit auseinanderliegenden Sternwarten praktisch gleichzeitig anvisiert, um ihre Stellung am Himmel, bezogen auf benachbarte Fixsterne als Festpunkte, zu messen. An den verschiedenen Beobachtungsorten finden sich dann etwas unterschiedliche Positionen relativ zum Sternhintergrund und aus dieser Parallaxe folgen unmittelbar die gesuchten Dreieckswinkel. Zu den genauesten Messungen dieser Art verhelfen Kleinplaneten, von denen einige der Erde bis auf fast ein Zehntel der Sonnenentfernung nahekommen. Sie haben darüber hinaus den Vorteil, sternförmig zu erscheinen, ihre Position also präzise erfassen zu lassen. Die besten auf Triangulation basierenden Distanzen im Sonnensystem gehen auf Beobachtungen des Planetoiden Eros zurück. Wie schwierig und mühsam dieser, hier nur dem Prinzip nach beschriebene Weg aber im einzelnen ist, sieht man daran, daß er erst 1968 zu einem Resultat befriedigender Genauigkeit führte: Während um die Jahrhundertwende die Entfernung Erde – Sonne noch auf etwa 70000 km unsicher war, konnte der Fehler schließlich auf etwas weniger als 1000 km gedrückt werden.

Seit 1960 ist es nun möglich, auf eine zweite Weise absolute Distanzen im Planetensystem zu messen und die Maßstabseichung zu erreichen. Mit

Hilfe der Radartechnik lassen sich heute zu den benachbarten Himmelskörpern Signale schicken, etwa zur Venus, von denen ein winziger Bruchteil zur Erde zurückreflektiert wird. Aus der Laufzeit dieser Radiopulse folgt die momentane Entfernung des angepeilten Nachbarn in Kilometern. Voraussetzung dafür ist die genaue Kenntnis der Geschwindigkeit, mit der sich die Signale ausbreiten, der Lichtgeschwindigkeit. Die Ergebnisse der Radarmessungen bestätigen die Resultate der Triangulation, wobei die neuere Methode, die in ihrer räumlichen Reichweite ebenfalls begrenzt ist, die ältere an Genauigkeit weit übertrifft. Unwesentliche Einschränkungen sind durch eine winzige Unsicherheit im Zahlenwert der Lichtgeschwindigkeit bedingt.

Die mittlere Entfernung Erde – Sonne, die sogenannte Astronomische Einheit – sie entspricht der großen Halbachse der Erdbahnellipse –, ist heute innerhalb einer Spanne von nur noch 4 km bekannt. Das ist außerordentlich wenig, denn diese 4 km sind mit den rund 150 Millionen km zu vergleichen, die wir der Astronomischen Einheit zuschreiben müssen. Die Himmelsforscher drücken ihre Entfernungen auch gerne durch die Zeit aus, die ein Lichtsignal braucht, um die betreffende Strecke zu durchlaufen. Den 150 Millionen km zwischen Erde und Sonne entsprechen dann 500 Lichtsekunden oder etwas mehr als 8 Lichtminuten. Der sonnenfernste Planet Pluto dagegen bewegt sich in etwa 40 Astronomischen Einheiten Entfernung um die Sonne, für einen Umlauf braucht er 250 Jahre. Ein Lichtstrahl von der Sonne erreicht ihn erst nach mehr als 5 Stunden. Das gibt uns einen ersten Eindruck von der wahren Ausdehnung des Gesamtsystems.

Trotzdem ist es richtig, von unserer engsten kosmischen Umgebung zu sprechen. Die Entfernungen der nächsten Sterne bemessen sich nicht nach Lichtstunden oder Lichttagen, sondern vielmehr nach Lichtjahren, repräsentieren also eine ganz andere Größenordnung kosmischer Dimensionen! Und die genaue Vermessung des Sonnensystems ist eine wesentliche Voraussetzung, um selbst diese Entfernungen überbrücken zu können: Für die Triangulation der nächsten Fixsterne wird nicht mehr eine Basis der Erdoberfläche, sondern der mehr als zehntausendmal größere Durchmesser der Erdbahn benützt. Aber auch die Weltraumfahrt ist nicht denkbar ohne präzise Kenntnis der Distanzen zu den anderen planetaren Körpern!

Sind erst die Abstände im Sonnensystem bekannt, so ist der Zugang zu einigen der wichtigsten Grunddaten offen. Aus den Winkeldurchmessern, unter denen uns die Scheiben von Sonne und Planeten am Himmel erscheinen, folgen jetzt ihre wahren Größen. Sodann die Massen: Die Erde wird, wie die anderen Planeten auch, durch die Schwereanziehung der

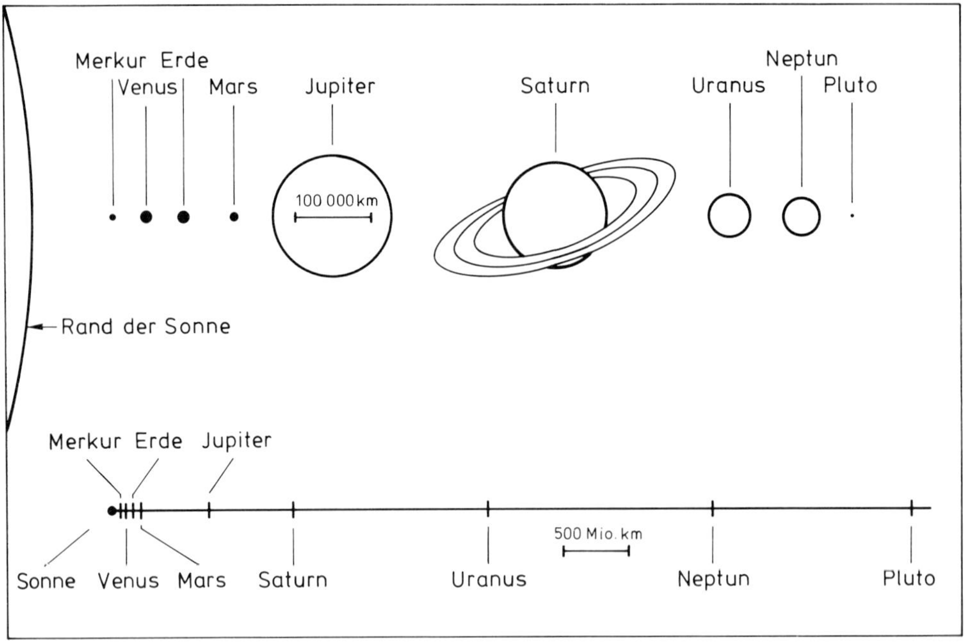

Abb. 4.2: *Größenverhältnisse im Planetensystem. Oben: Durchmesser der Planeten im Vergleich. Unten: Radien der Planetenbahnen.*

Sonne in ihrer Bahn gehalten, wobei diese Kraft von der anziehenden Masse und deren Distanz abhängt. Andererseits unterliegt sie der nach außen gerichteten, der Anziehung nach innen die Balance haltenden Zentrifugalkraft, die sich aus der Geschwindigkeit in der Bahn und deren Radius ergibt.

Mit der Astronomischen Einheit und der Umlaufperiode von einem Jahr sind alle Größen bekannt, um aus der Gleichheit der beiden Kräfte die Masse des Schwerezentrums, der Sonne also, berechnen zu können. Auch die Planetenmassen lassen sich nun ableiten, wenn man dasselbe Gesetz auf die Monde anwendet, die von der Schwerkraft der Planeten gehalten werden. Die meisten Planeten werden von Satelliten umrundet – von Jupiter allein sind 16 bekannt – und stellen ihrerseits die Zentren kleiner Abbilder des Sonnensystems dar.

Es zeigt sich dann vor allem, wie schon kurz erwähnt, daß die in den Planeten und ihren Begleitern konzentrierte Materie mit nicht viel mehr als 1 Promille der Sonnenmasse fast unerheblich ist gegenüber der Materieballung im Systemzentrum. Die Masse der Sonne beläuft sich auf $2 \cdot 10^{33}$ Gramm, ein Wert, der als typische Sternmasse zu gelten hat.

Das Sonneninnere und die Neutrinos

Vom Aufbau der Gaskugel Sonne mit ihrer fast 6000 Grad heißen Oberfläche war in den vorausgehenden Kapiteln schon mehrmals die Rede. Auch wurde dort bereits darauf hingewiesen, daß das uns zugestrahlte Licht ihrer obersten, nur wenige hundert Kilometer mächtigen Schicht entstammt. Diese Photosphäre sehen wir, wenn wir in die Sonne schauen. Das Spektrum des photosphärischen Lichtes mit seinen Tausenden von Absorptionslinien gibt unter anderem Aufschluß über die stoffliche Zusammensetzung der Sonnenatmosphäre, und von daher wissen wir, daß diese überwiegend aus Wasserstoff besteht, nur zu etwa einem Viertel Gewichtsanteil aus Helium, bei geringen Beimengungen schwererer Elemente. Es gibt keinen Grund anzunehmen, das Sonneninnere sei merklich anders beschaffen.

Im mehr als 10 Millionen Grad heißen Zentralgebiet, dem energieproduzierenden Fusionsreaktor, muß zwar Helium angereichert sein, es vermehrt sich dort ja ständig durch die Verbrennung von Wasserstoff, insgesamt fällt das aber noch wenig ins Gewicht. Sonst hätte sich die Sonne schon deutlich von der Hauptreihe des Hertzsprung-Russell-Diagramms absetzen müssen. Sie sollte sich uns deshalb heute noch nahezu in ihrer ursprünglichen Zusammensetzung präsentieren, in dem stofflichen Gemenge, aus dem sie entstanden ist.

Vieles spricht dafür, daß die heutigen Vorstellungen über das unsichtbare Innere der Sonne, wie auch das vieler anderer Sterne, der Wirklichkeit recht nahekommen: Den in Kapitel 2 beschriebenen Sternmodellen liegen einerseits bewährte physikalische Prinzipien zugrunde, andererseits müssen die theoretischen Konzepte in ihren Folgerungen dem Vergleich mit den in der Natur beobachteten stellaren Zuständen standhalten. Daß letzteres in überzeugender Weise der Fall ist, haben wir gesehen. Und doch gibt es einen »Stachel im Fleisch« des Astrophysikers, an dem sich immer wieder Zweifel entzünden, ob das Sonneninnere richtig dargestellt wird: das Rätsel der solaren Neutrinos.

Bei der Verschmelzung von Wasserstoff im Zentrum der Sonne werden unter anderem Neutrinos erzeugt. Diese, ähnlich den Photonen des Lichtes masselosen Elementarteilchen bewegen sich ebenfalls mit Lichtgeschwindigkeit. Ungleich den Photonen ist aber ihre Wechselwirkung mit anderen Teilchen verschwindend gering, alle Materie ist für Neutrinos extrem »durchsichtig«. Sie verlassen deshalb die Sonne praktisch ungehindert auf geradlinigem Weg. Während sich die im Zentrum produzierten Protonen Zentimeter um Zentimeter zum Sonnenrand durchkämpfen müssen und dazu Millionen Jahre brauchen (s. S. 74), schaffen das die Neutrinos in wenig mehr als 2 Sekunden und erreichen nach 8 Minuten die Erde.

Der Fluß solarer Neutrinos ist beträchtlich, er läßt sich bereits ohne genaue Kenntnis des Sonneninneren in etwa abschätzen: Werden 4 Protonen zu einem Heliumkern verschmolzen, so entfallen von der dabei freigesetzten Energie etwa 2 Prozent auf Neutrinos, der große Rest wird in Photonen umgesetzt und schließlich ausgestrahlt. Die Strahlungsleistung der Sonne ist durch Messungen ermittelt; sie wird durch die Solarkonstante charakterisiert und gibt an, wieviel Energie pro Zeiteinheit in Form von Photonen bei der Erde ankommt (1.36 Kilowatt/m^2 = $1.36 \cdot 10^6$ erg/cm^2s). Damit wissen wir auch, welche Energie in den Neutrinos steckt, die pro Sekunde einen Quadratzentimeter der Erde treffen, nämlich etwa $\frac{1}{50}$ der Solarkonstante. Andererseits ist von den Reaktionen der Kernfusion bekannt, wieviel Energie im Mittel ein einzelnes Neutrino fortträgt ($4 \cdot 10^{-7}$ erg). Daraus folgt unmittelbar die Zahl der Neutrinos, die in Erdentfernung pro Sekunde einen Quadratzentimeter durchströmen. Es sind rund 65 Milliarden! Die Seiten dieses Buches werden also Sekunde für Sekunde, Tag und Nacht (!), von Billionen solarer Neutrinos durchquert, ohne daß wir davon das geringste merken. Vielleicht werden diese Zahlen etwas griffiger, wenn wir uns vor Augen halten, daß die eintreffenden Photonen des Sonnenlichtes noch fünfmillionenfach zahlreicher sind. Für sie jedoch ist unser Buch ein undurchdringliches Hindernis.

Könnte man diesen Neutrinostrom wie Lichtstrahlen mit einem Teleskop zu einem Bild bündeln, so würde dieses das energieerzeugende Zentralgebiet der Sonne als helle Scheibe zeigen. Neutrinos lassen sich aber weder durch Spiegel noch auf andere Weise ablenken. Trotzdem haben die Kernphysiker gelernt, diese phantomhaften Teilchen zu fassen. Der erste direkte Nachweis von Neutrinos gelang 1956, nachdem ihre Existenz aufgrund zunächst unerklärlicher Phänomene beim radioaktiven Zerfall 1930 von Wolfgang Pauli postuliert worden war. Und auch für die solaren Neutrinos wurden und werden trickreiche Detektoren gebaut.

Sie funktionieren so: Zum Glück gibt es bestimmte Atomsorten, die mit zwar äußerst geringer, aber doch von null verschiedener Wahrscheinlichkeit Neutrinos einfangen können und deren Kerne dabei radioaktiv werden. Findet ein solch seltenes Ereignis statt, dann wandelt das eingefangene Neutrino ein Neutron in ein Proton um, und der getroffene Atomkern wird dadurch zum instabilen Kern eines benachbarten Elementes derselben Massenzahl. Dieser zerfällt wieder mit einer gewissen Halbwertszeit unter Aussendung radioaktiver Strahlung in die Ausgangssubstanz. Anhand ihrer Radioaktivität können die umgewandelten Kerne und damit die eingefangenen Neutrinos identifiziert werden. Weil sich aber Neutrinos so schwer fangen lassen, braucht man ungeheure Mengen der geeigneten Atome, damit sich wenigstens einige Ereignisse einstellen. Und diese müssen dann noch in der Masse des unveränderten Materials gefunden werden.

Gemäß diesem Prinzip ist Ray Davis vom Brookhaven National Laboratory seit Jahren dabei, Sonnenneutrinos zu registrieren. Seine aufwendige, für ein astronomisches Programm höchst ungewöhnliche Meßapparatur steht in einem Stollen der Homestake Goldmine (South Dakota) in 1500 m Tiefe, um Störeffekte der kosmischen Ultrastrahlung, deren hochenergetische Teilchen im darüberliegenden Erdreich steckenbleiben, auszuschließen oder mindestens stark zu reduzieren. Als Detektor dient ein mit 400000 Liter Tetrachloräthylen C_2Cl_4 gefüllter Tank. Diese Flüssigkeit ist billig zu bekommen, da sie in großen Mengen für die Kleiderreinigung hergestellt wird. Von den 4 Chloratomen ihrer Moleküle ist im Mittel eines das Isotop Chlor-37, das auf Neutrinos anspricht. (Normales Chlor hat die Massenzahl 35.) Kommt es zu einem Einfang, dann wird aus Chlor-37 das radioaktive Argon-37, letzteres zerfällt wieder mit einer Halbwertszeit von 35 Tagen. Aber trotz dieser riesigen Menge Detektorflüssigkeit mit ihren ungeheuer vielen Chlor-37-Atomkernen und trotz des intensiven Neutrinostromes, wie ihn das Sonnenmodell voraussagt, ist wegen der winzigen Chancen für Einfänge pro Tag nur etwa ein Ereignis zu erwarten – nicht mehr als *ein* Neutrino sollte täglich im Davisschen Tank hängenbleiben und einen Argon-37-Kern produzieren!

Wie ist es möglich, aus diesem Meer von flüssigem C_2Cl_4 einzelne Argonatome herauszufischen? Zunächst wartet man an die 100 Tage die Wirkung der Sonnenneutrinos ab. Unterdessen sammeln sich Argonatome an, einige davon zerfallen auch wieder zu Chlor, bis die Zahl der Einfänge jener der Zerfälle etwa die Waage hält. Bei einem Neutrinoereignis pro Tag sollte sich dieses Gleichgewicht dann einstellen, wenn etwa 50 Argon-37-Atome im Tank sind. Diese gingen in den 400000 Litern vollständig unter, gelänge es nicht, sie von der Flüssigkeit chemisch abzutrennen und mit Hilfe von eingeblasenem Helium auszuwaschen, ein raffiniertes und für den Erfolg des Experimentes wesentliches Verfahren. So wird das Argon-37 nach der Wartezeit herausgeholt, und zwar, wie in sorgfältigen Testversuchen festgestellt werden konnte, ohne daß merkliche Reste davon im Tank verbleiben. Wie viele durch die Wirkung von Neutrinos entstandene Atome es waren, zeigt alsbald die Zahl der mit einem hochempfindlichen Zählrohr registrierten radioaktiven Zerfälle.

Die Messungen von Davis in der Goldmine von South Dakota haben nun viel Aufregung hervorgerufen, weil er zwar Ereignisse findet, aber noch seltener als vorhergesagt: Nicht täglich entsteht ein neues Argon-37 in seinem Tank, sondern nur alle drei bis vier Tage. Und dabei ist es noch nicht einmal restlos sicher, ob diese auf Sonnenneutrinos oder die vielleicht nicht völlig unterdrückte kosmische Strahlung zurückgehen. Sein Resultat läßt sich zunächst nur so interpretieren, daß der solare Neutrinofluß allenfalls ein Viertel bis ein Drittel des nach der Theorie des Sonneninneren zu erwartenden ausmacht.

Welche Schlüsse sind daraus zu ziehen? Bedeutet es, daß die Modellrechnungen den physikalischen Zustand im Inneren der Sonne – und das hieße auch von anderen Sternen – falsch beschreiben? Ist etwa die Zentraltemperatur der Sonne niedriger als berechnet? Oder ist mit den Annahmen über die energiefreisetzenden Prozesse der Kernfusion etwas nicht in Ordnung? Diese und andere Fragen stellen sich heute die Astronomen. Auf der anderen Seite sind bei den Physikern Zweifel entstanden, ob Neutrinos sich wirklich genauso verhalten wie bisher angenommen. Eine jetzt viel diskutierte Hypothese vermutet, daß sie zwischen verschiedenen Zuständen hin- und herpendeln, ihre Identität rhythmisch wechseln und sich dadurch dem Detektor entziehen können, der nur auf die sogenannten Elektronen-Neutrinos anspricht, während er für die anderen Arten blind ist. Wenn das so wäre, dann müßten die Neutrinos auch, entgegen der bisherigen Vorstellung, mit einer winzigen Masse behaftet sein. Trotz einschlägiger Experimente der Hochenergiephysiker lassen sich jedoch diese Fragen gegenwärtig noch nicht beantworten, verschiedene Labors kommen vorerst noch zu widersprüchlichen Befunden.

Bei den Astronomen besteht wenig Neigung zu merklichen Korrekturen am Sonnenmodell, nachdem nicht zu sehen ist, wo angesetzt werden könnte, ohne gesicherten oder für sicher gehaltenen Boden preisgeben zu müssen. Sie sehen sich in dieser Haltung durch einen weiteren, bisher nicht erwähnten Aspekt bestärkt. Das Chlor-37 im Davisschen Tank spricht nur auf Neutrinos mit Energien oberhalb einer gewissen Schwelle (0.8 MeV) an. Solche entstehen aber ausschließlich in Nebenketten der Wasserstoff-Verschmelzung, insbesondere auf einem Zweig, der über einen radioaktiven Bor-8-Kern läuft.

Die große Mehrheit der Neutrinos, sie wird bei der Fusion zweier Protonen erzeugt, sollte dagegen die Sonne mit niederer Energie (mit weniger als 0.4 MeV) verlassen. Es gibt nun Zweifel, ob diese temperaturempfindlichen Verästelungen der Wasserstoff-Verbrennung mit ihren

Reaktionsraten so zuverlässig bekannt sind, daß aus der Zahl der dort entstehenden energiereichen Neutrinos auf die Gesamtheit aller, einschließlich der energiearmen, geschlossen werden kann – eine Annahme, von der das Chlor-Experiment ausgeht. Läge der Fehler an dieser Stelle, dann gäbe es keinen Grund für weitreichende Besorgnisse.

Zur Zeit werden die Realisierungschancen einer Anordnung erkundet, die auch für die viel häufigeren energiearmen Sonnenneutrinos empfindlich und damit von der prinzipiellen Schwäche des Chlor-Experimentes frei wäre. Als optimaler Detektor bietet sich dafür das Isotop Gallium-71 an, das zu etwa 40 Prozent im natürlichen Gallium enthalten ist. Beim Einfang eines Neutrinos wandelt es sich in radioaktives Germanium-71 um, das mit einer Halbwertszeit von 11.4 Tagen zerfällt. Im großen ganzen ist die Methode der des Chlor-Experimentes recht ähnlich. Durch Vorversuche, an denen neben Wissenschaftlern aus USA und Israel eine Gruppe des Max-Planck-Instituts für Kernphysik in Heidelberg unter der Leitung von Till Kirsten maßgeblich beteiligt war, ist neuerdings eindeutig belegt worden, daß einzelne Germaniumatome aus einer wieder in Tanks unterzubringenden Galliumchlorid-Lösung extrahiert und identifiziert werden können.

Im Gegensatz zu dem leicht erhältlichen C_2Cl_4 bei Davis ist aber das erforderliche Gallium, ein dem Aluminium ähnliches Metall, nicht einfach zu beschaffen, und die dafür aufzuwendenden Kosten stehen dem Experiment im Wege. Nach dem heutigen Stand der Meßtechnik ist eine Mindestmenge von 32 Tonnen erforderlich, um sichere Aussagen zu ermöglichen. Da Gallium bisher nur in relativ kleinen Mengen gewonnen wird – es fällt beim Erschmelzen von Aluminium mit an und wird von der Elektronikindustrie verarbeitet –, ist es teuer: 1 Tonne kostet etwa 1 Million DM. Da unverbraucht, könnte es nach dem Experiment allerdings anderweitig verwendet werden.

Der Versuch, mit Hilfe der Neutrinos ins Innere der Sonne zu »schauen«, hat vorerst mehr Fragen aufgeworfen als beantwortet – Fragen, die sowohl die Physik der Sterne wie die der Elementarteilchen angehen. Das Galliumexperiment, nicht billig zwar, im Vergleich zu anderen Vorhaben der Weltraumforschung und der Hochenergiephysik aber keineswegs aus dem Rahmen fallend, vermag die gegenwärtige Verwirrung zu lösen. Als ein *Experimentum crucis* von grundlegender Bedeutung ist es gewiß aller Anstrengung wert. Nach der neuesten Entwicklung scheinen Chancen zu bestehen, das Experiment in europäischer Kooperation zu verwirklichen. Der italienische Partner will dafür das Gran Sasso-Untergrundlaboratorium zur Verfügung stellen.

Ungeachtet des derzeitigen Standes sind die Bemühungen, das Rätsel der solaren Neutrinos zu lösen, ein weiteres eindrucksvolles Beispiel für die breitgefächerten Methoden und unkonventionellen Wege der heutigen Himmelsforschung, für die neue Astronomie – und nicht zuletzt deshalb sind sie hier zur Sprache gekommen.

Die Gesichter der Planeten

Im Gegensatz zur Sonne sind die Planeten kalte Körper; wir sehen sie nicht aufgrund ihres eigenen Leuchtens, sondern durch das uns zugespiegelte Sonnenlicht. Vergleicht man sie untereinander, so zeichnen sich zwei Gruppen ab: Die vier sonnennahen, von denen die Erde der größte ist, sind verhältnismäßig kleine, fest gebaute Körper mit einem Verhältnis von Masse zu Volumen bei 5 g/cm^3, einer Dichte zwischen der des Eisens und der irdischer Gesteine. Die vier äußeren Planeten Jupiter, Saturn, Uranus und Neptun sind weitaus größer, aber merklich weniger dicht. Jupiter als größtes und massereichstes Glied der Planetenfamilie hat einen etwa elfmal größeren Durchmesser als die Erde, das ist schon ein Zehntel des Sonnendurchmessers. Seine Masse ist das 320fache der Erdmasse, die mittlere Dichte mit nur 1.3 g/cm^3 entspricht fast der des Wassers. Pluto, der sonnenfernste Planet, fügt sich nicht in diese Folge ein; er ist eher erdähnlich, beansprucht aber auch sonst eine Sonderstellung.

In dem Dichteunterschied der inneren und äußeren Planeten kommt ihre verschiedenartige Zusammensetzung zum Ausdruck. Merkur, Venus und Mars bestehen wie die Erde vorwiegend aus Metallen und Gesteinen, wobei wir von unserem Planeten wissen, daß er in der Tiefe ausgesprochen differenziert ist mit Erdkruste, Mantel und Kern. Die großen äußeren Planeten sind dagegen nach heutiger Auffassung ähnlich zusammengesetzt wie die Sonne, deren mittlere Dichte mit 1.4 g/cm^3 ziemlich genau der des Jupiters entspricht. Auch bei den Atmosphären der Planeten zeigen sich charakteristische Unterschiede. Der Hauptbestandteil der Gashüllen von Venus und Mars ist Kohlendioxid, von der Erde Sauerstoff und Stickstoff, während bei den äußeren Planeten Wasserstoff und Helium vorherrschen. In den äußeren Regionen des Sonnensystems scheinen wir danach wieder auf das ursprüngliche Stoffgemisch mit dem hohen Anteil an Wasserstoff und Helium zu treffen.

Die Beobachtungen von Raumflugkörpern aus, im nahen Vorbeiflug oder gar mit Hilfe weich gelandeter Sonden, förderten eine Fülle vorher unzugänglicher Erscheinungen zutage, ganz neue Landschaften taten sich

Abb. 4.3: *Der Mondkrater Tycho (85 km Durchmesser) nach einer Photographie des amerikanischen Lunar Orbiter 5. Durch den schrägen Lichteinfall werden die topographischen Einzelheiten besonders deutlich. (NASA-Bild)*

auf. Die Erforschung der Planeten ist dadurch nach längerer Stagnation wieder virulent und zu einem Arbeitsgebiet geworden, das heute in interdisziplinärer Kooperation vielerlei Fachrichtungen vereinigt. Manche Astronomen meinen ohnehin, aus dem erdnahen Weltraum verdrängt worden zu sein und dessen Erschließung an Physiker, Chemiker, Geologen und Biologen verloren zu haben. In dieser Stimmung scheint mir am deutlichsten zum Ausdruck zu kommen, wie sehr sich die Erkundung des kosmischen Nahbereichs durch die Möglichkeiten des Raumfluges gewandelt hat.

Bis 1980 waren alle großen Planeten, bis hinaus zum Saturn, aus nächster Nähe betrachtet. Uranus wird im Januar 1986 von Voyager 2 passiert werden, der US-Raumsonde, die schon Jahre zuvor von Jupiter und Saturn erstklassige detailreiche Bilder übermittelt hatte und im August 1989 auch noch Neptun erreichen soll. Die Abbildungen 4.3 bis 4.10 enthalten Beispiele solcher Nahaufnahmen.

Eine Sensation war die Entdeckung, daß alle planetarischen Körper ohne merkliche Atmosphäre von Kratern der verschiedensten Dimensionen übersät sind, ein Phänomen, das also keinesfalls eine Besonderheit des Erdmondes darstellt, sondern sowohl bei Merkur und Mars, wie auch bei vielen anderen Monden zu finden ist. Während früher immer wieder die Meinung vertreten wurde, die Krater seien Relikte vulkanischer Aktivität, kann heute als gesichert gelten, daß es sich um von außen geschlagene Wunden handelt, um Stellen, an denen einst Körper aus dem interplanetarischen Raum mit großer Wucht aufgestürzt sind. Die Ähnlichkeit mit irdischen Explosionskratern sprach schon immer für diese Deutung, sie wurde durch Untersuchungen der Astronauten vor Ort und die Analyse von Mondproben erhärtet. So sind die jüngsten Krater des Erdmondes – einer der auffälligsten ist Tycho mit einem Durchmesser von 85 km – von hellen Ablagerungen ausgeworfenen Gesteins umgeben, die, an einen großen Spritzfleck erinnernd, strahlenartig nach außen laufen und schon mit kleinen Fernrohren zu erkennen sind. Die Oberfläche unseres Mondes ist über weite Bereiche durch das Bombardement von außen zertrümmert und aufgewühlt worden und infolgedessen von einer Schicht steinigen Schutts bedeckt (Regolith). In ihr finden sich Mineralien und Gläser, die nur bei den hohen Drucken und Temperaturen einer Einschlagsexplosion entstehen konnten.

Das soll aber nicht heißen, daß endogene, das heißt innere Kräfte, die sich unter anderem in aufgeschmolzenen Gesteinsmassen und im Vulkanismus zu erkennen geben, keine Rolle spielen. Viele heute ertrunkene Mondkrater wurden von flüssiger Lava überschwemmt und sind nur noch in

Abb. 4.4: *Der sonnennächste Planet Merkur mit seiner von Einschlagskratern übersäten Oberfläche nach einer Aufnahme der Raumsonde Mariner 10 (1974/75). Die Ähnlichkeit mit dem Erdmond ist geradezu verblüffend. (NASA-Bild)*

ihren höchsten Umrissen erkennbar. Auch die dunklen, weit ausgedehnten Maria sind von basaltischen Lavaschichten überflutete Tiefebenen. Nach der Erstarrung wurden ihre glatten Oberflächen erneut von einstürzenden Körpern verletzt, wie an zahlreichen kleinen Kratern zu sehen ist.

Auf Mars sind ebenfalls viele Spuren vulkanischer Tätigkeit zu finden. Seine ganze Oberfläche ist von zwei, den Planeten umkreisenden Viking-Orbitern kartiert und teilweise in metergroßen Details erfaßt worden. Eine herausragende Formation ist Olympus Mons, der größte Vulkan des Sonnensystems mit 600 km Durchmesser und 26 km Höhe. Die Gipfelcaldera, durch wiederholtes Einbrechen nach Eruptionen entstanden, und die ihn umgebenden Lavakaskaden lassen an seiner vulkanischen Natur keinen Zweifel. Neben Olympus Mons gibt es nahe des Marsäquators drei weitere riesige Vulkane. In ihrer breiten, sanft abfallenden Gestalt erinnern sie alle an irdische Schildvulkane, wie den Mauna Loa und Mauna Kea auf Hawaii, sie sind nur ungleich größer.

Das Paradeobjekt für planetaren Vulkanismus aber ist Io, der innerste der vier großen, schon von Galilei entdeckten Monde des Jupiters. Die Voyager-Sonden zeigten bei ihm bis in große Höhen aufsteigende Auswurfsfontänen und eine von vulkanischer Aktivität gezeichnete Oberfläche. Hunderte von Calderen mit und ohne Fließmuster geben der Mondkugel ein pockennarbiges Gesicht. Einschlagskrater fehlen. Offenbar wird die oberste Schicht durch vulkanisches Material kontinuierlich erneuert und ist deshalb so jung, daß ältere Strukturen ausgelöscht sind. Auch die eigenartige rotorange Farbe des Mondes dürfte darauf zurückgehen. Allem Anschein nach ist seine äußerste Kruste mit Schwefel stark angereichert. Wenn bei den anderen planetaren Körpern die Folgen vulkanischer Aktivität zwar nicht zu übersehen sind, diese über die Jahrmilliarden aber stark nachgelassen hat, ist sie bei Io nach wie vor die gestaltende Kraft. Vermutlich hat das mit der Nähe des riesenhaften Jupiters und den von ihm ausgehenden starken Gezeitenkräften zu tun, die das Innere des auf exzentrischer Bahn umlaufenden Mondes nicht zur Ruhe kommen lassen. Die dem letzteren ständig aufgezwungenen Verformungen und die damit verknüpfte Reibung können eine ergiebige Wärmequelle sein, die das Mondinnere zu erhitzen und auf Dauer im schmelzflüssigen Zustand zu halten vermag.

Eine andere Oberflächenform, die nicht geringes Staunen auslöste, sind die zum Teil weitverzweigten Furchen und Täler auf Mars. Sie erinnern an irdische Trockenflüsse. Es handelt sich nicht etwa um die lange umstrittenen, heute als optische Täuschung entlarvten Marskanäle. Vielmehr zeigen die Aufnahmen der Raumsonden kleinere, fein verästelte Flußläufe sowie

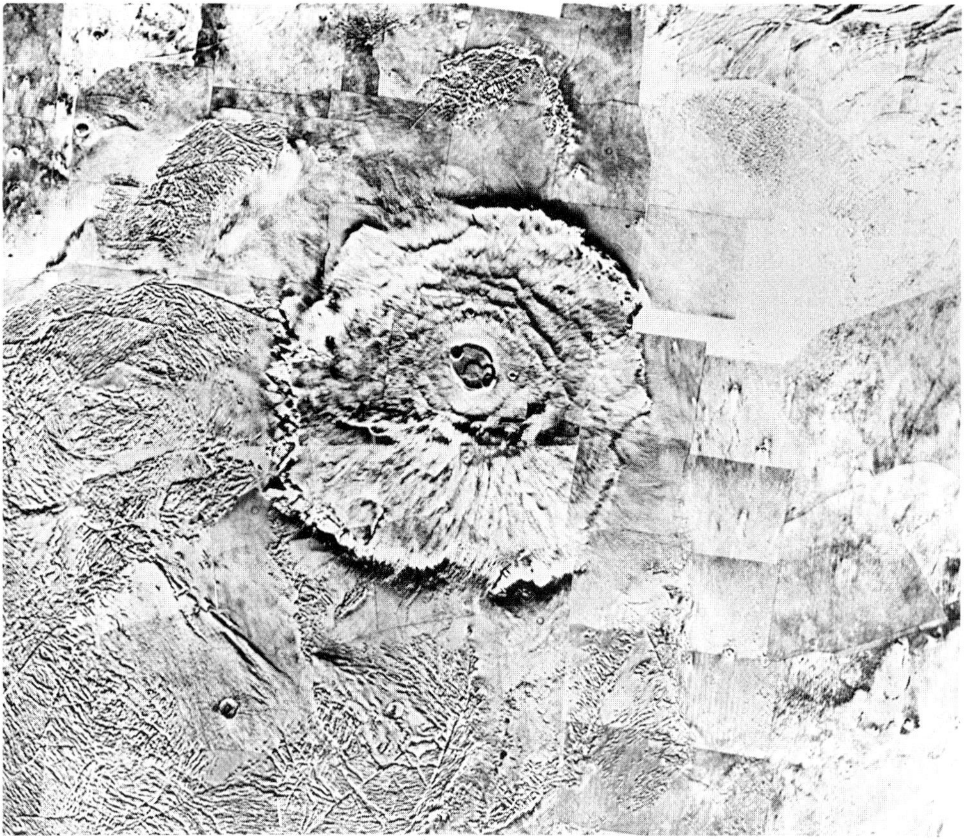

Abb. 4.5: *Olympus Mons auf Mars, der größte Vulkan des Sonnensystems, aufgenommen vom Viking-1-Orbiter (NASA-Bild).*

über 1000 km lange Systeme breiter Canyons. Das muß als Indiz dafür gelten, daß es früher auf dem Mars große Mengen fließenden Wassers und vielleicht auch Gletscher gab. Vermutlich ist das Wasser bei vulkanischen Eruptionen als Dampf aus dem Inneren freigesetzt worden, ein Vorgang, den man auch von irdischen Ausbrüchen kennt. Außerdem ist anzunehmen, daß in dieser aktiven Frühphase zeitweise eine relativ dichte Atmosphäre vorhanden war, die der Planet aber wegen seiner kleinen Masse (nur 11 Prozent der Erdmasse) und dementsprechend geringen Schwerkraft nicht auf Dauer halten konnte. Heute kann es wegen des geringen atmosphärischen Druckes flüssiges Wasser oberflächlich nicht mehr geben, es würde sofort in den Weltraum abdampfen. Ein Teil des Marswassers scheint allerdings in der Eiskappe am Nordpol gespeichert zu sein. Auch tieferliegende Gesteinsschichten könnten noch Wasser enthalten, sei es in flüssiger Form oder als Eis.

Die Oberfläche der Venus ist von undurchsichtigen Wolken bedeckt. Trotzdem ist ihre Topographie heute aufgrund von Radarlotungen einer Pioneer-Raumsonde, die den Planeten dazu viele hundertmal umkreiste, im großen und ganzen bekannt: Über weite Strecken gibt es nur Höhenunterschiede von wenigen hundert Metern, bergige Hochländer umfassen etwa 10 Prozent der Oberfläche und erheben sich an einer Stelle bis zu 13 km. Die weich gelandeten sowjetischen Venera-Sonden übermittelten Panoramabilder, die einen von scharfkantigen Felsen übersäten Venusboden zeigten. Dort unten ist es fast 500 °C heiß, eine Folge der mächtigen Atmosphäre aus Kohlendioxid, die ein Abkühlen der Oberfläche verhindert, indem sie die von dort abgestrahlte Wärme absorbiert und teilweise wieder nach innen zurückwirft. Das ist der sogenannte Treibhauseffekt, der im Wärmehaushalt der Planeten eine wichtige Rolle spielt und sich auch auf der Erde, sollte die Verschmutzung unserer Atmosphäre weiter zunehmen, in einem langsamen Temperaturanstieg und den davon ausgelösten klimatischen Veränderungen stärker bemerkbar machen könnte. Die Wolkenschicht der Venus reicht bis zu 50 km Höhe. Im sichtbaren Licht erscheint sie strukturlos, dagegen ist im Ultravioletten ein großräumiges Zirkulationsmuster zu erkennen, aus dem hervorgeht, daß die hohen Atmosphärenschichten mit Windgeschwindigkeiten von 100 m/s in nur 4 Tagen den Planeten umwirbeln.

Auch das Aussehen der beiden größten Planeten unseres Sonnensystems, Jupiters und Saturns, ist von den Wolkenbändern und Wirbelmustern ihrer Atmosphäre geprägt. Daß Jupiter ein sich ständig veränderndes Gesicht zeigt, also keine feste Oberfläche zu sehen ist, sondern ein von lebhaften Strömungen bewegtes Wolkenmeer, ist durch teleskopische Beobachtungen schon seit langem bekannt. Das auffälligste Merkmal, der Große Rote Fleck, ein Zehntausende von Kilometern ausgedehnter Wirbelsturm in der südlichen Hemisphäre, ist schon im 17. Jahrhundert entdeckt worden und demnach mindestens mehrere hundert Jahre alt. Die Voyager-Bilder mit ihrem enormen Reichtum an Details machten es möglich, die atmosphärischen Strukturen und Windsysteme eingehend zu untersuchen, allem Anschein nach werden sie durch konvektiven Wärmetransport aus tieferen Schichten gespeist.

Über die mutmaßliche Beschaffenheit von Jupiter und Saturn unterhalb ihrer Wolkendecken geben Modelle des Planeteninneren Auskunft. Sie besagen unter anderem, daß beide Planeten keine festen Oberflächen haben. Ihre gasförmigen, im wesentlichen aus Wasserstoff und Helium

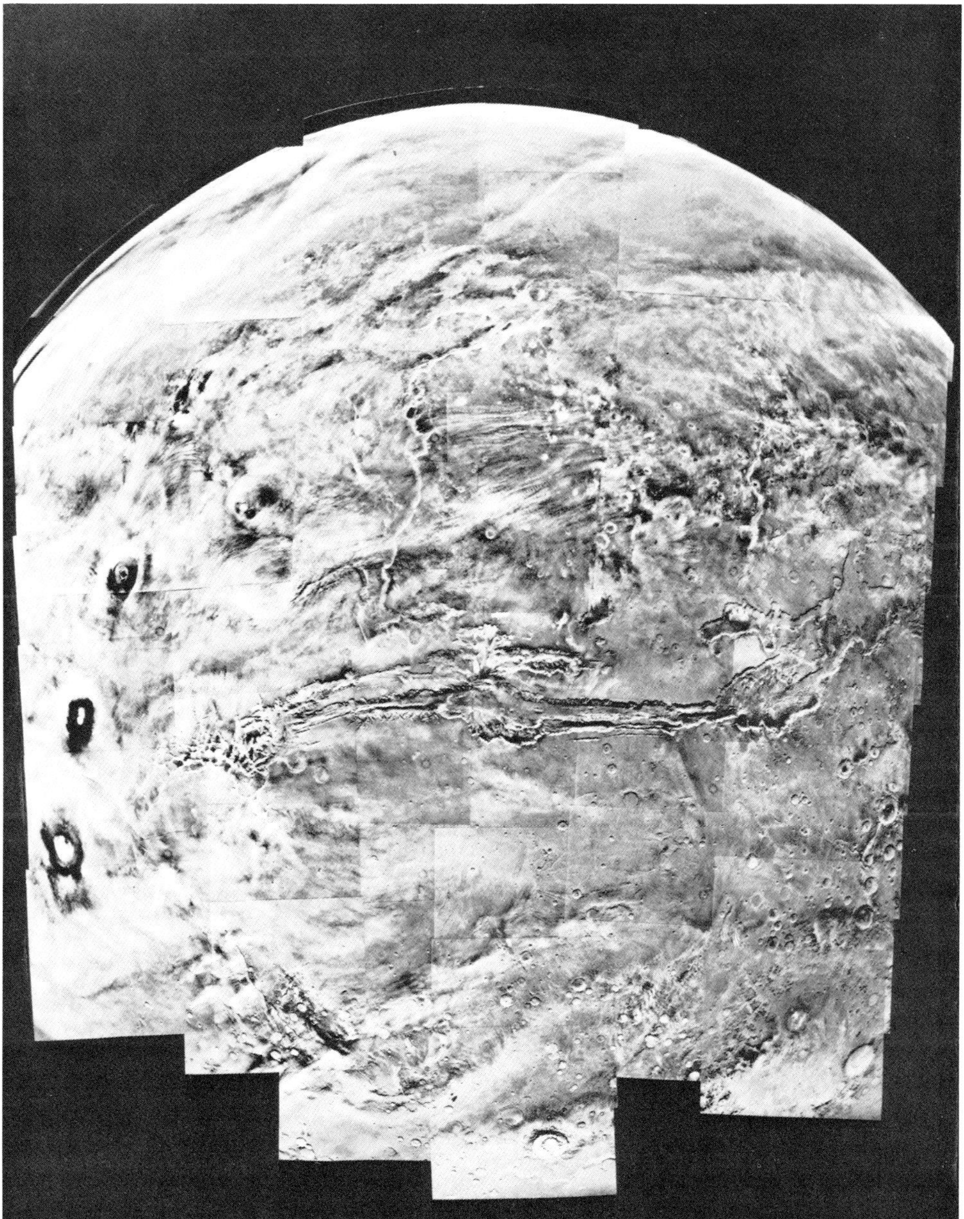

Abb. 4.6: *Der Planet Mars nach Bildern vom amerikanischen Viking-1-Orbiter aus dem Jahre 1980 (Norden oben, Westen links). Das äquatoriale Canyon-System Valles Marineris in der Bildmitte erstreckt sich über 4000 km. Nahe des linken Bildrandes die drei Schildvulkane auf dem Tharsis-Rücken. (NASA-Bild)*

Abb. 4.7: *Die von vulkanischer Aktivität geprägte Oberfläche des Jupitermondes Io nach einer Aufnahme der Raumsonde Voyager 1 im März 1979. (NASA-Bild)*

bestehenden Hüllen sollten vielmehr nach innen allmählich in eine Flüssigkeitszone mit metallischen Eigenschaften übergehen. In letzterer werden vermutlich die bei Jupiter und Saturn beobachteten Magnetfelder erzeugt. Der innerste, vielleicht 20000 Grad heiße Kern könnte einen höheren Anteil schwerer Elemente und felsiges Material enthalten. Für alle Modelle des inneren Aufbaus ist ein empirischer Befund wichtig: Sowohl Jupiter wie auch Saturn strahlen etwa das Doppelte an Energie ab, wie sie von der

Abb. 4.8: *Die Wolken der Venus im ultravioletten Licht vom Pioneer Venus Orbiter im Jahre 1979 aufgenommen. (NASA-Bild)*

Sonne aufnehmen. Es müssen also innere Wärmequellen vorhanden sein und deshalb ist ein kontinuierliches Anwachsen der Temperatur mit der Tiefe zu erwarten. Die im Inneren gespeicherte Energie ist wahrscheinlich ein Relikt aus der Vorzeit. Die frühe Entwicklung dieser Großplaneten dürfte der eines Sterns nicht unähnlich gewesen sein, die innere Verdichtung reichte aber trotz ihrer relativ großen Massen nicht aus, Kernreaktionen zu zünden. Heute beobachten wir offenbar das langsame Auskühlen

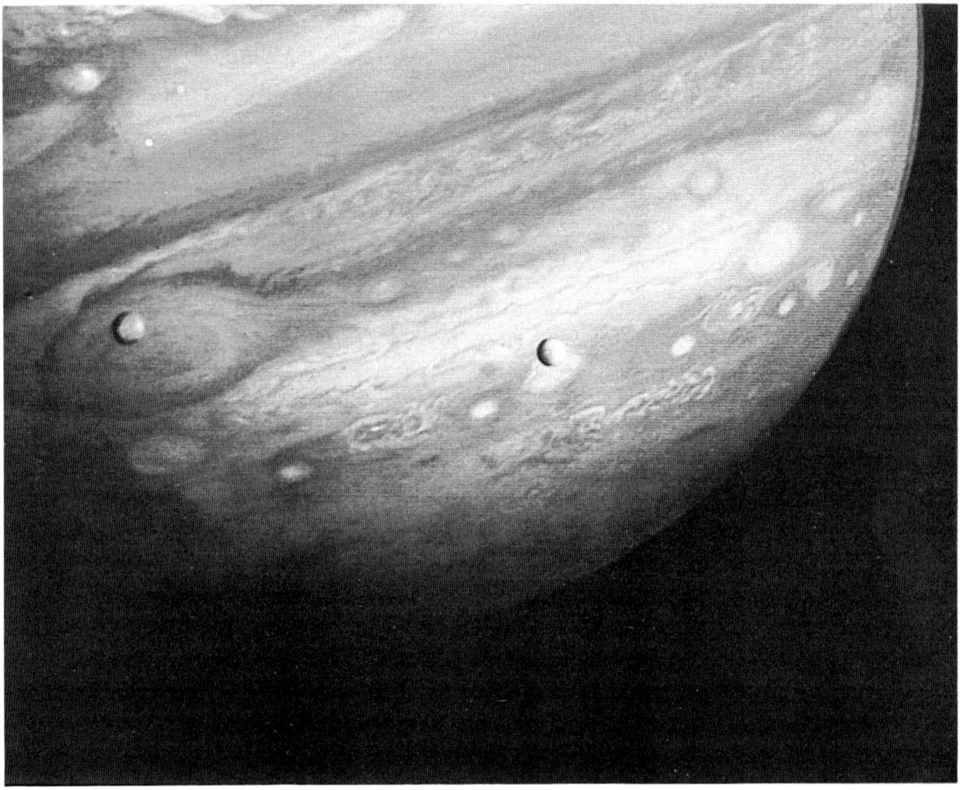

Abb. 4.9: *Zirkulationssysteme des Jupiters mit dem Großen Roten Fleck, auf den sich gerade der Mond Io projiziert. Der andere vor der Scheibe zu sehende Mond ist Europa. Die kleinsten erkennbaren Strukturen sind etwa 400 km groß. Voyager-1-Aufnahme vom Februar 1979. (NASA-Bild)*

der in der frühen Kontraktionsphase innerlich stark erhitzten Körper. Jupiter und Saturn werden aus diesem Grunde auch oft als verhinderte Sterne bezeichnet.

Wie bereits angedeutet, ist die von den Planeten empfangene Sonnenstrahlung ein wesentlicher Faktor für ihren Energiehaushalt und die auf ihnen herrschenden Temperaturen. Von dem sie treffenden Sonnenlicht spiegeln die Planeten einen Teil zurück, wir sehen sie infolgedessen als leuchtende Scheiben. Der andere Teil, und von dem ist jetzt die Rede, wird absorbiert und erwärmt ihre Oberflächen. Weiße Wolken und Schneefelder reflektieren den größeren Teil des auf sie fallenden Lichtes, dunkler Boden verschluckt fast alles. Andererseits strahlen die erwärmten Planetenoberflächen wieder Energie ab, und zwar wegen ihrer relativ niederen

Abb. 4.10: *Feinstruktur des Saturnrings nach einer Voyager-1-Aufnahme vom November 1980. Der Rand von Saturn ist selbst durch die feinen Ringe hindurch zu sehen. Teile des Planeten liegen im Schatten, das dunkle ihn überquerende Band ist der Schatten des Rings. (NASA-Bild)*

Temperaturen bei den Wellenlängen des unsichtbaren Infrarots. (So ist zum Beispiel die Eigenstrahlung der Erde bei etwa 10 µm Wellenlänge am intensivsten.) Sind keine inneren Wärmequellen vorhanden, dann reguliert sich die Temperatur der Oberflächen so ein, daß die im Infraroten weggehende Energie gerade der an sichtbarer Sonnenstrahlung aufgenommenen entspricht. Ein äußerer Planet empfängt aber wegen seiner großen Distanz zur Sonne weit weniger Licht pro Quadratmeter als ein innerer. Die äußeren Planeten müssen deshalb merklich kühler sein als die sonnennahen. Auf dieser Basis berechnete Temperaturen kommen für Merkur auf nahezu 400°C, für Jupiter auf etwa −140°C; in den Fernen von Neptun und Pluto liegen sie nur noch einige 10 Grad über dem absoluten Nullpunkt. Die wirklichen, gemessenen Werte sind davon nicht zu sehr verschieden. Das beweist den alles beherrschenden Einfluß der Entfernung von der Sonne und der davon abhängigen Beleuchtung. Merkliche Abweichungen liegen nur dann vor, wenn der Treibhauseffekt stark ins Spiel kommt. Für diesen ist entscheidend, daß die Atmosphäre eines Planeten, einer Fensterscheibe gleich, gegenüber der eintreffenden sichtbaren Sonnenstrahlung durchlässig sein kann, während sie die weggehende infrarote Eigenstrahlung stark behindert und staut. Das ändert aber wenig am Gesamtbild: Die enorme Temperaturabnahme vom inneren zum äußeren Sonnensystem drückt den Gesichtern der Planeten und ihrer Monde ihren Stempel auf.

Schließlich noch einige Worte zu den planetaren Ringen. Bis vor wenigen Jahren galt der Saturnring als einmalig. Die Voyager-Sonden haben indessen auch beim Jupiter eine lichtschwache Ringscheibe entdeckt, und darüber hinaus ist Uranus, wie man heute weiß, von einer ganzen Anzahl Ringe umgeben. Ihrer fünf sind zuerst vom Erdboden aus registriert worden, als im März 1977 Uranus genau vor einem relativ hellen Stern vorbeizog und dieser für etwa eine halbe Stunde hinter der Planetenscheibe verschwand. Das Sternlicht wurde aber schon vor und dann wieder nach der eigentlichen Bedeckung in regelmäßigen Abständen sekundenlang abgeschwächt. Offensichtlich durchquerte der irdische Beobachter das Schattenmuster einer außerhalb des Planetenkörpers symmetrisch angeordneten Struktur. Inzwischen sind bei weiteren Sternbedeckungen insgesamt neun Uranusringe identifiziert worden. Vom Saturnring ist seit langem bekannt, daß er nicht etwa aus einer zusammenhängenden dünnen Scheibe besteht. Die im Fernrohr ins Auge springende Zweiteilung ist von Giovanni Domenicio Cassini bereits 1676 gesehen worden. Aber erst die Voyager-Bilder offenbarten die überraschend feine Gliederung: Auf den Nahaufnahmen von Saturn sind mehr als tausend Einzelringe zu erkennen!

In einer theoretischen Studie aus dem Jahre 1859 kam James Clerk Maxwell, dessen Name vor allem mit der Elektrodynamik verknüpft ist, zu der Einsicht, daß ein planetarer Ring nur dann längere Zeit überdauern könne, wenn er aus einer großen Zahl kleiner, voneinander getrennter Teilchen besteht – also kein massiver Reif sei, sondern ein Schwarm kleiner Satelliten, die unabhängig voneinander den Planeten umkreisen. Das ist durch Beobachtungen eindeutig bestätigt. Nicht allein, daß man durch die Saturnringe hindurchsehen kann! Auch rotieren ihre äußeren Partien langsamer als die inneren, wie Messungen der Radialgeschwindigkeit zeigen. Aus der Art, wie die Ringmaterie das auf sie treffende Sonnenlicht, bei wechselnder Orientierung zur Sonne und zum Beobachter, reflektiert, lassen sich Informationen über die Größe der Teilchen und ihre Beschaffenheit gewinnen. Danach herrschen bei Saturn und Uranus zentimeter- bis metergroße Brocken vor, während der hauchartige Jupiterring aus mikroskopisch kleinen Staubkörnchen zu bestehen scheint. Die Partikel der Saturnringe sind gute Reflektoren, vermutlich eisüberzogene Steine und Schneebälle.

Das Phänomen der planetaren Ringsysteme hat mit den Eigenheiten des Schwerefeldes im Nahbereich eines massereichen Körpers zu tun. Die Schwerkraft nimmt mit Annäherung an letzteren zu. Die dem Planeten zugewandte Vorderseite eines Mondes wird deshalb stärker angezogen als die abgewandte Rückseite. Die Differenz zwischen vorne und hinten ist aber um so größer, je enger die Mondbahn den Planeten umspannt. Diese unterschiedliche Anziehung, auch Gezeitenkraft genannt, kann den Mondkörper verformen oder gar, bei ausreichender Stärke, seinen inneren Zusammenhalt aufbrechen und ihn zerreißen. Unterhalb einer kritischen Distanz sind deshalb nur noch kleinere Körper zu erwarten, die keine Gefahr laufen, von der Schwerkraft des nahen Planeten zerstört zu werden. Diese sogenannte Roche-Grenze berechnet sich unter vereinfachenden Annahmen zum 2.4fachen des Planetenhalbmessers.

Die beobachtete Wirklichkeit ist damit in bestem Einklang. Alle größeren Monde – die von Jupiter und Saturn haben immerhin Durchmesser bis zu 5000 km – bewegen sich außerhalb dieser kritischen Zone. Selbst Io, die als innerster der vier großen Jupitersatelliten allem Anschein nach durch das Schwerefeld des Planeten deformiert wird, hält stets jenseits des fünffachen Planetenradius auf Abstand. Die Ringsysteme dagegen berühren mit ihrem inneren Rand fast die Planetenoberfläche, nach außen reichen sie allenfalls mit schwachen Ausläufern über die Roche-Grenze hinaus. Sie sind ganz offensichtlich Erscheinungen des planetaren Nahfeldes.

Auch daß die Ringmaterie sich innerhalb einer scharf definierten Ebene aufhält, ist verständlich. Jupiter und Saturn drehen sich rasch und sind deswegen deutlich abgeplattet. Eine Wolke von Teilchen, die einen solchen von der Kugelform abweichenden Zentralkörper umkreist, muß allmählich in eine dünne Scheibe übergehen, da die Teilchenbahnen gravitativ in die senkrecht zur Rotationsachse liegende Äquatorebene des Planeten gezwungen werden. Zusätzlich wirkt sich ein gelegentlicher Zusammenprall von Teilchen so aus, daß Bewegungskomponenten, die diese ausgezeichnete Ebene durchstoßen, abgebremst werden. Wie effektiv diese Mechanismen arbeiten, demonstriert der Saturnring: bei einer Breite von über 150000 km ist er weniger als 200 m dick! Aber auch die Monde und ihr Schwerefeld spielen eine Rolle. Sie stören die Teilchenbahnen und sorgen dafür, daß an bestimmten Stellen Materie fehlt oder sich anhäuft. Das führt zur Feinstruktur der Ringe, zu den zahllosen Lücken beim Saturnsystem. Insbesondere scheinen kleine, inmitten der Ringmaterie schwebende Monde von wenigen Kilometern Durchmesser einerseits den Störenfried zu spielen, andererseits jedoch die Funktion eines »Schäferhunds« auszuüben, der den Lauf der Teilchen innerhalb eines einzelnen schmalen Ringes bündelt und zusammenhält. Auf den Voyager-Bildern vom Saturn sind drei solche kleine Monde, die anders kaum zu identifizieren sind, entdeckt worden.

Die Ringpartikel werden oft als die Überbleibsel von Monden oder Kometen betrachtet, die einem Planeten zu dicht auf den Leib gerückt sind. Es ist indessen nicht auszuschließen, daß die Planetenringe einen sehr alten Zustand dokumentieren, ihre fein verteilte Materie nie einem größeren Körper angehört hat, da ein solcher sich innerhalb der kritischen Nahzone weder halten noch zusammenballen kann.

Asteroiden und Kometen

Das bisher von unserem Sonnensystem gezeichnete Bild ist noch sehr unvollständig. Es anzureichern, verlangt als erstes einen Hinweis auf die kleinen Planeten oder Asteroiden. Durch Zufall entdeckte Giuseppe Piazzi am 1. Januar 1801 von Palermo aus einen lichtschwachen bewegten Himmelskörper, den er innerhalb mehrerer Wochen dreimal beobachtete, bis das Objekt in Sonnennähe verlorenging. Für den vierundzwanzigjährigen Carl Friedrich Gauss war das der Anlaß, seine berühmte Methode zur Berechnung einer Planetenbahn anhand weniger Positionsbeobachtungen zu entwickeln. Aufgrund seiner Vorhersagen konnte dann das Objekt genau ein Jahr nach der Entdeckung wieder aufgefunden werden; es erhielt den Namen Ceres. Seine Bahn verläuft in der auffallend großen Lücke zwischen Mars und Jupiter, wo bereits Kepler, wegen der dort gestörten Regelmäßigkeit in den Abständen von der Sonne, einen weiteren Planeten vermutete. Sein Durchmesser beträgt nur 800 km. Heute sind Tausende dieser kleinen Planeten bekannt, mit Abmessungen bis herunter zu 1 km; die Ceres gehört zu den größten von ihnen. Ihre Dichten, soweit bekannt, sind erdähnlich. Ihre gesamte Masse dürfte weniger als ein Promille der Erdmasse ausmachen.

Wenn auch das Gros dieser Familie von Kleinkörpern innerhalb eines breiten Gürtels zwischen Mars und Jupiter um die Sonne läuft, gibt es eine Reihe von Asteroiden mit stark exzentrischen Bahnen. Das ist ein uns bisher nicht geläufiges Phänomen. Die Bahnen der großen Planeten, wie auch vieler Asteroiden, weichen nur wenig von der Kreisform ab. Diese Exzentriker dagegen können der Sonne recht nahe kommen, der 1949 entdeckte Ikarus zum Beispiel merklich näher als Merkur, während die sonnenfernen Teile ihrer Bahnen weit hinausreichen. Auch relativ nahe Begegnungen mit der Erde kommen vor. Und es ist zu vermuten, daß in den äußeren Partien des Sonnensystems, jenseits von Jupiter und Saturn, noch viele solche Kleinplaneten existieren, deren Widerschein im Sonnenlicht wegen der großen Entfernung so schwach ist, daß kaum Chancen bestehen, sie zu finden. Dafür spricht die Entdeckung eines Objektes vor wenigen Jahren, das sich als planetarer Körper eines Typs herausstellte, wie er bis dahin nicht bekannt war. Auf Photographien, die mit dem großen Schmidt-Teleskop des Mt. Palomar Observatoriums gemacht worden waren, fand sich ein sehr langsam bewegter lichtschwacher Körper, dessen Bahnanalyse ergab, daß er die Sonne in 51 Jahren stark exzentrisch umläuft, ihr aber nur wenig näher kommt als Saturn, während seine größte Entfernung etwa mit der des Uranus zusammenfällt. Er hat inzwischen den Namen Chiron erhalten. Mit ihm wurde wahrscheinlich zum erstenmal ein Vertreter einer Asteroidengruppe gesehen, die in wesentlich größerer Distanz von der Sonne angesiedelt ist als die »klassischen« Kleinplaneten.

Die Asteroiden haben eine Reihe von Gemeinsamkeiten mit den Kometen, den Exoten unter den Mitgliedern des Sonnensystems. Im Altertum war die Meinung, die Kometen seien irdischen, »sublunaren« Ursprungs – vergängliche Dunstwirbel, die aus der Atmosphäre aufsteigen. Mit dem Fernrohr sind im Durchschnitt jährlich etwa zehn zu sehen. Heute sprechen wir von kurzperiodischen und langperiodischen Kometen. Die ersteren, die weniger häufigen, haben Umlaufzeiten unter 200 Jahren. Ihre Bahnen sind teils deutlich exzentrische Ellipsen, teils nahezu kreisförmig, und insgesamt denen der Asteroiden recht ähnlich. Unter dem Einfluß der Sonnenstrahlung verlieren sie, insbesondere in Sonnennähe, ständig Materie, und alles deutet darauf hin, daß sie nach einigen hundert Umläufen aufgelöst sind.

Die spektakulären Kometen, wie sie auch in der jüngeren Vergangenheit wiederholt zu sehen waren und durch ihre ausgedehnten Schweife stets aufs neue die allgemeine Aufmerksamkeit erregen, gehören zu den langperiodischen. Aus großen Entfernungen kommend, tauchen sie auf weitgestreckten Bahnen, die auch stark geneigt sein können gegen die Ebene der Planeten, im inneren Sonnensystem auf. Längere Zeit wurde geglaubt, es handle sich um Objekte, die aus dem interstellaren Raum stammen, um Fremdlinge also, die auf der Reise der Sonne im Milchstraßensystem eingefangen werden. Die Analyse ihrer ursprünglichen Bahnen, bevor sie durch planetare Störungen »verfälscht« wurden, spricht aber für ein anderes Bild: Zwar kommen diese Kometen aus enormen Distanzen, aber nicht von außen, sondern stets als zum Sonnensystem gehörende Körper. (In der Sprache der Himmelsmechanik: es gibt keine hyperbolischen Bahnen.) Der holländische Astronom Jan Oort hat 1950 daraus geschlossen, daß das Sonnensystem in eine riesige Wolke von Kometen eingehüllt sei, die sich bis zum tausendfachen Durchmesser der Plutobahn erstrecke, bis in den Einflußbereich der nächsten Sterne hinein, jedoch noch immer gravitativ an die Sonne gebunden mit Umlaufzeiten bis in die Jahrmillionen. Der Zufall führt hin und wieder einen der benachbarten Sterne in die Nähe dieses reichen Reservoirs – Schätzungen der Kometengesamtzahl gehen in die Milliarden –, mit der Folge, daß Bahnen umorientiert werden. Durch solche stellaren Störungen, insbesondere bei mehrfacher Wiederholung, können Kometen für immer aus unserem Sonnensystem hinausgeworfen oder aber dicht an die Sonne herangezwungen werden. Auch die ständige Erneuerung des Bestandes an kurzperiodischen Kometen geht auf Bahnstörungen zurück, in diesem Fall durch die Planeten. Schon Kepler war der Meinung: »Es gibt mehr Kometen im Himmelsraum als Fische im Ozean!«

Die Massen der Kometen müssen verhältnismäßig klein sein. Man hat zwei Kometen beobachtet, die mitten durch das Mondsystem des Jupiters durchgelaufen sind, ohne auf die Jupitersatelliten merkliche Störungen auszuüben. In großer Sonnenentfernung hat man sie als Körper von einigen Kilometern Durchmesser anzunehmen, von ähnlichen Dimensionen wie die Asteroiden also, aber viel leichter gebaut als diese. In Sonnennähe wachsen Helligkeit und Ausdehnung stark an, ein voll ausgebildeter Schweif kann Millionen Kilometer lang sein. Ein auf den amerikanischen Astrophysiker Fred Whipple zurückgehendes Modell beschreibt den festen Kometenkern als einen großen schmutzigen Schneeball, bestehend aus Eis, mit Staub vermischt, wobei es sich nicht allein um Wassereis, sondern auch um gefrorene Kohlenwasserstoffe, Ammoniak und dergleichen handeln dürfte. Bei der Annäherung an die Sonne dampft von seiner Oberfläche Materie ab, leuchtet auf und wird durch den Druck des Sonnenlichtes und durch die von der Sonne kommenden geladenen Teilchen, den Sonnenwind, in den Schweif hineingetrieben. Die Spektren von Kometen zeigen in der Tat vor allem chemische Verbindungen der kosmisch häufigen

Abb. 4.11: *Komet Halley im Jahre 1910 (7. Mai) nach einer Aufnahme des Lowell Observatoriums/USA.*

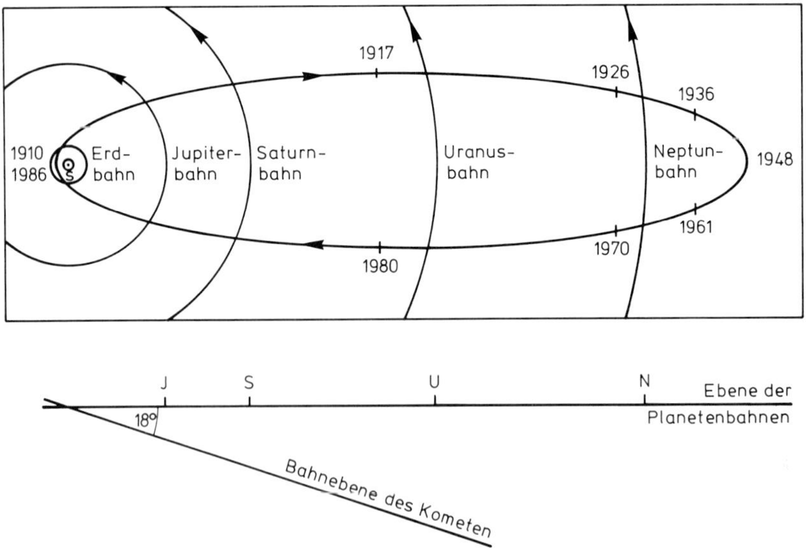

Abb. 4.12: *Bahn des Kometen Halley im Sonnensystem mit ihrer merklichen Neigung gegenüber der Ebene der Planetenbahnen (unten).*

Elemente Wasserstoff, Kohlenstoff, Stickstoff und Sauerstoff, wie sie nach diesem Modell zu erwarten sind.

Eine weitere Bestätigung des kometaren Schneeballs lieferten Messungen von künstlichen Satelliten aus, die uns demonstrieren, wie Kometen im kurzwelligen Ultraviolett aussehen. Sie sind dort außerordentlich hell und insbesondere von einer Ausdehnung, die einem Vielfachen der Erscheinung im sichtbaren Licht entspricht. Dieser Befund ist so zu verstehen, daß der Komet in Sonnennähe von einer riesigen Hülle abgedampften Wasserstoffs umgeben ist, die im Lichte einer kurzwelligen Spektrallinie fluoresziert. Ludwig Biermann und seine Mitarbeiter in München hatten dieses Phänomen aufgrund theoretischer Überlegungen als Konsequenz des Schneeballmodells mit seinem hohen Anteil von Wasserstoff vorhergesagt.

Ein Komet, dessen Erscheinen einigermaßen sicher vorherzusehen ist, ist der Halleysche. Mit seiner Umlaufzeit von etwa 76 Jahren gehört er noch zu den kurzperiodischen. Der sonnenfernste Punkt seiner stark exzentrischen Bahnellipse liegt jenseits der Neptunbahn, der sonnennächste innerhalb der Venusbahn. Seit mehr als 2000 Jahren ist jeder seiner Auftritte in Sonnennähe registriert worden, die erste gesicherte Beobach-

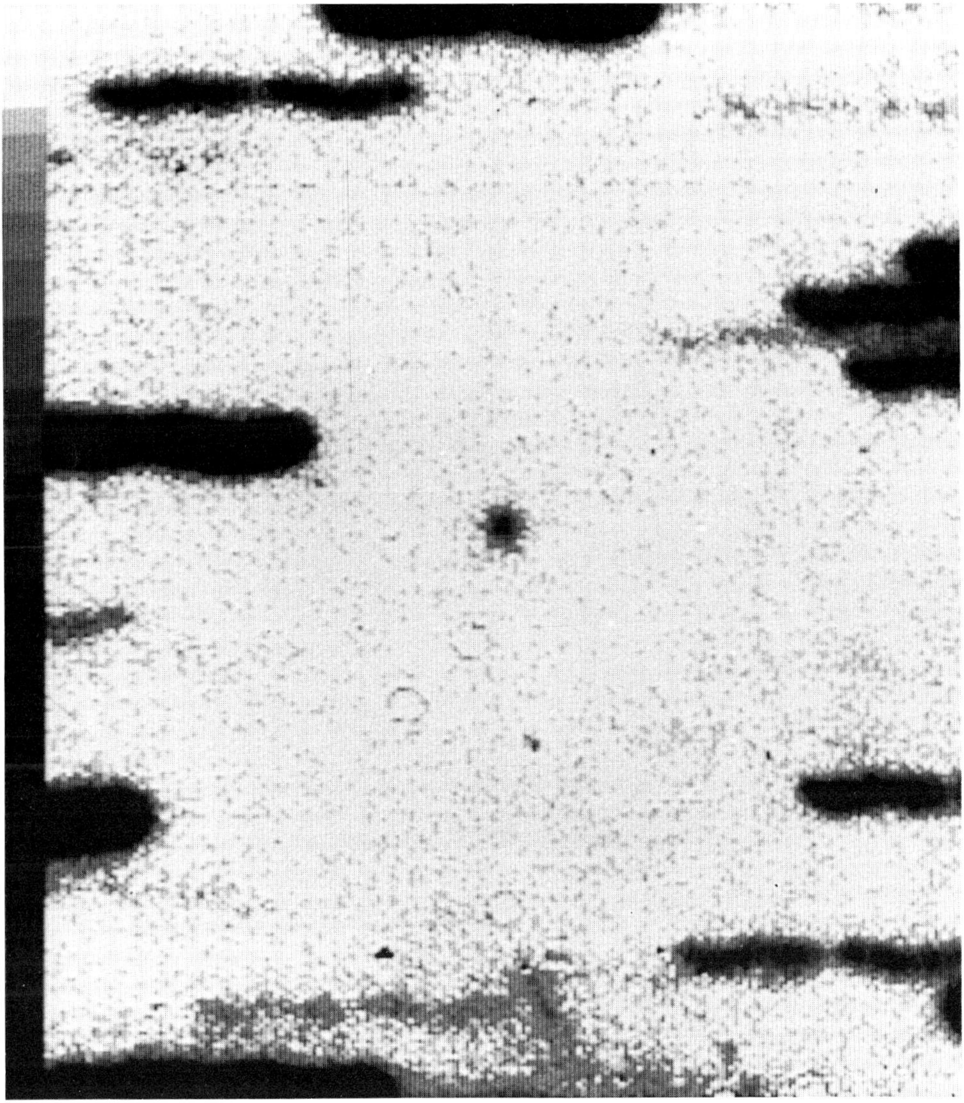

Abb. 4.13: *Das punktartige Objekt in der Bildmitte ist Komet Halley im Dezember 1984 auf dem Weg zur Sonne. Er befindet sich noch jenseits der Jupiterbahn und ist deshalb sehr lichtschwach. Ein Schweif ist noch nicht zu erkennen. Wegen seiner Eigenbewegung mußte das Teleskop dem Kometen während der halbstündigen Belichtung nachgeführt werden, die Sterne sind deshalb zu Strichen auseinandergezogen. (CCD-Aufnahme von U. Graser und E. Grün mit dem 2.2-m-Teleskop, Calar Alto)*

tung geht aus chinesischen Aufzeichnungen vom Jahr 240 v. Chr. hervor. Immer wieder ist er für irdische Tragödien verantwortlich gemacht worden, so als er 66 n. Chr. über Jerusalem zu sehen war, bevor dieses zerstört wurde, oder im Jahre 1066, als Wilhelm der Eroberer in England eindrang. Der Florentiner Maler Giotto hat das Erscheinen des Kometen im Jahre 1301 in seinem Fresko der Heiligen Drei Könige festgehalten, das in der Arenakapelle in Padua zu sehen ist. Nach Giotto ist jetzt eine Raumsonde der ESA (European Space Agency = die europäische NASA) benannt, mit der versucht werden soll, den Halleyschen Kometen bei seiner bevorstehenden Wiederkehr aus nächster Nähe zu beobachten. Die verschiedenen Meßgeräte an Bord der Sonde sollen Auskunft geben über Aufbau und Bestandteile seines Kopfes. Der Komet wird im Februar 1986 den sonnennächsten Teil seiner Bahn durchlaufen. Der ESA-Plan sieht vor, die Sonde im März 1986 in einem Abstand von nur 500 km an dem Kometenkern vorbeifliegen zu lassen; dazu ist sie im Juli 1985 auf den Weg gebracht worden. Insgesamt ein ehrgeiziges und riskantes Unternehmen, nicht nur wegen der erforderlichen Zielgenauigkeit – von dem Kometen abströmendes Material könnte die Sonde treffen und ihre Aktionen behindern.

Nach heutigem Verständnis sind die Kometen nicht Vorboten irdischer Schrecken, sondern interessante Informationsträger aus der Frühzeit unserer kosmischen Umgebung. Sie kommen vom äußersten Rand des Sonnensystems, das wir wesentlich größer annehmen müssen als die Planetenbahnen zeigen. Vermutlich sind sie auch weit draußen entstanden, bei tiefen Temperaturen unter Bedingungen, die wenig gestört waren von den Vorgängen im Zentrum. Und nichts steht dafür, daß sie merklich später entstanden seien als Sonne und Planeten. Dann aber sind die Kometen unverfälschtes Urmaterial, unveränderter Stoff von den Anfängen unseres Systems.

Wie alt ist das Sonnensystem?

Das Alter der Sonne selbst läßt sich, wie in Kapitel 2 ausgeführt, nur nach oben abgrenzen. Da sie noch nicht soviel ihres Wasserstoffs im Innern verbraucht hat, daß deutliche Anzeichen von Erschöpfung zu erkennen wären, muß sie vor weniger als 6 Milliarden Jahren entstanden sein und zu einer der mittleren Sterngenerationen unseres Milchstraßensystems gehören.

Wie alt die Erde, der Mond und insbesondere eine größere Zahl von Meteoriten sind, zeigen Uhren an, deren Gang dem Zerfall radioaktiver

Substanzen folgt und die es erlauben, das Alter von Gesteinen zu bestimmen. So zerfällt zum Beispiel das radioaktive Isotop des Urans mit der Massenzahl 235 über mehrere Zwischenstufen in das stabile Bleiisotop der Massenzahl 207 mit der Halbwertszeit 710 Millionen Jahre. Von einer bestimmten Menge dieses Urans wandelt sich also in der genannten Zeit genau die Hälfte in diese Bleisorte um. Der Zerfall geht ganz gleichmäßig vor sich, unbeeinflußt von äußeren Bedingungen. Er läßt sich deshalb zur Zeitmessung benützen: So wie bei einer Sanduhr die durchgelaufene Menge Sand, dient hier das entstandene Blei als Zeitmaß. Besonders übersichtlich sind die Verhältnisse dann, wenn das stabile Endprodukt nur dem radioaktiven Zerfall entstammen kann. Diese Methode der Altersbestimmung stützt sich heute auf eine Reihe verschiedener Zerfallsfolgen mit unterschiedlichen Halbwertszeichen. Für unsere Fragestellung ist neben der Uran-Blei-Reihe der Rubidium-Strontium-Zerfall und die Kalium-Argon-Uhr von Bedeutung. Die so bestimmten Alter beziehen sich auf

Abb. 4.14: *Eisenmeteorit Cañon Diablo mit Einschlüssen, gefunden 1891 in Arizona, jetzt im Max-Planck-Institut für Kernphysik Heidelberg. Auf der geätzten Anschnittfläche sind deutlich die Widmannstätterschen Figuren, gebildet durch Eisen-Nickel-Kristallamellen, zu sehen. (Bild: MPI für Kernphysik)*

den Zeitpunkt, zu dem das untersuchte Mineral in den festen Zustand übergegangen ist. Im flüssigen oder gasförmigen Zustand kann das Verhältnis von Ausgangssubstanz zu Abbauprodukt durch Beimischungen oder Verluste verfälscht werden.

Die Methode der radioaktiven Altersmessung ist vor allem an meteoritischem Material erprobt und verfeinert worden. Meteorite erhitzen sich beim Durchqueren der Atmosphäre und sind deshalb während des Sturzes auf die Erde als Sternschnuppen oder, wenn es sich um größere Brocken handelt, als Feuerkugeln zu beobachten. Körper von mehreren Tonnen Gewicht oder gar von einer Größe, die einen ausgedehnten Einschlagskrater hinterläßt, sind außerordentlich selten. Oft verglühen sie vor Erreichen des Erdbodens. Von feineren Klassifikationen abgesehen, lassen sich die Meteorite zwei Gruppen zuordnen: Die selteneren Eisenmeteorite von hoher Dichte bestehen fast ausschließlich aus Eisen und Nickel, während die häufigeren und weniger dichten Steinmeteorite vorwiegend aus Silikaten und Metalloxyden gebaut sind. Bevor die Weltraumfahrt ganz neue Möglichkeiten eröffnete, waren Meteorite das einzige greifbare Material außerirdischen Ursprungs und dementsprechend interessante Untersuchungsobjekte.

Ohne Zweifel bestehen enge Beziehungen zwischen ihnen und den Asteroiden und Kometen. Seit langem sind eine Reihe von Meteorschwärmen bekannt, periodisch auftretende Sternschnuppenschauer, die dadurch auffallen, daß innerhalb einer Nacht Hunderte dieser schnell bewegten Lichtpunkte aus einer bestimmten Himmelsgegend auftauchen.* Auch die Ursache des Phänomens ist klar: Es sind Reste von Kometen, die sich in Wolken oder nahezu gleichmäßig verteilt weiterhin auf der Bahn des Mutterkörpers um die Sonne bewegen, auch wenn der Komet selbst vollständig aufgelöst ist. Immer wenn die Erde diese Bahn kreuzt, ist mit einem Sternschnuppenschwarm zu rechnen. Dieser Zusammenhang wurde an Kometen deutlich, die im vergangenen Jahrhundert noch einigermaßen unversehrt zu sehen waren.

Unabhängig davon ist für verschiedene Meteore der letzten Jahre, die sehr helle Leuchtspuren auslösten und deshalb von verschiedenen Orten aus beobachtet werden konnten, versucht worden, ihre Bahnen im Planetensystem zu rekonstruieren. Dabei ergab sich als wahrscheinlicher Herkunftsort der gefallenen Körper der vorhin diskutierte Asteroidengürtel zwischen Mars und Jupiter.

Zu den aufschlußreichsten und am besten untersuchten Meteoriten gehören die 1969 beim mexikanischen Dorf Allende niedergegangenen Steine. Die von lauten Detonationen begleitete Meteorerscheinung war so hell, daß sie über Hunderte von Kilometern zu sehen war. Ein Feuerwerk von Lichtkaskaden demonstrierte das Auseinanderbrechen des eindringenden Körpers in der Luft. Die Fundorte der Meteoriten waren über ein Gebiet von 50 km Länge und 10 km Breite zerstreut. Insgesamt wurden 2 Tonnen Material gefunden, das größte Stück davon wiegt 110 kg. Die

* Als Meteor wird die kurzdauernde Leuchterscheinung am Himmel bezeichnet, als Meteorit der einstürzende Körper.

verschiedenen radioaktiven Uhren führen bei den Allende-Meteoriten auf ein Alter von 4.57 Milliarden Jahren, wobei das Vertrauen in diesen Wert durch die Angabe der zweiten Stelle hinter dem Komma zum Ausdruck kommt. Ein weiteres bemerkenswertes Stück ist der Steinmeteorit Krähenberg, der 1869 in der Nähe von Homburg in der Pfalz fiel. Nach den Messungen am Max-Planck-Institut für Kernphysik in Heidelberg ergibt die Rubidium-Strontium-Uhr für ihn ebenfalls mit hoher Genauigkeit ein Alter von 4.60 Milliarden Jahren. Auch bei Dutzenden von Meteoriten anderer Fundorte – neuerdings hat sich die Antarktis als besonders reichhaltig erwiesen – kommen ganz ähnliche Werte heraus.

Diese Methodik ist heute so verfeinert, daß sie auch über weitere Ereignisse im Leben eines Meteoriten Auskunft geben kann. Im interplanetaren Raum ist dieser der energiereichen kosmischen Teilchenstrahlung ausgesetzt, die zwar nicht tief in ihn eindringt, jedoch in seinen äußeren Schichten radioaktive Spaltprodukte erzeugt. Sie können wieder zu Altersbestimmungen herangezogen werden und sagen uns dann, wie lange die Oberfläche exponiert war. Dieses sogenannte Bestrahlungsalter liegt im allgemeinen niedriger und streut für verschiedene Meteorite über einen weiten Bereich. Die Deutung dieses erstaunlichen Phänomens geht dahin, daß der jeweilige Meteorit zunächst Teil eines größeren Körpers war, auf dessen Bildung sich die genannten 4.6 Milliarden Jahre beziehen. Später ist dieser Mutterkörper, es könnte ein Asteroid gewesen sein, zerbrochen, vermutlich als Folge eines Zusammenstoßes, und die Bestrahlung der dabei neu entstandenen Flächen setzt zu diesem Zeitpunkt ein. Auch die mineralogischen Befunde an Meteoriten sprechen dafür, daß es sich um Bruchstücke von ursprünglich größeren Körpern handelt.

Altersbestimmungen an Mondgestein sind eine wichtige Ergänzung dieser Resultate. Die zahlreichen zum Mond entsandten Instrumententräger und die wiederholten Landungen dort haben die Kenntnisse über Aufbau und Entwicklung unseres natürlichen Satelliten gewaltig erweitert. So geht aus den geologischen Untersuchungen seiner Oberfläche und den von den Astronauten mitgebrachten Mondproben hervor, daß die lunaren Hochländer die ältesten Mondschichten darstellen. Ihr im Labor ermitteltes Alter reicht bis zu 4.6 Milliarden Jahre hinauf. Die tieferliegenden Mare und Krater sind später entstanden und, wie schon an früherer Stelle erwähnt, teilweise von Lava aus dem Inneren überflutet worden; hier finden sich Alter zwischen 3 und 4 Milliarden Jahren. Wir können deshalb davon ausgehen, daß sich der Mond etwa zu derselben Zeit gebildet hat wie die Meteorite und ihre Mutterkörper.

Bei der Erde ist zu berücksichtigen, daß sich dieser große Körper anders entwickelt hat als der Mond und meteoritisches Material. Ihre heute noch aktiven inneren Wärmequellen und interne Umschichtungen, Prozesse, die der Differenzierung des Erdkörpers in der Tiefe vorausgingen, haben die schnelle Bildung einer festen Kruste verhindert. Die Erde muß deshalb älter sein als ihre Gesteine. Für diese werden vorwiegend Alter von weniger als 2.8 Milliarden Jahren gemessen. Die ältesten Felsblöcke, die sich unter anderem im westlichen Grönland und in Südafrika finden, erreichen Werte bis 3.8 Milliarden Jahre. Geht man von diesen Zahlen aus und nimmt an, das Häufigkeitsverhältnis der Bleiisotope mit den Massenzahlen 206 und 207 sei zur »Stunde Null« dasselbe gewesen, wie es von Meteoriten bekannt ist, eine durchaus plausible Vermutung, dann ist es sogar möglich, das Gesamtalter der Erde abzuschätzen. Bei nicht allzu großer Unsicherheit kommt man so auf 4.4 Milliarden Jahre.

Zusammenfassend läßt sich feststellen, daß die skizzierten Altersermittlungen überall, wo überhaupt Aussagen möglich sind, auf Werte von etwa 4.6 Milliarden Jahren führen – und wir haben jetzt solche Daten sowohl von Körpern der inneren wie auch der äußeren Regionen des Sonnensystems. Die Altersgrenze der Sonne selbst paßt ebenfalls in diesen Rahmen. Das wird heute als ein deutlicher Hinweis darauf verstanden, daß das System in allen seinen Teilen, die Sonne wie die Kometen, die Planeten wie die Asteroiden, praktisch gleichzeitig entstand und daß es deshalb sinnvoll ist, von *einem* Entstehungsalter zu reden.

Die Frühgeschichte

Die Vorstellungen darüber, wie die Bildung des Sonnensystems im einzelnen ablief, sind heute, neben den Indizien, die wir seinem Bau selbst entnehmen können, durch die Einsichten bestimmt, die in neuerer Zeit über die Entstehung von Sternen gewonnen werden konnten und im vorigen Kapitel zur Sprache kamen. Auch wenn kaum Chancen bestehen, die Entstehung eines Planetensystems direkt verfolgen zu können – dafür sind die neuen Sterne zu weit weg und die zu erwartenden Zeitskalen zu lang –, so sind doch neuerdings eine Reihe von Objekten entdeckt worden, die uns vielleicht das Vorstadium eines Sterns mit Planeten zeigen: Relativ dünne ausgedehnte Staubscheiben mit einem jungen Stern im Zentrum, der sich oft nur im Infraroten zu erkennen gibt. Vermutlich rotiert ein solches Objekt um eine Achse, die auf der Scheibenebene senkrecht steht.

Dieser empirische Befund liegt auf der Linie der schon von Immanuel Kant vertretenen Ansicht, Sonne und Planeten hätten sich innerhalb einer flachen Nebelscheibe gebildet. Dagegen ist er schwer mit einer im ersten Drittel unseres Jahrhunderts vielfach favorisierten Hypothese zu vereinbaren. Nach ihr sollte der Sonne bei der nahen Begegnung mit einem anderen Stern ein Gasschlauch entrissen worden sein, aus dem sich dann die Planeten zusammenballten. Auch andere Argumente sprechen dagegen: Selbst wenn man den sehr unwahrscheinlichen Fall einer engen Sternbegegnung nicht ausschließen will, läßt sich stichhaltig zeigen, daß ein solcher Materieschlauch im Gegenteil sehr schnell zerfließen würde. Diese Theorie paßt außerdem schlecht zu den Altersbestimmungen.

In groben Zügen dürfte die Entwicklung wie folgt verlaufen sein: Nachdem sich der solare Urnebel aus dem übrigen Medium herausgeschält hatte, enthielt er im Kern eine Verdichtung, die zukünftige Sonne, die sich zunächst weiter zusammenzieht. Sie ist von einer flachen Scheibe aus Gas und Staub derselben Zusammensetzung wie das Zentrum umgeben. In der Hauptebene dieser Scheibe werden später die Planeten um die Sonne kreisen, den Rotationssinn des präsolaren Nebels werden wir dann wiederfinden in deren Bewegungsrichtung und bei der Sonnenrotation. Bevor die Sonne am Ende der Kontraktionsphase schließlich auf der Hauptreihe landet, durchläuft sie nicht sehr lang anhaltende Stadien, in denen ihre Leuchtkraft erheblich größer gewesen sein könnte als heute. Dieses Phänomen ist von in der Entstehung begriffenen Sternen bekannt. Es muß sich dann auch in der solaren Nebelscheibe ausgewirkt haben.

Die Entstehung der planetaren Körper wird heute mit der Abkühlung des Solarnebels in Verbindung gebracht, die vielleicht von einer solchen Variation der Sonnenabstrahlung gesteuert war. Aber auch andere Faktoren können eine Rolle gespielt haben: eine Trennung der Scheibe vom heißen Kern und vor allem ihr Energieverlust durch Eigenstrahlung. In der verdichteten Wolke, die zunächst vorwiegend gasförmig war und deren Temperatur in den inneren Zonen in der Nähe von 2000 Grad angenommen wird, ist bei Abkühlung eine fraktionierte Kondensation zu erwarten, wie sie aus dem Labor bekannt ist und dort zur Trennung von Substanzen genutzt wird. In der Folge ihrer Siedetemperaturen scheiden dabei die Komponenten eines Stoffgemisches aus der Gasphase aus und gehen in den flüssigen, bei ausreichender Abkühlung in den festen Zustand über. Es ist derselbe Prozeß, der in unserer Atmosphäre zur Bildung von Regentropfen, Schneekristallen und Hagelkörnern aus Wasserdampf führt. Im Solarnebel muß das mit den schwerflüchtigen hitzebeständigen Metallverbindungen angefangen haben, die sich zu kleinen Kügelchen zusammenschlossen, und über die Silikate weitergelaufen sein. Erst wenn wenige 100 Grad unterschritten werden, fallen leichterflüchtige Sulfide und wasserhaltige Verbindungen aus. Diese Vorstellung stützt sich wieder auf Befunde an Meteoriten. Einmal sind die verschiedenen Meteoritenarten nur zu verstehen, wenn man annimmt, daß sie sich bei unterschiedlichen Temperaturen und Drucken gebildet haben. Zum anderen sind an einzelnen, heterogen gebauten Meteoriten solche Kondensationssequenzen direkt abzulesen.

Die Kondensationsprodukte sollten dann durch gegenseitige Stöße und Zusammenbacken innerhalb von einigen Millionen Jahren zu größeren Körpern angewachsen sein mit asteroidenähnlichen Durchmessern von 10 bis 100 km (Planetesimals). Ist diese Größe einmal erreicht, dann beginnt die Schwerkraft für das weitere Aufsammeln der jetzt im wesentlichen kalten Materie ins Spiel zu kommen und war für die Entwicklung bis zu den Planeten sicher von Bedeutung. Über die Zeitskalen dieser Prozesse sind heute, wieder anhand von radioaktiven Uhren, bereits detaillierte Aussagen möglich. Danach haben sich die planetaren Körper relativ rasch gebildet, die Entstehungsphase des Systems war kurz, verglichen mit seinem jetzigen Alter.

Man kann sich indessen das Wachsen der festen Körper in den ersten Anfängen auch anders vorstellen. Nach einer heute oft diskutierten Alternative ist es denkbar, daß sich größere Körner buchstäblich »auf kaltem Wege« bilden, unter Umgehung der heißen Phase des Solarnebels. Alle unsere Kenntnisse über die interstellare Materie und die Hüllen junger Sterne sprechen dafür, daß die entstehende Sonne von Anfang an in eine Mischung aus Gas und Staub eingebettet war. Mit zunehmender Verdichtung des Solarnebels werden dann Staub- und Gasteilchen häufiger aufeinanderstoßen und auch aneinander klebenbleiben. Insbesondere die Staubkörner haben bei Stößen mit ihresgleichen die Chance, schnell anzuwachsen. Wie detaillierte Modelle des Sonnennebels zeigen, kann ein Staubteilchen interstellarer Herkunft auf diesem Weg der Koagulation seinen Durchmesser schon in 10000 Jahren um mehr als das Tausendfache steigern, und es ist nicht auszuschließen, daß am Ende metergroße Brokken zustande kommen. Viele Steinmeteoriten bestehen in der Tat nicht aus einheitlichem Gestein, sondern aus einer Vielfalt miteinander verschweißter Bruchstücke. Während die Theorie des heißen Solarnebels davon ausgeht, die Materie sei zunächst, vor der erneuten Abkühlung und Kondensation, vollständig verdampft und alle älteren Spuren seien dabei ausgelöscht worden, bleibt im kalten Modell die Saat der interstellaren Teilchen im wesentlichen unverändert. Das ist ein wichtiger Aspekt deshalb, weil in den letzten Jahren in mehreren Meteoriten Einschlüsse gefunden worden sind, deren Isotopenhäufigkeiten bei einer Reihe chemischer Elemente vom Normalen abweicht. Altersbestimmungen an diesem Material erbringen

Werte merklich oberhalb 4.6 Milliarden Jahre. So liegt die Vermutung nahe, hier auf interstellare Fossilien gestoßen zu sein, die den Bildungsprozeß des Sonnensystems unbeschadet überstanden. Vielleicht stammen sie gar von dem Ausbruch einer nahen Supernova, deren Schockwelle mit einiger Verzögerung den Kollaps unseres Urnebels auslöste.

Für den Schritt vom Mikrobereich zu den Planetesimals dürfte in der Realität beides von Bedeutung gewesen sein: das kalte Anwachsen kleinster Teilchen sowie die Kondensation aus der heißen Phase, deren Niederschläge sich dann auch an vorhandene Staubkörner anlagern konnten. Das Stadium, in dem eine große Zahl asteroidenähnlicher Kleinkörper das ganze Planetensystem durchschwirrte, ist unübersehbar dokumentiert in den an früherer Stelle erwähnten Einschlagskratern auf den Oberflächen von Planeten und Monden. Die Altersbestimmungen des Oberflächengesteins und der Kraterhäufigkeit in geologisch verschieden alten Gebieten des Erdmondes lassen keinen Zweifel daran, daß diese Kollisionen in der Frühzeit des Planetensystems um Größenordnungen häufiger waren als heute und vor 4 bis 3 Milliarden Jahren stark zurückgingen. So wird uns recht unmittelbar bezeugt, wie die großen Körper auf Kosten der kleineren gewachsen sind und die ersteren durch ihre zunehmende Anziehungskraft das Planetensystem gereinigt haben. Auch auf der Erde sind Spuren dieser Einschläge festzustellen, der berühmte Rieskrater bei Nördlingen ist ein Beispiel dafür, nur werden sie hier durch die natürlichen Veränderungen der Erdoberfläche stärker und schneller verwischt.

Auf diesem Hintergrund ist auch die heute noch weit verbreitete Hypothese, die Asteroiden seien Überreste eines zerstörten großen Planeten zwischen Mars und Jupiter, nicht mehr zu halten. Es sieht eher so aus, daß sie aus nicht ganz offenkundigen Gründen am Zusammenschluß in einem großen Körper verhindert worden wären. Die mineralogischen Befunde an Meteoriten gehen damit konform, ihre Mutterkörper können nicht die Masse und Größe eines Planeten gehabt haben. Sonst müßten bei dem hohen Druck im Inneren typische Mineralien vorkommen, die aber nicht gefunden werden. Die Kometen sind allem Anschein nach Kondensationsprodukte, die in großer Entfernung vom Zentrum bei tiefen Temperaturen entstanden und, unverfälscht durch spätere Entmischungen und Umwandlungen, dem ursprünglichen Stoffgemisch des präsolaren Nebels entsprechen. Wie bereits angedeutet, ist das ein Grund für das heutige starke Interesse an diesen Objekten.

Daß die erdähnlichen Planeten so völlig anders zusammengesetzt sind, deutet wiederum auf eine Trennung der dichten schwerflüchtigen Planetenmaterie von den weitaus häufigeren leichten Bestandteilen des Urnebels in den inneren Zonen des entstehenden Sonnensystems hin. Hier ist einmal zu beachten, daß bei der höheren Temperatur in Sonnennähe vermutlich der größte Teil des Wasserstoffs und der anderen leichten Elemente nicht auskondensierte und im gasförmigen Zustand verblieb. Außerdem ist die endgültige Ausbildung der Planetenkörper und ihre stoffliche Differenzierung sicher mit einer Wiederaufschmelzung und Entgasung verbunden gewesen. Ohne Zweifel ist ein wesentlicher Teil der im Urnebel vorhandenen Materie nicht in die Körper des Planetensystems eingegangen und hat das System schließlich verlassen. Schätzungen der Nebelmasse, aus der die Planeten hervorgegangen sind, belaufen sich auf 1/10 bis 1/100 der Sonnenmasse. Von ähnlicher Größenordnung sind die scheibenförmigen Hüllen junger Sterne. Hingegen macht die heutige Masse des Planetensystems wenig mehr als 1/1000 der Sonnenmasse aus. Den nichtkondensierten Teil zu zerstreuen und das System weitgehend davon leerzufegen, dürfte der Sonnenwind, vielleicht bei gesteigerter Aktivität, besorgt haben, den wir auch heute in den Kometenschweifen am Werk sehen, sowie der vom Sonnenlicht ausgehende Strahlungsdruck.

Es sollte nicht etwa der Eindruck erweckt werden, als wären heute alle Rätsel gelöst, die uns die Entstehung des Sonnensystems aufgibt. Die daran beteiligten Prozesse dürften im einzelnen so komplex gewesen sein, daß vermutlich immer Fragen offenbleiben werden. Die Umrisse unserer Frühgeschichte sind aber heute deutlicher zu sehen als in der Vergangenheit. Und nicht zuletzt lassen sie uns ahnen, daß Ähnliches an vielen Orten im Kosmos geschieht!

5 Interplanetarer Staub

Trotz der im vorhergehenden Kapitel geschilderten Reinigungsprozesse ist der Raum zwischen den Planeten des Sonnensystems nicht leer. Er wird ständig durchflutet vom solaren Wind, einem von der Sonne mit wechselnder Stärke ins Planetensystem hineingeblasenen Gasstrom. Daneben trifft man auf die Partikel des interplanetaren Staubes, deren Herkunft viel weniger durchsichtig ist. Die Abmessungen dieser Teilchen überdecken einen weiten Bereich. Die kleinsten dürften der Lichtwellenlänge vergleichbar sein, das heißt bei 1 μm (0.001 mm) und weniger liegen. Nach oben besteht vermutlich ein kontinuierlicher Übergang zu den vergleichsweise seltenen Kleinplaneten von einigen Kilometern Durchmesser und mehr, zu einem Größenbereich also, wo die Bezeichnung Staubteilchen nicht mehr angemessen ist.

Dieses interplanetare Medium gibt sich einmal zu erkennen durch die Streuung von Sonnenlicht. Die Partikel werfen uns einen Teil der auf sie treffenden Sonnenstrahlung zu und werden dadurch beobachtbar, wie die Staubteilchen eines verdunkelten Zimmers, in das ein Lichtstrahl eindringt. Auf diese Weise entsteht das am Nachthimmel längs der Ekliptik zu sehende Zodiakallicht.

Eine andere Informationsquelle ist die Beobachtung von Meteoren, die beim Eintritt von interplanetaren Teilchen (Meteoriten) in die Erdatmosphäre aufleuchten. Wie an früherer Stelle bereits ausgeführt, gibt insbesondere die physikalisch-chemische Analyse der Meteorite, sofern sie am Erdboden aufzufinden sind, interessante Aufschlüsse.

Schließlich wird heute die Möglichkeit genutzt, mit Hilfe von Raumfahrzeugen die Teilchen *in situ* direkt zu registrieren oder sie sogar zur Erde zu holen.

Das Interesse am interplanetaren Staub, von dem im folgenden vorwiegend die Rede sein soll, ist in neuerer Zeit stark gewachsen. Für die Vehikel und Geräte von Weltraumfahrt und Weltraumforschung, nicht zuletzt natürlich für die Astronauten, könnten auftreffende Partikel eine ernsthafte Gefahr sein. Den Astronomen interessiert der Staub im interplanetaren Raum als eine besondere, vorerst nur unzulänglich bekannte Erscheinungsform kosmischer Materie. Woher stammt dieses diffus verteilte Medium und welche Rolle spielt es? Hat es etwas mit dem interstellaren Staub zu tun oder ist es vielleicht ein Relikt aus der Entstehungsphase des Sonnensystems?

Das Zodiakallicht

Es erscheint nach der Abenddämmerung und vor Sonnenaufgang als schwach schimmernder Lichtkegel, der sich längs des Tierkreises, des Zodiakus, erstreckt. In tropischen Breiten, wo die Ekliptik nahezu senkrecht auf dem Horizont steht, springt es einem Betrachter des Himmels sofort ins Auge; in unseren Gegenden ist es weit weniger auffällig und deshalb fast unbekannt. Seine hellsten Teile sind heller als die Milchstraße, mit zunehmendem Abstand von der Sonne wird es kontinuierlich schwächer. Wie photometrische Messungen zeigen, ist der Zodiakallichtkegel wesentlich breiter als man nach dem visuellen Eindruck annehmen möchte, in Wirklichkeit erstreckt sich die Erscheinung über den ganzen Himmel.

Außerdem ist schon seit längerem klar, daß das am Nachthimmel leuchtende Zodiakallicht nur den »Schwanz« eines weiter ausgedehnten Phänomens darstellt. Es besteht nämlich ein stetiger Übergang zwischen Zodiakallicht und Sonnenkorona, dem bei Finsternissen zu sehenden äußeren Lichtkranz der Sonne. Diese Helligkeitsbrücke ist vom Erdboden aus unter normalen Bedingungen nicht zu beobachten, da sie am Tageshimmel durch das in der Erdatmosphäre gestreute Sonnenlicht überdeckt wird. Dagegen konnte sie während Sonnenfinsternissen eindeutig nachgewiesen werden.

In Abbildung 5.3 ist die Helligkeit des interplanetaren Streulichtes gegen den Winkelabstand von der Sonne (Elongation) in der Ekliptik aufgetragen. Das Zodiakallicht wird bei 30 Grad Elongation und mehr beobachtet. Die Sonnenkorona ist auf Finsternisaufnahmen bis zu etwa 1 Grad Elongation zu sehen. Dazwischen liegt der weniger leicht zugängliche Übergangsbereich. Wie aus der Abbildung hervorgeht, nimmt die Helligkeit des interplanetaren Streulichtes mit der Annährung an die Sonne um mehr als das Hunderttausendfache zu.

Die Abbildung 5.4 enthält die Deutung des Phänomens. Sie zeigt die mit interplanetarem Staub erfüllte Erdbahnebene (deren Projektion an den Himmel ist die Ekliptik). Staub gibt es natürlich nicht nur in der Erdbahnebene, dort ist er aber am stärksten konzentriert. Das aus großen Winkelabständen zur Sonne kommende Streulicht erscheint uns als nächtliches

Abb. 5.1: *Das Zodiakallicht, aufgenommen von Ch. Leinert im November 1982 auf dem Mauna Kea/Hawaii mit feststehender Kamera.*
Sterne sind infolge der Himmelsdrehung als Striche abgebildet. Hellster Stern im Zodiakallichtkegel Spica, darunter Saturn.

Zodiakallicht. Im Gegenpunkt der Sonne ist eine lokale Aufhellung zu beobachten, der Gegenschein. Beim Blick in Richtung Sonne trifft uns das Streulicht der zwischen Erde und Sonne gelegenen Teilchen, das also keineswegs nur aus der unmittelbaren Sonnennähe stammt. Für den irdischen Beobachter projiziert es sich auf die echte Korona und überlagert sich dem Licht derselben. Erst ganz dicht am Sonnenrand wird der Beitrag von der Sonnenatmosphäre selbst merklich. Um das zu verdeutlichen, sind in Abbildung 5.3 innerhalb von 1 Grad Elongation zwei zusätzliche Kurven eingetragen: K entspricht dem wahren Anteil der solaren Gaskorona, der nach außen sehr rasch abnimmt, F dem Anteil des Staubes im Vordergrund, der »unechten« Korona.

Die Helligkeit des interplanetaren Streulichtes ist abhängig von der Zahl der streuenden Teilchen pro cm^3, außerdem von ihrer Streufunktion, die angibt, welcher Bruchteil des auftreffenden Lichtes in eine bestimmte Richtung gelenkt wird. Die Streufunktion ihrerseits hängt von Größe, Form und Material der Teilchen ab. Über die Größe lassen sich Informationen gewinnen aus der Farbe des gestreuten Lichtes und dem Verlauf der Helligkeit in Elongation. Das ist den Verhältnissen in der Erdatmosphäre ganz ähnlich: Der Himmel ist blau und gleichmäßig hell infolge der Streuung des Sonnenlichtes durch winzige Luftmoleküle, die, von der Wellenlänge stark abhängig, das Blaue begünstigt und keine Richtung deutlich bevorzugt. Sind dagegen merklich größere Dunstteilchen vorhanden, sei es von Industrieabgasen oder auch natürlichen Quellen, dann ist das Himmelslicht weißlich und man beobachtet einen deutlichen Helligkeitsanstieg zur Sonne hin. Darauf beruht ein simples Kriterium für reine Luft: Deckt man die Sonnenscheibe mit dem Daumen ab, dann darf in ihrer unmittelbaren Umgebung keine Aufhellung des Himmels zu sehen sein.

Entscheidend ist, wie sich der Teilchendurchmesser zur Lichtwellenlänge verhält. Sind die Teilchen größer, dann tritt keine Verfärbung auf, die Streuung ist von der Wellenlänge unabhängig. Gleichzeitig überwiegt das nach vorne gestreute Licht, die Streuung ist stark anisotrop. Das wird anhand von Abbildung 5.5 deutlich. Sie zeigt schematisch die Streufunktion eines relativ großen Teilchens, die für Kugeln exakt berechnet werden kann. Messungen haben ergeben, daß sich auch anders geformte Teilchen ähnlich verhalten. Bei den hier interessierenden Größen setzt sich die Streufunktion aus zwei charakteristischen Anteilen zusammen. Bei kleinen Winkeln ϑ (Vorwärtsstreuung) ist die Intensität des Streulichtes relativ hoch, sie geht auf die Beugung des Lichtes am Teilchen zurück. Dessen Durchmesser ist insofern wesentlich, als bei größeren Partikeln die Bündelung nach vorne stärker wird als bei kleineren. Für ein Kügelchen von 1 μm (0.001 mm) Radius ist diese Beugungsspitze zum Beispiel 36 Grad breit, für 10 μm dagegen nur noch 3.6 Grad, dann sind aber die Intensitäten in diesem engeren Bündel entsprechend höher. Das ist der Grund für die erwähnte Aufhellung eines dunstigen Himmels in Sonnennähe. An Autoscheinwerfern und Straßenlampen im Nebel ist dasselbe Phänomen zu

Abb. 5.2: *Die Sonnenkorona, aufgenommen bei der totalen Sonnenfinsternis am 1. März 1970 in Mexiko von M. Waldmeier, ETH Zürich.*

beobachten. Außerhalb der Beugungsspitze ist das gestreute Licht durch Reflexion und Brechung am Teilchen bedingt und weniger stark abhängig vom Streuwinkel. Hier spielen Materialeigenschaften eine Rolle.

Es kann heute aufgrund von Messungen als gesichert gelten, daß die Farbe des Zodiakallichtes im sichtbaren Bereich des Spektrums mit der des Sonnenlichtes übereinstimmt. Die interplanetaren Staubteilchen sollten deshalb vorwiegend größer sein als die Wellenlänge des sichtbaren Lichtes, das heißt größer als rund 1 µm. Wie bei Abbildung 5.4 leicht einzusehen ist,

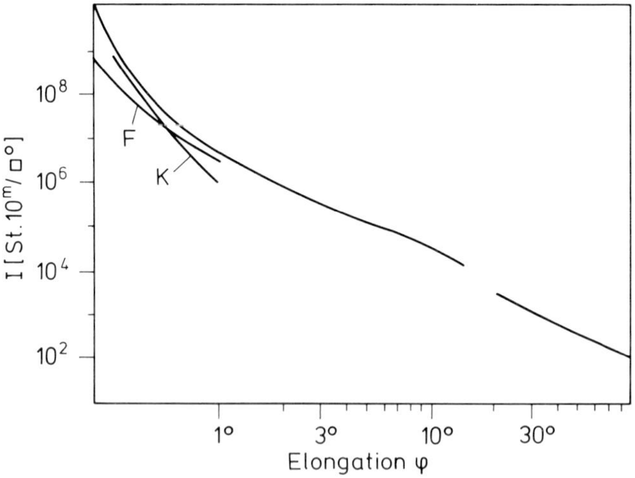

Abb. 5.3: *Die Helligkeit des interplanetaren Streulichtes in Abhängigkeit von der Elongation (Winkelabstand zur Sonne). Helligkeit angegeben in: Zahl von Sternen 10. scheinbarer Größe pro Quadratgrad. K Beitrag der echten Sonnenkorona, F Anteil des im Vordergrund am Staub gestreuten Lichtes.*

beobachtet man im nächtlichen Zodiakallicht Streulicht bei Streuwinkeln von 30 Grad und mehr, das heißt von dem Teil der Streufunktion, der auf Reflexion und Brechung zurückgeht. Dagegen ist der oben angesprochene steile Helligkeitsanstieg zur Sonne hin primär durch die Anisotropie der Streufunktion dieser relativ großen Partikel bedingt und nicht etwa durch ein starkes Anwachsen der Teilchenzahl in Sonnennähe. Mit Hilfe der

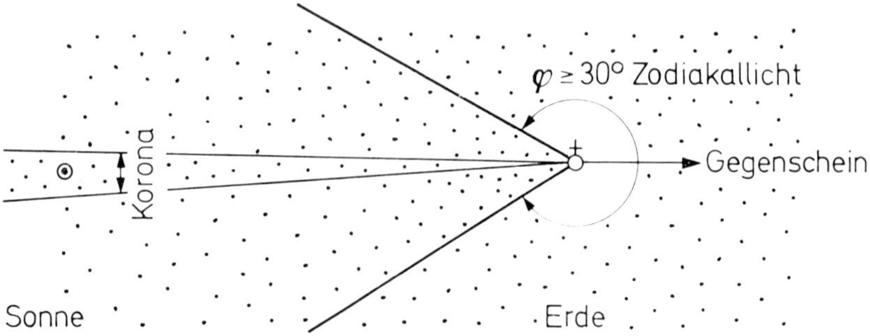

Abb. 5.4: *Interplanetarer Staub in der Erdbahnebene. Schema zur Deutung von Zodiakallicht und F-Korona.*

Abbildung 5.4 sehen wir vielmehr, daß bei kleinen Elongationen gerade die erdnahen Teilchen wichtig sind, für diese treten die kleinsten Streuwinkel in der Beugungsspitze auf. Der beobachtete Anstieg der Helligkeit resultiert aus den sich überlagernden Beiträgen verschieden großer Teilchen, von daher können deshalb Informationen über die Verteilung der Partikelgröße gewonnen werden. Es stellt sich heraus, daß die Erscheinung wesentlich bestimmt ist durch die Streuung an etwa 10 μm großen Teilchen; größere müssen merklich seltener sein. Dieses Resultat ist deshalb von besonderem Interesse, weil lange Zeit die Meinung vorherrschte, die interplanetaren Partikel seien vorwiegend Brocken von Tennisballgröße. Wir wissen damit jedoch noch nichts über deren Anzahl; sie folgt aus der gemessenen Intensität des Zodiakallichtes und der Lichtbrücke zur Sonnenkorona.

Auch wenn die bisher bekanntgewordenen Modelle der interplanetaren Staubwolke in den Einzelheiten voneinander abweichen, dann besteht heute doch Einigkeit darüber, daß die Anzahl in Erdnähe etwa 10 Teilchen

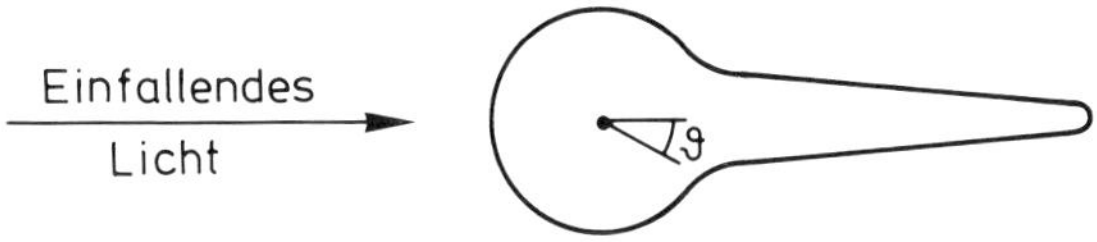

Abb. 5.5: *Stark schematisierte Streufunktion eines Staubteilchens mit Beugungsspitze.*

pro km^3 entspricht und daß jenseits der charakteristischen Größe von 1 bis 10 μm die Teilchen mit wachsendem Durchmesser rasch seltener werden. Damit sind bereits zwei wichtige Daten genannt. Auf die eingangs erwähnte Frage nach einer möglichen Gefährdung von Raumfahrzeugen geben sie eine klare Antwort: Der interplanetare Staub ist offensichtlich so fein verteilt, daß die Wahrscheinlichkeit für den Zusammenstoß mit einem Teilchen gefährlicher Größe praktisch gleich null ist. Darüber hinaus lassen sie aufschlußreiche Vergleiche mit dem interstellaren Raum zu: Die interstellaren Teilchen sind im Durchschnitt merklich kleiner, mindestens um den Faktor 10, sie werden ja nicht zuletzt an der Verfärbung des Sternlichtes erkannt. Sieht man von dichten interstellaren Wolken und Sternentstehungsgebieten ab, dann sind sie aber auch weitaus seltener als die Teilchen im Sonnensystem. Die interplanetare Staubwolke muß demnach ein

Gebilde *sui generis* sein, ohne engere Beziehung zu den interstellaren Verhältnissen.

Aus den Beobachtungen des Zodiakallichtes kann man nicht ohne weiteres die großräumige Dichteverteilung des Staubes erfahren. Bei den kleinen Elongationen ist der Helligkeitsverlauf ganz durch das gebeugte Licht bestimmt, Variationen in der Dichte sind daneben nicht mehr erkennbar. Bei größeren Winkelabständen von der Sonne kommen das Material und andere unbekannte Eigenschaften der Teilchen ins Spiel. Dort ist auch die Genauigkeit der Messungen begrenzt. Denn vom Erdboden aus müssen die Beobachtungen hauptsächlich dicht über dem Horizont bei langen Lichtwegen in der Atmosphäre gemacht werden, nicht völlig übersehbare Einflüsse der irdischen Lufthülle gewinnen deshalb an Bedeutung. Außerdem erfolgen die Messungen stets gegen den vom ionosphärischen Leuchten (Airglow) sowie von schwachen Sternen aufgehellten Himmelshintergrund; die Abtrennung dieser störenden Anteile ist vor allem in den lichtschwächeren Partien des Zodiakallichtes problematisch.

Vor Jahren war ich selbst wiederholt an größeren Programmen zur Photometrie des Nachthimmels und insbesondere des Zodiakallichtes beteiligt, zunächst zusammen mit meinem Tübinger Lehrer Heinrich Siedentopf und Alfred Behr, der später an den Sternwarten in Göttingen und Hamburg tätig war. Um eine möglichst reine Atmosphäre zu haben, sind wir mit unseren Instrumenten an die Hochalpine Forschungsstation Jungfraujoch in 3600m Höhe gezogen. Später konnte ich unter sehr günstigen Beobachtungsbedingungen umfangreiches Material an der Boyden Sternwarte in Südafrika sammeln. Wir glaubten damals, nicht nur etwas über den interplanetaren Staub lernen zu können, sondern im Zodiakallicht auch einen vom solaren Wind herrührenden Anteil gefunden zu haben. Das hat sich jedoch als Irrtum herausgestellt. Das interplanetare Gas ist in größeren Entfernungen von der Sonne so stark verdünnt, daß das von ihm gestreute Licht unter der Nachweisgrenze bleibt.

Von extraterrestrischer Warte – Die Helios-Mission

Solche Beobachtungen vom Erdboden aus haben den prinzipiellen Nachteil, daß zu den Meßgrößen stets alle Teile eines langen Sehstrahles quer durch das Planetensystem beitragen (vgl. Abb. 5.4), wenn auch mit unterschiedlichem Gewicht. Die sonnennahen Bereiche sind schon wegen der dort stärkeren Beleuchtung gegenüber den sonnenfernen bevorzugt. Längs eines solchen Strahles trifft man aber außerdem auf ganz unter-

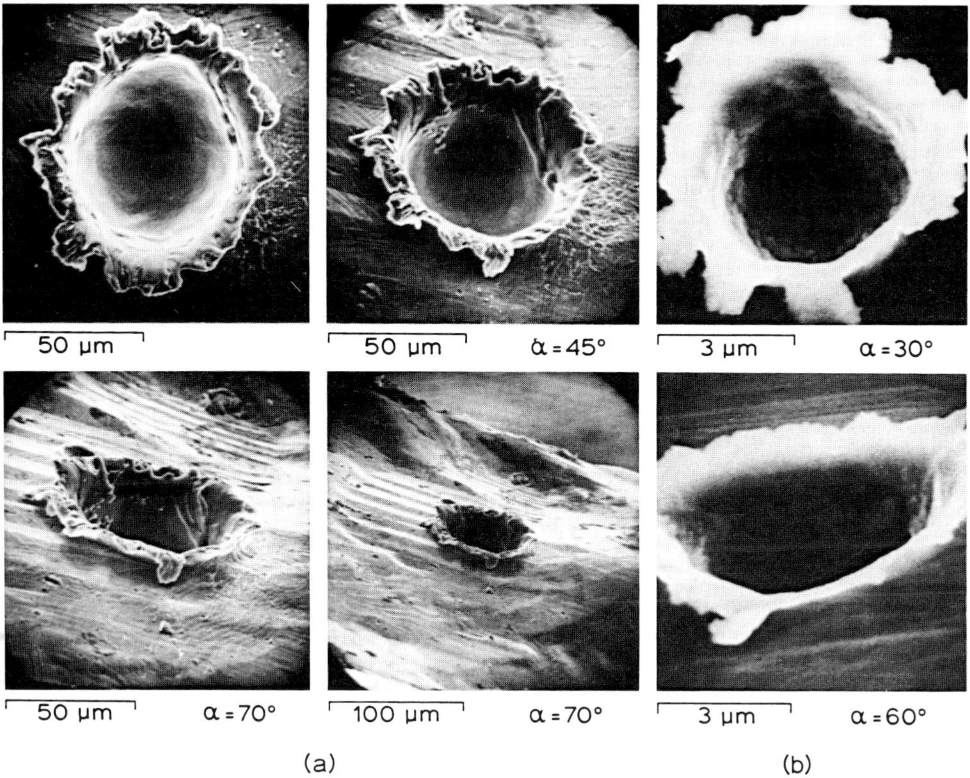

Abb. 5.6: *Mikroskopische Einschlagskrater von interplanetaren Staubteilchen auf Mondprobe (a) und im Labor mit einem Staubbeschleuniger erzeugte Mikrokrater (b). α Aufnahmewinkel. (Bild: MPI für Kernphysik)*

schiedliche Partien des interplanetaren Mediums. Bei erdgebundenem Standort ist es deshalb von vornherein schwierig, die großräumige Struktur der interplanetaren Staubwolke zu erfassen. Dagegen ist es trotz der geringen Teilchenzahl möglich, merkliche Signale zu messen und einigermaßen zuverlässige Mittelwerte für den interplanetaren Raum abzuleiten. Das ist ganz anders bei der Registrierung einzelner Teilchen mit Hilfe von Raumsonden.

Schon bald nachdem es möglich geworden war, von Raketen Meßgeräte in große Höhen tragen zu lassen, ist versucht worden, auftreffende kosmische Staubteilchen zu erkennen und auch zur Erde zu bringen. In der ersten Zeit sind vor allem Mikrophondetektoren verwendet worden, die den mechanischen Stoß der Teilchen in ein elektrisches Signal verwandelten. Diese und andere Methoden lösten zunächst eine mehrere Jahre anhaltende Konfusion aus, weil bis zum Hunderttausendfachen mehr Teilchen registriert wurden als nach den Daten vom Zodiakallicht zu erwarten waren. Eine Zeitlang ist erwogen worden, ob diese Differenz auf eine Staubwolke um die Erde, eine lokale Anhäufung interplanetaren Materials zurückgehen könne. Eine sammelnde Wirkung der Erde in solchem Ausmaß war jedoch nicht zu verstehen. Sorgfältige Analysen führten dann einerseits auf methodische Unzulänglichkeiten, unechte Signale verfälschten die Messungen, andererseits war offenbar die Gefahr von »Verunreinigungen« durch in die Hochatmosphäre gelangte Teilchen irdischen Ursprungs unterschätzt worden. Jedenfalls näherten sich um 1970 die Raummessungen den Werten vom Zodiakallicht an, und die frühere Diskrepanz darf heute als ausgeräumt gelten.

Als ergiebige und zuverlässige Informationsquelle über die Größenverteilung des interplanetaren Staubes haben sich die mikroskopisch kleinen Einschlagskrater im Mondgestein erwiesen, von dem die Astronauten des Apollo-Programms umfangreiche Proben mitbrachten. Die Teilchen treffen mit relativ hohen Geschwindigkeiten auf, mehrere km/s sind die Regel, und bohren winzige Vertiefungen aus, deren Form aber an die der großen Mondkrater erinnert (Abb. 5.6). Einschlagsspuren dieser Art sind auch auf hochpolierten Metallflächen gefunden worden, die mit Hilfe von Raumfahrzeugen monatelang exponiert waren und danach wieder geborgen werden konnten. Aus der Größe eines solchen Kraterchens läßt sich auf Masse und Abmessung des eingefallenen Teilchens schließen.

Auf diesem Wege sind die mit älteren Methoden, vom Erdboden aus gewonnenen Daten über Größe und Häufigkeit der interplanetaren Partikel wesentlich ergänzt worden, ich meine nicht zuletzt die Resultate von Meteorbeobachtungen. Diese betreffen die größeren Teilchen, ab etwa 0.1

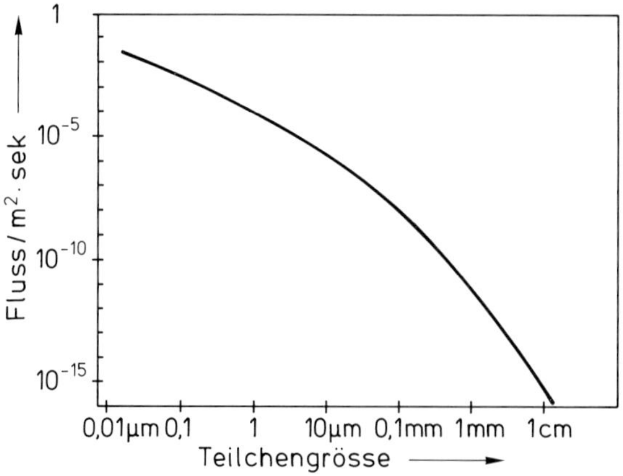

Abb. 5.7: *Größenverteilung des interplanetaren Staubes. Angegeben: Zahl der Teilchen, die pro Quadratmeter und Sekunde in Erdnähe auftreffen in Abhängigkeit von der Teilchengröße.*

mm aufwärts, die beim Eindringen in die irdische Atmosphäre durch eine Leuchtspur auf sich aufmerksam machen. Helligkeit und Länge der Spur wie auch andere Kenngrößen geben Aufschluß über den einstürzenden Körper, wobei allerdings der Zusammenhang zwischen dessen Merkmalen und der von ihm ausgelösten Meteorerscheinung recht komplex ist. Meteore werden nicht nur, wie schon seit jeher, optisch registriert, sondern auch – ein vor allem in England entwickeltes und genutztes Verfahren – mittels Radarmessungen. Durch die Erhitzung der Luft längs der Meteorspur werden Elektronen abgespaltet, es entsteht ein Schlauch elektrisch leitenden Gases, der mit Radiowellen geortet und anhand der reflektierten Signale diagnostiziert werden kann.

Nimmt man alle diese Ergebnisse zusammen, dann folgt die in Abbildung 5.7 gezeigte, von Einzelresultaten absehende Kurve. Aus ihr geht nicht nur die Größenverteilung der Staubpartikel hervor, sondern auch ihr Fluß in Erdnähe, das heißt wie viele Teilchen pro Sekunde auf die Fläche von 1 m^2 treffen. Von den allerkleinsten Durchmessern bis zu etwa 1 mm ist sie einmal durch die lunaren Mikrokrater belegt. Der nach rechts bis zu 1 cm folgende Verlauf geht auf die Meteordaten zurück. Zur Helligkeit des Zodiakallichtes tragen in erster Linie die Teilchen zwischen etwa 0.001 mm und 0.1 mm bei. Dieser Abschnitt ist durch Zodiakallichtmodelle, wie auch durch zahlreiche Registrierungen von Satelliten aus, bestätigt.

Das hervorstechende Charakteristikum der Kurve ist der steile Abfall mit wachsender Teilchengröße. Er unterstreicht noch einmal, wie selten im Vergleich zum eigentlichen Staub meteoritische Körper sind, die beim Sturz auf die Erde bis zum Boden durchschlagen können. Vermutlich setzt sich die Kurve in ähnlicher Weise bis zu den im vorausgehenden Kapitel diskutierten Kleinplaneten (Asteroiden) kontinuierlich fort. Darüber hinaus demonstriert sie, daß die Masse der interplanetaren Materie vorwiegend in den fein verteilten kleinen Partikeln steckt. Diese sind, verglichen mit den größeren Brocken, so häufig, daß sie die letzteren nicht nur der Zahl nach, sondern insgesamt auch der Masse nach übertreffen. Aus dem angegebenen Teilchenfluß pro Sekunde folgt unter anderem, welche Masse an interplanetarem Staub Tag für Tag auf die Erde einfällt: Es sind immerhin um die 50 Tonnen!

Ein neuer Abschnitt in der Erforschung des interplanetaren Mediums wurde durch die deutsch-amerikanischen Sonnensonden Helios 1 und 2 eingeleitet. Aufgrund einer 1966 zwischen Bundeskanzler Erhard und dem amerikanischen Präsidenten Johnson getroffenen Vereinbarung wollten die beiden Länder gemeinsam ein ehrgeiziges Weltraumprojekt verwirklichen.

Die Wissenschaftler, ihnen blieb die Wahl der Aufgabenstellung vorbehalten, entschieden sich für eine Mission in das innere Planetensystem, mit dem Ziel, der Sonne möglichst dicht auf den Leib zu rücken. Der deutschen Seite waren Planung und Bau der Flugkörper, einschließlich des größeren Teils ihrer wissenschaftlichen Instrumentierung zugedacht, die Amerikaner übernahmen die Verantwortung für Start und Flug der beiden, je fast 400 kg schweren Sonden und stellten dafür einen ihrer leistungsstärksten Träger, die Titan-Centaur-Rakete, zur Verfügung. Weitgehend unbeachtet von der deutschen Öffentlichkeit sind die im Dezember 1974 und Januar 1976 gestarteten Helios-Sonden zu einem ganz großen Erfolg der Weltraumforschung geworden. Ihr Flug führte sie bis auf 30 Prozent des Erdabstandes an die Sonne heran, bis ins Innere der Bahn des sonnennächsten Planeten Merkur (Abb. 5.8). Kein von Menschenhand gefertigtes Objekt ist je der Sonne so nahe gekommen. Eine Umrundung der Sonne dauerte etwas mehr als 6 Monate und die Hoffnung war, die Sonden könnten jeweils 3 Umläufe überleben. Von Helios 1 sind 1984, am 10. Jahrestag des Starts, im 20. Umlauf noch immer Daten empfangen worden, und auch Helios 2 hat die Erwartungen um Jahre übertroffen.

Eine besondere Herausforderung für die Ingenieure bedeutete die starke Variation der Sonneneinstrahlung längs der Flugbahn: Am innersten Punkt war die elffache Bestrahlung verglichen mit dem sonnenfernsten in Erdnähe, und eine Temperatur um 300°C zu erwarten. Für den Erfolg der Mission war deshalb eine wesentliche Voraussetzung, die Sonden trotz dieser enormen äußeren Belastung auch in Sonnennähe operationsfähig zu erhalten und außerdem ihre Meßinstrumente vor den starken Temperaturschwankungen zu schützen. Eine ganze Reihe technologischer Neuheiten hat hier geholfen. Wenn das Äußere der Flugkörper während eines Umlaufes einem Wechsel von 200 Grad ausgesetzt war, dann schwankte die Temperatur im Inneren, bei den Meßgeräten, nur um etwa 30 Grad.

Mit der Helios-Mission wurde es möglich, den singulären Aussichtspunkt Erde weit hinter sich zu lassen und das interplanetare Medium in der Tiefe zu durchqueren. Durch den ständigen Wechsel des Standorts und die starke Annäherung an die Sonne mußte sich vor allem die Chance eröffnen, seine großräumige Anordnung zu erkunden. Dafür sind die beiden, bis auf unwesentliche Details einander gleichen Sonden jeweils mit zehn verschiedenen Meßapparaten ausgestattet worden, davon stammten sieben aus deutschen, drei aus amerikanischen Instituten. Die Hälfte der Experimente waren dem interplanetaren Plasma, dem von der Sonne kommenden Gaswind und seinen magnetischen Eigenschaften gewidmet, drei weitere registrierten die hochenergetischen atomaren Partikel der kosmischen

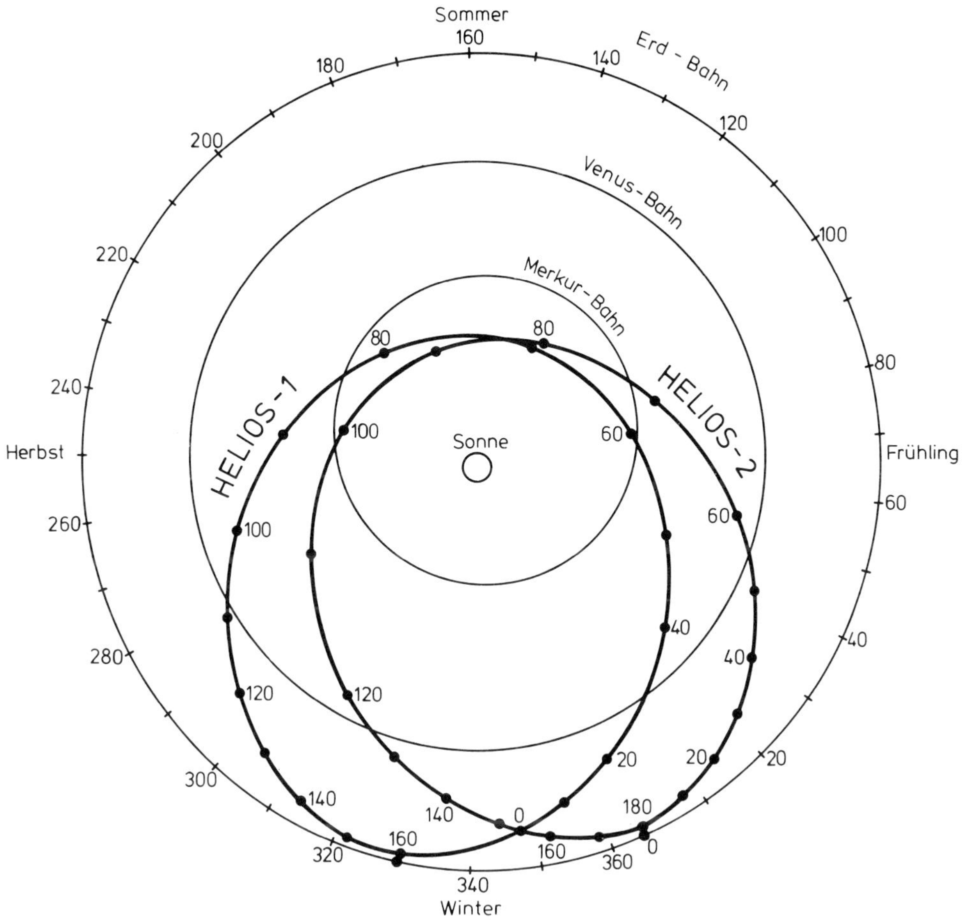

Abb. 5.8: *Die Flugbahnen der Helios-Sonden 1 und 2 im inneren Planetensystem. Aus der angegebenen Tageszählung ist die gegenseitige Lage von Sonne, Erde und den beiden Sonden abzuleiten. 0 = Start von Helios 2.*

Strahlung, deren Ausbreitung im Planetensystem vom solaren Wind kontrolliert wird, während die beiden restlichen Instrumentengruppen die Erforschung des interplanetaren Staubes zum Ziel hatten. Das waren zum einen Photometer zur Messung der Himmelshelligkeit und des am Staub gestreuten Lichtes – sie sind zunächst an der Landessternwarte Heidelberg, dann am Max-Planck-Institut für Astronomie entwickelt worden – zum anderen Geräte zur Registrierung und Analyse auftreffender Staubteilchen, ebenfalls Heidelberger Herkunft, vom Max-Planck-Institut für Kernphysik.

Auf die beiden Staubexperimente und die mit ihnen gewonnenen Ergebnisse sei im folgenden kurz eingegangen. Es war keineswegs von vornherein klar und wurde vielfach angezweifelt, ob es gelänge, von einem Raumflugkörper aus das interplanetare Streulicht nachzuweisen und sauber zu vermessen. Das Zodiakallicht ist nur zu sehen, weil nicht gleichzeitig die alles überstrahlende Sonne am Himmel steht. Bei der Helios-Mission fiel aber die Erde als abschirmender Schild aus. Es mußte in Gegenwart der Sonne gemessen werden, die um das 10^{12}fache, das Billionenfache, heller ist als die zu untersuchende Erscheinung. Frühere amerikanische Versuche mit derselben Zielsetzung waren daran gescheitert. Das Problem liegt darin, daß unerwünschtes Sonnenlicht über direkt beleuchtete Teile des Flugkörpers oder des Meßgerätes »um die Ecke« in den Detektor gelangen kann. Insbesondere sind in dieser Hinsicht der Sonne ausgesetzte Kanten und Ränder von verheerender Wirkung. Beim Helios-Experiment sind deshalb die insgesamt drei Photometer und ihre Detektoren im Schatten des äußeren Sondenkörpers montiert und jeweils durch ein System mehrfacher Blenden zusätzlich geschützt worden. Der direkte Blick in die Sonne war ohnehin ausgeschlossen. Durch ausführliche Labortests haben Christoph Leinert, Eckart Pitz und Hartmut Link, die für das Experiment Verantwortlichen, demonstriert, daß so und mit einigen weiteren Vorsichtsmaßnahmen die extremen Anforderungen zu erfüllen sind. Bei Raketenflügen, die den Helios-Starts vorausgingen, ist eine ähnliche Anordnung erprobt worden und hat mit brauchbaren Resultaten die Laborbefunde bestätigt.

Wie die Helligkeit des interplanetaren Streulichtes mit der Annäherung an die Sonne zunimmt, zeigt die Abbildung 5.10. Dort sind Ergebnisse von Helios 1 und 2 während eines Bahnumlaufs verarbeitet, wobei es sich um Meßpunkte außerhalb der Erdbahnebene, in 16 Grad Abstand handelt. Eines der Photometer schaute ständig in diese Richtung und strich dadurch bei dem sekundenschnellen Drall der Sonden über die Sonne hinweg beziehungsweise unter ihr durch. Helios 2 war umgekehrt orientiert wie Helios 1, in bezug auf die Ekliptik war deshalb »oben« und »unten« vertauscht. Überraschend ist der außerordentlich glatte Verlauf der Kurven, der auf eine recht gleichmäßige räumliche Verteilung des Staubes, im Gegensatz zu einer vermuteten wolkigen Struktur, hinweist. Das kommt

Abb. 5.9: *Helios-Sonde in der Vorbereitung. Der einer Garnrolle ähnliche Außenkörper ist mit Solarzellen bedeckt. Die Meßgeräte sind vorwiegend hinter diesem Schutzschild untergebracht.*

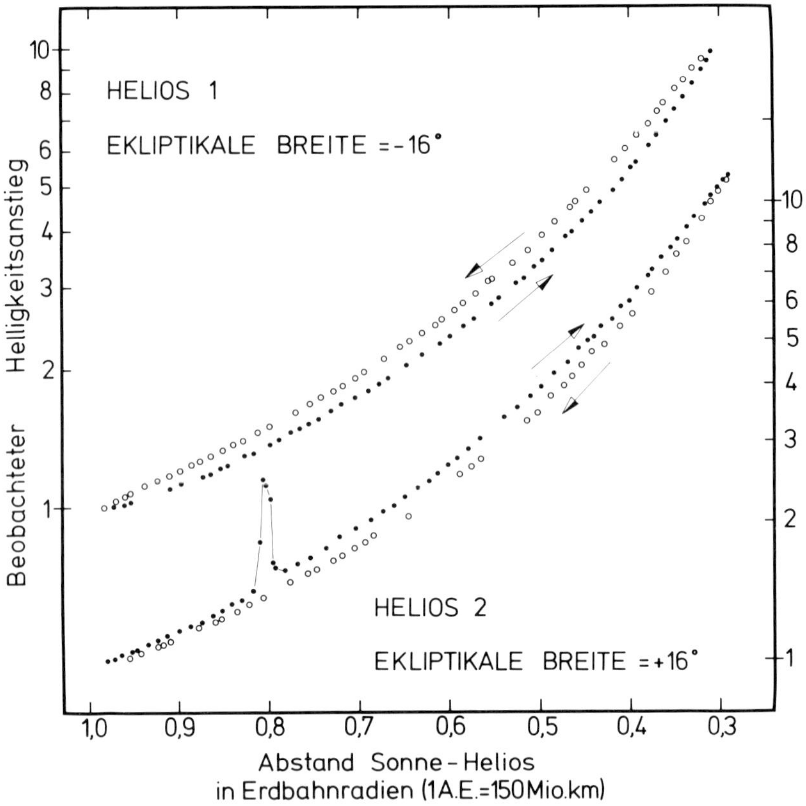

Abb. 5.10: *Helligkeitszunahme des Zodiakallichtes bei Annäherung an die Sonne nach Helios-Messungen. Der Wert 1 entspricht jeweils der in Erdentfernung registrierten Helligkeit. Die von Helios 2 beobachtete Aufhellung bei 0.8 A. E. geht auf den zufällig ins Gesichtsfeld geratenen Kometen West zurück.*

auch in dem kleinen, von beiden Sonden klar erfaßten Unterschied zwischen Hin- und Rückflug zum Ausdruck. Er bedeutet, daß die Symmetrieebene der Staubverteilung gegen die mit der Erdbahnebene identischen Bahnebenen der Sonden geringfügig geneigt ist. Wegen der unterschiedlichen Orientierung registrierte Helios 1 die etwas höheren Helligkeiten auf dem Rückflug, Helios 2 dagegen auf dem Weg zur Sonne hin. Daß es überhaupt eine so eindeutig definierte Symmetrieebene des Staubes gibt, war eine weitere Überraschung. Sodann folgt aus dem Helligkeitsanstieg auf das Zehnfache im innersten Punkt der Helios-Bahnen die großräumige

Dichteverteilung. Der beobachtete Verlauf ist nur zu erklären durch eine deutliche Zunahme zur Sonne hin, und zwar muß die Anzahl der Teilchen auf halbem Weg etwa doppelt so groß sein wie in Erdnähe. Das ist ein wichtiger Befund, wenn man nach der Herkunft des Staubes fragt. Insgesamt demonstrieren die Helios-Messungen, die sich ja über Jahre erstreckten (Abbildung 5.10 ist nur ein kleiner Ausschnitt aus dem Datenmaterial), daß die interplanetare Staubwolke, entgegen älteren Annahmen, ein überaus homogenes und stabiles Gebilde ist, in dem kleinräumige Strukturen und zeitliche Änderungen nur in sehr begrenztem Umfang vorkommen.

Mit dem Staubdetektor des Max-Planck-Instituts für Kernphysik, der von Hugo Fechtig und seinen Mitarbeitern unter Anwendung bewährter kernphysikalischer Meßmethoden entwickelt worden war, konnten Zahl und Masse der auftreffenden Teilchen, ihre Geschwindigkeit, wie auch ihre chemische Zusammensetzung ermittelt werden. Der eigentliche Staubfänger ist eine etwa 10 cm große jalousieartige Platte. Ein aufprallendes Teilchen verdampft zu einer Ladungswolke, die dann mit Hilfe elektrischer Felder in ein 80 cm langes Massenfilter gesaugt wird, um dort nach den genannten Gesichtspunkten analysiert zu werden. Eine wichtige Voraussetzung war die Eichung des Geräts im Labor mit einem Staubbeschleuniger, der die im Weltraum zu erwartenden Bedingungen zu simulieren gestattete. Auch dafür war der am Institut vorhandene Erfahrungsschatz aus der Kernphysik von großem Nutzen.

Im Lauf der Helios-Mission sind damit mehrere hundert Treffer interplanetarer Staubkörper registriert worden. Die beobachteten Massen entsprachen Teilchengrößen zwischen 0.1 und 100 μm, die Auftreffgeschwindigkeiten lagen zwischen 2 und 50 km/s. In Sonnennähe war die Einschlagrate deutlich höher als in Erdabstand, bis zum Zehnfachen, in guter Übereinstimmung mit den Messungen des gestreuten Lichtes. Für jedes gefangene Teilchen konnte in etwa seine vorherige Bahn rekonstruiert werden. Dabei zeichneten sich zwei verschiedene Bahntypen ab. Der eine war erwartet worden: Kreise oder Ellipsen geringer Exzentrität um die Sonne, ähnlich denen der großen Planeten. Der andere dagegen entspricht hochexzentrischen, aus dem Sonnensystem hinausführenden Bahnen, auch mit merklichen Neigungen gegen die Erdbahnebene. Solche wurden insbesondere bei den ganz kleinen Teilchen gefunden. (Auf diese Klasse werden wir noch einmal zurückkommen.) Die Analyse der Beschaffenheit zeigte die von großen Meteoriten bekannten Unterschiede: einerseits Teilchen, die vorwiegend aus Silikaten bestehen, wie die häufigen Steinmeteorite, andererseits den Eisenmeteoriten ähnliche metallhaltige Partikel. Eine

Beziehung dieser unterschiedlich zusammengesetzten Gruppen zu den verschiedenen Bahntypen war nicht festzustellen. Über diesen Einzelheiten sei indessen nicht vergessen, daß es alles andere als selbstverständlich ist, winzige Staubkörner mit Massen bis herunter zu 10^{-16} g im Weltraum zu untersuchen und die Befunde über 100 Millionen km zur Erde zu senden!

Einen bisher noch nicht erwähnten Zugang zum interplanetaren Staub eröffnet dessen Eigenstrahlung. Das auf ihn fallende Sonnenlicht kommt nicht wieder in vollem Umfang als Streulicht zum Vorschein. Ein Teil bleibt in den Partikeln stecken, erwärmt diese und führt zu einer Abstrahlung gemäß der dabei resultierenden Temperatur. Es ist derselbe Effekt, der die von Staubschalen umhüllten jungen Sterne zu Infrarotquellen macht und den wir auch im Zusammenhang mit der Eigenstrahlung der Planeten diskutiert haben. So stellt sich die von der Sonne beleuchtete Erdoberfläche auf eine Temperatur von etwa 300 Grad über dem absoluten Nullpunkt ein und strahlt demgemäß vorwiegend bei infraroten Wellenlängen um 10 μm wieder ab. Ähnliche Temperaturen sind für die interplanetaren Staubkörner zu erwarten, in Sonnennähe mehr, in größerer Distanz weniger. Dicht bei der Sonne sollte die Aufheizung sogar ausreichen, um die Teilchen zu verdampfen. Diese infrarote Emission des Staubes zu messen, ist in den letzten Jahren immer wieder versucht worden, auch mit dem Heidelberger Ballonteleskop. Das erwies sich als schwierig, solange noch Anteile der Atmosphäre oberhalb des Meßgerätes mit ihrer Strahlung die Signale von außen überdecken. Der überzeugende Nachweis ist erst 1983 mit dem schon erwähnten Infrarotsatelliten IRAS gelungen: Seine Messungen bei vier Wellenlängen zwischen 10 und 100 μm geben das Staubband längs der Ekliptik klar zu erkennen.

Herkunft und Dynamik

Allem Anschein nach umkreisen die interplanetaren Staubpartikel in der überwiegenden Mehrzahl die Sonne als Miniplaneten. Wie bei den großen Körpern beherrscht die vom Schwerezentrum und von den Planeten selbst ausgehende Schwerkraft die Szene. Dafür sprechen die bei der Helios-Mission beobachteten Bahnen und der Befund, daß die Symmetrieebene der Staubverteilung recht genau mit der durch die großen Planeten ausgezeichneten Ebene des Systems übereinstimmt. Fragt man indessen nach dem längerfristigen Schicksal der Staubwolke, dann sind zusätzliche Kräfte zu berücksichtigen, die sich um so stärker bemerkbar machen, je kleiner die Teilchen sind und die deren Aufenthaltsdauer im Sonnensystem begrenzen. Das bedeutet, daß wir es nicht mit einem statisch starren Gebilde zu tun haben, sondern daß dynamische Prozesse am Werk sind. Sie magern die Wolke einerseits ständig ab, andererseits füttern sie kontinuierlich neues Material ein.

Hier ist an erster Stelle der Strahlungsdruck des Sonnenlichtes zu nennen, der auf den Staub eine von der Sonne weggerichtete Kraft ausübt. Für schwerere Körper ist er im Vergleich zur Schwereanziehung vernachlässigbar klein, im Mikrobereich gilt das aber nicht mehr. (Entscheidend ist das Verhältnis von Oberfläche zu Volumen eines Teilchens.) So erfährt ein Eisenkügelchen mit 0.4 μm Durchmesser einen Druck nach außen, der die Schwereanziehung zur Sonne hin bereits kompensiert. Die ganz kleinen Teilchen können sich deshalb nicht auf Dauer im Sonnensystem halten, für sie ist der Lichtdruck die bestimmende Kraft, sie werden nach außen geblasen.

Ein Weiteres kommt hinzu: Auf seiner Bahn um die Sonne sieht ein Teilchen die Sonnenstrahlung nicht radial einfallen, nicht genau aus der Richtung der Lichtquelle, sondern aus einer dazu leicht geneigten. Das ist eine Folge der endlichen Lichtgeschwindigkeit. Grundsätzlich stellen wir denselben Effekt bei schneller Bewegung im Regen fest: die Tropfen scheinen nicht genau von oben, sondern von vorne zu kommen. Infolge dieser Aberration enthält der Strahlungsdruck eine kleine Komponente, die der momentanen Geschwindigkeit entgegengesetzt ist, das heißt er wirkt abbremsend (Poynting-Robertson-Effekt). Wiederum ist das belanglos für die größeren Brocken, nicht aber für den Staub. Läuft dieser ursprünglich auf einer Kreisbahn, dann wird daraus eine sich der Sonne langsam nähernde Spirale. Ein Teilchen von 1 μm Radius braucht etwa 10000 Jahre, um aus dem Bereich des Asteroidengürtels auf einer solchen sich ständig verengenden Schleife zur Sonne zu driften. In Sonnennähe wird es entweder vollständig verdampfen oder schon vorher soweit zerkleinert, daß der Strahlungsdruck es nach außen treiben kann. Die erwähnten, von Helios gefundenen hochexzentrischen Bahnen vorwiegend kleiner Partikel sind vermutlich so zu verstehen.

Auch aus einem zweiten Grund kann sich Staub unterhalb einer bestimmten Größe nur begrenzte Zeit im Planetensystem halten. Die Teilchen sind vermutlich elektrisch nicht neutral, die kurzwellige Sonnenstrahlung, das Ultraviolett, befreit aus ihren Oberflächen Elektronen und lädt sie dadurch elektrisch positiv auf. Das Ausmaß des Effektes ist zwar nicht ganz klar, wenig bekannte Eigenschaften der Partikel spielen eine Rolle, er dürfte jedoch nicht vernachlässigbar sein. Wenn die Teilchen geladen sind, spüren sie aber das Magnetfeld des solaren Windes. Ist ihre Masse genügend klein – die entsprechenden Durchmesser liegen bei 0.1 µm –, dann werden sie davon mitgerissen und schwimmen im Strom des von der Sonne abtreibenden Gases nach außen weg. Die Stöße mit den Atomen dieser Strömung wirken sich ähnlich aus.

Der Staubwolke geht durch diese Prozesse fortwährend Material verloren. Mit der genannten Teilchenzahl pro Volumeneinheit und der erwähnten großräumigen Dichteverteilung läßt sich dieser Verlust, wenn auch mit einigen Unsicherheiten, berechnen. Danach beläuft er sich auf 1 bis 10 Tonnen pro Sekunde. Gäbe es keine Quellen, die neues Material einspeisen, so könnte die interplanetare Staubwolke nur von relativ kurzer Dauer sein; nach einigen 10000 Jahren bliebe von ihr nur noch wenig übrig. Das ist zwar nicht völlig auszuschließen, aber doch recht unwahrscheinlich. Insbesondere müßte man dann der Frage nachgehen, welcher Zufall daran schuld ist, daß wir das Zodiakallicht gerade jetzt sehen.

Die Astronomen nehmen indessen an, daß es sich um eine im wesentlichen stationäre Erscheinung handelt und der anhaltende Verlust durch einen etwa gleich großen Zufluß kompensiert wird. Als die Quellen neuen Materials kommen in der Auflösung begriffene Kometen, sowie die Trümmer zusammenstoßender Kleinplaneten in Betracht. Ohne Zweifel sind in die Kometenkerne größere und kleinere Staubpartikel eingefroren. Sie kommen in den kometaren Schweifen zum Vorschein und bilden oft riesige, im interplanetaren Raum verwehende Staubfahnen. Besonders ergiebig sind in dieser Hinsicht »junge« Kometen, die zum erstenmal im inneren Planetensystem erscheinen, weniger die der Sonne schon viele Male nahegekommenen kurzperiodischen. Wie im vorausgehenden Kapitel bereits erwähnt, gibt es auch Schwärme meteoritischer Teilchen, die als Reste von Kometen weiterhin auf der alten Bahn um die Sonne ziehen und, wenn sie der Erde begegnen, einen Schauer von Sternschnuppen auslösen. Sie zerstreuen sich im Lauf der Zeit im Raum und tragen so gewiß mit zum Nachschub bei. Neben diesem Staub kometarischen Ursprungs kommen Meteorite vor, die offenbar von zerkleinerten Asteroiden stammen. Wir haben das anhand ihrer Bestrahlungsalter gesehen. Natürlich sind genaue Angaben über die so produzierten Staubmengen kaum möglich und man muß sich wieder mit Schätzwerten begnügen. Es sieht aber so aus, als könnten die Verluste in der Tat aus diesem Reservoir gedeckt werden.

Die gründliche Durchleuchtung des Problems, zu der neuerdings eine Reihe von Autoren beigetragen hat, zeigt allerdings, daß für die Nachlieferung Zwischenstufen eine Rolle spielen müssen. Es kommt ja nicht allein darauf an, daß die Massenbilanz stimmt. Wie erläutert, sind es vor allem kleine Teilchen, die den interplanetaren Raum bevölkern und ihm verlorengehen. Und als solche sollten sie auch wieder ersetzt werden. Das verlangt zudem der beobachtete Dichteanstieg zur Sonne: Wenn die Teilchen in ihrer Umlaufbahn dem Einfluß des Poynting-Robertson-Effekts unterliegen und infolge der Abbremsung durch den Lichtdruck um so schneller zur Sonne spiralen, je kleiner sie sind, dann wird die Teilchenzahl nach innen etwa in dem Maß anwachsen, wie es aus den Messungen hervorgeht. Das unterstreicht erneut, daß die kleinen Partikel vorherrschen und erneuert werden müssen, wenn die Erscheinung von Dauer sein soll.

Bei Stoß und Bruch von Asteroiden wird aber wohl kaum vorwiegend dieses gewünschte Staubpulver erzeugt werden. Es ist deshalb eher anzu-

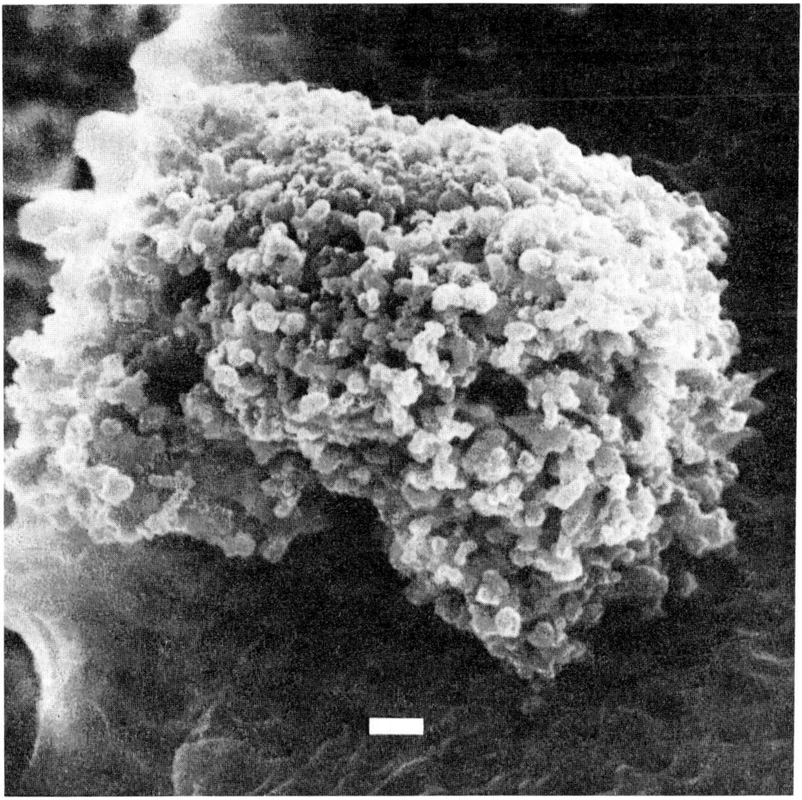

Abb. 5.11: *In der Stratosphäre aufgefangenes Teilchen vermutlich interplanetarer Herkunft. Weißer Balken 1 µm lang. (Bild: D. E. Brownlee)*

nehmen, daß ein kontinuierlicher Prozeß der Zerkleinerung im Gange ist, eine interplanetare Mühle, die über viele Zwischenstadien hinweg die gröberen Brocken zu feinem Staub zermahlt. Wie die nähere Betrachtung zeigt, ist das durchaus plausibel, da jedes Partikel, ob groß oder klein, immer wieder gegen andere stößt und dabei Gefahr läuft, gespaltet zu werden. Der erforderliche Nachschub wird also allem Anschein nach in einem langsamen Vorgang der Zersetzung produziert, Grobes wird schließlich zu Feinem. Dieses Mahlwerk scheint insbesondere im Asteroidengürtel zu arbeiten, aber nicht nur dort. Nach amerikanischen Messungen im äußeren Planetensystem, von den Pioneer-Sonden 10 und 11 aus, ist jenseits der Asteroidenzone zwischen Mars und Jupiter kein Zodiakallicht mehr festzustellen. Das spricht dafür, daß im Bereich der Kleinplaneten eine wichtige Staubquelle lokalisiert ist und die interplanetare Staubwolke dort auch ihre äußere Grenze hat. Leider ist dieser wichtige Befund nicht völlig unumstritten.

Ein merklicher Teil der Partikel scheint ohnehin locker strukturiert und leicht zerbrechlich zu sein. D. E. Brownlee und seine Gruppe von der University of Washington haben in den letzten Jahren mit Unterstützung durch die NASA in der Stratosphäre, zwischen 20 und 40 km Höhe, Teilchen gesammelt und im Labor analysiert, deren chemische Zusammensetzung nahelegt, daß sie nicht irdischen Ursprungs, sondern interplanetarer Herkunft sind. Für diese Experimente sind hochfliegende Ballone und U2-Flugzeuge eingesetzt worden. Die typische Teilchengröße liegt bei 50 μm. Neben Kügelchen finden sich vor allem poröse, offensichtlich aus kleineren Einheiten zusammengebackene Partikel (Abb. 5.11). Strukturen dieser Art sind bei der im vorhergehenden Kapitel beschriebenen Kondensation aus der Gasphase des Solarnebels zu erwarten. Man nimmt heute an, daß diese Teilchen in Kometen eingelagert waren und deren Resten entstammen.

Welche als die ergiebigere Quelle zum Auffüllen der interplanetaren Staubwolke zu gelten hat, zerfallende Kometen oder sich gegenseitig zertrümmernde Kleinplaneten, ist gegenwärtig nicht völlig klar, während es offenbar in beiden Fällen nicht ohne die beschriebene Pulvermühle geht. Und es kann auch wenig Zweifel daran geben, daß der interplanetare Staub die Folge eines anhaltenden Abbauprozesses ist. An den in der Frühphase des Sonnensystems zusammengefügten Körpern nagt der Zahn der Zeit.

6 Vom Sterben der Sterne

Werden und Vergehen im Kosmos ist ein zentrales Thema der neuen Astronomie. Der Betrachter sieht zwar ein gleichbleibendes Universum – solange er sein menschliches Zeitmaß anlegt, ist so gut wie kein Wandel festzustellen. Aber auch die Sterne durchwandern ihren Lebensweg. Nach einer lang anhaltenden Phase ohne merkliche äußere Veränderung führt er auf ein durch Erschöpfung und Erstarrung gekennzeichnetes Ziel hin. Immer höhere Dichten werden erreicht: Dem Anfang im extrem verdünnten interstellaren Medium stehen am Ende überdichte Konfigurationen phantastisch kleinen Durchmessers gegenüber – die Weißen Zwerge und Neutronensterne –, denen hin und wieder infarktähnliche Zusammenbrüche vorausgehen.

Explodierende Sterne und Pulsare

In die Spätphase des Sternenlebens sind während der letzten Jahre neue wesentliche Einsichten gewonnen worden. Schlüsselphänomene für unser Verständnis vom Sterben der Sterne sind die Novae und Supernovae. Sie werden so genannt, weil sie zunächst, ganz entgegen der heutigen Auffassung, als neu entstandene Sterne gedeutet wurden. Das ist nicht verwunderlich, beobachtet man doch plötzlich an einer Stelle des Himmels, an der vorher scheinbar nichts vorhanden war, ein Objekt, dessen Helligkeit sich so steigern kann, daß es selbst am Tageshimmel ohne Fernrohr zu sehen ist.

Man weiß heute jedoch, daß es sich dabei um das Aufleuchten eines lange vorher existierenden Sternes handelt, dessen Helligkeit innerhalb von Tagen oder Wochen um das Tausendfache und weit mehr zunimmt. Die Supernovae sind die Extremfälle dieser Art. Bei ihnen werden Helligkeitssteigerungen auf das Hundertmillionenfache des ursprünglichen lichtschwachen Sterns, der Praenova, festgestellt. Dem raschen Anstieg zum Helligkeitsmaximum folgt ein vergleichsweise langsamer Abfall, der sich über Jahre erstreckt. Diese Ereignisse gehören zu den ganz seltenen Ausnahmen einer kurzfristigen kosmischen Unruhe!

Aus unserem Milchstraßensystem sind einige hundert Novaerscheinungen bekannt. Eine recht spektakuläre, nur wenige Jahre zurückliegende leuchtete am 29. August 1975 auf: Mit bloßem Auge war im Sternbild Schwan plötzlich ein Lichtpunkt zu sehen, der den hellsten Sternen des Himmels wenig nachstand, innerhalb weniger Tage aber anfing, wieder zu verblassen. Heute ist er nur noch mit dem Fernrohr zu finden.

Supernovae sind noch weitaus seltener. Ihrer emormen Leuchtkraft wegen können sie aber bis in größte Entfernungen beobachtet werden, und mit systematischen Uberwachungsprogrammen sind in den letzten Jahrzehnten über 400 Supernovaausbrüche jenseits der Grenzen unseres eigenen Milchstraßensystems entdeckt worden. Daß auch in unserer engeren kosmischen Umgebung Supernovae vorkommen, wissen wir nur aus historischen Berichten. Der dänische Astronom Tycho Brahe, dessen sorgfältige Beobachtungen der Planeten im 16. Jahrhundert zu einem Grundstein der neuzeitlichen Astronomie geworden sind, berichtet über eine Supernova des Jahres 1572 im Sternbild Cassiopeia, die auch am Tage mit bloßem Auge zu sehen war. Von einer zweiten im Sternbild Ophiuchus, die im Jahre 1604 auftauchte, wissen wir durch Johannes Kepler.

Besonders wichtig für unser Thema ist eine Supernova geworden, die im Jahre 1054 im Sternbild Stier erschien und in chinesischen Annalen jener Zeit beschrieben ist. Sie war im Maximum heller als Venus und fast einen Monat lang bei Tageslicht zu sehen. Am Ort ihres Erscheinens ist heute ein kleiner Nebelfleck zu beobachten, der in neuerer Zeit mit den verschiedensten Methoden ungewöhnlich gründlich untersucht worden ist und sich als eines der aufschlußreichsten Objekte für die moderne astronomische Forschung erwiesen hat.

Seiner bizarren Form wegen hat er die Bezeichnung Krebsnebel oder – in Anlehnung an das Englische – Crabnebel erhalten. Er dehnt sich nach allen Richtungen aus und wird ständig größer. Rechnet man mit der heute beobachteten Expansionsrate in die Vergangenheit zurück, so folgt, daß die Auswärtsbewegung vor nicht ganz 1000 Jahren begonnen haben muß und die Nebelmaterie zu diesem Zeitpunkt innerhalb eines vergleichsweise

Abb. 6.1: *Der Crabnebel M 1, entstanden aus der Supernova des Jahres 1054 im Sternbild Taurus. Die äußeren chaotischen Teile leuchten vorwiegend in der roten Wasserstofflinie Hα. Der innere, wenig strukturierte Teil emittiert Synchrotronstrahlung (S. 207). (Aufnahme: U. Thiele, 2.2-m-Teleskop Calar Alto)*

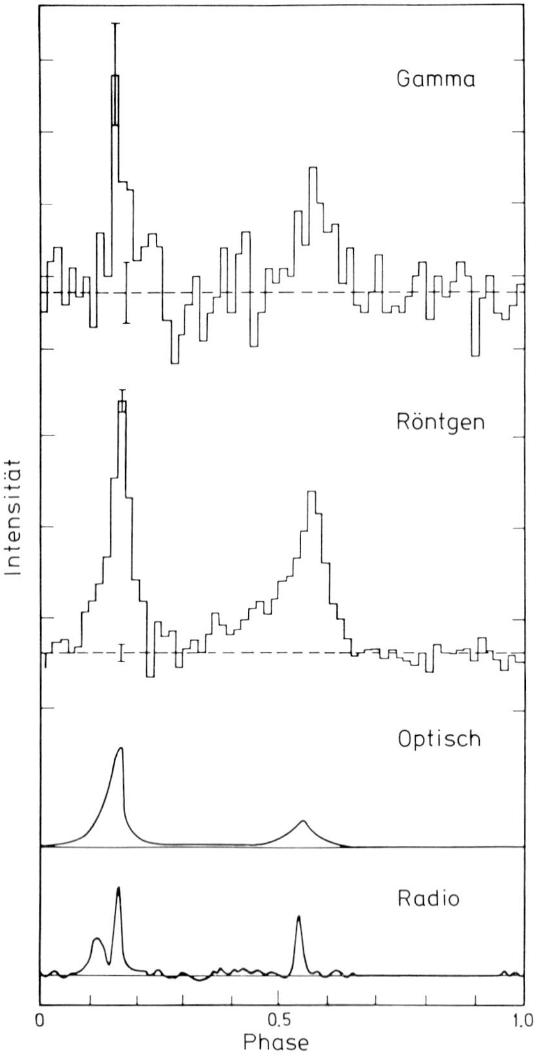

Abb. 6.2: *Die Strahlung des Pulsars im Crabnebel mit Haupt- und Nebenpuls in verschiedenen Spektralbereichen während einer Periode von 0.033200 Sekunden.*

kleinen Volumens konzentriert war. Dies spricht eindeutig dafür, den Crabnebel als Folge der Supernovaerscheinung des Jahres 1054 zu betrachten. Darüber hinaus liegt die Vermutung nahe, der Nebel bestehe aus Materie, die beim Ausbruch abgestoßen wurde.

Messungen an Novae, die im Aufleuchten und während des sich anschließenden Abklingens beobachtet werden konnten, haben dieses Bild bestätigt. Linienverschiebungen im Spektrum zeigen den Auswurf einer Hülle mit enormen Geschwindigkeiten, zwischen mehreren hundert und einigen tausend Kilometern pro Sekunde; die Ausdehnung des Crabnebels erfolgt mit etwa 1500 km/s. Messungen dieser Art waren zum ersten Mal in den zwanziger Jahren möglich und wurden mit Erfolg an der Nova Aquilae des Jahres 1918 und der Nova Pictoris des Jahres 1925 ausgeführt. Sie enthüllten ein wesentliches Merkmal des Novaphänomens, das Julius Hartmann in einem berühmt gewordenen Telegramm an den Herausgeber der *Astronomischen Nachrichten* im November 1925 auf den prägnanten Nenner brachte: »Nova-Problem gelöst. Stern bläht sich auf, zerplatzt.« Seither können wir von explodierenden Sternen reden und die hinterlassenen Nebelspuren, die es nicht nur beim Crabnebel gibt, als die sich zerstreuenden Explosionssplitter deuten.

Heißt das nun, daß der Stern dabei ganz zerstört wird, oder ist es vielmehr so, daß nur oberflächennahe Schichten abgeworfen werden, die zwar einen merklichen Teil der Sternmasse ausmachen können, ein Rest aber doch übrigbleibt? Auch die Frage nach der Ursache der Explosion ist vorerst noch völlig offen. Beobachtungen von Novae lassen keinen Zweifel daran, daß nach dem Abklingen der ganzen Erscheinung neben der Nebelhülle ein schwacher Stern, die Postnova, zurückbleibt. Ob das auch für Supernovae gilt, war lange Zeit unklar. Im Hinblick auf die enorme Energie, die bei einem Supernovaausbruch freigesetzt wird, war es keineswegs abwegig, mit einer vollständigen Zerstörung des Sterns zu rechnen. Die neuere Forschung hat hier eindeutige und überraschende Antworten gebracht, und ich komme damit zu einem aktuellen Kapitel unseres Themas. Es wurde im Jahre 1967 mit der Entdeckung einer bislang unbekannten Klasse von Himmelskörpern, den Pulsaren, eröffnet.

Die ersten, die mit Hilfe ihrer Radioantennen die Strahlung von Pulsaren bemerkten, waren englische Astronomen in Cambridge. Wenn 1974 der Nobelpreis für Physik an Martin Ryle und Antony Hewish von dieser Arbeitsgruppe, und zum ersten Mal an Astronomen, vergeben wurde, dann unterstreicht das den Rang dieser Entdeckung. Heute kennt man über 300 Pulsare. Sie strahlen uns im Rhythmus von Sekunden und weniger kurze Radiopulse zu, die sich mit extremer zeitlicher Genauigkeit wiederholen – mit einer Präzision, die der unserer besten Uhren gleichkommt. Der »schnellste« vor kurzem entdeckte Pulsar hat eine Periode von Millisekunden, die »langsamsten« liegen bei einigen Sekunden. Die Regelmäßigkeit der Pulse ließ zunächst sogar vermuten, es handle sich um Signale außerirdischer Zivilisationen.

Es war keine geringe Überraschung, als 1968 amerikanische Astronomen die Entdeckung eines Pulsars im Crabnebel bekanntgaben. Er sendet pro Sekunde 33 Impulse und hat damit einen der schnellsten der heute bekannten Pulsarrhythmen. Der Crabnebelpulsar zeichnet sich aber auch dadurch aus, daß er nicht nur gepulste Radiostrahlung, sondern zudem im selben Takt Lichtpulse aussendet.

Dieser Nachweis gelang mit einer trickreichen Meßanordnung, deren Verschluß 33mal pro Sekunde gerade dann offen war, wenn der Pulsar leuchtete. Verschiebt man die Öffnungszeit des Verschlusses gegen die Pulsarblitze, dann werden keine Signale empfangen und von dem Pulsar ist nichts zu sehen. Die auf diese Weise entstandenen Bilder zeigen einen Stern im Zentrum des Crabnebels, bei dem es sich nur um das Überbleibsel der Supernova des Jahres 1054 handeln kann. Inzwischen ist mit Hilfe von Raketen und Satelliten gefunden worden, daß der Crabnebelpulsar neben Licht- und Radiopulsen auch gepulste Röntgen- und Gammastrahlen emittiert, alle mit der gleichen Periode – die Exsupernova pulst also im gesamten Bereich des elektromagnetischen Spektrums. Auch im Sternbild Vela befindet sich ein Pulsar inmitten der Nebelreste eines Supernovaausbruches. Wir dürfen deshalb festhalten, daß von einem Stern, der eine Supernovaexplosion erleidet, ein Pulsar übrigbleiben kann. Ob nun alle gefundenen Pulsare Relikte von Supernovae sind, ist allerdings bis heute nicht klar. Andererseits gibt es eine größere Anzahl ringförmiger Nebelhüllen in unserem Milchstraßensystem, die Überreste sehr alter Supernovaexplosionen, in denen kein Pulsar zu finden ist.

Die erwähnten Beobachtungsdaten lassen bereits einige Rückschlüsse auf die Natur der Pulsare zu. Relativ bald nach ihrer Entdeckung bestand Einigkeit darüber, daß die außerordentliche Präzision, mit der sich die Pulse periodisch wiederholen und ihre hohe Frequenz, nur bei einem rotierenden Körper als Träger der Strahlungsquelle zu verstehen sind. Wir haben uns einen kosmischen Leuchtturm vorzustellen, dessen Scheinwerfer im Takt seiner Umdrehungen unsere Erde überstreicht und den Eindruck von regelmäßig wiederkehrenden Lichtblitzen hervorruft, obwohl die Lichtquelle ständig eingeschaltet ist. Die gemessenen Perioden bedeuten dann

Abb. 6.3: *Der Nebel IC 443 im Sternbild Gemini, die Spuren einer vor vermutlich 10000 Jahren explodierten Supernova. Es ist interstellares Gas, das noch immer durch den Explosionsschock angeregt wird und mit 200 km/s nach außen läuft. Ein stellares Objekt als Rest des explodierten Sterns ist nicht bekannt. Entfernung ca. 6000 Lichtjahre. Der helle Stern am Rand (mit instrumentellen Reflexen) steht im Vordergrund. (Aufnahme: T. Vives, K. Birkle, Schmidt-Teleskop Calar Alto)*

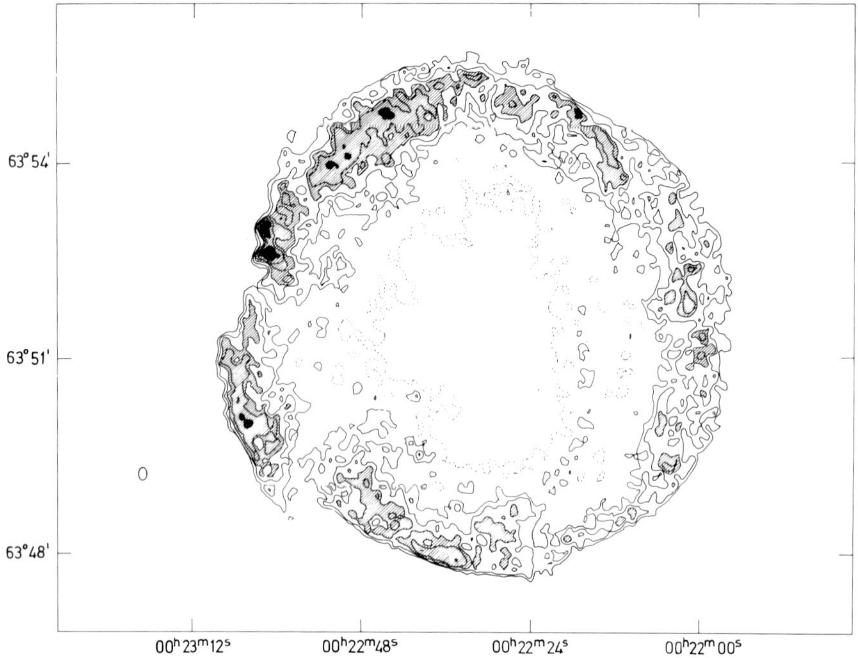

Abb. 6.4: *Der Überrest der von Tycho Brahe 1572 beobachteten Supernova nach Messungen im Radiobereich bei 6 cm Wellenlänge. Die Strahlung kommt vorwiegend aus dem Frontgebiet zum interstellaren Medium. Ähnliche Bilder finden sich auch im Röntgenbereich. (Nach R. M. Duin und R. G. Strom)*

jedoch beängstigend hohe Drehzahlen – der Pulsar im Crabnebel etwa muß pro Sekunde 33mal um seine Achse rotieren. Für einen normalen Stern wie unsere Sonne, mit seinem gewaltigen Durchmesser, wäre das ganz unmöglich; er könnte den auftretenden Fliehkräften nicht standhalten und würde unter ihrem Einfluß zerreißen. Nimmt man ein Objekt mit der Masse der Sonne an, dann darf dessen Durchmesser allenfalls einige 10 km betragen, wenn die von dieser Masse ausgehende Schwereanziehung die Fliehkräfte übertreffen und Stabilität gewährleisten soll. Die hohen Drehzahlen der Pulsare sind also nur mit Körpern verträglich, bei denen große Masse auf kleinstem Raum konzentriert ist, das bedeutet Körper mit extrem hoher Materiedichte. Die Pulsardurchmesser, auf die man für gängige Sternmassen kommt, und die damit verbundenen Dichten liegen jedenfalls fernab von allem, was dem Astrophysiker vorher geläufig war.

Röntgenquellen in Doppelsternen

Wenige Jahre nach der Entdeckung der Radiopulsare ist durch Messungen außerhalb der Erdatmosphäre eine andere Art gepulster Quellen gefunden worden, solche nämlich, die nur im Röntgenbereich strahlen. Schon seit 1962 werden Detektoren zum Nachweis kosmischen Röntgenlichtes an Bord von hochfliegenden Ballonen, Raketen und Satelliten in den Himmel geschickt, um nach Quellen außerhalb des Sonnensystems zu suchen. Bis 1970 waren auf diese Weise rund 50 Röntgensterne gefunden worden. Dann startete im Dezember 1970 der erste, ausschließlich diesem Wellenlängenbereich gewidmete Satellit der NASA von der Küste Kenias aus, am Unabhängigkeitstag dieses wenige Jahre zuvor selbständig gewordenen Staates. Der Satellit erhielt deshalb den Namen Uhuru, das Kisuaheli-Wort für Freiheit.

Er konnte mehrere hundert neue, im Röntgenbereich leuchtende Quellen identifizieren, darunter etliche, die in ihrem Verhalten an die Radiopulsare erinnern. Eines der bis heute am besten untersuchten Objekte dieser Sorte ist der Röntgenstern X-1 im Sternbild Herkules (X steht für Röntgenstrahlung nach amerikanischem Sprachgebrauch). Uhuru registrierte von dieser Quelle zunächst Röntgenblitze, die in einem Abstand von 1.24 Sekunden aufeinander folgten. Überraschenderweise zeigten längerdauernde Messungen, daß die Strahlung alle 1.7 Tage für einige Stunden ausbleibt. Außerdem ist der zeitliche Abstand zwischen zwei Pulsen nicht konstant, er wird vielmehr langsam kleiner und dann wieder größer, wobei sich diese Änderungen ebenfalls mit der Periode von 1.7 Tagen wiederholen.

Das sind klare Indizien für einen Doppelstern, einen Bedeckungsveränderlichen: Die pulsierende, eine Art Scheinwerfer tragende Röntgenquelle sei wieder ein kompakter, schnell rotierender Körper. Dann ist das Ausbleiben der Strahlung leicht zu verstehen, wenn man annimmt, dieser umkreise einen anderen Stern, hinter dem er regelmäßig für einige Zeit verschwindet und sich so der Beobachtung entzieht. Und dafür spricht auch die Variation der Pulsfolge: Entfernt sich die Röntgenquelle in ihrer Umlaufbahn von uns, dann hat der nachfolgende Puls einen längeren Weg zur Erde zurückzulegen als der vorausgegangene, der zeitliche Abstand der Pulse nimmt zu. Taucht sie auf der anderen Seite des bedeckenden Sterns wieder auf, ist es gerade umgekehrt, sie läuft auf uns zu, die Pulse kommen dichter. (Das ist nichts anderes als die periodisch nach Rot und Blau verschobenen Spektrallinien des sichtbaren Begleiters in einem Doppelsternsystem!) Vor der Scheibe des zentralen Objektes ändert sich der

Abstand kaum, dort ist der Pulstakt allein von der Rotation des Röntgenleuchtturms bestimmt.

Im Falle der Herkulesquelle ist nun das bedeckende Zentrum, ein relativ normaler Stern, tatsächlich zu beobachten. Uhuru konnte zwar wegen der begrenzten »Sehschärfe« seines Detektorsystems den Röntgenpulsar nur ungenau lokalisieren, und es war zunächst nicht klar, ob ein sichtbares Objekt in dessen Nähe stehe. In der fraglichen Himmelsgegend gibt es aber einen Stern, der dem Sonneberger Astronom Cuno Hoffmeister, einem engagierten Veränderlichenforscher, bereits 1936 durch unregelmäßige Helligkeits- und Farbvariationen aufgefallen war und seither als HZ Her in den Katalogen geführt wird. Dieser fand erst wieder Beachtung, nachdem Uhuru die Quelle Her X-1 entdeckt hatte. Optische Messungen zeigten einen mit der Röntgenquelle synchron verlaufenden Lichtwechsel: Seine Helligkeit schwankt mit der Periode von 1.7 Tagen und ist dann am größten, wenn die Pulsfrequenz anzeigt, daß der Röntgenstern vor HZ Her vorbeizieht. Offenbar heizt der umlaufende Begleiter durch seine intensive Röntgenstrahlung die ihm jeweils gegenüberliegende Hemisphäre der Sternoberfläche zusätzlich auf. Steht die Röntgenquelle vor der uns zugewandten Seite von HZ Her, dann erscheint der Stern heller als während der Bedeckung.

An der physischen Kopplung beider Objekte in einem Doppelsternsystem mit den folgenden Merkmalen konnte es keinen Zweifel mehr geben: Der Röntgenstern X-1 braucht für eine Umrundung von HZ Her 1.7 Tage, während er sich in 1.24 Sekunden um seine eigene Achse dreht. Aus der periodischen Variation der Pulsfrequenz folgt seine Geschwindigkeit in der Umlaufbahn nach dem Dopplerschen Prinzip zu etwa 200 km/s. Bei einem Umlauf in 1.7 Tagen bedeutet das einen Bahnradius, der nur ein Zehntel desjenigen der Merkurbahn oder 10 Sonnenradien ausmacht. Es handelt sich also um ein ganz enges System! Die im Verhältnis zur Periode relativ lange Bedeckung von 5 Stunden Dauer zeigt zudem, daß der Zentralkörper einen merklichen Teil des Bahninneren ausfüllt; es ist ein Hauptreihenstern mit einem Halbmesser von 4 Sonnenradien und 2.3 Sonnenmassen. Dagegen muß die Röntgenquelle, bezogen auf HZ Her, sehr klein sein: Bei der Bedeckung verschwindet sie fast abrupt hinter dem Stern.

Mit der Identifikation der sichtbaren Komponente war außerdem die Distanz des Herkules-Doppelsterns von 12000 Lj. bekannt und erlaubte es dann, die Leuchtkräfte beider Objekte, die von ihnen pro Sekunde abgestrahlte Energie, festzustellen. Die absolute Röntgenhelligkeit von Her X-1 ist danach gewaltig: Mit einer Strahlungsleistung von 10^{30} Watt entspricht sie nicht weniger als 100 Leuchtkräften von HZ Her im Optischen. (Letztere wiederum kommt etwa 25 Sonnenleuchtkräften gleich.) Wir stoßen also erneut auf ein in Sekundenschnelle rotierendes Gebilde – zwangsläufig muß es sehr kompakt gebaut und klein sein – das andererseits jedoch eine Strahlungsquelle phantastischer Energieausbeute mit sich herumwirbelt.

Damit aber noch nicht genug der Extreme! Eine wichtige Ergänzung des heutigen Bildes vom Herkules-System war die Messung des Magnetfeldes der Röntgenquelle. Sie gelang 1976 einer von Joachim Trümper geleiteten Gruppe des Max-Planck-Instituts für extraterrestrische Physik in Garching und der Universität Tübingen. Die Quelle wurde dazu von einer in Texas gestarteten Ballongondel aus über mehrere Stunden beobachtet und das Spektrum der Pulse im Bereich der härteren Röntgenstrahlung (bei Energien oberhalb 30 keV oder Wellenlängen unter 0.04 nm) vermessen. Das Resultat war ein zu höherer Energie steil abfallendes Strahlungskontinuum, dem aber, bei etwa 58 keV, eine Spitze aufgesetzt ist: eine Spektrallinie in Emission. Dieses im optischen Bereich geläufige Phänomen war bei diesen so viel kürzeren Wellen bis dahin noch bei keinem Himmelskörper beobachtet worden und verlangte, wie sich bald herausstellte, nach einer eigenen Deutung.

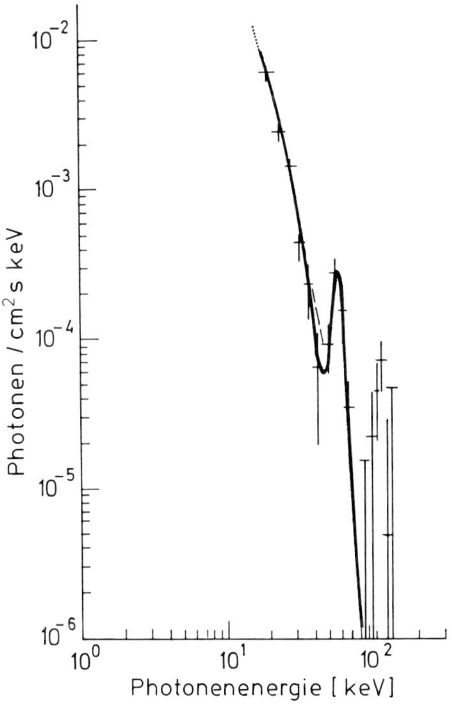

Abb. 6.5: *Röntgenspektrum von Her X-1 mit der Spektrallinie bei 58 keV Photonenenergie. (Nach J. Trümper)*

Spektrallinien entstehen grundsätzlich dann, wenn Elektronen zwischen verschiedenen diskreten Energieniveaus springen. Licht wird emittiert beim Sprung von höherer zu niederer Energie. Im elektrischen Feld eines Atomkerns können sich die Elektronen nach den Regeln der Quantenphysik nur auf bestimmten Bahnen und in den dadurch definierten Energieniveaus aufhalten. Durch Übergänge zwischen diesen ausgezeichneten Zuständen entsteht das für eine bestimmte Atomsorte typische Linienspektrum, wie zum Beispiel die für den Wasserstoff charakteristischen Balmerlinien mit Wellenlängen des sichtbaren Lichtes. Die Atomspektren reichen durchaus bis in den Bereich des energiereichen Röntgenlichtes hinein. Insbesondere bei schweren Atomen mit Kernen hoher elektrischer Ladung führen Übergänge aus oder in kernnahe Bahnen zu Röntgenlinien, weil hohe Energieunterschiede zu überspringen sind. Die bei Her X-1 gefundene Linie kann so aber nicht erklärt werden, unter anderem sind nämlich die in Betracht kommenden Elemente – Platin wäre ein solches – viel zu selten.

Hier ist an eine ganz andere Ursache für die Quantelung von Elektronenbahnen zu denken: an ein extrem starkes Magnetfeld. Geladene Teilchen können sich quer zu magnetischen Feldlinien nicht frei bewegen (parallel dazu wohl), sie werden vielmehr abgelenkt und auf um so engere Kreise gezwungen, desto größer die Feldstärke ist. In sehr starken Feldern schrumpfen diese Kreisbahnen auf atomare Dimensionen und sind dann, wie der sowjetische Physiker Lew D. Landau bemerkte, wieder gequantelt. Wiederum gibt es anstelle eines Kontinuums energetischer Zustände ausgezeichnete und allein erlaubte Niveaus, deren Sequenz jetzt durch die Magnetfeldstärke bestimmt ist und bei Elektronenübergängen einer Linienfolge im Röntgenbereich entspricht. Aus der gemessenen Wellenlänge kann dann auf die Stärke des Magnetfeldes am Ort der Linienentstehung geschlossen werden.

Bei der 58 keV-Linie von Her X-1 handelt es sich um den Übergang vom ersten angeregten Zustand in den niedersten, den Grundzustand. Die Elektronen gelangen durch Stöße mit anderen Teilchen in das höhere Niveau und fallen alsbald unter Emission der Linienstrahlung in den Grundzustand zurück. In den energetisch hochliegenden Zustand gehoben zu werden – entsprechend energiereich oder kurzwellig ist die darauf emittierte Linie – ist für sie nur bei Stößen mit den Teilchen eines sehr heißen Gases möglich. Das Auftreten der Linie ist deshalb gleichzeitig ein Anhaltspunkt für die Temperatur, die hier von der Größenordnung 100 Millionen Grad sein muß. Für das Magnetfeld von Her X-1 haben Trümper und seine Mitarbeiter auf dem skizzierten Wege die Stärke von $5 \cdot 10^{12}$ Gauß gefunden, ein phantastisch großer Wert, der alle zuvor gemessenen kosmischen Feldstärken in den Schatten stellt. Das allgemeine Magnetfeld der Sonne hat eine Polstärke von 1 bis 2 Gauß, in den Sonnenflecken findet man Feldstärken von einigen 1000 Gauß, das stärkste vorher beobachtete stellare Feld entspricht 34000 ($= 3.4 \cdot 10^4$) Gauß!

Das Herkules-System ist aber keineswegs ein singulärer Exot. Gegenwärtig sind mehr als 20 Objekte bekannt, in denen ein Röntgenpulsar einen Begleitstern umkreist. Die Pulsperioden reichen von 0.1 bis fast 1000 Sekunden, die Umlaufzeiten gehen zum Teil über 100 Tage hinaus. Demnach gibt es Systeme, die nicht ganz so eng sind wie der Herkules-Doppelstern. Und auch bei mindestens einer weiteren Quelle ist eine Röntgenlinie gefunden worden, die für ein enormes Magnetfeld spricht, wenn es auch nur etwa ein Viertel so stark ist wie das von Her X-1.

Darüber hinaus sind in den letzten Jahren, wieder mit Hilfe von Satelliten, mehrere Dutzend Röntgenquellen entdeckt worden, von denen man ebenfalls annehmen muß, daß sie zu Doppelsternen gehören, die indessen nicht die ausgeprägten Periodizitäten der Pulsare zeigen. Es sind die sogenannten Röntgenburster. Sie erleiden innerhalb weniger Sekunden energiereiche Röntgenausbrüche (bursts), die sich nach Stunden wiederholen können, aber nie streng periodisch, und die insbesondere wochen- und monatelang völlig ausbleiben. Darüber sei allerdings nicht vergessen, daß sich auch ein Pulsar wie Her X-1 immer wieder – bis heute sind die Gründe dafür nicht voll verstanden – Abweichungen von seinem regelmäßigen Verhalten leistet. So hat ja auch Hoffmeister 1936 bei HZ Her nichts von einem periodischen Lichtwechsel gesehen. Die Unterschiede zwischen den beiden Typen sind wohl nicht ganz so kraß, wie sie zunächst erscheinen mögen. Das Magnetfeld der Burster dürfte jedoch merklich schwächer sein als das der Pulsare. Und auch in der räumlichen Verteilung zeichnet sich eine unterschiedliche Systematik ab: Während die Pulsare längs der ganzen Milchstraßenebene gefunden werden, sind die Burster deutlich zur Richtung des galaktischen Zentrums konzentriert. Einige stehen sogar in kugelförmigen Sternhaufen. Das ist ein klares Anzeichen dafür, daß sie mit der alten Sternpopulation II assoziiert sind; dagegen scheinen die Pulsare zur jungen Population I zu gehören.

Schon lange vor der Entdeckung der Röntgenquellen in Doppelsternen war bekannt, daß es in engen Systemen zum Materieaustausch zwischen den beiden Partnern kommen kann. Ein berühmtes Beispiel dafür ist der Bedeckungsveränderliche β Lyrae, ein Paar ziemlich normaler Sterne, wo ständig ein Strom heißen Gases von der ausgedehnteren Komponente auf die kleinere, in einer rotierenden Scheibe stehende, überschwappt. Dieser

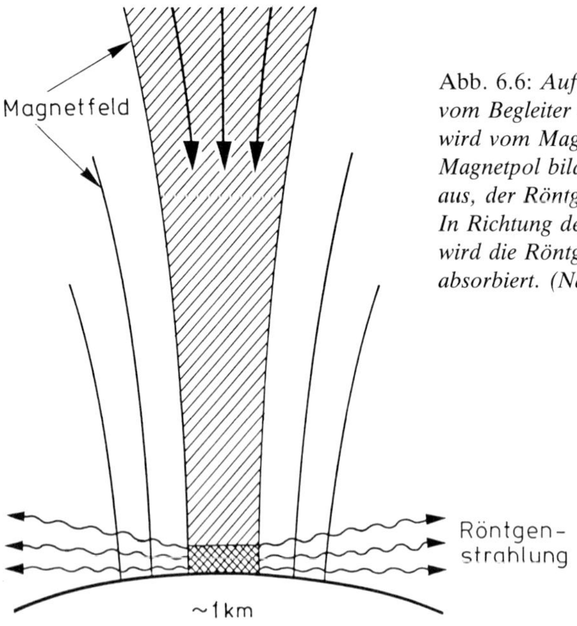

Abb. 6.6: *Auf den Neutronenstern vom Begleiter einstürzende Materie wird vom Magnetfeld kanalisiert. Am Magnetpol bildet sich ein heißer Fleck aus, der Röntgenstrahlung emittiert. In Richtung der einstürzenden Materie wird die Röntgenstrahlung von dieser absorbiert. (Nach J. Trümper)*

Mechanismus ist auch für die geschilderten Phänomene der Röntgenquellen verantwortlich. Ihre Besonderheiten gehen darauf zurück, daß hier die eine Komponente ein überdichtes Objekt ist – wohl meistens ein Neutronenstern –, von dem, bei vielleicht 20 km Durchmesser, ein ungeheuer starkes Gravitationsfeld ausgeht. Es beschleunigt die vom Begleitstern einstürzende Materie, ein im wesentlichen aus Wasserstoffkernen und Elektronen bestehendes Plasma, im freien Fall auf Geschwindigkeiten, die an die halbe Lichtgeschwindigkeit heranreichen. Ein starkes Magnetfeld übt zusätzlich eine kanalisierende Wirkung aus: Die geladenen Teilchen werden den Feldlinien entlang wie in einem Schlauch auf die Magnetpole gelenkt, treffen dort mit ungeheurer Wucht auf die Oberfläche und bilden einen enorm heißen Fleck aus, die eigentliche Röntgenquelle. Sie ist infolge der magnetischen Bündelung des Materiestromes im Durchmesser nur etwa 1 km groß. Wegen der schnellen Rotation des Neutronensterns um eine Achse, die von der des Magnetfeldes abweichen kann, trifft ihre Strahlung den irdischen Beobachter aber jeweils nur für kurze Augenblicke – sofern überhaupt –, sie erscheint deshalb gepulst. Wie wir noch sehen werden, liegt der Fall der Radiopulsare etwas anders.

Mit diesen Andeutungen zum Verständnis der Röntgenquellen sei es vorerst genug. Auf das Wechselspiel zwischen den Partnern eines Doppelsterns werden wir weiter unten noch einmal zurückkommen.

Alterskollaps, Supernovaausbruch und Neutronensterne

Was hat das alles mit dem Sterben der Sterne zu tun? In den bisher besprochenen Erscheinungen – ihr gemeinsames Merkmal ist die Umsetzung enormer Energiemengen – wird die Existenz kleiner Objekte von gewaltiger Schwereanziehung deutlich. Wie wir noch sehen werden, steckt in deren vergleichsweise winzigem Volumen die Masse eines ganzen Sterns. Diese überdichten Körper gelten heute als Endstationen der Sternentwicklung. Vom Weg dorthin soll jetzt die Rede sein.

Wie schon an früherer Stelle erläutert, ist das Altern eines Sterns eng mit den energieerzeugenden Prozessen in seinem Inneren verknüpft. Im Zustand der Stabilität besteht Gleichgewicht zwischen der in Richtung auf das Zentrum wirkenden Schwerkraft und dem Druck der heißen Innenzonen, die gerade soviel Energie produzieren, daß der ständige Verlust nach außen gedeckt wird. Das gilt insbesondere für das Stadium auf der Hauptreihe des Hertzsprung-Russell-Diagramms. Dort verbringen die Sterne den weitaus größten Teil ihres Lebens, ihre Energie gewinnen sie durch die Verbrennung von Wasserstoff zu Helium. Das Abwandern von der Hauptreihe ist ein Indiz dafür, daß der Vorrat an Wasserstoff allmählich zur Neige geht, zuerst im heißen Kern, um den sich daraufhin Verbrennungsschalen ausbilden. Der Stern bewegt sich dann in das Gebiet der Roten Riesen und Überriesen hinein, wobei der Entwicklungspfad im einzelnen von der Sternmasse abhängt.

In ihren Reaktionen auf knapper werdenden Brennstoff demonstrieren die Sterne jedoch ein generelles Verhaltensmuster, das wiederholt zur Anwendung kommen kann. Das Kraftwerk im Sterninnern wird nicht einfach gedrosselt. Mit nachlassender Energieerzeugung ist nämlich das soeben geschilderte Gleichgewicht gestört. Nachlassender Druck im Innern löst eine Schrumpfung der zentralen Zonen aus, da die Schwerkraft kurzfristig in der Überhand ist. Diese Kontraktion führt ihrerseits zu einer Erhöhung der Temperatur, die in dem jetzt stärker verdichteten Kern zusätzlichen Druck aufbaut. Es kommt so zu einem neuen Austarieren des Gleichgewichts bis die Temperaturzunahme ausreicht, wieder genügend Energie zu produzieren. Und das geht schließlich so weit, daß neue Prozesse der Energiegewinnung gezündet werden. Auf das Wasserstoffbrennen folgt über diesen Weg die Verschmelzung von Helium zu Kohlenstoff, bei der ebenfalls Energie frei wird. Ist auch zuviel des Heliums verbraucht, dann kann es nach erneuter Kontraktion und Aufheizung auf einige 100 Millionen Grad zur Verbrennung von Kohlenstoff und seine Umwandlung in höhere Elemente mit schwereren Atomkernen kommen.

Diesem Wechsel von Brenn- und Kontraktionsphasen bei ständig wachsender Dichte im Zentrum wird spätestens dann ein Ende gesetzt, wenn in den innersten Zonen der ursprünglich vorhandene Wasserstoff über die verschiedenen Zwischenstufen in ein hochkomprimiertes Plasma aus Eisenkernen und Elektronen umgewandelt ist. Jetzt ist nämlich der Punkt erreicht, an dem das Verfahren, durch Steigerung der Temperatur neue Energiequellen anzuzapfen und erneut Stabilität einzuregulieren, nicht mehr funktioniert: Während bis dahin die Verschmelzung von leichteren zu schwereren Atomkernen Energie freigesetzt hat, ist ab dem Eisen die Umwandlung in höhere Elemente nurmehr unter Aufwand von Energie möglich. Der Grund dafür liegt in der Struktur der Kerne und den Bindungskräften, mit denen ein Kernbaustein im Gesamtverband des Atomkerns festgehalten wird. Das Eisen und die ihm ähnlichen Elemente bilden also eine Barriere, die den Stern in Schwierigkeiten bringt. Es ist ohnehin so, daß mit jedem weiteren Schritt zu den schwereren Elementen die Energieausbeute geringer wird, und der Stern in immer kürzer werdenden Intervallen auf den drohenden Energiemangel reagieren muß. Immer kurzatmiger treibt er in eine Energiekrise hinein, die ihn schließlich zu Gewaltaktionen zwingt.

Ob die Entwicklung im Einzelfall dieses Stadium erreicht oder vorher zum Stillstand kommt, hängt wieder entscheidend von der Masse des Sterns ab. Ein eisernes Zentralgebiet aufzubauen, erfordert ein Schwerefeld, das nur bei ausreichend großer Sternmasse gegeben ist. Nach den heutigen Modellen sind 5 Sonnenmassen und mehr dafür nötig. Dann aber ist mindestens eine wesentliche Voraussetzung für die Explosion des Sterns in einem Supernovaausbruch, bei dem ein kompakter Rest übrigbleibt, erfüllt. (Wie sich noch zeigen wird, sind die Umstände des weniger leuchtkräftigen Novaphänomens von anderer Art.)

In der Tat werden die Erscheinungen, die wir etwa vom Crabnebel und seiner Geschichte kennen, heute als Folge der zunehmenden Verdichtung und Temperatursteigerung im Zentrum eines massereichen Sterns betrachtet. Die physikalischen Vorgänge in diesem Endstadium sind zwar vorerst im einzelnen noch immer nicht restlos geklärt, die große Linie des Geschehens ist jedoch abzusehen und sei hier skizziert.

Wie bereits festgestellt, versucht ein Stern dem Versiegen seiner Energiequellen durch Kontraktion zu begegnen und so ein neues Gleichgewicht herzustellen. Wenn aber im Inneren die Eisenbarriere erreicht ist und zusätzliche Kernenergie nicht erschlossen werden kann, greift die Bremse nicht mehr, die in der vorausgegangenen Entwicklung den Schrumpfungsprozeß jeweils zum Halten brachte. Der Stern kann sich jetzt gegen die Wirkung seiner eigenen Schwerkraft nicht mehr wehren, er wird instabil und stürzt in sich zusammen.

Diese Implosion, der Sternkollaps, geht in Sekundenschnelle vor sich. Die Verdichtung des Zentralgebietes nimmt nun solche Ausmaße an, daß sogar die Elementarbausteine der Materie unter dem Einfluß der hohen Kompression umgewandelt werden. Die bisher frei beweglichen Elektronen werden in die Protonen der Atomkerne hineingedrückt und vereinigen sich mit diesen zu Neutronen. Die elektrischen Abstoßungskräfte fallen dann weg, und die Materie ist schließlich so eng gepackt, daß ihre Dichte sich der von Atomkernen annähert. Dieses Neutronengas folgt eigenen Gesetzen, es ist ein sogenanntes entartetes Gas. Quantenmechanische und relativistische Effekte spielen eine wesentliche Rolle, und daraus ergeben sich für den Stern neue Möglichkeiten. Unter gewissen Voraussetzungen, auf die noch einzugehen ist, kann jetzt der Druck des entarteten Gases der Schwerkraft wieder das Gleichgewicht halten und den Kollaps abstoppen.

Aber zunächst zur Explosion nach der Implosion! Die schlagartige Kompression im Inneren setzt die weiter außen liegenden Schichten des Sterns in Bewegung, sie stürzen jetzt in die entstandene Leere nach. Beim Aufprall auf die erneut stabile Zentralkugel wird Energie freigesetzt – Gravitationsenergie, analog der im Staubecken eines Kraftwerks gespeicherten Energie, die beim Herabstürzen des Wassers auf die Turbinen frei und nutzbar wird. Es entsteht eine Stoßwelle zurück nach außen, von der man annimmt, daß sie den größten Teil der Sternmasse abzusprengen und mit großer Geschwindigkeit in den interstellaren Raum zu schleudern vermag. Die Supernova erstrahlt in einem gewaltigen Lichtausbruch! Für unser Thema ist wesentlich, daß der Stern jetzt ein letztes Energiereservoir ausschöpft, mit dem er bis dahin sehr behutsam umgegangen ist. Von beträchtlichem Umfang und dem stellaren Vorrat an Kernenergie vergleichbar, der für ein ganzes Sternenleben ausreicht, verpufft es nun fast momentan.

Diese Ausbruchsphase bereitet der theoretischen Darstellung noch erhebliche Schwierigkeiten, obwohl seit Jahren von mehreren Forschergruppen versucht wird, den Sternkollaps und die von ihm ausgelösten explosiven Prozesse auf großen Computeranlagen zu simulieren. Mit an der Spitze arbeiten auf diesem Gebiet Wolfgang Hillebrandt und seine Kollegen vom Max-Planck-Institut fur Astrophysik in Garching. In krassem Gegensatz zu vorausgegangenen Stadien der Sternentwicklung handelt es sich um Vorgänge, die auf der Rechenmaschine viel mehr Zeit beanspruchen als in der Natur: Bruchteile von Sekunden auf dem Stern nachzuvollziehen, braucht auf der CRAY-1, dem gegenwärtig schnellsten Computer der Welt – ein Exemplar davon steht in Garching –, viele Stunden Rechenzeit. Das ist natürlich ein spürbares Handikap.

Ein Problem, das die Theoretiker noch nicht völlig im Griff haben, betrifft die nach außen laufende Stoßwelle. Erreicht sie wirklich den Rand des Sterns, um dann die äußeren Schichten abwerfen zu können oder bleibt sie vorher stecken, weil ihr auf dem Weg dahin zuviel Energie entzogen wird? Letzteres würde bedeuten, daß an der Vorstellung über den Ausbruchsmechanismus etwas grundsätzlich falsch ist. Aber auch in anderer Hinsicht ist diese Frage von Interesse.

Die stellare Materie reagiert auf die Front der sie durchdringenden Stoßwelle – deren Geschwindigkeit wird auf einige 10 000 km/s geschätzt – mit lokalen Dichte- und Temperatursprüngen, die kurzzeitig ausreichen könnten, Atomkerne zu fusionieren. Nachdem im Sternzentrum eine Synthese über das Eisen hinaus kaum vorstellbar ist, wird heute angenommen, daß unter diesen extremen Bedingungen, bei Temperaturen von Milliarden Grad, Elemente bis hinauf zum Uran entstehen. Mit dem abgeworfenen Sternmantel gehen sie in der vorhandenen interstellaren Materie auf und reichern diese mit schweren Elementen an. Das ist einer der früher erwähnten Prozesse, die langfristig den Anteil schwerer Atome im interstellaren Medium steigern und für den höheren Metallgehalt neu entstandener Sterne verantwortlich sind. Gegenwärtig ist es jedoch nicht restlos klar, ob diese Vorstellungen, die einzeln betrachtet physikalisch schlüssig erscheinen, in einer umfassenden Theorie des Supernovaausbruchs sich zu einem konsistenten Bild vereinigen lassen.

Zurück bleibt das hochverdichtete Zentralgebiet: ein Neutronenstern. Es ist gewissermaßen ein riesiger Atomkern. Wie schon erwähnt, kommt die Dichte des Neutronengases derjenigen in den Kernen von Atomen gleich. Um Zahlen zu nennen: Die typische Größenordnung ist 10^{14} g/cm^3, das sind 100 Millionen Tonnen in einem Fingerhut! Die Bezeichnung »entartete Materie« ist wahrlich gerechtfertigt. Im Inneren herrschen Temperaturen der Größenordnung 100 Milliarden Grad, an der Oberfläche etwa 1 Million Grad. In diesem Zustand kann sich wieder Druck aufbauen, aufs neue sind deshalb stabile Konfigurationen möglich. Allerdings darf die Masse des Neutronensterns eine bestimmte Grenze nicht überschreiten, sonst bleibt die Schwerkraft übermächtig. Wo diese Grenze verläuft, ist gegenwärtig nicht genau bekannt, da die Physik des Neutronengases, insbesondere der Zusammenhang zwischen Dichte und Druck, nicht frei von Unsicherheiten ist. Heute wird allgemein ein Wert zwischen 2 und 3 Sonnenmassen angenommen. Er ist deutlich kleiner als die vorher genannten 5 Sonnenmassen, die mindestens nötig sind, um einen Stern in den geschilderten Kollaps hineinzutreiben. Tatsächlich muß also ein merklicher Teil des Sterns in der Explosion abgestoßen werden.

Schon eine simple Abschätzung ergibt für einen Körper von einer Sonnenmasse bei der genannten Dichte einen Durchmesser von weniger als 100 km, das besser fundierte Modell eines Neutronensterns dieser Masse führt auf eine Kugel von 30 km Durchmesser – jedenfalls stellt sich eine stellare Dimension jenseits aller bisherigen Erfahrung heraus. Darüber darf indessen nicht unerwähnt bleiben, daß der schon vorher genannte sowjetische Physiker Lew Landau bereits 1932, kurz nach der Entdeckung des Neutrons behauptete, es könne aus Neutronen aufgebaute Sterne geben. Er nannte sie »unheimliche Sterne«, sie wären nämlich zu klein, um sichtbar zu sein. Unabhängig von ihm wagten wenig später die Astronomen Walter Baade und Fritz Zwicky die Hypothese, Neutronensterne entstünden beim Gravitationskollaps normaler Sterne, und die dabei freiwerdende Energie sei für das Supernovaphänomen verantwortlich. Auch würden nebenbei hochenergetische Partikel produziert werden, die zur kosmischen Teilchenstrahlung beitragen.

Die Neutronensterne sind zwar nach wie vor unheimlich, jedoch werden sie für uns offenbar als Pulsare sichtbar. Wie bereits festgestellt, kann es sich bei diesen wegen der hohen Drehzahlen nur um sehr kleine Objekte der 10-km-Skala handeln, der wir jetzt erneut aufgrund ganz anderer Überlegungen begegnen. Daß die Pulsare schnell rotieren, ist nach dem Vorangegangenen nicht so sehr verwunderlich. Mit zunehmender Kompression wird ein zunächst langsam rotierender Stern immer rascher, analog dem Schlittschuhläufer, der durch Anziehen der Arme in der Pirouette seine Drehzahl steigert. Auch das bei den Röntgenpulsaren beobachtete enorme Magnetfeld hängt damit zusammen. Der Stern hat Schwierigkeiten, ein anfänglich schwaches Magnetfeld loszuwerden. Wegen der großen elektrischen Leitfähigkeit der stellaren Materie ist es »eingefroren« und wird beim Kollaps mitgerissen. Hohe Feldstärken von Neutronensternen sind deshalb schon vermutet worden, bevor es Trümper und Kollegen gelang, das Magnetfeld von Her X-1 zu messen.

Die in einem Neutronenstern steckende Masse ist wirklich der unserer Sonne ähnlich, das zeigen die Messungen an Doppelsternsystemen, die einen Röntgenpulsar enthalten. (Bisher sind dafür eher indirekte Argumente angeführt worden.) Ebenso wie bei normalen Doppelsternen lassen sich die Massen beider Komponenten mit Hilfe des Gravitationsgesetzes ableiten, sofern ihre Bewegungen um den gemeinsamen Schwerpunkt des

Systems, die Bahndaten und Perioden, bestimmt werden können. Das ist in der Tat in Einzelfällen, mit ausreichend hellen Begleitern der Röntgensterne, möglich. Gegenwärtig sind für ein halbes Dutzend Systeme die Massen beider Komponenten einigermaßen sicher bekannt; das HZ Her + Her X-1 System ist eines davon. Die der Röntgensterne liegen zwischen 1 und 2 Sonnenmassen, der Mittelwert ist 1.4± 0.2 Sonnenmassen. Dagegen überdecken die sichtbaren Begleiter mit 2 bis 23 Sonnenmassen ein viel größeres Intervall. In einem ganz extremen, allerdings weniger gut untersuchten Fall scheint der Partner sogar nur 0.1 Sonnenmassen, viel weniger als der Pulsar selbst, zu haben. Die empirisch ermittelten Massen sind also etwa von der Größe, wie sie nach dem Vorhergehenden zu erwarten war. Das spricht dafür, daß die geschilderten theoretischen Konzepte grundsätzlich richtig sind, und ist ohne Frage ein starker Beweis für die Existenz von Neutronensternen.

Wir haben zwei Klassen von Pulsaren kennengelernt: die Radiopulsare nach dem Muster des Pulsars im Crabnebel, sowie die Röntgenquellen mit dem Herkules-Doppelstern als Prototyp. Es gibt heute keinerlei Zweifel daran, daß es sich bei beiden Sorten um Neutronensterne handelt. Während aber die Röntgenpulsare ihre enormen Strahlungsleistungen der vom Begleiter einstürzenden Materie verdanken, sind die Radiopulsare vorwiegend abgesonderte Einzelobjekte. Von den über 300 bekannten Quellen ihres Typs macht sich nur bei dreien ein stellarer Begleiter bemerkbar. Die in den Pulsen abgestrahlte Energie scheint also bei ihnen nicht von außen eingespeist zu werden, sondern den eigenen Reserven zu entstammen.

Zwar ist der Strahlungsmechanismus der Radiopulsare im einzelnen noch strittig, nicht jedoch seine Grundzüge. Insbesondere besteht Einigkeit darüber, daß auch hier Magnetfelder im Spiel sind. Das haben zunächst Untersuchungen des Crabnebels, der von der Supernova des Jahres 1054 abgestoßenen Hülle, nahelegt. Ihr bizarres Äußere, das vorwiegend im Licht der roten Wasserstofflinie strahlt, birgt einen fast amorphen, ausgedehnten Kern. Er emittiert ein vom Radio- bis zum Röntgenbereich reichendes linienfreies Kontinuum von einer den Astronomen bis dahin unbekannten Art. Es wird zum Beispiel mit wachsender Wellenlänge stärker, während die kontinuierliche Strahlung von Gasnebeln, vor allem im Radiobereich, sich in der Regel genau umgekehrt verhält. Wie dem sowjetischen Astrophysiker Josif S. Shklovsky 1953 als erstem aufging, ist hier ein ganz anderer Strahlungsprozeß am Werk als die thermische Emission heißer Gaswolken, die wir unter anderem von den HII-Regionen der Milchstraße kennen (s. S. 96).

Die sogenannte Synchrotronstrahlung geht auf hochenergetische Elektronen zurück, die sich nahezu mit Lichtgeschwindigkeit in einem Magnetfeld bewegen. Den Physikern ist sie von ihren Elektronenbeschleunigern, den Synchrotrons, bekannt – eines der leistungsfähigsten ist das Deutsche Elektronen-Synchrotron (DESY) in Hamburg. Das Magnetfeld hält die Elektronen auf Bahnen, die sich um die Feldlinien schlingen: Längs des Feldes können die Teilchen unbehindert laufen, es wirkt keine ablenkende Kraft, quer zum Feld dagegen führen sie eine kreisförmige Bewegung aus, beides überlagert ergibt eine Spirale mit der Feldlinie als Achse. Die

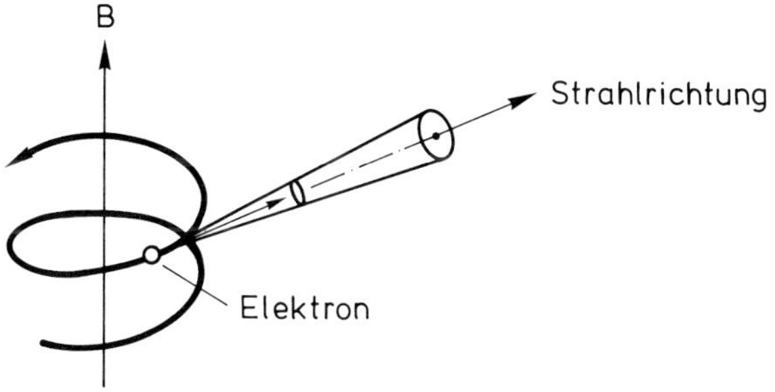

Abb. 6.7: *Synchrotronstrahlung eines hochenergetischen Elektrons. Das Magnetfeld B führt das Elektron auf einer Spiralbahn. Die Strahlung ist in Richtung der momentanen Bewegung gebündelt.*

eingeschränkte Bewegungsfreiheit bedeutet eine ständige, vom Magnetfeld ausgehende Abbremsung der Elektronen, die infolgedessen, wie jede beschleunigte Ladung, elektromagnetische Strahlung aussenden. Man spricht deshalb in diesem Falle auch von magnetischer Bremsstrahlung. Mit wachsender Geschwindigkeit der Elektronen wird sie immer stärker in die Richtung der momentanen Bewegung gebündelt. Außerdem schwingt die emittierte Welle ausschließlich in der Ebene senkrecht zur Feldrichtung, das ausgesandte Licht ist polarisiert – ein charakteristisches Kennzeichen der Synchrotronstrahlung. Die Wellenlänge hängt von der Energie der Elektronen ab, für den Röntgen- oder gar Gammabereich muß diese extrem hoch sein. Wenn das Strahlungskontinuum zu diesen kurzen Wellen hin in der Regel schwächer wird, dann deshalb, weil die Elektronen höchster Energie weniger zahlreich sind.

Auch in einer 10 000 Grad heißen HII-Region wird die kontinuierliche Emission durch beschleunigte Elektronen hervorgerufen. Die ablenkenden Zentren sind dort elektrisch geladene Atomkerne, sie stören und bremsen die Elektronen in ihrer regellosen Wärmebewegung. Entsprechend der Temperatur des Gases ist deren Geschwindigkeit mit rund 1 000 km/s aber weit kleiner als in den Quellen von Synchrotronstrahlung. Das ist der Fall der thermischen Bremsstrahlung.

Heute kennt man die Synchrotronstrahlung als ein Indiz für hochenergetische Prozesse von den verschiedenartigsten Objekten. Sie ist für Strahlungsausbrüche im Magnetfeld des Jupiters ebenso typisch wie für das Licht aktiver Galaxien. Und auch bei den Radiopulsaren strahlen energiereiche, sogenannte relativistische Elektronen im magnetischen Feld eines Neutronensterns. Der Crabnebel hat aber nicht nur zur Entdeckung dieses Emissionsprozesses eigener Art verholfen, sondern zugleich ein anderes deutlich gemacht: Die Abbremsung im Magnetfeld und die dadurch ausgelöste Abstrahlung entziehen den Elektronen ständig Energie und begrenzen ihre »Lebensdauer«. Das kontinuierliche Synchrotronlicht des Crabnebels kann deshalb nicht über die fast 1000 Jahre seit dem Supernovaausbruch von denselben Elektronen stammen, auch wenn das Magnetfeld in dieser ausgedehnten Hülle relativ schwach ist, es müssen vielmehr stets aufs neue Teilchen hoher Energie nachgeliefert werden. Dafür kann nur der schnell rotierende Pulsar verantwortlich sein.

In den äußersten Schichten eines Neutronensterns ist die Materie noch nicht vollständig entartet. Allem Anschein nach werden von dort geladene Teilchen mit relativistischen Geschwindigkeiten nach außen geblasen und von dem stellaren Magnetfeld mitgerissen. Die Bremsstrahlung der an den magnetischen Polen gebündelten Elektronen ist innerhalb eines engen Strahlungskegels konzentriert und ruft den schon mehrfach angesprochenen Leuchtturmeffekt hervor. Geführt von den Feldlinien können diese Teilchen den Stern auch am ehesten verlassen und so entweder für begrenzte Zeit seine Nebelhülle energetisch anreichern oder gar, dank ihrer hohen Geschwindigkeit, in die Weiten des interstellaren Raumes entweichen. Baade und Zwicky hatten das 1934 ganz richtig vorausgesehen!

Die Quelle der Pulsarstrahlung sitzt demnach auch hier in den magnetischen Polen des Neutronensterns. Während aber bei den Röntgenpulsaren ein 100 Millionen Grad heißer Brennfleck thermisch leuchtet und von einströmender Materie gefüttert wird, sehen wir bei den Radiopulsaren die Synchrotronstrahlung energiereicher Teilchen, die dem Stern verlorengehen. Letztlich wird dieser ständige Energieverlust aus der Rotation des Neutronensterns gedeckt, wie wiederum Befunde am Crabnebel und seinem Pulsar belegen. Letzterer rotiert, wie eingangs erwähnt, 33mal pro Sekunde. Da sich die Pulsperiode sehr genau messen läßt, konnte zudem

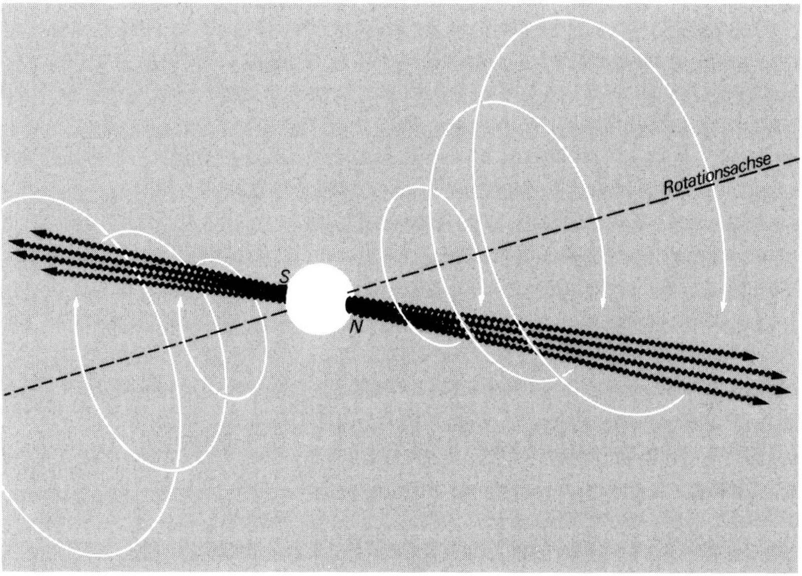

Abb. 6.8: *Pulsarstrahlung eines rotierenden Neutronensterns. Die Synchrotronstrahlung energiereicher Teilchen geht eng gebündelt von den magnetischen Polen aus und überstreicht den Mantel eines Kegels um die Rotationsachse. (Aus: »bild der wissenschaft«)*

festgestellt werden, daß sie stetig um winzige Beträge anwächst: Ganz allmählich dreht sich der Pulsar immer langsamer. Dasselbe ist heute von vielen anderen Radiopulsaren bekannt. Der besonders schnelle Crabpulsar wird in einigen tausend Jahren nur noch halb so schnell rotieren wie gegenwärtig, bei anderen zieht sich das über Millionen Jahre hin. Dieses Erschlaffen, die stetige Abnahme an Rotationsenergie, entspricht beim Crabpulsar und -nebel in etwa dem ständigen Verlust an hochenergetischen Teilchen.

Damit ist auch das Ende des Pulsarphänomens vorgezeichnet: Der Leuchtturm kommt schließlich zum Stehen, zugleich erlischt sein Scheinwerfer. Dem Neutronenstern verbleibt die in seinem noch immer heißen Inneren gespeicherte Wärme. Ohne weitere dramatische Ereignisse wird sie sich in einem schier endlosen, Milliarden von Jahren anhaltenden Prozeß der Auskühlung in den Weltraum verflüchtigen.

Was aber geschieht mit einem massereichen Stern, der im Kollaps zuwenig Materie los wird, um die kritische Obergrenze für einen Neutronenstern, für ein stabiles Gleichgewicht, zu unterlaufen? Nach heutiger Vorstellung gibt es für ihn keine Rettung, sein Kollaps kann nicht abgestoppt werden, er endet in einem Schwarzen Loch. Damit ist folgendes gemeint: Unterhalb eines bestimmten Durchmessers der komprimierten Masse erreicht das Schwerefeld nach den Gesetzen der Allgemeinen Relativitätstheorie an der Oberfläche des Sterns eine solche Stärke, daß kein Signal mehr nach außen gelangen kann. Lichtstrahlung und Teilchen können dieses Feld nicht mehr durchdringen, sondern werden zurückgeworfen. Das Objekt ist in diesem Sinne von der Außenwelt abgeschnürt. Schon vorher verlieren die ausgesandten Lichtquanten im Schwerefeld eines hoch komprimierten Sterns merklich an Energie, infolge dieser relativistischen Rotverschiebung vermindert sich ihre Frequenz beziehungsweise vergrößert sich ihre Wellenlänge. Das ist ein experimentell gesicherter Effekt, der bereits bei Neutronensternen spürbare Ausmaße annimmt. Im Extremfall des Schwarzen Loches reicht die Energie nicht mehr aus, das Schwerefeld zu überwinden. Für eine Sonnenmasse liegt diese Grenze, der sogenannte Schwarzschild-Radius, bei 3 km. Wäre die Sonne auf ein entsprechend kleines Volumen zusammengedrückt, dann könnten wir sie nicht mehr sehen. Welche Zustände die in einem kollabierenden Schwarzen Loch zusammengequetschte Materie durchläuft, ist indessen alles andere als klar.

Es kommt immer wieder, nicht zuletzt in der Tagespresse, zu heißen Diskussionen darüber, ob es im Kosmos Schwarze Löcher gibt. Auch wenn ihre Strahlung uns nicht erreichen kann, so bestehen doch Chancen, sie empirisch nachzuweisen. Ihre Schwerkraftwirkung ist nämlich nicht in der eigenen Welt des Schwarzen Loches gefangen, sie kann zu beobachtbaren Effekten Anlaß geben. Dabei ist in erster Linie an Doppelsternsysteme zu denken, bei denen die eine Komponente ein Schwarzes Loch ist. Der andere, eventuell sichtbare Partner bewegt sich im Schwerefeld des unsichtbaren Begleiters und kann uns dadurch dessen Existenz verraten. Es wäre vor allem interessant, auf diese Weise seine Masse zu erfahren. Wenn die beiden Komponenten in einem engen System Materie austauschen, könnte ein Schwarzes Loch auch dabei auf sich aufmerksam machen.

Tatsächlich wird von einigen stark variablen Röntgenquellen vermutet, ihre Strahlung rühre von Materie her, die in ein Schwarzes Loch hineinstürzt. Bei der Quelle Cyg X-1 scheint die Masse der kompakten Komponente mit 10 Sonnenmassen über der Grenze für Neutronensterne zu liegen. Die Befunde lassen sich aber auch anders interpretieren. Es liegt in der Natur der Sache, daß Schwarze Löcher, sofern es sie gibt, nur schwer zu fassen sind. Bis heute ist jedenfalls kein einziges eindeutig nachgewiesen.

Vom Roten Riesen über den Weißen Zwerg zur Nova

Die bisherigen Betrachtungen rankten sich um spektakuläre Phänomene mit Seltenheitswert. Wenn im Milchstraßensystem bisher nur drei Supernovae im Ausbruch registriert worden sind, dann liegt das sicher daran, daß wir optisch nur einen kleinen Teil unserer Galaxis überblicken können. Die Programme zur Überwachung externer Galaxien legen den Schluß nahe, in einem System wie dem unseren sei im Durchschnitt alle 20 bis 30 Jahre eine Supernova zu erwarten. Offensichtlich bleiben die meisten davon hinter interstellaren Staubwolken unbemerkt. Das unterstreicht indessen nur, wie rar sie tatsächlich sind. Nach dem Vorherigen dürften allein massereiche Sterne die Chance haben, einen Supernovaausbruch zu erleiden und in einem Neutronenstern zu enden. Die weitaus überwiegende Mehrzahl der Sterne sind aber sonnenähnlich oder noch ärmer an Masse. Ihre Altersentwicklung endet nicht ganz so exotisch, führt jedoch ebenfalls auf extreme Materiezustände.

Gemeint sind die Weißen Zwerge. Wir sind ihnen schon an früherer Stelle begegnet (S. 66f.) als relativ heiße, aber wenig leuchtkräftige Sterne, von der Hauptreihe im HR-Diagramm nach unten weit getrennt. Ihre Durchmesser sind erdähnlich, ihre Massen jedoch sonnenähnlich, dementsprechend stark ist die Materie in ihnen zusammengepreßt. Mit 10^6g oder 1 Tonne pro cm^3 liegt die charakteristische Dichte eines Weißen Zwerges zwar beträchtlich unter der eines Neutronensterns (10^{14}g/cm^3), verglichen mit der mittleren Dichte der Sonne oder der Materie unserer irdischen Umgebung von etwa 1g/cm^3 kann man sie trotzdem nur als exzessiv bezeichnen.

Im Gegensatz zu den Neutronensternen kommen Weiße Zwerge recht häufig vor, schon in wenigen Lichtjahren Abstand von der Sonne gibt es mehrere. Auch sie haben ein stabiles Endstadium erreicht, einen Zustand der Erstarrung in dem Sinne, daß sie weitere eigene Energiequellen nicht erschließen können. Ihr Inneres ist soweit verdichtet, daß das Elektronengas in den entarteten Zustand übergeht. Der früher erwähnte Mechanismus zur Regelung der Energieproduktion durch Schrumpfung mit Temperaturerhöhung wird dadurch unterbrochen, der Druck entarteten Elektronengases ist nämlich von der Temperatur unabhängig. Er reicht andererseits aber aus, der Schwerkraft standzuhalten, sofern diese, und damit die Masse des Sterns, nicht zu groß ist.

Im Grundsätzlichen besteht Ähnlichkeit mit den Neutronensternen: Die komprimierende Wirkung der Schwerkraft wird durch hochverdichtete entartete Materie aufgefangen, wenn die Sternmasse unter einem bestimmten Grenzwert bleibt; es stellt sich ein stabiles Gleichgewicht ein, das der Entwicklung ein Ende setzt.

Daß solche kleinen überdichten Sterne existieren, ist durch Beobachtungen an Doppelsystemen enthüllt worden. Schon Friedrich Bessel war 1844 die leicht wellige Eigenbewegung von Sirius aufgefallen und ließ ihn vermuten, daß der hellste Fixstern des Himmels in Wirklichkeit ein Sternpaar ist, mit einem für ihn unsichtbaren Partner. Ein ähnlicher Fall ist 40 Eridani. Die ersten um 1910 gewonnenen Spektren dieser zunächst als »dunkle Sterne« bezeichneten Begleiter zeigten überraschenderweise Objekte hoher Temperatur. Das war ein klares Indiz für kleine Durchmesser und stark komprimierte Sternmaterie. Der Aufbau Weißer Zwerge ist dann in den dreißiger Jahren von einem jungen Inder, Subrahmanyan Chandrasekhar, beschrieben worden. Er hatte erkannt, daß die Gesetze, denen gasförmige Materie sonst folgt, auf sie nicht mehr angewendet werden können, daß der entartete Zustand wesentlich wird. Aus seinen theoretischen Modellen leitete er das 1.4fache der Sonnenmasse als die obere Grenze ab, bis zu der Weiße Zwerge existieren und stabil sein können. 40 Eridani B liegt mit 0.4 Sonnenmassen klar darunter, wie die meisten anderen, für die Werte bei 0.6 Sonnenmassen gefunden worden sind. Der Siriusbegleiter ist mit seinen 1.0 Sonnenmassen schon ein relativ schwerer Weißer Zwerg. Chandrasekhar, der seit Jahrzehnten an der

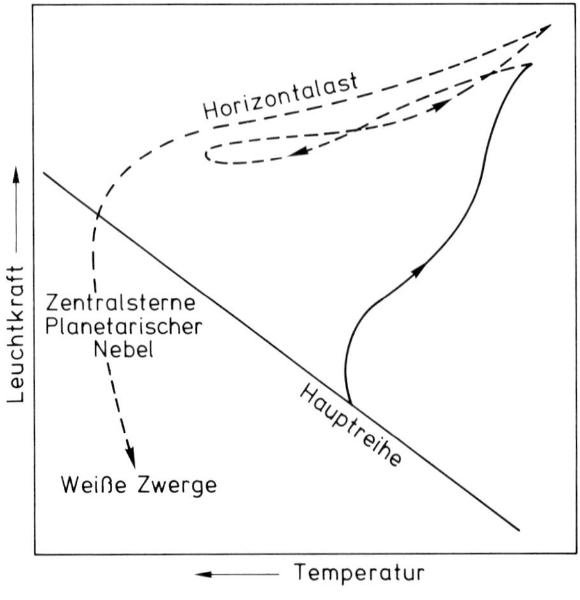

Abb. 6.9: *Schematisches HR-Diagramm mit dem Entwicklungsweg eines sonnenähnlichen Sterns, der als Weißer Zwerg endet (vgl. Abb. 2.10 und 2.12).*

Universität von Chicago arbeitet und dem wichtige Beiträge zu vielen anderen Problemen der theoretischen Astrophysik zu verdanken sind, ist 1983 mit dem Nobelpreis für Physik ausgezeichnet worden.

Weiße Zwerge bilden sich im Inneren von sonnenähnlichen Sternen, nachdem der Wasserstoff des Zentralgebietes verbraucht ist und im Roten-Riesen-Stadium das Heliumbrennen eingesetzt hat. Zunächst noch umgeben von einer weit aufgeblähten wasserstroffreichen Hülle, sitzt im Zentrum schließlich ein vorerst unsichtbarer Weißer Zwerg. Früher als bei massereichen Sternen bricht die Entwicklung ab. Wenn jene einen Eisen-Nickel-Kern aufbauen können, geht es hier nach der Umwandlung in Helium und vielleicht noch Kohlenstoff nicht weiter. Die energieerzeugenden Kernreaktionen sterben allmählich ab, die Ausstrahlung kann jedoch noch über lange Zeit aus der aufgestauten Wärme gedeckt werden. Dieses Endstadium zu erreichen, braucht allerdings viel länger als bei den großen Massen, vor allem wegen des langen Verweilens auf der Hauptreihe. In den alten Sternhaufen findet man nur noch sonnenähnliche und andere massearme Sterne. Der Riesenast des HR-Diagramms von Kugelhaufen – wie früher erläutert sind diese über 10 Milliarden Jahre alt – zeigt uns eine reich bevölkerte Einbahnstraße zum Friedhof der Weißen Zwerge.

Der im Inneren vorgefertigte Weiße Zwerg ist erst dann zu erkennen, wenn er sich von der für das Rote-Riesen-Stadium charakteristischen Hülle befreit hat. In den Planetarischen Nebeln beobachten wir offenbar Objekte, die den Abwurf dieser ausgedehnten Atmosphäre demonstrieren. Sie erhielten diesen Namen, weil sie in kleinen Fernrohren an das Aussehen von Planeten erinnern. Man sieht grünlich schimmernde Nebelscheibchen und auch Nebelringe, die einen schwachen, aber heißen Zentralstern umgeben. Eines der bekanntesten Objekte dieser Art ist der Ringnebel in der Leier. Insgesamt sind heute rund 1000 Planetarische Nebel identifiziert, besonders viele gibt es zum galaktischen Zentrum hin. Wie spektroskopische Messungen der Radialgeschwindigkeit zeigen, dehnen sich die Nebel aus, in der Regel mit etwa 20 km/s. Ihre Massen sind nicht ganz klein, sie reichen fast bis an 1 Sonnenmasse heran. Auf diese Weise kann also ein merklicher Bruchteil der ursprünglichen Masse an das interstellare Medium verlorengehen.

Nach einem anderen wichtigen Beobachtungsbefund lassen die Zentralsterne, ins HR-Diagramm eingetragen, eine kontinuierliche Sequenz erkennen, die sich vom Gebiet der Roten Riesen über die Hauptreihe hinweg bis zu den Weißen Zwergen erstreckt. Um so näher liegen sie bei den letzteren, je ausgedehnter der sie umgebende Nebel ist (Harman-

Seaton-Sequenz). Im Extrem geht ihre Oberflächentemperatur über 100 000 Grad hinaus. Es drängt sich so das Bild auf, daß mit dem Abblasen, mit wachsender Expansion und Verdünnung der Nebelhülle der Zentralstern immer stärker den Charakter eines Weißen Zwerges annimmt, daß wir in den Planetarischen Nebeln eine dem stabilen Ende des Sternenlebens zustrebende Übergangsphase vor uns haben. Sie dauert nicht allzu lange, vermutlich keine 30 000 Jahre.

Nun gibt es einen zweiten interessanten Weg, auf dem sich Rote Riesen zu Weißen Zwergen mausern können: durch den Austausch von Materie in einem engen Doppelsternsystem. Dazu kommt es, wenn Materie der einen Komponente unter den Schwereeinfluß der anderen gerät und infolgedessen die Seiten wechselt. Das Charakteristische des Vorgangs läßt sich am Beispiel des Mondfluges veranschaulichen: Im Aufstieg muß das Raumschiff zunächst gegen das irdische Schwerefeld ankämpfen, bis es die Höhe erreicht, wo die Anziehung der Erde soweit abgenommen hat, daß die des Mondes, des zweiten Zentrums, ihr gleich wird und die anziehenden Kräfte in der Summe Null sind. Jenseits dieses Punktes fällt das Raumschiff im Schwerefeld des Mondes auf diesen hinab. Der Wechsel von der einen Einflußzone in die andere geschieht relativ nahe am Mond, da die Masse des Mondes wesentlich kleiner ist als die der Erde, erst auf dem letzten Zehntel der Erde–Mond-Distanz.

Es geht also um die konkurrierende Wirkung zweier Gravitationszentren, wobei zu berücksichtigen ist, daß die Komponenten eines Doppelsterns einander umkreisen und deshalb auch Fliehkräfte ins Spiel kommen. Wie sich die Schwerefelder gegenseitig überlagern einschließlich der Fliehkräfte, ist anhand sogenannter Äquipotentialflächen zu sehen. Solange sich ein Teilchen auf einer solchen Fläche bewegt, verliert es weder, noch gewinnt es Energie, anders beim Wechsel zwischen zwei Flächen. Der von dem französischen Mathematiker E. A. Roche schon im letzten Jahrhundert behandelte Fall von zwei gravitierenden Punkten unterschiedlicher Masse demonstriert bereits das für uns Wesentliche. Abbildung 6.11 zeigt dieses Roche-Modell im Schnitt. Die anziehenden Zentren sollen sich am Ort der markierten Punkte befinden, die kleinere Masse links. In der näheren Umgebung der Sterne haben die Flächen gleichen Potentials

Abb. 6.10: *Planetarischer Nebel M 27, auch Hantel-Nebel genannt, im Sternbild Vulpecula. Es ist der hellste Planetarische Nebel des nördlichen Himmels. Der heiße Zentralstern steht im Mittelpunkt der nahezu kreisförmigen Hülle.*
(Aufnahme: A. Sanchez La Vega, 2.2-m-Teleskop Calar Alto)

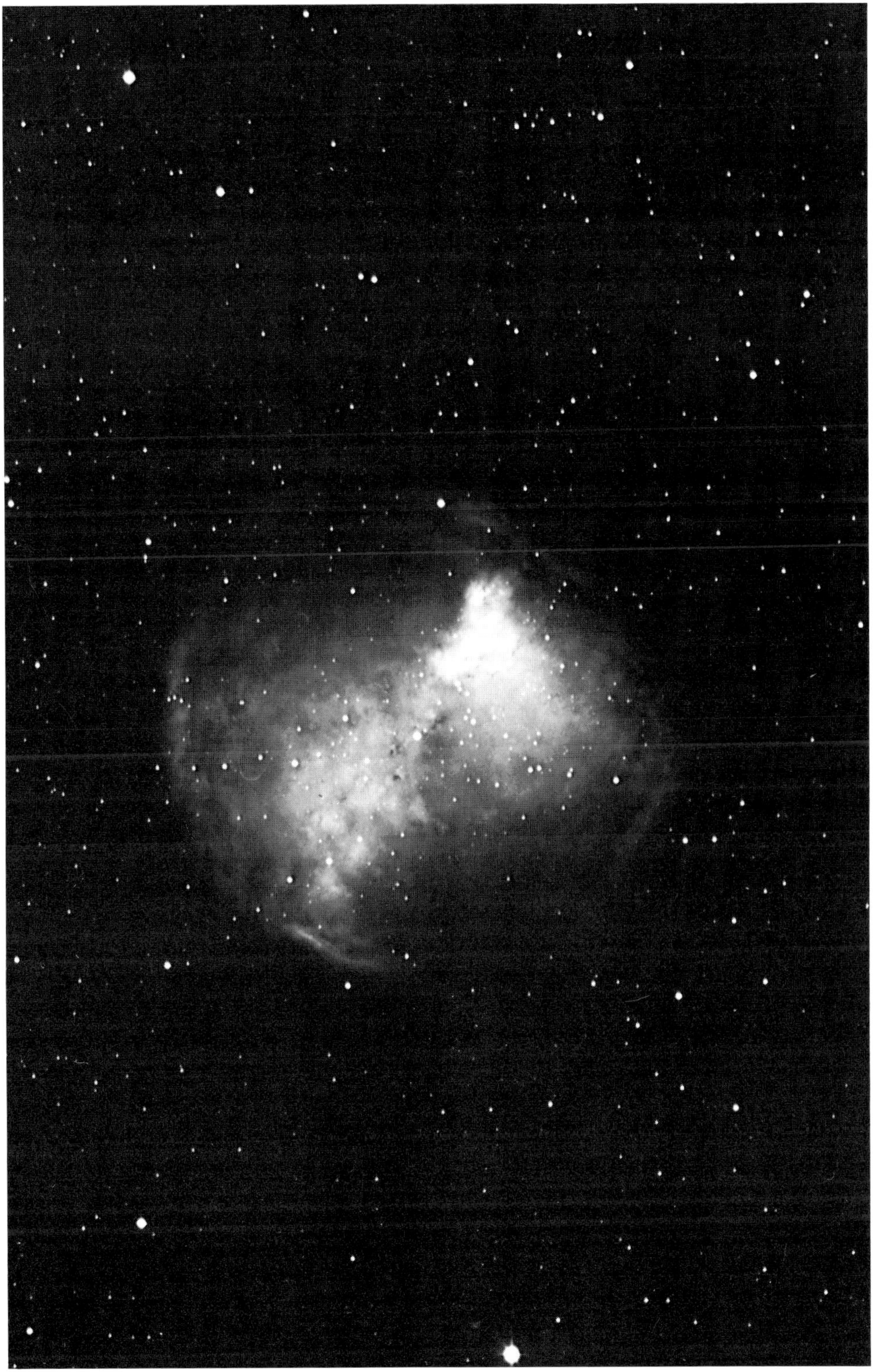

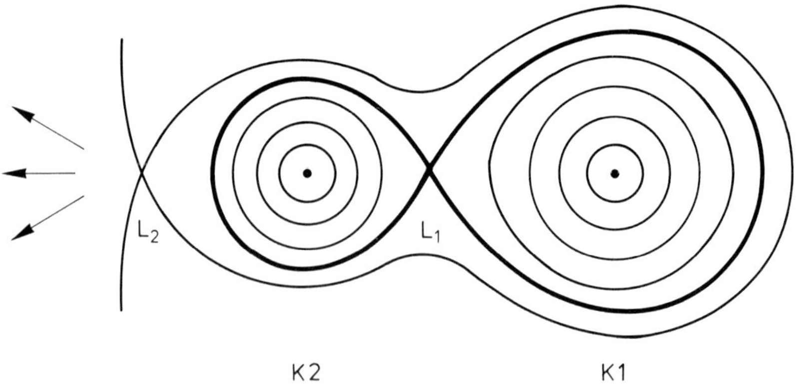

Abb. 6.11: *Äquipotentialflächen eines engen Doppelsternsystems nach Roche. K 1 die massereichere Komponente, L_1 und L_2 die kräftefreien Librationspunkte.*

Kugelform beziehungsweise in der Abbildung Kreisform. Für einen Einzelstern ist das bis in beliebig große Distanzen der Fall. Hier »merkt« die eine Komponente in ihrem Nahbereich noch nichts von der anderen. Etwas weiter weg gehen die Kreise in Ovale über, bis sich diese im Librationspunkt L_1 berühren. Innerhalb der durch L_1 gehenden Rocheschen Grenzfläche (in der Abbildung ist sie stärker ausgezogen) dominiert die Anziehung des jeweiligen Schwerezentrums, außerhalb liegende Materie kann nicht mehr eindeutig dem einen oder anderen Stern zugeordnet werden. Im Punkt L_1 heben sich die anziehenden Kräfte auf, es herrscht Schwerelosigkeit, hier ist der Übertritt zur anderen Komponente besonders leicht. Auch L_2 ist kräftefrei, dort halten sich die Anziehung beider Zentren nach innen (rechts) und die nach außen (links) gerichtete Fliehkraft die Waage. Außerhalb von L_2 überwiegt die letztere, Materie kann dort das System verlassen.

Solange ihr gegenseitiger Abstand groß ist im Vergleich zu ihren Durchmessern, verhalten sich beide Sterne ähnlich wie Einzelsterne. Ganz anders dagegen bei einem engen System, der jetzt interessierende Fall: Begibt sich die massereichere Komponente 1 von der Hauptreihe auf den Weg zum Roten Riesen, so dehnt sie sich dabei kontinuierlich aus, bis sie schließlich an der Roche-Grenzfläche »anstößt«. Ist dieses maximal erlaubte Volumen ausgefüllt und damit ein weiteres Anwachsen des Sternumfangs trotz der von innen treibenden Kräfte nicht möglich, dann strömt Materie zum Begleiter ab, vor allem über den inneren Librationspunkt L_1. Aber dadurch gewinnt die zunächst leichtere Komponente 2 nicht nur Masse und wird zur gewichtigeren, der Materieaustausch wirkt auch zurück auf die Kräfte im

System und verschiebt die Potentialflächen. Abhängig von den jeweiligen Anfangsbedingungen gibt es vielerlei Entwicklungsvarianten, die sich im einzelnen nur durch genaue Modellrechnungen verfolgen lassen. Für unsere Thematik ist wesentlich, daß der zunächst an Masse ärmere Begleiter durchaus solange Materie abzusaugen vermag, bis die Komponente 1 von der für das Riesenstadium charakteristischen Hülle befreit und der inzwischen in ihrem Kern herangewachsene Weiße Zwerg freigelegt ist. Das ist dann sozusagen das Ende des ersten Aktes.

Im zweiten Durchgang ist ein Rollentausch wahrscheinlich. Die fetter gewordene Komponente 2 zieht jetzt in der Entwicklung nach, vorerst ist sie noch immer auf der Hauptreihe verblieben. Wenn sie sich nun weit genug zum Riesen aufbläht, fließt von ihr wieder Materie zurück in Richtung Weißer Zwerg (1), der als fast punktförmiges Zentrum nur einen winzigen Bruchteil seines Roche-Volumens ausfüllt. Dabei kommt ein wichtiger Effekt ins Spiel: Die Fliehkraft des rotierenden Systems macht sich bemerkbar und verhindert, daß der Rückstrom direkt auf den Weißen Zwerg stürzt. Vielmehr wird der bei L_1 austretende Materiestrahl seitlich abgelenkt und nähert sich dadurch dem kompakten Zentrum über den Umweg einer Spiralbahn (Abb. 6.12). Das hat zur Folge, daß sich um den Weißen Zwerg herum, in der Bahnebene des Doppelsystems, eine rotierende Gasscheibe aufbaut, eine Art Speicher, in dem die einfließende Materie zunächst einmal gestaut wird.

Solche sogenannten Akkretionsscheiben treten nicht nur in der Kopplung an Weiße Zwerge auf. Sie sind auch von anderen engen Doppelsternen bekannt, obwohl ihre Ausdehnung nicht zu sehen ist, sowenig wie die der Sterne selbst. Das Beispiel von β Lyrae wurde schon erwähnt, ein Bedeckungsveränderlicher, bei dem sich die Scheibe anhand charakteristischer Besonderheiten des Spektrums und des Helligkeitswechsels zu erkennen gibt. Die zwischen einem Sternpaar ausgetauschte Materie kann sich aber auch in anderer Weise im System verteilen. So gibt es Doppelsterne, die von einer gemeinsamen, außerhalb der individuellen Grenzflächen angesiedelten Hülle umströmt werden, oder welche, die innerhalb eines weiten Gasringes stehen. Wie schon angedeutet, sind der Vielfalt der Phänomene kaum Grenzen gesetzt.

Akkretionsscheiben dürfen jedoch als typische Begleiterscheinung der hochverdichteten Alterszustände betrachtet werden. Sie erweitern das Duo zum Trio, neben den beiden stellaren Komponenten spielen sie eine aktive Rolle mit Eigenleben. Sie gelten heute als Ursache für eine ganze Reihe von Phänomenen, die bei den sogenannten symbiotischen Sternen und kataklysmischen Veränderlichen beobachtet werden. Die Scheibe leuchtet selbst, ihre Abstrahlung wird aus der Energie des einfallenden Gasstroms gedeckt. Dieser wird beim Aufprall auf den äußeren Scheibenrand abgebremst, es entsteht ein heißer Fleck, dessen Helligkeit bei variablem Nachschub an Materie entsprechend schwanken dürfte (Abb. 6.12). Und auch das Novaphänomen wird heute als Explosion in einem Doppelsternsystem mit Weißem Zwerg und Akkretionsscheibe verstanden.

Das in der Scheibe gestaute Material kann den Stern nicht ungestört umkreisen. Die Gasatome stoßen aufeinander, durch Reibung verlieren sie Bewegungsenergie. Vom inneren Rand der Scheibe wird deshalb ständig Materie ausregnen und sich in einer stetig zunehmenden Schicht auf der Oberfläche des Weißen Zwerges absetzen. Da das aus der Hülle des Begleiters einströmende Material in seiner ursprünglichen Zusammensetzung unverändert ist, besteht die neue Haut vorwiegend aus Wasserstoff, bedeckt dagegen einen im wesentlichen aus Helium und Kohlenstoff gebauten Stern. Sie wird indes nicht nur immer dicker, sie wird auch von innen her immer heißer. Nach den detaillierten Studien dieser Situation kann die Erhitzung durch den ummantelten Weißen Zwerg bis in die 10 Millionen Grad gehen. Dann zündet im aufliegenden Wasserstoff die Kernfusion, explosionsartig wird Energie frei. Sie reicht aus, den Wasserstoffmantel abzusprengen und nach außen zu schleudern. Die Nova leuchtet auf!

Julius Hartmann lag demnach mit seinem eingangs zitierten Telegramm im Jahre 1925 durchaus richtig, wenn er auch die auslösenden Faktoren des Novaphänomens nicht kennen konnte. Für das soeben skizzierte Modell sprechen vor allem zwei Beobachtungsbefunde. Zum einen gelang bei mehreren Exnovae der Nachweis, daß sie engen Doppelsternsystemen angehören. Zum anderen sind heute wenigstens sechs rekurrierende Novae bekannt, deren Ausbrüche sich nach Jahrzehnten wiederholten. Genau das ist zu erwarten: Die Fütterung des Weißen Zwerges hört ja nicht auf; solange der Begleiter überquillt, können neue Wasserstoffdecken aufgelegt werden. Dieses Spiel hat allerdings spätestens dann ein Ende, wenn zwei Weiße Zwerge umeinander kreisen.

Zur Abrundung sei noch auf eine Variante hingewiesen: das Stadium des Weißen Zwerges als Vorstufe zum Neutronenstern. Die zusätzliche Last

Abb. 6.12: *Massenaustausch zwischen einem Roten Riesen und einem Weißen Zwerg mit Akkretionsscheibe in perspektivischer Darstellung. Die gestrichelten Linien deuten die Rotation des gesamten Systems und der Scheibe an. (Grafik: Atelier Höllerer, Stuttgart)*

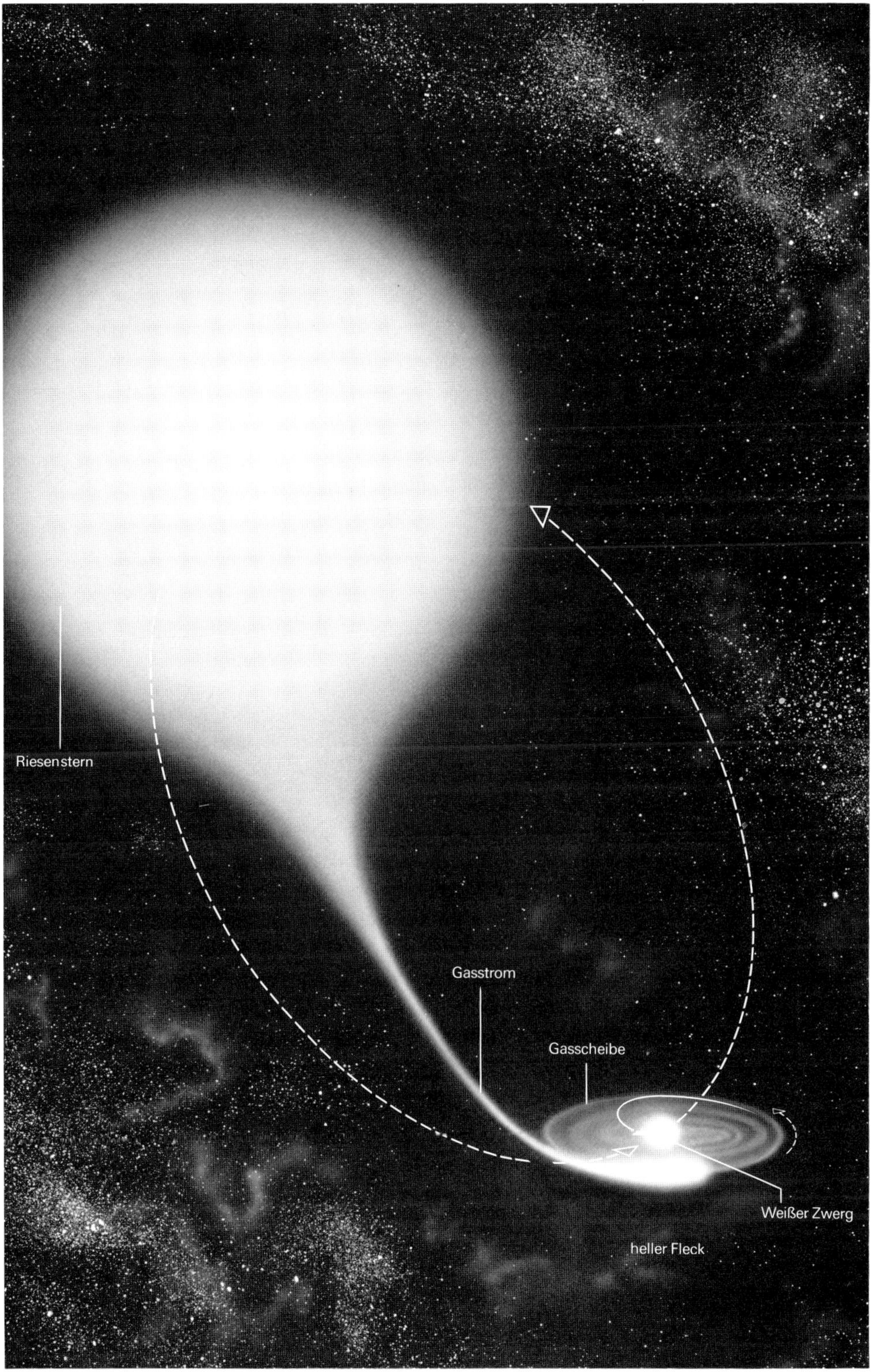
Riesenstern
Gasstrom
Gasscheibe
Weißer Zwerg
heller Fleck

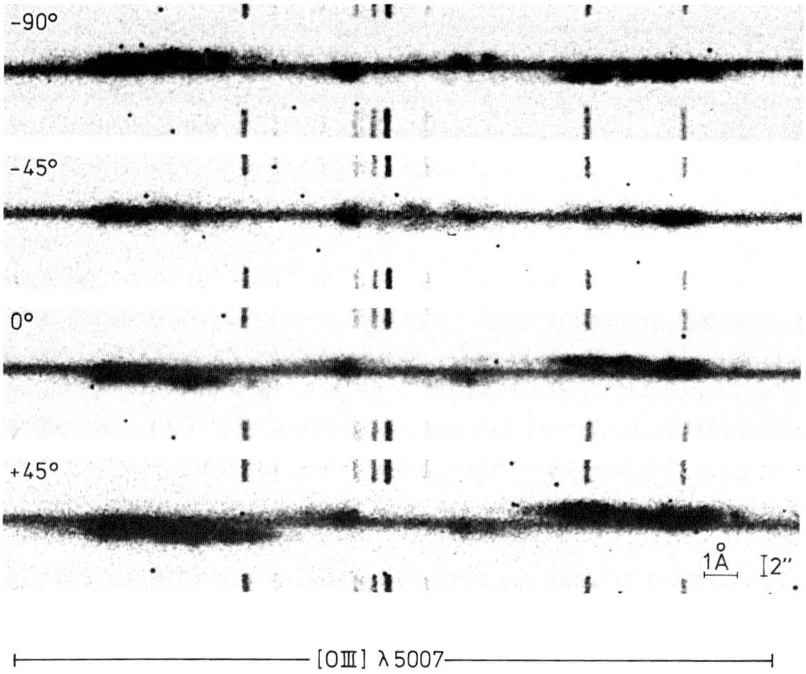

Abb. 6.13: *Spektren der Nova Delphini 1967, die heute als winziges ovales Scheibchen von 2 × 3 Bogensekunden Ausdehnung erscheint. Links: Die am Coudé-Spektrographen gewonnenen Spektren für 4 verschiedene Spaltlagen über dem Nebelscheibchen (charakterisiert durch die Positionswinkel links). Über einem schmalen Kontinuum des Nova-Zentrums sieht man mehrere Systeme der aufgespaltenen und enorm verbreiterten Emissionslinie des zweifach ionisierten Sauerstoffs [OIII] von*

des Wasserstoffmantels kann zu schwer werden. Drängt sie den Weißen Zwerg über die kritische Grenze von 1.4 Sonnenmassen hinaus, bevor er sie in einer Novaexplosion abwerfen kann, dann bricht er in sich zusammen. Der Stern begibt sich damit auf den an früherer Stelle geschilderten Entwicklungspfad für größere Massen, der über einen Supernovaausbruch im Neutronenstern sein Ende findet. Vermutlich unterscheiden sich Supernovae mit dieser Vorgeschichte etwas von den im vorausgegangenen Abschnitt beschriebenen. Das könnte die Erklärung dafür sein, daß es zwei Klassen von Supernovae gibt. So ist zum Beispiel der Typ I im Maximum absolut heller als Typ II, der Helligkeitsabfall danach zeigt ähnlich systema-

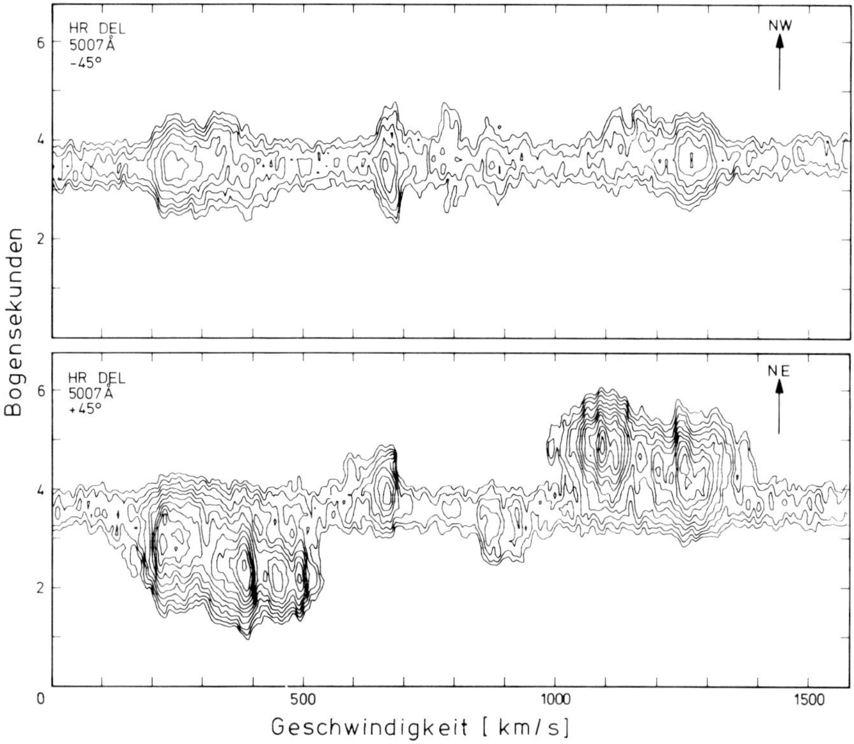

der expandierenden Novahülle. Sie sind von auffälliger Symmetrie, wie der Vergleich der verschiedenen Positionswinkel zeigt. Rechts: Konturdiagramme von zwei links gezeigten Spektren, die sich durch die Vermessung mit einem Mikrodensitometer ergaben. Die Systematik der Linienstruktur, speziell die Symmetrie zur Linienmitte, ist klar zu erkennen. Die Wellenlängen sind in Radialgeschwindigkeit umgewandelt. Die extremen Geschwindigkeitswerte sind hier direkt ablesbar. (Nach J. Solf)

tische Unterschiede. Jedenfalls kann es auch über diesen Weg zu einem Neutronenstern kommen, der sich dann vielleicht als Quelle gepulster Röntgenstrahlung in einem engen Doppelsystem bemerkbar macht.

Allem Anschein nach sitzt er gleichfalls inmitten einer rotierenden Akkretionsscheibe und entreißt ihr mit großer Gewalt die auf ihn niedergehende Sturzflut. Unter anderem deuten bei Her X-1 registrierte Unregelmäßigkeiten auf den Einfluß einer Scheibe hin. Nach Messungen des 1983 gestarteten europäischen Satelliten Exosat blieben die Röntgenpulse von Her X-1 acht Monate aus, ab März 1984 war alles wieder beim alten. Auch in einem 35-Tage-Zyklus ist die Röntgenquelle zeitweise »abgeschal-

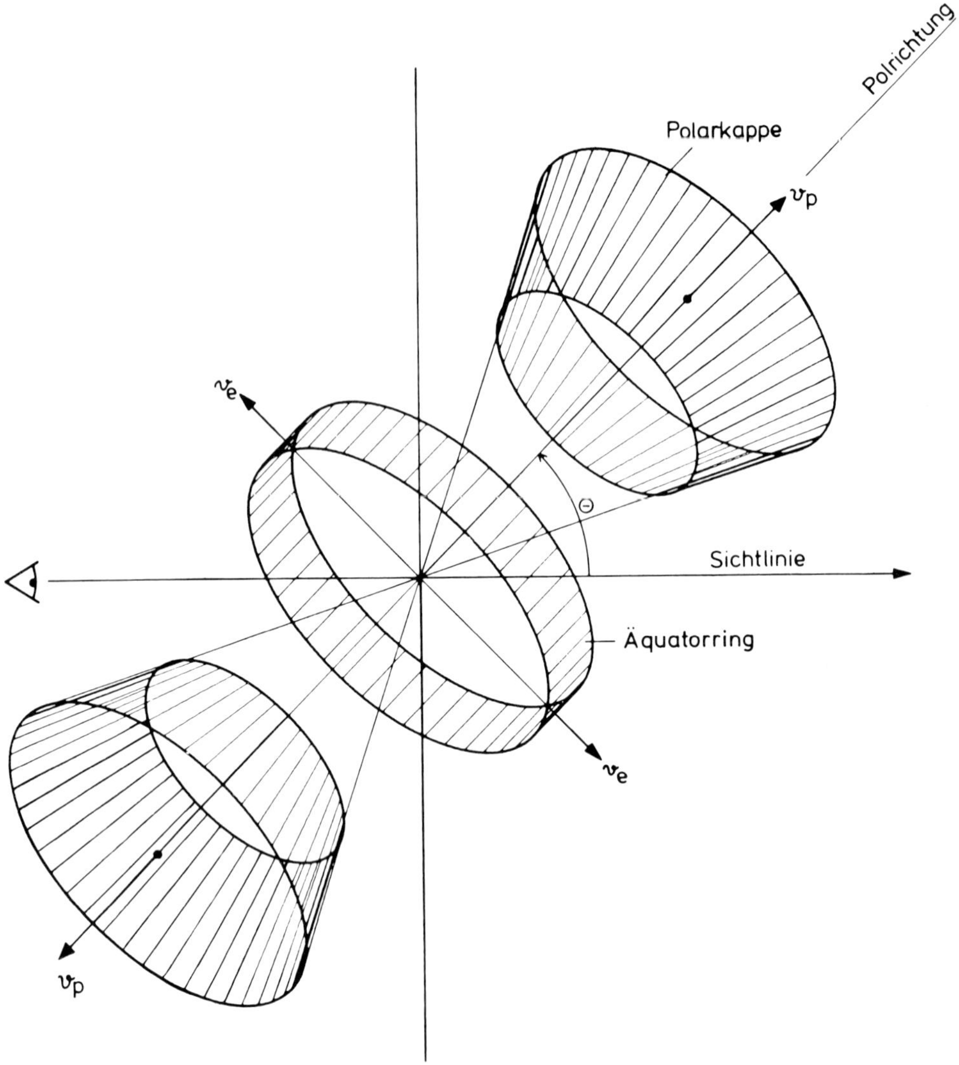

Abb. 6.14: *Modell der Nova Delphini zur Deutung der Spektren. Ein sich ausdehnender äquatorialer Ring ist für das innere Liniensystem verantwortlich. Die Polklappen entfernen sich in entgegengesetzte Richtungen mit der Geschwindigkeit* v_p *und zeigen sich in dem äußeren Liniensystem. (Nach J. Solf)*

tet«. Das bedeutet jedoch wahrscheinlich nichts anderes, als daß in diesen Perioden die Strahlung von einem dazwischentretenden Hindernis abgeblockt wird. Dieses Hindernis dürfte die Akkretionsscheibe sein. Da Zustand, Ausdehnung und auch Lage derselben sicher mit der Zeit variieren, wird sie hin und wieder den Neutronenstern abdecken und die auf uns gerichtete Röntgenstrahlung verschlucken.

Novae und Supernovae sind die eindrucksvollsten Beispiele dafür, wie Sterne Masse abwerfen und an den interstellaren Raum verlieren. Dieses Phänomen ist aber weit verbreitet, bei anderen Objekten tritt es nur weniger spektakulär in Erscheinung. Von den Planetarischen Nebeln und ihrem Masseverlust war bereits die Rede. Darüber hinaus gibt es verschiedene Arten sogenannter eruptiver Veränderlicher, die mehr oder weniger regelmäßig Helligkeitsausbrüche, begleitet von Materieausstoß, zeigen. Bei den Zwergnovae zum Beispiel sind die Helligkeitssteigerungen weit weniger heftig als bei klassischen Novae, dafür wiederholen sie sich in Abständen von Wochen oder wenigen Jahren.

Neuerdings ist immer deutlicher geworden, nicht zuletzt durch Beobachtungen vom Calar Alto aus, daß die Materie dabei nicht gleichmäßig nach allen Seiten, sondern zuweilen als gebündelter Strom vorwiegend in zwei entgegengesetzte Richtungen weggeblasen wird. Auch hier begegnet man bipolaren Nebeln, wie wir sie als Begleiterscheinung der Sternentstehung im Kapitel 3 kennengelernt haben, und oft ist gar nicht einfach zu unterscheiden, ob es sich um ein relativ altes Objekt, zum Beispiel einen Planetarischen Nebel, oder um ein ganz junges handelt. Novahüllen sind in der Regel nach einiger Zeit als ovale Scheibchen zu beobachten, ein Indiz dafür, daß sie vorzugsweise in einer bestimmten Richtung expandieren. Durch jüngste Beobachtungen von Josef Solf mit dem Coudé-Spektrographen des 2.2-m-Teleskops auf dem Calar Alto ist die bipolare Struktur des Ausbruchs der Nova Delphini im Jahre 1967 klar herausgearbeitet worden. Man sieht von ihr heute ein noch immer kleines Nebelscheibchen von nur wenigen Bogensekunden Größe. Die Spektren zeigen in ihrer auffälligen Symmetrie (Abb. 6.13) zwei getrennte Systeme des sich ausdehnenden Nebels, einen äquatorialen Ring, der mit 190 km/s expandiert, und Polkappen, die sich senkrecht dazu in entgegengesetzte Richtungen dreimal so schnell, mit fast 600 km/s vom Zentrum entfernen.

Mit der Annahme, hier mache sich erneut eine Akkretionsscheibe bemerkbar, geht man wohl kaum fehl. Denn das von der Oberfläche des Weißen Zwerges abgesprengte Material kann senkrecht zur Scheibenebene beidseitig den Doppelstern unbehindert verlassen. Die Schwerkraft spielt bei den großen Geschwindigkeiten keine nennenswerte Rolle. In der Ebene dagegen trifft es auf bremsenden Widerstand und kommt deshalb nur verzögert voran. Vielleicht wird die Scheibe von den gegen sie geschleuderten Explosionssplittern sogar teilweise zerstört. Die längliche Form der Nebelhülle dürfte jedenfalls eine unmittelbare Folge der ungleichen Ausbreitungsbedingungen in der Nähe des Explosionszentrums sein. In ihren Auswirkungen sind sich die zirkumstellaren Scheiben der jungen und alten Objekte sehr ähnlich, ihre Existenz hingegen verdanken sie allem Anschein nach ganz unterschiedlichen Ursachen: das eine Mal dem Kollaps rotierender interstellarer Wolken, das andere Mal dem Massenaustausch innerhalb enger Doppelsternsysteme.

Akkretionsscheiben sind eine belebende, weil zu vielerlei Phänomenen Anlaß gebende Arabeske der stellaren Endkonfigurationen. In diesen, den überdichten Weißen Zwergen, Neutronensternen und Schwarzen Löchern, begegnen wir extremen Materiezuständen, die im irdischen Labor nicht verwirklicht werden können. Sie führen uns an die Grenzen des gesicherten Bereichs der Physik. Das macht sie so interessant und reizvoll.

7 Arbeitsmittel der optischen Astronomie

Die Astronomie sieht sich heute einer Ausweitung ihrer Arbeitsmöglichkeiten gegenüber wie nie zuvor in ihrer langen Geschichte. Nicht nur in den führenden Kulturnationen entstanden in jüngerer Zeit neue Anlagen für die astronomische Forschung; auch in einer Reihe von Entwicklungsländern sind ehrgeizige Initiativen zu beobachten, mit dem Ziel, an der modernen Erkundung des Weltraumes teilnehmen zu können. Im arabischen Raum wird die Erinnerung an die große astronomische Vergangenheit wachgerufen und der Wunsch nach Wiederbelebung der Himmelskunde und modernen Observatorien laut.

Besonders auffällig ist, wie viele Großteleskope neuerdings errichtet wurden und im Bau sind. Allein acht optische Teleskope mit Öffnungen über 3 Meter wurden in den letzten Jahren in Betrieb genommen oder stehen vor der Vollendung: Das russische 6-m-Teleskop im Kaukasus, zwei US-Instrumente mit 4 m Öffnung für das Kitt Peak National Observatory bei Tucson und die amerikanische Südhalbkugelsternwarte in Chile, das anglo-australische 3.9-m-Teleskop in New South Wales, das 3.6-m-Teleskop der Europäischen Südsternwarte (ESO) in Chile, das franko-kanadische 3.6-m-Teleskop auf Hawaii, das 3.5-m-Teleskop der Max-Planck-Gesellschaft auf dem Calar Alto in Südspanien und sein Duplikat für das Nationalobservatorium des Irak. Welche Steigerung das innerhalb eines Jahrzehnts bedeutet, wird deutlich, wenn man sich vergegenwärtigt, daß vor 1973 mit dem 5-m-Spiegel auf Mt. Palomar und dem 3-m-Teleskop der Lick Sternwarte nur zwei Geräte dieser Größenklasse im Einsatz waren.

Die Gründe für diese erstaunliche Entwicklung sind vielfältiger Natur und nicht allein im wissenschaftlichen Bereich zu suchen. Ohne Zweifel ist aber ein wesentlicher Impuls von den aufsehenerregenden Entdeckungen der nach dem letzten Weltkrieg entstandenen Radioastromonie und der noch jüngeren extraterrestrischen Forschung mit Raketen, künstlichen Satelliten und Raumsonden ausgegangen, die deutlich machten, daß trotz aller eindrucksvollen Erkenntnisse der Vergangenheit unser Wissen über den

Kosmos noch als sehr fragmentarisch gelten muß und entsprechender Einsatz reiche Beute verspricht. Wie sich dann sehr rasch gezeigt hat, wäre es dabei falsch, die jüngeren Zweige der Astronomie bevorzugt zu fördern. Es kommt vielmehr darauf an, die verschiedenen Disziplinen vergleichbar potent zu machen, um die uns zugestrahlte Information aus dem Kosmos in voller Breite des Spektrums nutzen zu können. Daraus erklärt sich insbesondere der bereits angedeutete Ausbau der erdgebundenen optischen Astronomie.

Optische Teleskope heute

Ein Fernrohr oder Teleskop sammelt das von einem Himmelskörper einfallende Licht auf, entwirft in seiner Brennebene ein Bild des beobachteten Objektes und gibt es dort an ein Detektorsystem weiter, das die eingefangene Strahlung registriert. Der Detektor kann das menschliche Auge sein – ein selten gewordener Fall –, eine Photoplatte oder, wie es heute die Regel ist, ein aufwendiges physikalisches Meßgerät.

Die Leistungsfähigkeit eines astronomischen Fernrohrs steigt mit seiner Öffnung: Mit größerer lichtsammelnder Fläche werden dem Detektor mehr Lichtquanten angeboten, sind lichtschwächere Objekte zu erreichen. Nicht zuletzt ist die räumliche Reichweite eines Teleskops deshalb von seiner Öffnung abhängig.

Durch den Drang nach großer Fernrohröffnung ist das Linsenfernrohr, der Refraktor, gegenüber dem Spiegelteleskop, dem Reflektor, ins Hintertreffen geraten. Beim Refraktor wird das Licht durch die Brechkraft eines meistens mehrlinsigen Objektivs gebündelt. Der Lichtweg führt durch diesen Glaskörper hindurch, das verwendete Glas muß deshalb hohen Qualitätsansprüchen gerecht werden. Zudem kann das Objektiv nur am Rande gefaßt werden, größeren Durchmessern sind deshalb auch wegen des Gewichtes der Glasscheiben Grenzen gesetzt. Die größten Refraktoren mit Öffnungen bis zu 1 m sind um die Jahrhundertwende entstanden, in neuerer Zeit sind kaum noch große Instrumente dieses Typs gebaut worden. Für Spezialaufgaben, insbesondere der Positionsastronomie, werden aber Refraktoren mittlerer und kleiner Öffnung nach wie vor mit Vorteil eingesetzt und bevorzugt.

Die folgenden Ausführungen beschränken sich auf Spiegelteleskope, bei denen die Vereinigung des Lichtes zu einem Bild durch die Reflexion an verspiegelten Flächen zustande kommt. Praktisch alle älteren Reflektoren machen sich die aus der Geometrie bekannten Fokaleigenschaften der

Kegelschnitte zunutze: Ein parabolischer Hohlspiegel vereinigt ein parallel zu seiner Achse einfallendes Lichtbündel in einem Punkt, dem primären Fokus, und entwirft dort das Bild eines unendlich fernen Objektes. Andere Fokuslagen lassen sich mit einem zweiten, hyperbolisch erhabenen Hilfsspiegel realisieren, eine Möglichkeit, die das Spiegelteleskop zu einem flexibel verwendbaren Instrument macht. Dieser Sekundärspiegel wirft das vom primären Hohlspiegel kommende Lichtbündel zurück und konzentriert es mit verlängerter Brennweite an einer für die Beobachtung geeigneten Stelle.

Die Spiegel sind Glaskörper, auf die eine reflektierende Schicht aus Aluminium aufgedampft wird, nachdem sie in einem oft langwierigen Schleif- und Polierprozeß die verlangte Form erhalten haben. Auch sie haben die Neigung, sich unter dem Einfluß ihres eigenen Gewichtes zu verformen, das bei größeren Durchmessern in die Tonnen geht. Dem wirken in den Spiegelzellen montierte Entlastungssysteme entgegen, die auf der Rückseite und am Rand die Spiegelkörper stützen. Die Präzision der optischen Flächen, die von der Sollform nicht mehr als Bruchteile der Lichtwellenlänge abweichen dürfen, muß darüber hinaus in jeder Lage des Teleskops erhalten bleiben.

Getragen von ihren Fassungen, sind die Spiegel an den beiden Enden eines Rohres oder Gitterwerks, dem Tubus, in ihrer gegenseitigen Lage fixiert. Der Tubus sitzt auf oder hängt in der Fernrohrmontierung, mit der das Teleskop auf den gewünschten Punkt am Himmel ausgerichtet und der täglichen Drehung der Sphäre nachgeführt werden kann.

Vergleicht man die neuerdings entstandenen Reflektoren mit älteren, so springen bei flüchtiger Betrachtung kaum Unterschiede ins Auge. Noch immer sind die Konzepte maßgebend, die sich bei den ersten großen Spiegelteleskopen, wie dem 100-Zöller auf Mt. Wilson (Fertigstellung 1917) und dem 200-Zöller auf Mt. Palomar (1948) realisiert finden. Nach wie vor wird das Mehrzweckinstrument bevorzugt, bei dem bis zu drei verschiedene Fokuslagen mit ein und demselben Hauptspiegel genutzt werden: Der *Primärfokus* ist wegen seiner Lichtstärke in erster Linie für die Photographie schwacher Objekte interessant, wird aber bei mittelgroßen Instrumenten oft nicht ausgenützt. Der *Cassegrain-Fokus* hinter dem durchbohrten Hauptspiegel der 2-Spiegel-Anordnung ist wesentlich leichter zugänglich und deshalb eine wichtige Arbeitsstation. Er bietet Raum für größere Detektorsysteme, die dann am hinteren Ende des Tubus hängen und sich zusammen mit dem Teleskop bewegen. Eine dritte Möglichkeit eröffnet sich durch einen weiteren, ebenen Umlenkspiegel, der im Schnittpunkt der beiden Achsen des Teleskops den Strahl – unter Umständen nach weiteren Knickungen – in die raumfeste, auf den Himmelspol weisende Stundenachse lenkt. Er verläßt damit das Teleskop, unabhängig von dessen Lage und Bewegung, stets in derselben Richtung und entwirft ein raumfestes Bild. Von diesem *Coudé-Fokus* aus wird das Licht in große Spektrographen und andere mit dem Teleskopgebäude fest verbundene Geräte eingefädelt. Der Übergang vom einen zum anderen Fokus erfordert den Wechsel der Sekundärspiegel am vorderen Tubusende, eine bei großen Teleskopen nicht ganz einfache Prozedur, für die besondere Einrichtungen vorhanden sein müssen. Die Hilfsspiegel können Durchmesser von mehr als 1 Meter erreichen.

Die Wahl der Öffnungszahlen N = f/D (f Brennweite, D Öffnung des Hauptspiegels) für die verschiedenen Foki greift stark in die mechanische Konstruktion des Teleskops und in die Dimensionen seines Gebäudes ein. Kleine primäre Öffnungszahl des Hauptspiegels bedeutet kurzen und steifen Tubus mit dem Vorteil von Gewichtsersparnis und entsprechenden Erleichterungen für die Teleskopmontierung. Auch die Kuppel kann dann im Durchmesser kleiner und billiger gehalten werden. Andererseits wächst die Krümmung der Spiegelfläche mit abnehmendem N und damit die Schwierigkeit für den Spiegelschleifer, die verlangte Präzision zu erreichen. Während früher die Öffnungszahlen der Primärspiegel bei N = 5 und höher lagen, haben sie sich in neuerer Zeit zu 3 und sogar darunter verschoben. Die primäre Brennweite von Großteleskopen liegt dementsprechend in der Nähe von 10 Metern. Typische Öffnungszahlen der Cassegrain-Anordnung sind N = 8 . . . 15; für den Coudé-Fokus ist üblicherweise $N \geq 30$, so daß leicht Brennweiten von 100 Metern zustande kommen.

Wenn auch in den letzten Jahren einige größere Instrumente für Spezialaufgaben, vor allem für Infrarotmessungen, entstanden sind, so wird doch dieser »klassische« Teleskoptyp, den vor allem seine vielseitige Verwendbarkeit auszeichnet, immer wieder verwirklicht; er beherrscht nach wie vor das Feld. Das liegt nicht zuletzt daran, daß die heutigen Spiegelteleskope durch vielerlei Verbesserungen im einzelnen merklich leistungsfähiger geworden sind im Vergleich zu älteren Ausführungen. Im folgenden seien die wichtigsten Fortschritte dieser Art charakterisiert.

Abb. 7.1: *Das 2.2-m-Teleskop der Calar Alto Sternwarte. Der Tubus hängt in der gabelförmigen Fernrohrmontierung. Am unteren Tubusende die Hauptspiegelzelle mit der Cassegrain-Station, wo ein von Kühlschläuchen versorgtes Gerät montiert ist. Am oberen Tubusende der Sekundärspiegel mit Haltekreuz. Für Coudé-Betrieb wird dieser Spiegel zusammen mit dem Frontring ausgewechselt. Der Primärfokus wird bei diesem Teleskop nicht genutzt (vgl. Abb. 8.8). (Aufnahme: W. Neumann)*

Tragkraft
16/5 Mp
Baujahr 1974
DSD

Ein Teleskop soll scharfe Bilder liefern, und das von nicht zu kleinen Himmelsarealen. Der Astronom ist an einem großen Bildfeld interessiert, wenn es um die Beobachtung ausgedehnter Objekte, wie Nebel und Sternhaufen geht oder um Durchmusterungsprogramme, das heißt die immer wiederkehrende Aufgabe, Himmelskörper bestimmter Eigenschaften zu suchen. Während vor 50 Jahren die Sphäre etwa nach Kleinplaneten durchmustert wurde, versucht man heute beispielsweise veränderliche Sterne eines speziellen Typs oder aktive Galaxien zu finden. Aber auch für Messungen an Einzelobjekten in der optischen Achse des Teleskops ist ein nicht zu kleines Bildfeld erwünscht, da diese oft so lichtschwach sind, daß sie nur im »Off-Set« mit Hilfe eines benachbarten helleren Sterns exakt positioniert und nachgeführt werden können. Die älteren Reflektoren mit parabolischem Hauptspiegel unterliegen in dieser Hinsicht starken Einschränkungen, fehlerfreie Bilder bringen sie nur in unmittelbarer Nähe der Achse im Zentrum des Bildfeldes zustande. Weiter außen macht sich sehr bald Koma bemerkbar, ein Bildfehler, der punktförmige Sterne zu kleinen unscharfen Kometen mit einem radial nach außen gerichteten Schwanz verzerrt und das nutzbare Feld begrenzt. In den Ecken von Himmelsaufnahmen sind komatische Bilder oft leicht zu erkennen.

So sind für den Primärfokus eines Parabolspiegels 1 Bogenminute, für den Cassegrain-Fokus etwa 10 Bogenminuten gängige Werte (Vollmonddurchmesser 30 Bogenminuten!). Anders ausgedrückt: Selbst bei großen Teleskopen mit Brennweiten um 10 Meter bemißt sich das nutzbare Feld im primären Fokus nur nach Millimetern, im sekundären Fokus hinter dem Hauptspiegel nach wenigen Zentimetern. Das scheint unbegreiflich wenig zu sein, wenn man an moderne Photoapparate mit ihren beträchtlichen Gesichtsfeldern denkt. Abgesehen von allen sonstigen Unterschieden, ist dabei aber zu beachten, daß die Anforderungen an die Bildqualität eines astronomischen Fernrohrs weit höher sind als an diejenige üblicher Photoobjektive. Mit Amateurkameras gewonnene Himmelsaufnahmen sind in dieser Hinsicht aufschlußreich!

Merklich größere Felder lassen sich heute mit dem Ritchey-Chrétien-System erreichen, bei dem die Form des Primärspiegels vom Paraboloid abweicht. Es ist eine 2-Spiegel-Anordnung, die dem Cassegrain-System der klassischen Version sehr ähnlich ist, im Gegensatz zu diesem aber komafreie Bilder ergibt. Die Spiegelprofile sind nicht mehr vom Typus der Kegelschnitte, sie entsprechen nicht mehr der Parabel und Hyperbel 2. Ordnung, vielmehr gehen sie aus diesen durch relativ geringfügige

Korrekturen hervor und entsprechen Kurven 4. Ordnung. Folgende Angaben, in etwa für den Hauptspiegel des Calar Alto 2.2-m-Teleskops geltend, sollen das verdeutlichen: Die erste Zwischenstufe beim Schleifen eines Spiegels ist stets eine kugelförmige Fläche, von der aus das endgültige Profil erarbeitet wird. Um in die ebene Oberfläche eines Spiegelrohlings von 2 m Durchmesser eine Hohlsphäre mit einer Öffnungszahl N = 3.0 einzufräsen (Brennweite f = 6 m), muß in der Mitte der Scheibe, an der tiefsten Stelle, 4.2 cm Material abgetragen werden. Um dann diese Kugelfläche in ein Paraboloid mit gleichem N zu verwandeln, ist am Rand, wo die größte Differenz auftritt, Glas von nur 0.1 mm Dicke zusätzlich abzuschleifen, und schon weitere 13 Prozent dieser Stärke genügen danach, um das Paraboloid in die endgültige Form höherer Ordnung zu transformieren. Insgesamt sind die Abweichungen von der Kugel gering, aber entscheidend.

Nun ist der Ritchey-Chrétien keineswegs frei von Bildfehlern. Das Feld wird jetzt begrenzt durch das Anwachsen des Astigmatismus, der beim reinen Parabolspiegel zwar auch vorhanden ist, gegenüber der Koma aber nicht ins Gewicht fällt. Läßt man bei Bildern von Sternen Deformationen bis zu 1 Bogensekunde zu, ein übliches Schärfekriterium, dann ist das nutzbare Feld 30 Bogenminuten im Durchmesser gegenüber 11 Bogenminuten des vergleichbaren Cassegrain-Systems. Die nutzbare Bild*fläche* ist also mehr als siebenmal größer. Ein Himmelsareal, für das der Cassegrain 7 Platten separater Belichtung braucht, kann jetzt mit 1 Platte in 1/7 der Beobachtungszeit überdeckt werden.

Dieser Gewinn hat seinen Preis: Beim Ritchey-Chrétien-Teleskop (RC), das seine besonderen Eigenschaften aus der richtigen Kombination von Haupt- und Sekundärspiegel bezieht, ist der sekundäre Fokus ausgezeichnet. Im Primärfokus erhält man wegen der Abweichung des Hauptspiegels vom Parabelprofil selbst auf der Achse keine scharfe Abbildung mehr ohne zusätzliches Korrektionssystem; das Bild ist mit sphärischer Aberration behaftet. Ein Vorteil des alten Reflektors, ihn als 1-Spiegel-System einsetzen zu können, geht dadurch leider verloren. Bei RC-Teleskopen wird deshalb oft nur der sekundäre Fokus hinter dem Hauptspiegel und in der Coudé-Anordnung benützt. Allerdings läßt sich mit Hilfe dioptrischer Elemente, mit zusätzlichen Linsen, die kurz vor dem Fokus liegen und deshalb mit relativ kleinen Durchmessern auskommen, auch im Primärfokus eine interessante Feldgröße auskorrigieren. So ist zum Beispiel das von der Firma Carl Zeiss Oberkochen für den Calar Alto gebaute 3.5-m-Teleskop mit einem zweilinsigen Korrektor von 190 mm freier Öffnung ausgestattet, der ein primäres Feld von fast 30 Bogenminuten nutzbar macht. Und auch im sekundären Fokus läßt sich das brauchbare Feld des

RC-Systems mittels Korrektoren nochmals erweitern. Das ebenfalls aus Oberkochen stammende 1.2-m-Teleskop auf dem Calar Alto, bei dem nur im Fokus unmittelbar hinter dem Hauptspiegel beobachtet wird, kann mit einem zweilinsigen Korrektor Felder bis zu 90 Bogenminuten Durchmesser in hervorragender Qualität photographieren.

Wenn von großen Bildfeldern die Rede ist, darf der Schmidt-Spiegel, ein anderes komafreies System eigener Art, nicht unerwähnt bleiben. Bei ihm ist ein kugelförmiger Hauptspiegel mit einer Korrektionsplatte ähnlich großer Öffnung am vorderen Tubusende kombiniert, der Fokus liegt auf halbem Wege zwischen diesen beiden Elementen im Fernrohrinneren. Diese geniale Erfindung des Hamburger Optikers Bernhard Schmidt aus den dreißiger Jahren ist in Bildschärfe und Feldgröße unübertroffen. Heute gibt es Schmidt-Teleskope mit mehr als 1 m Öffnung. Eines der größten ist der 1948 fertiggestellte »Big Schmidt« des Mt. Palomar Observatoriums, seine Korrektionsplatte hat 122 cm, sein sphärischer Spiegel 183 cm Durchmesser. Mit ihm ist der gesamte nördliche Himmel, in nahezu 1000 Felder unterteilt, im Blauen und Roten photographiert worden. Die Photoplatten waren dabei 36 x 36 cm^2 groß und erfaßten jeweils ein quadratisches Areal von 6.5 Grad Kantenlänge. Diese zu ganz schwachen Helligkeiten reichenden Aufnahmen, beziehungsweise die Kopien davon, sind als Palomar Sky Survey, als ein an jeder größeren Sternwarte vorhandener Himmelsatlas, zu einem unentbehrlichen Hilfsmittel der astronomischen Forschung geworden.

Bei allen seinen exzellenten Eigenschaften ist der Schmidt-Spiegel aber ein stark spezialisiertes Instrument. Er ist ganz auf die Himmelsphotographie zugeschnitten. Ihn in Verbindung mit anderen Detektoren einzusetzen, ist so gut wie ausgeschlossen. Wegen seiner großen Baulänge, bedingt durch den Abstand der Korrektionsplatte vom Primärspiegel, bleibt er zudem auf relativ kurze Brennweiten beschränkt. Das macht zwar seine enorme Lichtstärke aus, bedeutet aber auch kleine Abbildungsskalen. (Die Brennweite des Palomar Schmidt beträgt beispielsweise 307 cm, der Vollmond wird bei ihm auf der Photoplatte eine nur 28 mm große Scheibe.) Sodann stößt seine Korrektionsplatte als dioptrisches Element auf dieselben Schwierigkeiten wie die Linsenobjektive größerer Refraktoren.

Auf diesem Hintergrund muß man die wachsende Vorliebe für das Ritchey-Chrétien-System sehen, das heute auch für kleinere Fernrohre gewählt wird. Bei ihm bleiben die Vorzüge der Reflektoren alter Bauart im wesentlichen erhalten, während es von dem gravierenden Nachteil des kleinen Bildfeldes frei ist. Die Begrenzung liegt eher in der noch vernünftig hantierbaren und im Handel erhältlichen Plattengröße als in den Bildfeh-

Abb. 7.2: *Milchstraßenfeld im Sternbild Cygnus mit dem Nordamerikanebel. Aufgenommen von K. Birkle mit dem 1.2-m-Teleskop + Korrektor. Belichtungszeit 2.5 Stunden auf panchromatische Platte ohne Filter. In den Ecken ist der Rand des Feldes von 1.5° Durchmesser zu sehen. Die Aufnahme demonstriert die hervorragende Bildschärfe des optischen Systems vom Typ Ritchey-Chrétien, wobei diese Feldgröße nur mit Hilfe des zweilinsigen Korrektors zu erreichen ist (vgl. Abb. 1.2).*

lern der Optik. Die modernen Detektoren, von denen noch zu reden ist, können, mindestens vorerst, die großen Felder ohnehin nicht ausfüllen. Daß sich das RC-System erst heute durchsetzt, nachdem es in der Theorie schon seit mehr als einem halben Jahrhundert bekannt ist, hängt mit den Schwierigkeiten seiner Herstellung zusammen: Die Prüfmethoden für Spiegelprofile höherer Ordnung werden von den optischen Werkstätten erst neuerdings beherrscht.

Spiegelwerkstoff

Die Präzision der optischen Flächen kann auch durch thermische Verformung der Spiegel, ausgelöst durch Variationen der Umgebungstemperatur, beeinträchtigt werden. Kuppel und Gebäude mit ihren vielerlei Vorkehrungen zur thermischen Isolierung schützen zwar das Teleskop vor starker Erwärmung am Tage. Während der nächtlichen Arbeit aber, bei offenem Kuppelspalt, lassen sich Temperaturänderungen nicht fernhalten. Sie können, vor allem bei größeren Instrumenten, die Bildschärfe reduzieren und damit zum Verlust von Beobachtungszeit führen – eine bei älteren Reflektoren lästige Erfahrung.

Das Ausmaß dieser Störung ist im wesentlichen durch den Ausdehnungskoeffizienten α des Spiegelwerkstoffs, des die reflektierende Schicht tragenden Glasblockes, bestimmt. Er gibt an, um welchen Bruchteil sich das betreffende Material bei einer Temperaturerhöhung um 1 Grad ausdehnt. Für normales Glas liegt der Wert von α bei 10^{-5}, das heißt, eine Stange von 1 m wird um etwa 0.01 mm länger, wenn man sie um 1 Grad erwärmt. Die spiegelnden Flächen eines Teleskops müssen aber ihre Form auf Bruchteile der Lichtwellenlänge, also auf besser als 0.0001 mm, halten und oft sind die Temperaturschwankungen merklich höher als 1 Grad. Mit diesem Zahlenvergleich soll angedeutet werden, daß die Wärmedehnung normalen Glases nicht sonderlich günstig ist und möglichst kleine Werte von α erwünscht sind.

Ein wichtiger Schritt in diese Richtung waren die Borosilikatgläser, die in den dreißiger Jahren unter dem Namen Duran und Pyrex mit einem α bei $0.3 \cdot 10^{-5}$ auf den Markt kamen und dann für Jahrzehnte eine wichtige Rolle im Fernrohrbau spielten. So sind beispielsweise die Spiegel des 5-m-Teleskops auf Mt. Palomar aus Pyrex. Als es um 1960 gelang, größere Scheiben aus Quarz herzustellen – sein α ist fünfmal kleiner als das von Borosilikatglas – wurde das zu Recht als bedeutender Fortschritt begrüßt und sofort für mehrere der damals projektierten Großteleskope genutzt. Die großen Quarzspiegel waren aber nicht allzu lange *en vogue*. Wenige

Jahre darauf hatten nämlich Glashütten in den USA und Europa gelernt, Scheiben aus Glaskeramik in interessanten Abmessungen herzustellen, deren Ausdehnungskoeffizient noch näher bei null liegt.

Glaskeramik ist ein Werkstoff, der sich teils im amorph glasigen, teils im kristallinen Zustand befindet. Abgesehen von besonderen Beimengungen in den Ausgangsstoffen ist der Fertigungsprozeß zunächst von herkömmlicher Art: Der aus einer Schmelze von etwa 1600 Grad gegossene Rohling kühlt langsam auf Zimmertemperatur ab – bei größeren Stücken dauert das Monate – und erstarrt dabei zu einer amorphen Glasmasse. Dann aber wird durch eine thermische Nachbehandlung mit erneuter Erhitzung bis auf 800 Grad ein Teil der amorphen Masse in winzige Kriställchen umgewandelt, deren spiralförmige Struktur die Eigenschaften der Glaskeramik wesentlich bestimmt. Bei Erwärmung dehnt sich ein solcher Kristall in einer Richtung aus, senkrecht dazu zieht er sich zusammen. Insgesamt überwiegt letzteres, so daß das Volumen der kristallinen Komponente mit höherer Temperatur etwas kleiner wird. Das verbleibende amorphe Glas dagegen, in das die Kristalle eingebettet sind, vergrößert sein Volumen, wenn die Temperatur zunimmt. Bei richtiger Mischung beider Zustände entsteht deshalb ein Material, dessen thermische Dehnung praktisch null ist.

Das Herstellungsverfahren ist reich an Tücken; besonders kritisch ist die Keramisierung, der in kleinen, streng kontrollierten Schritten ablaufende Kristallisationsprozeß. Neben anderen Begleiterscheinungen hat er eine merkliche Schrumpfung des ganzen Rohlings zur Folge und verlangt deshalb Gußstücke extremer Homogenität. An Schlieren oder kleinsten Steinchen, die aus der Schmelze stammen können, bauen sich sonst hohe innere Spannungen auf, die den Block zerreißen. Diese Schwierigkeiten, die mit der Größe des Rohlings rasch wachsen, schließlich überwunden zu haben, ist eine wissenschaftlich-technische Leistung hohen Ranges. Mit diesem Werkstoff war der ideale Spiegelträger für die Astronomie gefunden, der dann auch schnell den Markt eroberte. Neben dem günstigen thermischen Verhalten haben dazu andere vorteilhafte Eigenschaften, wie Bearbeitbarkeit, Spannungsverhalten, Durchsichtigkeit und nicht zuletzt auch der im Vergleich zu Quarz günstigere Preis beigetragen. Darüber sei jedoch nicht vergessen, daß die dehnungslose Glaskeramik auch in vielen anderen Bereichen, sogar in der Küchentechnik, mit großem Vorteil eingesetzt wird und dieser Werkstoff noch eine große Zukunft hat.

Er wird heute mit dem Handelsnamen Zerodur vom Glaswerk Schott in Mainz gefertigt. Die Max-Planck-Gesellschaft hatte dort 1968, angesichts harter internationaler Konkurrenz, für die Calar Alto Teleskope insgesamt

Abb. 7.3: *Der vom Glaswerk Schott in Mainz gefertigte Zerodur-Rohling für den Hauptspiegel des 3.5-m-Teleskops nach dem Keramisieren; Gewicht 18 Tonnen (Werkphoto Schott).*

elf Scheiben bestellt, die größte davon sollte den Hauptspiegel des 3.5-m-Teleskops geben. Damals waren in Mainz die Arbeiten am Zerodur soweit gediehen, daß Proben bis zu einigen Kilogramm Gewicht gelangen. Dr. Carsten Eden und seine Mitarbeiter brachten uns zu den Vertragsverhandlungen ihre Versuchsmuster in der Aktentasche mit. Da war dann die 1975 als letzte der elf gelieferten Scheiben von anderem Kaliber: Sie entstammte einem Block von 4 m Durchmesser, 1 m Dicke und 27 Tonnen Gewicht, der im Mainzer Werk in einem Stück gegossen worden war! Die Fertigung dieses Giganten, bis er zur optischen Bearbeitung bei Zeiss in Oberkochen bereitstand, hatte fast 2 Jahre gebraucht, allein 16 Monate davon nahm die thermische Behandlung in Anspruch. Seine Prüfung, auf 60 der Scheibe an verschiedenen Stellen entnommenen Meßproben beruhend, ergab zwischen – 30 Grad und + 70 Grad einen Ausdehnungskoeffizienten von $0.0015 \cdot 10^{-5}$ bei einer geringen Streuung der einzelnen Werte um dieses Mittel, ein insgesamt hervorragendes Ergebnis.

Mit diesen Anstrengungen für die Astronomie konnte Schott seine weltweit führende Stellung als Produzent wissenschaftlicher Gläser im allgemeinen und großer Spiegelrohlinge im besonderen festigen und ausbauen. Die aus Mainz kommende Glaskeramik ist von einer nirgends sonst erreichten Qualität. In welchem Umfang Zerodur inzwischen von Technik und Wissenschaft verwendet wird, sieht man daran, daß Schott heute Tag für Tag etwa 1 Tonne dieses neuartigen Werkstoffs herstellt!

Teleskopsteuerung, Antriebe

Wie in vielen anderen Bereichen von Wissenschaft und Technik werden heute für die Steuerung und Kontrolle von Gerätefunktionen in erheblichem Umfang Elektronik und Computer eingesetzt. Operationen, die der Astronom früher »von Hand« ausführen mußte, sind infolgedessen heute automatisiert. So können die früher beim Positionieren, dem Ausrichten des Fernrohrs auf das gewünschte Himmelsobjekt auftretenden Totzeiten, die dem Beobachten und Messen am Objekt voraus- und verlorengehen, merklich reduziert und die klaren Nachtstunden besser genutzt werden. Auch von der Überwachung der Teleskoptechnik ist der Beobachter heute weitgehend entlastet und kann sich daher stärker auf seine eigentlichen astronomischen Aufgaben konzentrieren. Für die Steuerung werden Prozeßrechner und Mikroprozessoren verwendet, die das Teleskop und den Kuppelspalt nach vorgegebenen Koordinaten auf den Himmel richten, die der täglichen Drehung der Sphäre folgende Nachführung überwachen und unter Berücksichtigung von Störeffekten, zum Beispiel atmosphärischen Einflüssen, auch korrigieren. Bei modernen Großgeräten ist der Steuerrechner als Kommando- und Kontrollzentrale so stark in das Teleskopsystem integriert, daß dieses bei Rechnerausfall nicht mehr hantierbar und funktionsfähig ist. Das zeigt andererseits, wie hoch die Zuverlässigkeit solcher Computer heutzutage eingeschätzt wird.

Interessanten Neuerungen begegnet man auch bei den Antrieben der Teleskopachsen. Die heute zur Verfügung stehenden schrittgesteuerten Motoren, deren Drehzahl über einen weiten Bereich variiert werden kann, lassen spürbare Vereinfachungen zu: Die verschiedenen Geschwindigkeiten, mit denen ein Fernrohr bewegt werden muß, können jetzt mit *einem* Antriebsmotor und ohne die komplizierten mechanischen Getriebe der Vergangenheit realisiert werden. Diese Motoren sind auf die Anwendung der Digitaltechnik zugeschnitten und kommen damit der Steuerung durch Elektronenrechner entgegen. Das 2.2-m-Teleskop auf dem Calar Alto, seine beweglichen Teile haben ein Gewicht von 72 Tonnen, läßt sich beispielsweise um beide Achsen mit einer Geschwindigkeit von 100 Grad pro Minute in die gewünschte Richtung drehen; der Fernrohrtubus kann also in weniger als 1 Minute von der horizontalen in die vertikale Lage gebracht werden. Andererseits sind mit denselben Motoren Einzelschritte von 0.1 Bogensekunden möglich, das ist weit weniger als der scheinbare Durchmesser eines Sterns. Dazu folgender Vergleich: Wäre ein Auto mit einem solchen Antrieb ausgestattet, dann könnte man Einzelschritte von 1 cm Länge ausführen oder mit doppelter Schallgeschwindigkeit fahren, ohne einen anderen Gang einzulegen!

Teleskope der Zukunft

Wie steht es mit den Absichten und Chancen, merklich größere Teleskope als die heutigen zu verwirklichen? Die aktuellen Themen der astronomischen Forschung erfordern häufig Untersuchungen an äußerst lichtschwachen Objekten, an der Grenze des Erreichbaren. In stundenlanger Belichtung müssen oft winzige Signale aufsummiert und über die Nachweisschwelle gehoben werden. Die lichtschwächsten heute registrierten Sterne und Galaxien sind in der astronomischen Helligkeitsskala von der 24. Größe, das entspricht der Strahlung, die uns eine Christbaumkerze aus 50 000 km Entfernung zusendet! Dieses mühsame Geschäft des Photonensammelns zu erleichtern und durch noch größere Teleskopöffnungen die Reichweite zu steigern, ist daher ein Anliegen, das trotz der beträchtlichen Fortschritte der letzten Jahrzehnte nicht verstummt.

Ein zweites Motiv kommt neuerdings ins Spiel, es betrifft das Auflösungsvermögen, die »Sehschärfe« eines Teleskops. Das einfallende Sternlicht wird aufgrund seiner Wellennatur an der Fernrohröffnung gebeugt; eine Punktquelle am Himmel wird infolgedessen in der Bildebene des Fernrohrs zu einem kleinen Scheibchen verschmiert, das die Abbildungsschärfe begrenzt. So können beispielsweise zwei Sterne, deren gegenseitiger Winkelabstand an der Sphäre kleiner ist als der Radius dieses Beugungsscheibchens nicht als getrennt erkannt werden. Die Lichtkonzentration wächst jedoch mit dem Durchmesser der Fernrohröffnung, die nicht zu vermeidende Unschärfe durch Beugung ist in großen Fernrohren reduziert. Lange Wellen werden indes stärker gebeugt als kurze. Für sichtbares Licht ist der Durchmesser des Beugungsscheibchens in einem Teleskop von 1 m Öffnung etwa 0.3 Bogensekunden. Das beeinträchtigt die Beobachtungen nicht allzu stark, da selbst unter günstigen Bedingungen atmosphärische Störungen, die Ablenkung der Lichtstrahlen durch turbulente Luftschichten, nur selten 1 Bogensekunde unterschreiten, der Bilddurchmesser in diesem Falle also letztlich von der Atmosphäre bestimmt wird. Das ist ganz anders im Infraroten: Beim Zwanzigfachen der Wellenlänge des sichtbaren Lichtes, im 10 μm-Bereich, ist die Beugung zwanzigfach stärker und das Bild eines Punktes mit etwa 6 Bogensekunden Durchmesser in einem 1-m-Teleskop weit größer als die atmosphärischen Störungen. Um für 10 μm-Licht eine ähnliche Auflösung zu haben wie im Sichtbaren, müßte die Teleskopöffnung demnach an 10 m heranreichen. Die längeren Wellen der Infrarotastronomie verlangen größere Teleskopdurchmesser!*

Will man die jetzigen Instrumente merklich übertreffen und zu Öffnungen von 10 bis 20 m vorstoßen, ein in der Tat angepeiltes Ziel, dann ist eines der Haupthindernisse das enorme Gewicht der Großteleskope. Das 3.5-m-Teleskop auf dem Calar Alto wiegt insgesamt 430 Tonnen, das 2.2-m-Teleskop 83 Tonnen. Um das erstere auszurichten und nachzuführen, müssen 230 Tonnen bewegt werden, etwa dreimal soviel wie beim letzteren. Doppelte Öffnung bedeutet nach den bisherigen Erfahrungen mehr als sechsfaches Gewicht. Ähnliches gilt für die Kosten solcher Geräte, die nicht etwa gemäß der Öffnung, sondern eher entsprechend dem Gewicht wachsen. Der Preis eines 3.5-m-Teleskopes liegt heute bei 50 Millionen DM, nahezu derselbe Betrag kann auch für Gebäude, Kuppel und die sonstigen technischen Einrichtungen angesetzt werden. Angesichts dieser Erfahrungswerte erscheint eine deutliche Steigerung der Teleskopgröße ausgeschlossen, Gewicht und Kosten wären von irrealem Ausmaß. Die vorherrschende Meinung geht heute dahin, daß mit den bisher angewandten Bauprinzipien bei 4 bis 5 m Öffnung eine Grenze erreicht sei, die zu überschreiten sich aus technischen und ökonomischen Gründen verbiete.

Neue Konzepte sind deshalb gefragt. Das Thema ist in den letzten Jahren mehrfach auf internationalen Konferenzen behandelt worden; und zur Zeit wird an einigen Instituten, insbesondere in den USA, auch an der Europäischen Südsternwarte wie in England, der Weg zum Teleskop der nächsten Generation gesucht. Es wird wieder vom Typ des Reflektors sein, andere Lösungen sind nicht in Sicht. Neben dem Problem der mit hoher Präzision zu bewegenden Gewichte sieht man sich dann der Aufgabe gegenüber, eine reflektierende Fläche großer Abmessung mit einer Genauigkeit herzustellen und im Teleskop zu erhalten, die nicht merklich geringer sein darf als bei kleineren Spiegeln. Andernfalls wäre die Bildqualität

* Dasselbe gilt für den Radiobereich: Ein Grund für die enormen Durchmesser der Radioteleskope ist die begrenzte Auflösung bei diesen noch größeren Wellenlängen.

unzureichend. Ein Teil dieser Schwierigkeiten ließe sich mit einem unbeweglich aufgestellten Hauptspiegel umgehen. Zum Beispiel könnte man in Analogie zu dem 300-m-Radioteleskop in Arecibo einen großen sphärischen Reflektor fest verankern und das zu beobachtende Feld durch die Bewegung des Detektors in der Nähe der Brennfläche auswählen. Wesentliche Einschränkungen der Abbildungsqualität, des Bildfeldes und der am Himmel zugänglichen Zone wären dabei in Kauf zu nehmen. Auch andere Vorschläge mit feststehendem Hauptspiegel müssen auf vorteilhafte Eigenschaften der konventionellen Teleskope verzichten.

Die bevorzugte Stoßrichtung ist gegenwärtig eine andere, nämlich durch fühlbare Reduktion der Gewichte die Beweglichkeit des Instruments möglichst vollständig zu erhalten. Dazu muß man am Hauptspiegel ansetzen. Von ihm geht eine Art Kettenreaktion aus, die am Ende die ganze Teleskopstruktur bestimmt: Als erstes müssen Spiegelzelle und Entlastungssystem sein Gewicht tragen können. Spiegel und Zelle als kompakte Einheit am hinteren Ende erfordern sodann einen ausreichend steifen Tubus, der über die Drehachsen und ihre Lager auf der Fernrohrmontierung lastet. Sie mit ihrer Basis hat schließlich diesem sich auftürmenden Druck standzuhalten.

Das erklärte Ziel der heutigen Bestrebungen sind deshalb leichtere Spiegel, und das heißt in erster Linie dünnere Spiegel. Herkömmliche Werte für das Verhältnis von Durchmesser zu Dicke liegen bei 5 : 1 bis 7 : 1. So ist zum Beispiel der Primärspiegel des großen Calar Alto Teleskops mit seinen 13 Tonnen Gewicht bei einem Durchmesser von 360 cm am Rand 55 cm dick. In Zukunft hofft man, mit halb so dicken oder noch weit dünneren Spiegelscheiben auszukommen. Die sich daraus ergebenden Konsequenzen sind allerdings gravierend. Je dünner ein Spiegelkörper ist, desto stärker biegt er sich durch, desto »weicher« ist er. Kann er dann noch so gelagert und unterstützt werden, daß seine Verformung innerhalb der optisch tolerierbaren Grenzen bleibt, auch bei wechselnder Blickrichtung des Teleskops? Bei einem konventionellen Spiegel bleibt die Durchbiegung in Grenzen, weil seine eigene Steife wesentlich zur Formerhaltung beiträgt, so ist er dimensioniert. Das Unterstützungssystem kompensiert das Eigengewicht der relativ dicken Scheibe selbstregulierend gemäß der Neigung der optischen Achse gegen die Senkrechte. Dünne Spiegel verhalten sich dagegen eher wie Handtücher. Jetzt wird es nötig werden, die Form der reflektierenden Fläche ständig zu kontrollieren und Abweichungen vom Soll durch aktiven Eingriff zu korrigieren. Das könnte mit Hilfe eines Monitors geschehen, der fortlaufend die Qualität eines Sternbildes prüft und dabei entscheidet, ob die den Spiegel von hinten und am Rand stützenden Kräfte etwa an einer bestimmten Stelle zu verstärken oder abzuschwächen sind. Dazu ist ein dichtes System von Stützpunkten und Stempeln nötig, dessen Kraftübertragung von einem Rechner gesteuert wird. Wie weit man mit diesem Konzept der aktiven Optik zurechtkommt, bis zu welchen Durchmessern und Dicken, ist vorerst nicht klar.

Zusätzlich erschwerend wirkt sich der Zwang aus, kurze Brennweiten realisieren zu müssen, um Teleskop wie Gebäude kompakt und die Kosten niedrig zu halten. Öffnungszahlen N in der Nähe von 2 sind gefordert. Das bedeutet eine beträchtliche Krümmung der Oberfläche, was die Aufgabe des Spiegelschleifers nicht gerade erleichtert. Und soll vermieden werden, daß Dicke und Gewicht von der Mitte zum Rand stark anwachsen, dann muß man den Spiegelkörper als Meniskus ausbilden mit einer ähnlich der reflektierenden Fläche gekrümmten Rückseite.

Noch ein paar Worte zu dem Problem der Fertigung eines großen Leichtspiegels. Schon seit langem werden Glaskörper mit Höhlungen hergestellt, um auf diese Weise das Gewicht zu verringern. Ein Beispiel dafür ist der Hauptspiegel des 5-m-Teleskops auf Mt. Palomar. Strukturen ähnlicher Art entstehen heute durch Zusammenschweißen oder Kleben. Im Inneren sind sie einer Honigwabe ähnlich, dünne Deckplatten bilden die Ober- und Unterseite. Verlangt man dieselbe Steifigkeit wie bei einem Massivspiegel gleichen Durchmessers, dann beläuft sich die Gewichtsersparnis auf etwa 50 Prozent. Das ist nicht wenig, und diese Möglichkeit wird für kleinere Spiegel immer wieder wahrgenommen. Die angestrebten ganz großen Scheiben wären aber auch so viel zu schwer, und deshalb kann das Motto tatsächlich nur heißen: dünner und nochmals dünner! In den USA gelten zum Beispiel 10 m Durchmesser bei 20 cm Dicke als ein ernsthaftes Ziel. Einen Glaskörper dieser Dimensionen, ob massiv oder strukturiert, in einem Stück herzustellen und zu bearbeiten, ist jedoch bis heute nicht versucht worden und bleibt vielleicht für immer jenseits der technischen Möglichkeiten. Der andere Weg, mehrere oder viele kleine Stücke in der Art eines Mosaiks zu einem großen zusammenzuschweißen, könnte deshalb hilfreich sein.

Jedoch liegt es dann auch nahe, gar nicht erst eine Riesenscheibe zusammenzufügen, sondern die reflektierende Fläche durch eine Reihe kleinerer getrennter Einzelspiegel zu realisieren. Das kann im Prinzip auf zweierlei Weise geschehen. Einmal kann man sich diese als aus der großen Spiegelschale herausgeschnittene Segmente vorstellen, mit einem allen gemeinsamen Brennpunkt. Diese Idee wird von verschiedenen Studiengruppen

Abb. 7.4: *Das Multi-Mirror-Teleskop auf dem Mt. Hopkins in Arizona, Prototyp für Teleskope der neuen Generation. Das ganze Gebäude ist zusammen mit dem azimutal montierten Instrument drehbar. (Bild: D. Lemke)*

verfolgt, auch wenn sie alles andere als einfach in die Tat umzusetzen ist. So versuchen Astronomen der University of California, eine 10 m große parabolische Oberfläche aus 25 einzeln unterstützten und gesteuerten hexagonalen Elementen aufzubauen.

Zum anderen können es aber auch die voneinander unabhängigen Primärspiegel kleinerer Einzelteleskope sein, die in ihrer zusammengefaßten Wirkung das Großteleskop repräsentieren. Die letztere Lösung ist in dem »Multi Mirror Telescope« verwirklicht, das seit einigen Jahren in der Nähe von Tucson in Betrieb ist und als ein gemeinsames Projekt des Smithsonian Astrophysical Observatory und der University of Arizona angefangen hat. Es gilt als Prototyp, mit dem dieses neue Konzept für Großteleskope erprobt werden soll. Die wesentlichen Merkmale gehen aus der Abbildung 7.4 hervor: Innerhalb eines gemeinsamen Rohrgitterwerkes sind sechs gleichgroße Teleskope vom Cassegrain-Typ mit Primär- und Sekundärspiegel nebeneinander montiert. Die parabolischen Hauptspiegel in Leichtbauweise haben 1.8 m Öffnung. Das von den einzelnen Teleskopen kommende Licht ist über Umlenkspiegel im unteren Teil so geführt, daß die 6 individuellen Brennpunkte an einer gemeinsamen Schnittstelle ineinander verschmelzen. Dort wird die Lichtkonzentration überwacht und notfalls durch kleine Korrekturen an der Ausrichtung der verschiedenen optischen Komponenten verbessert. Es gibt nur eine Fokusstation. Die lichtsammelnde Fläche ist der eines konventionellen 4.5-m-Teleskops äquivalent, die beugungsbegrenzte Auflösung dagegen entspricht der des Einzelteleskops von 1.8 m Öffnung: Die Kopplung mit den einander überlagernden Einzelbildern steigert lediglich die Lichtstärke, die Beugungsscheibchen werden dadurch nicht kleiner. Heute wird das Instrument intensiv für die astronomische Forschung genutzt, ohne Zweifel bewährt sich sein Prinzip, und es gibt Pläne, dieses Vorbild auf größere Dimensionen zu übertragen. Von besonderem Vorteil ist die kompakte Bauweise, die sich hier ohne besondere Anstrengung ergibt. Die Länge des Gittertubus ist nämlich durch die Öffnungszahl der Einzelteleskope bestimmt. Diese braucht nicht extrem klein zu sein und trotzdem ist das Gesamtsystem in einer nahezu würfelförmigen Struktur unterzubringen. Das Gebäude des Multi-Mirror-Teleskops ist infolgedessen überraschend klein.

Ein anderes Konzept ist noch radikaler: Es will den großen Reflektor durch mehrere, separat aufgestellte »kleine« Teleskope simulieren – ein Vorschlag sieht sechs 10-m-Teleskope vor –, deren Strahlengänge wieder in einem gemeinsamen Punkt zu vereinigen sind. Im Gegensatz zum radioastronomischen Vorbild dieses Systems, dem Interferometer-Array, muß dabei aber auf die phasengerechte (kohärente) Addition der Signale, nicht zuletzt wegen der Phasenstörungen durch die atmosphärische Turbulenz, weitgehend verzichtet werden. Die Kopplung soll wieder vor allem die lichtsammelnde Wirkung steigern. Als ein Vorteil dieser Lösung wird die Möglichkeit betrachtet, bei entsprechender Aufgabenstellung die Teleskope auch unabhängig voneinander als Einzelgeräte benützen zu können. Ein Projekt dieser Art wird gegenwärtig auch an der Europäischen Südsternwarte studiert.

Ein wichtiger Aspekt für die Planung solcher Giganten der 10- oder 20-m-Klasse ist deren Montierung. Trotz aller Bemühungen um Gewichtsreduktion wird es sich nicht vermeiden lassen, schwerere Massen als die der heutigen Teleskope bewegen zu müssen. Die azimutale Montierung bietet sich dafür an. Gegenüber der gewohnten äquatorialen, mit ihren schrägliegenden Achsen, die zum Himmelspol orientiert sind, hat die azimutale den

Vorteil, daß sie sich um eine horizontale und eine vertikale Achse bei konstanter Lagerbelastung bewegt. Ihre einfachere Mechanik kann größere Lasten aufnehmen. Die äquatoriale Aufstellung hat indessen den wesentlichen Vorzug, daß die Nachführung zur Kompensation der Erdrotation die gleichmäßige Drehung nur einer Achse, der Polachse, erfordert. Dieser Vorteil geht verloren: Bei der azimutalen Montierung müssen, je nach Lage des Teleskops, beide Achsen mit variabler Drehzahl angetrieben werden, außerdem ist die kontinuierliche Rotation des Bildfeldes auszugleichen.

Aus diesen Gründen sind optische Teleskope bisher nur in Einzelfällen azimutal montiert worden. Andererseits wird dieses Prinzip bei großen Radiospiegeln schon seit langem mit Erfolg angewendet, und es ist inzwischen klar, daß mit den heutigen Möglichkeiten der Regeltechnik auch die höheren Genauigkeitsansprüche eines Fernrohres befriedigt werden können. Das erste optische Großinstrument in azimutaler Aufstellung ist das sowjetische 6-m-Teleskop, dessen bewegliche Teile 840 Tonnen wiegen. Auch das Multi-Mirror-Teleskop hat eine azimutale Montierung, die durch ihre gedrängte Bauweise Einsparungen im Volumen des Teleskopgebäudes zuließ. Ein bei Zeiss in Oberkochen für ein kleineres Gerät entwickeltes azimutales Achsensystem zeigt ebenfalls, daß mit einer modernen Rechnersteuerung die Probleme dieses Montierungstyps zu lösen sind, der für den Fernrohrhersteller ja einen weiteren Vorteil hat: Er ist unabhängig von der geographischen Breite des Aufstellungsorts.

Aus heutiger Sicht ist es meines Erachtens alles andere als sicher, ob es in Zukunft gelingen wird, optische Teleskope mit 10 m Öffnung oder gar mehr zu bauen. Die noch ungelösten Probleme sind zahlreich sowie von nicht geringem Schwierigkeitsgrad, und ob die geschilderten Konzepte zu realisieren sind, ist ungewiß. Das Multi-Mirror-Prinzip dürfte sich auch auf größere Abmessungen übertragen lassen; wie weit dieser Weg gangbar ist, bleibt allerdings abzuwarten. Andererseits kann es wenig Zweifel daran geben, daß die gegenwärtigen Bemühungen beim Bau von Instrumenten der heute schon üblichen Größen ihre Spuren hinterlassen und zu weniger aufwendigen Lösungen führen werden. Und es wäre bereits ein erfreulicher Gewinn, wenn sich die Astronomie in Zukunft mehr Teleskope der 2- bis 4-m-Klasse leisten könnte!

Nun sind die Leute vom Fach mitnichten des einhelligen Glaubens, es wäre notwendig und richtig, Fernrohre dieser enormen Öffnungen anzustreben. Eine Vergrößerung der lichtsammelnden Fläche bringt zunächst vor allem graduelle Verbesserungen, mehr Lichtquanten pro Zeiteinheit, kürzere

Meßzeiten, schwächere Grenzhelligkeiten, wobei die letzteren dem unverändert hellen Himmelsuntergrund abgerungen werden müssen. Im Rückblick auf die Entwicklung der Astronomie ist zwar nicht zu bezweifeln, daß entscheidende Durchbrüche immer wieder mit der Beobachtung lichtschwacher Objekte nahe der Nachweisgrenze verknüpft waren und durch eine Steigerung der Lichtstärke begünstigt wurden. Auch der Gewinn an Auflösung mit wachsender Öffnung im Infraroten ist nicht zu übersehen. Da aber ein solches Großprojekt trotz aller Anstrengung, sparsame Rezepte zu finden, gewiß mehrere 100 Millionen DM kosten wird, ist es nicht abwegig, nach dem Verhältnis vom Aufwand zum voraussichtlichen Gewinn zu fragen. Insbesondere meinen manche, angesichts solcher Summen gebühre der Vorzug einem Teleskop im Weltraum.

Das ist ein nicht leicht von der Hand zu weisendes Argument, nicht nur wegen der prinzipiellen Vorteile eines Standorts außerhalb der Atmosphäre. Es kommt hinzu, daß bereits ein merklich kleineres Raumteleskop in mehrfacher Hinsicht dieselben Leistungen zu erbringen vermag wie ein großes erdgebundenes Fernrohr. Das Spektrum der Himmelskörper, nicht zuletzt der sonst völlig verschlossene ultraviolette Teil, ist ihm ohne jede Einschränkung in der ganzen Ausdehnung zugänglich. Die Himmelshelligkeit ist reduziert, da die Emission der Ionosphäre, das Airglow, keine Rolle mehr spielt. Im Sichtbaren wird die Auflösung nicht mehr durch die Turbulenz der Luftschichten, sondern allein durch die Beugung an der Fernrohrapertur begrenzt. Der dunklere Untergrund und die schärferen Bilder haben zur Folge, daß bei gleicher Größe des Teleskops merklich schwächere Objekte vom Raum aus zu erreichen sind als vom Boden. Und schließlich sollte man den Vorteil nicht gering achten, unbehelligt von Wetter und Wolken im 24-Stundenbetrieb messen zu können. Das alles hat natürlich auch seinen Preis, und bekanntermaßen sind Weltraummissionen nicht gerade billig. Die Frage, ob eine wesentliche Steigerung der Größe erdgebundener Teleskope lohnenswert ist, wird sich jedenfalls ohne Beachtung dieser Aspekte nicht endgültig beantworten lassen. Wichtige Aufschlüsse zu diesem Thema sind von dem in der Entstehung begriffenen Space-Teleskop der NASA mit 2.4 m Öffnung zu erwarten, das nach mehrfachen Verzögerungen 1986 flugfertig sein soll. Es wird als unbemannte Einrichtung im Weltraum operieren. Darüber hinaus ist heute an die Möglichkeiten der künftigen Raumstation zu denken, die astronomisch sicher genutzt werden wird und schon jetzt bei den Planungen der amerikanischen Weltraumforschung eine zentrale Rolle spielt.

Detektoren

Die Leistungsfähigkeit eines astronomischen Beobachtungssystems hängt keineswegs allein von der Größe des verwendeten Teleskops ab. Der andere wesentliche Faktor ist die Effizienz des Detektors, der die vom Fernrohr aufgesammelten Photonen in registrierbare Ereignisse umsetzt. Hier sind in neuerer Zeit interessante Entwicklungen in Gang gekommen und bedeutsame Verbesserungen erzielt worden.

Gleichwohl ist die photographische Emulsion nach wie vor der am häufigsten verwendete Strahlungsempfänger. Die enorme Zahl von Bildelementen – bis zu 10^9 bei größeren Formaten – wird von keinem anderen Detektor erreicht und verleiht der Photoplatte für die Beobachtung großer Felder eine unangefochtene Stellung. Andererseits hat die Photoschicht eine Reihe gravierender Schwächen, wie die Nichtlinearität der Schwärzungskurve – doppelter Helligkeit entspricht nicht immer doppelte Schwärzung – oder ihr relativ kleiner dynamischer Bereich – große Helligkeitsunterschiede werden nicht erfaßt. Am meisten stört den Astronomen aber die geringe Quantenausbeute, die bei üblichen Emulsionen unter 1 Prozent liegt, bei besonders hochgezüchteten und deshalb speziell zu behandelnden wenig darüber: Von 100 Lichtquanten, die ein Teleskop einfängt, wird also im günstigsten Fall nur etwa eines photographisch wirksam! Von einer optimalen Anpassung des Detektors an das Empfangssystem ist man also weit entfernt und die heutigen Bemühungen sind deshalb vor allem darauf gerichtet, Detektoren mit deutlich besserer Quantenausbeute zu schaffen. Man muß sich dazu vor Augen halten, daß eine zehnfach höhere Quantenausbeute einer Steigerung der lichtsammelnden Fläche des Teleskops um denselben Faktor beziehungsweise einer mehr als dreimal so großen Öffnung entspricht.

Ein anderer Punkt sei noch hervorgehoben: So einfach und bequem die Photoplatte am Fernrohr zu handhaben ist, so schwierig und aufwendig ist es, die von ihr gespeicherte Information danach in einer für die weitere Verarbeitung geeigneten Form zu extrahieren. Dafür werden heute automatische Meßmaschinen hoher Präzision und moderne Datensysteme eingesetzt (Abb. 7.5).

Wesentlich bessere Quantenausbeuten bietet die lichtelektrische Kathode auf der Basis des äußeren Photoeffektes an, mit der neuerdings im blauen Spektralbereich bis zu 30 Prozent erreicht werden. Lichtelektrische Methoden haben sich in der Astronomie mit dem Aufkommen des Photomultipliers oder Elektronenvervielfachers in den fünfziger Jahren verbreitet, der heute als das ideale Mittel für präzise Helligkeitsmessungen allent-

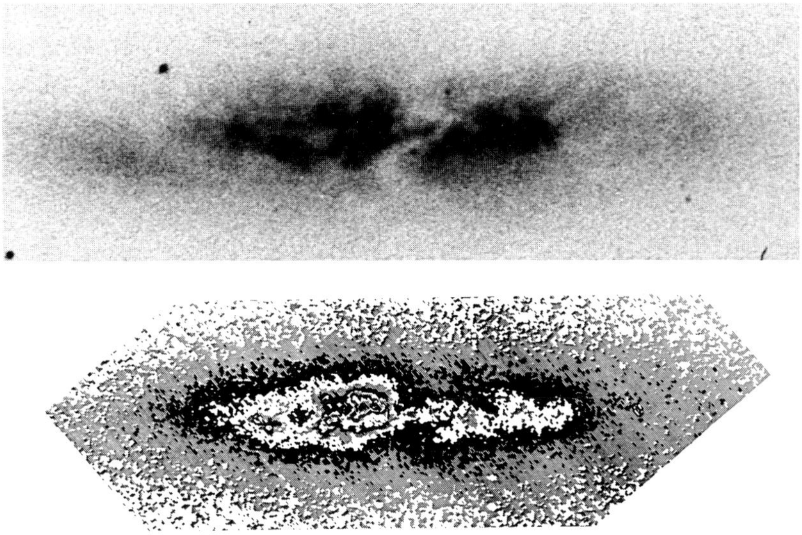

Abb. 7.5: *Oben: Aufnahme der Galaxie M 82 im Roten.*
Unten: Diese Darstellung in Stufen gleicher photographischer Dichte ist durch Rasterscan der Originalplatte (Schrittauflösung 20 µm) mit dem Mikrodensitometer und Verarbeitung der Meßwerte im Rechner gewonnen worden. 8 Stufen (Folge weiß, grau, schwarz) entsprechen dem Faktor 10 in der Dichte. (H. J. Staude und J. Solf)

halben verwendet wird. Als Einkanal-Detektor ist er aber »blind«, er kann keine Bildstrukturen erkennen und das bedeutet zum Beispiel, daß die Sterne eines Feldes nicht gleichzeitig, sondern nur einer nach dem anderen zu messen sind.

Es gibt aber seit einiger Zeit eine ganze Reihe von Anordnungen mit lichtelektrischer Kathode, bei denen durch ein elektronenoptisches System die Bildinformation erhalten bleibt. Der einfachste Fall ist eine Bildverstärkerröhre wie in Abbildung 7.6. Bei ihr werden die aus der Kathode befreiten Elektronen durch die angelegte Hochspannung beschleunigt und auf einen Leuchtschirm fokussiert. Von dort wird das Bild direkt auf eine Photoplatte übertragen. Durch Hintereinanderschalten mehrerer solcher Einheiten läßt sich die Verstärkung weiter steigern, gekoppelt damit ist allerdings ein Verlust an Bildschärfe. Diese Röhren bringen nicht nur den Vorteil der höheren Quantenausbeute zur Geltung, auch die spektrale Empfindlichkeitsverteilung ist jetzt von der Kathode bestimmt. Dadurch werden Wellenlängen zugänglich, die der Photoschicht verschlossen sind.

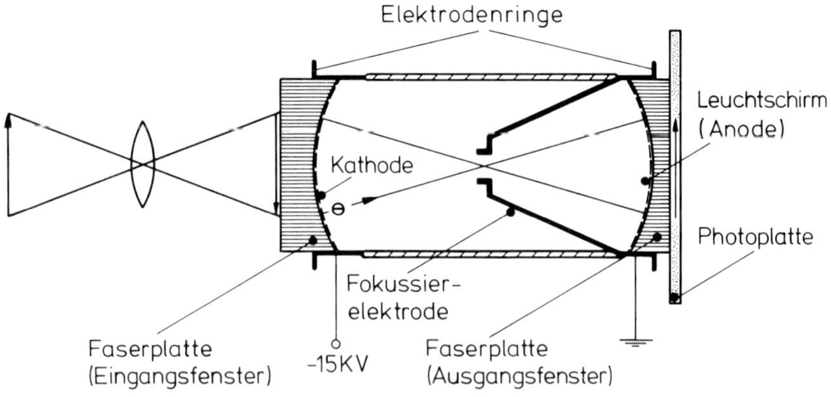

Abb. 7.6: *Prinzipaufbau einer Bildverstärkerröhre.*

So ist am Max-Planck-Institut für Astronomie eine Kamera gebaut worden, mit der im nahen Infrarot bei etwa 1 μm Wellenlänge photographiert werden kann und die bei verschiedenen Programmen auf dem Calar Alto schöne Erfolge brachte (s. a. S. 113).

Bei komplexeren Varianten wird die Photoplatte als Datenträger völlig umgangen. Beim SEC-Vidicon zum Beispiel entsteht das »Elektronenbild« einer Verstärkerröhre auf einer dünnen Speicherfolie (Target) in Form einer elektrischen Ladungsverteilung, die der Elektronenstrahl einer nachgeschalteten Fernsehröhre abtastet. Die Bildinformation wird dadurch direkt in elektrische Signale umgesetzt, was die weitere Verarbeitung erleichtert. Das nach diesem Prinzip am University College London entwickelte Image Photon Counting System benützt eine vierstufige Bildröhre, die so hoch verstärkt, daß sich die von einzelnen Photonen ausgelösten Impulse gegen das unvermeidbare Untergrundrauschen abheben und einem Speicher zugeführt werden können, in dem durch optimale Addition das Bild aufgebaut wird.

Zunehmendes Interesse ziehen heute Halbleiterdetektoren auf sich, bei denen das optische Bild mit Hilfe des inneren Photoeffekts in eine entsprechende Verteilung von Ladungsträgern umgewandelt wird. Als ein solcher, für die astronomische Anwendung attraktiver Detektor mit geradezu atemberaubenden Eigenschaften hat sich neuerdings das CCD (Charge-Coupled Device = ladungsgekoppelte Halbleiteranordnung) erwiesen, ein 1970 bei den Bell Laboratories (USA) erfundener und mit den Methoden der Mikroelektronik zunächst für das Fernsehen entwickelter integrierter

Lichtempfänger. Er besteht aus einem dünnen Siliziumplättchen, in das die Lichtquanten eindringen und elektrische Ladungen erzeugen. Durch ein aufgedampftes Netzwerk von Elektroden ist dieser »Chip« in eine große Zahl winziger quadratischer »Pixel«, in eine zweidimensionale Anordnung kleinster Kondensatoren, unterteilt – eine gängige Pixelgröße ist 30 μm x 30 μm –, die als elektrisch voneinander getrennte lichtempfindliche Zentren zu betrachten sind. Das System der parallelen Elektroden und senkrecht dazu verlaufenden Trennkanäle erzeugt eine elektrische Potentialverteilung, die zunächst dazu dient, die innerhalb eines Pixelbereiches gemäß der Lichtintensität freigesetzten Elektronen aufzusaugen und in eine Potentialtopf einzusammeln. Das geschieht in der Phase der Belichtung. Dann werden, gesteuert von einer Uhr, die Potentiale so verändert, daß sich die

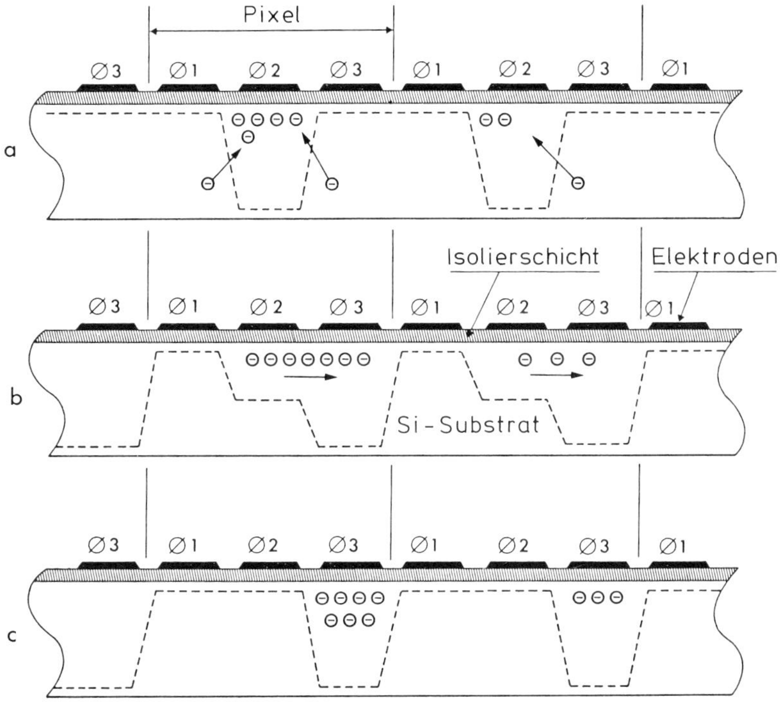

Abb. 7.7: *Prinzip eines dreiphasigen CCD (Charge-Coupled Device), bestehend aus dem Siliziumplättchen, darüberliegender Isolierschicht und aufgedampften Elektroden. Jeweilige Potentialverteilung ---. a) Die von einfallendem Licht ausgelösten Ladungsträger ⊖ sammeln sich in den Potentialtöpfen der einzelnen Pixel. b) und c) Ladungstransfer in der Auslesephase.*

Ladungspakete der einzelnen Pixel in Bewegung setzen und über die von dem Elektrodennetz vorgegebenen Wege, wie über ein System von Förderbändern, wohlgeordnet hintereinander einem Verstärker angeliefert werden. Das ist die Auslesephase. Von dort landen sie nach der Digitalisierung schließlich im Speicher eines Rechners, wo jedem Pixel ein Platz zugeordnet ist und wo nach jedem der schnellen Auslesezyklen neue Signale abgelagert werden. So entsteht wieder durch Aufsummieren kleiner und kleinster Einzelportionen ein Bild, das der Astronom, sobald es sich ausreichend klar abzeichnet, vom Datenspeicher des Rechners auf ein Magnetband übertragen und für die Auswertung mit nach Hause nehmen kann.

Beim äußeren wie beim inneren Photoeffekt ist der thermische Dunkelstrom von Elektronen, die aufgrund der Temperaturbewegung im Detektor austreten, eine Störquelle, die sich aber durch Kühlung weitgehend unterdrücken läßt. Ein CCD wird deshalb beim astronomischen Einsatz zum Beispiel mit Hilfe von flüssigem Stickstoff auf weniger als –100°C gekühlt. Kritischer ist das mit dem Auslesen der Ladungen verbundene elektronische Rauschen, das von der Qualität des Chips abhängt, vom Nutzer deshalb kaum beeinflußt werden kann und letztlich bestimmt, wie schwach das gerade noch nachweisbare Licht sein darf. Verglichen mit anderen Detektoren sind die Eigenschaften des CCD in mehrfacher Hinsicht überwältigend: Die Quantenausbeute liegt im Roten in der Nähe von 80 Prozent und erreicht damit fast den Idealwert. Bedingt durch die Eigenheiten des Siliziums nimmt sie zum Blauen hin ab. Große Helligkeitsintervalle können linear überbrückt werden. Außerdem ist das System so stabil, daß schwache Signale über lange Zeiten aufsummiert und so aus dem Untergrund herausgehoben werden können. Das zusammen macht diesen Detektor so außerordentlich empfindlich und allen anderen gegenwärtig verfügbaren deutlich überlegen. Auf dem Calar Alto ist ein solches digitales Bildsystem mit einem CCD-Detektor am 2.2-m-Teleskop seit 1981 im Einsatz, und es ist immer wieder aufs neue beeindruckend, welche Möglichkeiten sich damit auftun, besonders dann, wenn es um die Beobachtung sehr lichtschwacher Objekte und Phänomene geht.

Wie bereits angedeutet, haben alle modernen Detektoren einen schwerwiegenden Nachteil gemeinsam: die relativ kleine Zahl von Bildelementen. Der heute vorwiegend produzierte, an der Fernsehnorm sich orientierende CCD-Chip hat 512 Zeilen und 320 Spalten, das bedeutet 163 840 Pixel bei Abmessungen des Detektors von 15 mm x 10 mm. Das ist gewiß nicht wenig. Verglichen mit einer Photoplatte von 40 cm x 40 cm, wie sie bei Schmidt-Spiegeln verwendet wird, und ihren kleineren Bildelementen,

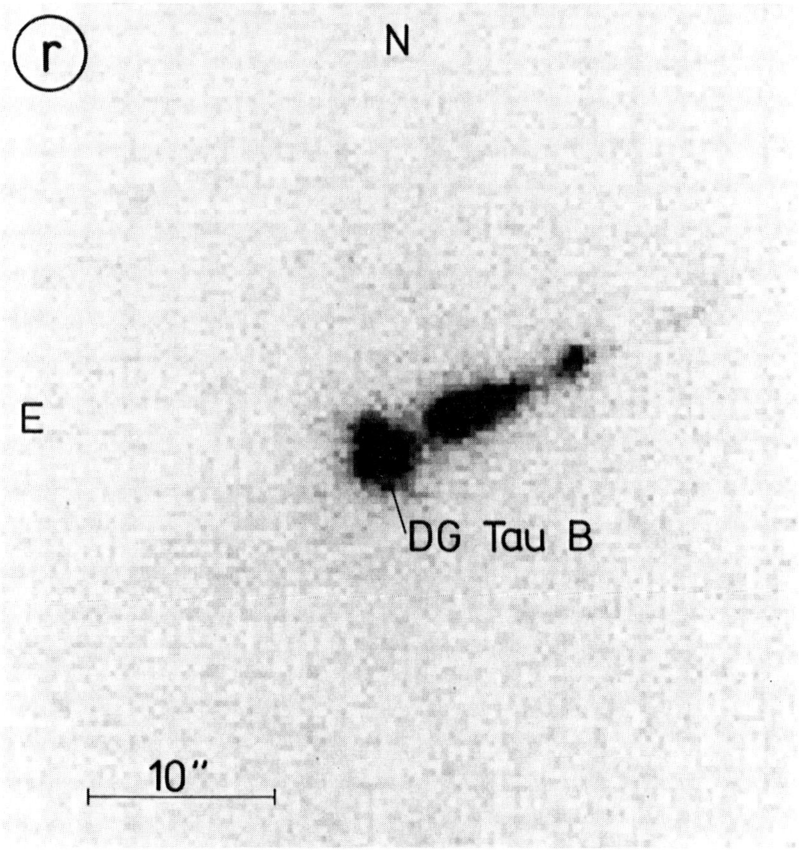

Abb. 7.8: *DG Tauri B, ein mit der CCD-Kamera entdeckter Stern mit Jet. In diesem Fall ist der Stern, das Objekt am linken unteren Ende, selbst zu sehen. Die knotige Struktur des 17 Bogensekunden langen Materiestrahls ist hier besonders stark ausgeprägt. Beobachtungen dieser Art werden durch die große Empfindlichkeit des CCD-Detektors und seine Fähigkeit, große Helligkeitskontraste zu überbrücken, begünstigt. Siehe auch Abbildung 3.16, ein anderes Beispiel für einen stellaren Jet, und Abbildung 9.14, die einen Galaxienkern mit Jet zeigt. (Aufnahme: R. Mundt, J. Fried, 2.2-m-Teleskop Calar Alto)*

ist es jedoch geradezu kümmerlich. Ähnliches gilt für die meisten Bildverstärkerröhren. Ihre Kathoden haben in der Regel Durchmesser von 25 mm oder 40 mm. Solche mit 90 mm und gar 140 mm sind zeitweise angeboten worden als Einzelstücke und von nicht durchweg überzeugender Qualität. Sie sind dazu extrem teuer und nur in einstufiger Version zu erhalten. Jetzt ist also zu beklagen, daß die Bildfelder heutiger Teleskope mit diesen effizienten Detektoren nur unzureichend abgedeckt werden können. Kaum günstiger sieht es aus, wenn die Photoplatte am Ausgang eines Spektrographen oder anderer zwischengeschalteter Instrumente ersetzt werden soll.

Die Astronomen bekommen hier zu spüren, daß sie an einem Markt partizipieren, der von den anders gelagerten Interessen industrieller und militärischer Großabnehmer beherrscht wird. Die Produkte, um die es geht, sind kostspielig und setzen beim Hersteller hohe Investitionen voraus; dementsprechend schwerfällig reagiert er auf Sonderwünsche. Das ist durchaus verständlich. Die speziellen Bedürfnisse der Astronomie waren indessen in der Vergangenheit nicht selten Schrittmacher für interessante technologische Entwicklungen. Und über allen Zwängen von Kosten und Märkten sollte das auch in Zukunft nicht vergessen werden.

8 Ein neues Zentrum astronomischer Forschung

Die Astronomie lebt von der Beobachtung, die kosmischen Phänomene sind ihr Arbeitsfeld. Astronomisches Wissen gründet sich weitgehend auf Messung und Analyse der uns aus dem Weltall zugeworfenen Strahlung. Um beobachten und messen zu können, muß der Astronom aber geeignetes Instrumentarium zur Hand haben.

Im folgenden ist von einem Zentrum die Rede, das in den letzten 15 Jahren mit dem Ziel entstanden ist, der deutschen Wissenschaft nach einer langen Phase der Stagnation das Werkzeug für empirische Himmelsforschung in vorderster Front wieder bereitzustellen. Es handelt sich um eine Einrichtung der Max-Planck-Gesellschaft: das auf dem Königstuhl bei Heidelberg neu errichtete Max-Planck-Institut für Astronomie mit seiner Außenstelle in Andalusien, der Sternwarte auf dem Calar Alto. Letztere steht mit ihren Geräten allen Astronomen der Bundesrepublik offen, nimmt also für die deutsche Wissenschaft zentrale Funktionen wahr.

Vorgeschichte

Schon zu Anfang unseres Jahrhunderts wollten deutsche Astronomen eine Sternwarte in südlichen Breiten bauen. So ist von Karl Schwarzschild bekannt, daß er sich ein Observatorium in Afrika, in einer der deutschen Kolonien, wünschte. Max Wolf, der Vater der Heidelberger Astronomie, der sich bereits in jungen Jahren durch die Himmelsphotographie an seiner Privatsternwarte Weltruhm erworben hatte und für den kurz vor der Jahrhundertwende die Großherzogliche Sternwarte auf dem Königstuhl errichtet worden war, vertrat als einer der ersten ähnliche Ideen. In einem ausführlichen Entwurf zu einer Sternwarte im Süden bemerkt er im Jahre 1900: »... not tut eine Sternwarte, die in engstem und stetem Zusammenhang mit einer nördlichen ist. Es fehlt unseren Leuten die Möglichkeit, erstens beobachten zu lernen und zweitens begonnene Untersuchungen durchzuführen; denn das schlechte Wetter Nordeuropas verhindert beides.« Die stürmische Entwicklung der amerikanischen Astronomie in den Jahren danach machte ihm immer deutlicher, was in Deutschland zu geschehen hätte und ließ ihn schließlich resignieren. In einem Brief des Achtundsechzigjährigen aus dem Jahre 1931 findet sich die Bemerkung: »Aber inzwischen haben wir keinen großen Beitrag mehr in neuen Instrumenten stellen können, während die Amerikaner ihre Apparate ins nie Geahnte gesteigert haben. Ich kann daher nicht mehr konkurrieren.«

In den zwanziger Jahren gab es neue Initiativen, die Situation der beobachtenden Astronomie in unserem Lande deutlich zu verbessern. Zwei Motive klingen dabei immer wieder durch: eine zeitgemäße instrumentelle Ausstattung zu schaffen und die besseren klimatischen Bedingungen des Südens zu nutzen. Günstige Standorte werden in Aussicht genommen. In interessanten Regionen kommt es zu Testbeobachtungen, die Auskunft geben sollen über die örtlichen Bedingungen. Bei diesen Plänen, die zunächst von den Sternwarten in Berlin und Potsdam ausgingen, fiel Carl Bosch, dem großen Chemiker, eine wichtige Rolle zu. Er war begeisterter Liebhaberastronom und hatte sich auf seinem Grundstück am Schloß-Wolfsbrunnenweg in Heidelberg eine beachtliche Sternwarte erbaut, deren Einrichtung noch heute am Astronomischen Institut der Universtität Tübingen gute Dienste gut. Als einflußreicher Industrieführer und Förderer der Wissenschaften war er den Astronomen ein willkommener Gesprächspartner und nahm an ihren Überlegungen regen Anteil. Er interessierte sich vor allem für das Projekt eines großen Reflektorteleskops von 2 m Öffnung mit einem Hauptspiegel aus Quarz, für dessen Herstellung auf seine Veranlassung bei der BASF in Ludwigshafen Versuche unternommen wurden. Dieser Plan einer Reichssternwarte war überschattet von dem Streit der Astronomen, die sich nicht einigen konnten, ob die Instrumente auf der Südhalbkugel zur Erforschung des südlichen Himmels aufgestellt werden sollten – ein in Aussicht genommener Standort lag am Rande von Windhuk im ehemaligen Deutsch-Südwestafrika – oder auf der nördlichen Hemisphäre im Bereich des Mittelmeeres.

Auch wenn die politische Entwicklung alle diese Vorhaben schließlich scheitern ließ, so blieb die Idee doch lebendig: Nachdem Carl Bosch 1937 als Nachfolger von Max Planck zum Präsidenten der Kaiser-Wilhelm-Gesellschaft gewählt worden war, strebte er an, sie mit einem zu gründenden Institut für Astronomie zu verwirklichen. Für vorbereitende Arbeiten waren 1939 im Etat der Gesellschaft erste Mittel bereitgestellt und dem damaligen Direktor der Göttinger Sternwarte, Hans Kienle, anvertraut.

Nach dem Krieg gingen wesentliche Anstöße von der 1962 publizierten Denkschrift der Deutschen Forschungsgemeinschaft »Zur Lage der Astronomie« aus. Sie hob neben anderem darauf ab, daß die Aufgaben der Forschung zwingend einige Einrichtungen überregionalen Charakters erforderten, »die über den Rahmen eines einzelnen Universitätsinstituts hinausgehen und der deutschen Astronomie insgesamt zur Verfügung stehen«. Für die optische Astronomie empfahl sie erneut große leistungsfähige Teleskope in günstigem Beobachtungsklima außerhalb der deutschen Grenzen. Die damals nach jahrelangen Verhandlungen bevorstehende Gründung der Europäischen Südsternwarte mit der Bundesrepublik als einem von fünf Mitgliedsländern, die schließlich ihren Platz in Chile fand, war zwar ein Lichtblick, aber keinesfalls ein Allheilmittel, über dem man die nationalen Schwächen hätte vergessen können. Um 1960 war das lichtstärkste deutsche Teleskop noch immer das 1-m-Teleskop der Hamburger Sternwarte aus dem Jahre 1910, das zweitstärkste der 72-cm-Reflektor von Heidelberg aus dem Jahre 1906!

In einer Zeit, als Regierungen und Öffentlichkeit für die Erfordernisse der Wissenschaft in einem heute kaum mehr vorstellbaren Grade sensibilisiert waren, verfehlten diese Argumente nicht ihre Wirkung, obwohl klar war, daß die erforderlichen Investitionen von beträchtlicher Höhe sein müßten. Zunächst aber erwies es sich als unerwartet schwierig, einen geeigneten Träger der geplanten Anlage zu finden; der Kulturföderalismus unseres Staatswesens war im Weg. Bis sich dann der damalige Präsident der Max-Planck-Gesellschaft, Adolf Butenandt, und sein späterer Nachfolger, Reimar Lüst, engagiert des Projektes annahmen. Begünstigt durch ihren überregionalen Charakter, ist die Max-Planck-Gesellschaft in jenen Jahren zur stärksten Stütze der astronomischen Forschung in der Bundesrepublik geworden. Und das nicht etwa allein zum Vorteil der optischen Astronomie: Auch die extraterrestrische Physik und die Radioastronomie werden seither in neugegründeten Instituten gefördert, während das vorwiegend theoretisch orientierte Institut für Astrophysik schon merklich älter ist. Der modernen Ausweitung der Weltraumwissenschaft wurde dadurch in idealer Weise Rechnung getragen.

Das in engem Kontakt mit dem Rat Westdeutscher Sternwarten entworfene Konzept für das neue Max-Planck-Institut, das 1969 die Arbeit aufnahm, sah ursprünglich so aus: Ein Heimatinstitut als Zentrale, möglichst in Universitätsnähe, sollte sich der Entwicklung neuer Meßverfahren und dem Bau der Zusatzgeräte für die Teleskope widmen. Auch sollten dort Beobachtungsprogramme vorbereitet und gewonnene Daten ausgewertet werden. Für die Beobachtungen selbst waren Stationen auf beiden Hemisphären vorgesehen, um sowohl den nördlichen als auch den südlichen Himmel erreichen zu können. Eine von Deutschland aus leicht zugängliche

Stelle im Mittelmeerraum betrachtete man als die ideale Lösung im Norden. Beide Sternwarten sollten je ein Teleskop von etwa 2 m Öffnung erhalten, an der nördlichen ergänzt durch ein von der Deutschen Forschungsgemeinschaft bereits in Auftrag gegebenes 1.2-m-Teleskop und den großen Hamburger Schmidt-Spiegel. Um gegenüber ähnlichen Anlagen anderer Länder nicht wieder von vornherein zurückstehen zu müssen, wurde darüber hinaus für eines der Observatorien – zunächst war an das auf der Südhalbkugel gedacht – ein Großgerät mit 3 bis 4 m Öffnung in Aussicht genommen.

Auch wenn aus Gründen, über die noch zu sprechen sein wird, einige Ziele im Laufe der Jahre modifiziert werden mußten und die heutige Wirklichkeit nicht in allem diesem ehrgeizigen Plan entspricht, so ist er doch in wesentlichen Elementen realisiert worden.

Die Heidelberger Zentrale

Für neue Programme müssen oft komplizierte Apparaturen gebaut werden, und häufig ist es nicht weniger aufwendig, das erhaltene Beobachtungsmaterial auszuwerten. Beides erfordert in der Regel merklich mehr Zeit als die Messungen mit den Fernrohren selbst. Die Arbeit in Labor und Werkstatt spielt deshalb eine wichtige Rolle für den Erfolg und die optimale Nutzung der Teleskope. Mit dem Institut auf dem Königstuhl sind die dafür nötigen Einrichtungen geschaffen worden.

Die neuen Gebäude entstanden zwischen 1971 und 1975 auf einem 5.2 Hektar großen Gelände in unmittelbarer Nachbarschaft zur dortigen Landessternwarte, der früheren Wirkungsstätte Max Wolfs. In der Luftaufnahme der Abbildung 8.1 sieht man die ganze Anlage und ihre Umgebung. Die in den Wald eingeschnittene Zugangsstraße erschließt das Gelände von Osten. Im südlichen Flügel des reich gegliederten Hauptgebäudes befinden sich Arbeitszimmer und Labors, während in dem senkrecht dazu verlaufenden nördlichen Trakt die Werkstätten für Feinmechanik und Elektronik, Schlosserei und Tischlerei untergebracht sind. Das Zentrum bilden Cafeteria, Verwaltung, Bibliothek und Hörsaal. Abgesetzt nach Süden ist das mit zwei kleineren Kuppeln ausgestattete Astrolabor für Experimente mit Sternlicht und für die Erprobung neuer Geräte.

Bei der Planung ist von 150 Mitarbeitern des Instituts ausgegangen worden, eine heute fast erreichte Zahl. Davon sind nur etwa ein Fünftel Astronomen; die Ingenieure und anderen technischen Mitarbeiter sind mehr als doppelt so zahlreich. Sie vertreten ein breites Berufsspektrum,

Abb. 8.1: *Das Max-Planck-Institut für Astronomie auf dem Königstuhl in Heidelberg. Im Hintergrund die Landessternwarte. (Luftbild: Lossen, Heidelberg)*

das Laborphysik, Informatik, Elektronik, Feinwerktechnik, Photographie und einiges andere umfaßt. Daneben ist ständig eine größere Anzahl von Studenten der Astronomie und Physik mit Diplom- und Doktorarbeiten am Institut beschäftigt, das auch für Lehrlinge der Feinmechanik und Informationselektronik eine gesuchte Ausbildungsstätte ist.

Neben den schon angedeuteten Aufgaben und Aktivitäten sind Arbeitsgruppen des Instituts auch auf dem Gebiet der extraterrestrischen Astronomie tätig. So wurde wiederholt mit einer ballongetragenen Gondel, die ein Dutzend Einsätze ohne größere Schäden überstanden hat, aus über 30 km Höhe die Nachthimmelshelligkeit im Sichtbaren und Infrarot gemessen. Für die deutsch-amerikanischen Raumsonden Helios 1 und 2, die 1974 und

1976 starteten, um sich der Sonne auf weniger als 30 Prozent des Erdabstandes zu nähern, sind Experimente zur Messung des interplanetaren Streulichtes entwickelt worden, die beim Flug durch das innere Planetensystem über Jahre hinweg zuverlässige Daten übermittelten. Gegenwärtig werden Instrumente für Infrarotbeobachtungen vom Spacelab aus vorbereitet. Die extraterrestrisch verfolgten Ziele sind nicht unabhängig von Programmen an den erdgebundenen Teleskopen des Instituts, sondern orientieren sich vielmehr an übergreifenden Fragestellungen. Das hat den erwünschten Effekt, daß sich die unterschiedlichen Arbeitsweisen gegenseitig ergänzen und stark befruchten.

Es war keineswegs von vornherein klar gewesen, daß die Institutszentrale ins Baden-Württembergische nach Heidelberg kommen wird, obschon sich diese Stadt der Wissenschaft mit ihrer starken Physik und Astronomie zur Wahl anbot. Nicht selten ist ja der Standort eines neuen Max-Planck-Instituts umkämpft, bis die vielerlei auch einander widerstreitenden Interessen einen gemeinsamen Nenner finden. Kulturpolitische Gesichtspunkte von Bund und Ländern, den Finanzierungsträgern der Max-Planck-Gesellschaft, sind zu berücksichtigen, die nicht unbedingt mit der Absicht konform gehen, das Objekt in eine seiner Arbeit förderliche Umgebung einzubetten. Naturgemäß spielen auch die Vorstellungen der unmittelbar Betroffenen eine Rolle. So war es nicht ganz ohne Einfluß, daß der zum Direktor Berufene zu jener Zeit auf dem Königstuhl tätig war. Die Landessternwarte gab dann auch dem neuen Institut entscheidende Hilfestellung. Auf ihrem Gelände konnten für ein vorläufiges Domizil Baracken errichtet werden, die neue Mannschaft rekrutierte sich zunächst aus dort ausgebildeten jungen Mitarbeitern. Das Band zur Universität war ohne Probleme zu knüpfen, und diese günstigen Voraussetzungen verhalfen dem Unternehmen zu einem fast fliegenden Start. Es sei aber auch die tatkräftige Unterstützung seitens der Stadt und ihres Oberbürgermeisters nicht vergessen. Oberbürgermeister Reinhold Zundel und seine Mitarbeiter haben es trotz Widerständen ermöglicht, das neue Haus in idealer Umgebung auf dem Königstuhl zu errichten und die traditionsreiche Astronomie-Oase auf dem Heidelberger Hausberg durch eine jugendkräftige Pflanzung zu erweitern.

Wohin mit den Teleskopen?

Bei der Suche nach geeigneten Standorten für eine Sternwarte wird man in erster Linie auf möglichst viele wolkenlose Nächte aus sein. Diese sind innerhalb der beiden subtropischen Hochdruckgürtel zu finden, die sich zwischen 20 Grad und 40 Grad geographischer Breite beiderseits des Äquators um den Erdball erstrecken. Hier gibt es Stellen mit mehr als 200 wolkenlosen Nächten pro Jahr. Informationen über die lokalen Verhältnisse können in vielen Ländern den Daten der Wetterdienste entnommen werden, die manchmal Jahrzehnte zurückreichen. Eine aufschlußreiche moderne Quelle sind Wolkenbilder von Wettersatelliten, wie man sie heute auch im Fernsehen regelmäßig präsentiert bekommt. Es gibt sie in täglicher Ausgabe seit 1966 mit der Bewölkung von ganz Europa und Nordafrika. Neben zahlreichen klaren Nächten sind ausreichend hohe Berge wichtig, um die störenden Einflüsse von Dunst und Turbulenz der Niederungen zu vermeiden. Heute werden Höhen von möglichst 2 000 m über Meeresniveau und mindestens mehreren hundert Metern gegenüber der näheren Umgebung angestrebt. Größere Ansiedlungen, die den nächtlichen Himmel erhellen und die Luft verschmutzen, dürfen nicht zu nahe sein. Andererseits sollte eine in Betracht kommende Stelle nicht zu schwierig zu erreichen und erschließen sein. Eine erste Auswahl interessanter Gegenden anhand dieser Kriterien läßt sich bereits am Schreibtisch treffen; sie muß ergänzt werden durch Untersuchungen an Ort und Stelle.

Von besonderer Bedeutung ist das »Seeing«, die von lokalen Gegebenheiten beeinflußte Luftunruhe. An heißen Tagen gibt sie sich, extrem ausgeprägt, im Flimmern der Luft über dem stark erhitzten Erdboden zu erkennen. Sie führt zu Richtungsschwankungen des Lichtes und verschmiert infolgedessen die Sternbilder im Teleskop. Schlechtes Seeing macht somit alle Bemühungen um scharfe Bilder und größere Felder, von denen im vorhergehenden Kapitel die Rede ist, weitgehend zunichte. Darüber hinaus wird der Helligkeitskontrast gegenüber dem Himmelshintergrund reduziert und als Folge davon die Reichweite des Teleskops herabgesetzt. Für viele Programme entspricht doppelt so großes Seeing einer Leistungsminderung des Teleskops auf die halbe Öffnung!

Die Abbildung 8.2 demonstriert das Seeingphänomen an einer Auswahl von Sternspuren, die bei stehendem Fernrohr photographisch registriert wurden. Entscheidend ist die Bewegung des Bildes senkrecht zur Registrierrichtung. Sie wird durch die Zahlen am linken Bildrand charakterisiert, die etwa dem resultierenden Bildradius in Bogensekunden entsprechen. Den drei obersten ruhigen Spuren sind also Bilddurchmesser um

1 Bogensekunde und weniger äquivalent. Orte, an denen sich das Seeing in der Regel in der unteren Hälfte bewegt, können nicht als günstig gelten. Eine notwendige, aber nicht hinreichende Bedingung für gute Luftruhe ist dann erfüllt, wenn die Umgebung des Teleskops dem Zustand der freien Atmosphäre möglichst nahekommt und lokale Turbulenz infolge von Aufheizung vermieden werden kann. Das ist am ehesten bei Berghöhen gewährleistet, die vom Wind ungestört angeströmt werden. Eine gewisse Unruhe der Luft ist jedoch stets in Kauf zu nehmen, da nicht allein lokale Effekte maßgebend sind, sondern auch höhere Atmosphärenschichten zum Seeing beitragen. Dann hängt es davon ab, ob die Großwetterlagen günstig sind und häufig ausgeglichene Luftkörper heranführen.

Mit photographischen Sternspuren, wie in Abbildung 8.2 gezeigt, läßt sich die Bildbewegung vor allem bei stärkerer Unruhe gut erfassen, und diese einfache, mit leicht transportablen Fernrohren zu realisierende Methode wurde bei unseren Testbeobachtungen stets verwendet. Bei kleinen Amplituden läßt jedoch die Genauigkeit zu wünschen übrig, und auch andere Nachteile, die mit dem photographischen Prozeß verbunden sind, veranlaßten uns, daneben ein lichtelektrisches Verfahren zur Seeingmessung einzusetzen, das sich an einem amerikanischen Vorbild orientierte. Es wird durch Abbildung 8.3 erläutert. Der Strahlengang im Fernrohr wird aufgeteilt und das Sternlicht zwei Photomultipliern zugeführt. Der eine (PM 1) erhält über eine Strahlenteilerplatte ein Drittel des Lichtes. Im anderen Zweig befindet sich im Fokus eine Messerschneide

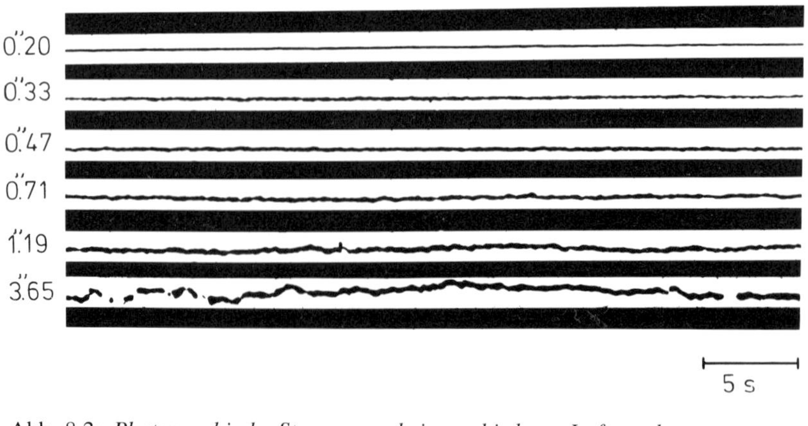

Abb. 8.2: *Photographische Sternspuren bei verschiedener Luftunruhe. Links die mittlere Amplitude des Seeing in Bogensekunden.*

(MS), die durch einen Schneidkopf, wie er zur Herstellung von Schallplatten verwendet wird, bewegt werden kann. Die Messerschneide wird gesteuert durch eine Spannung, die der Differenz der beiden Photoströme $i_1 - i_2$ proportional ist. Der Abgleich dieses Regelkreises ist erreicht, wenn beide Multiplier die gleiche Lichtintensität empfangen, das heißt, wenn das Sternbild in der Fokalebene durch die Schneide in zwei gleich helle Teile halbiert wird. Die Auslenkung der Messerschneide, die den Ortsschwan-

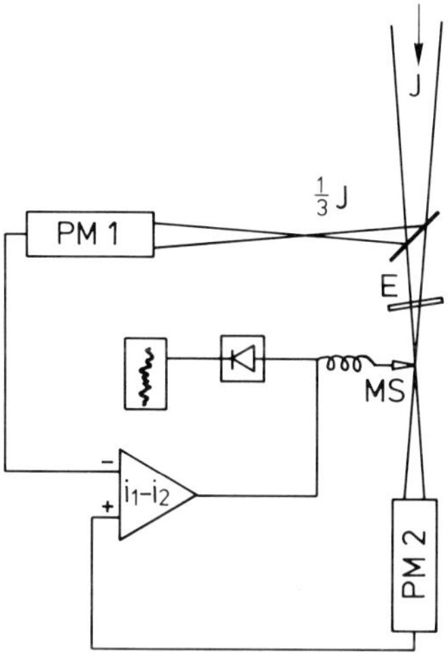

Abb. 8.3: *Prinzip der lichtelektrischen Seeing-Messung mit Messerschneide MS, Photomultipliern PM 1 und PM 2, Eichplatte E, Lichtintensität J, i Photostrom.*

kungen des Sternbildes praktisch momentan folgt, wird elektrisch registriert und dient als Seeingmaß. Zur Eichung befindet sich vor der Schneide eine Eichplatte (E), die das Sternbild um definierte Beträge versetzen kann. Bei der Messung muß das Fernrohr mit hoher Präzision nachgeführt werden.

Mit diesem Verfahren gelingt es, Seeingamplituden von wenigen Zehntel Bogensekunden einwandfrei zu erfassen, wie das Beispiel von Abbildung 8.4 demonstriert. Dieses zeigt die Bildbewegung ein und desselben Sterns, gleichzeitig beobachtet mit zweien unserer Geräte, die dazu auf einer gemeinsamen Montierung dicht nebeneinander angeordnet waren. Die benützten Fernrohre hatten 18 cm Öffnung. Der weitgehend parallele Verlauf der beiden voneinander unabhängigen Meßkurven beweist Zuverlässigkeit und Empfindlichkeit dieser Methode.

Neben dem Seeing ist die Transparenz, der Reinheitsgrad der Atmosphäre, ein wichtiges Qualitätsmerkmal. Sie läßt sich aus der Messung von

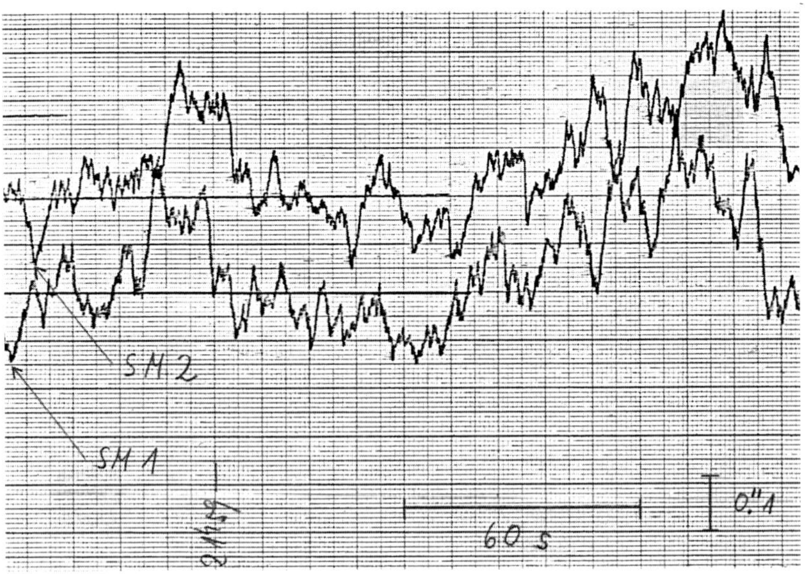

Abb. 8.4: *Lichtelektrische Seeing-Registrierung simultan mit zwei voneinander unabhängigen Geräten.*

Sternhelligkeiten ableiten, deren Anwachsen bis zur Kulmination des beobachteten Objektes Auskunft über unerwünschte Eintrübungen gibt. Außerdem werden natürlich am Ort der Untersuchung die wichtigsten meteorologischen Größen, wie Temperatur, Feuchte und Wind nach Richtung und Geschwindigkeit registriert.

Wie schon erwähnt, war für die Nordhalbkugelsternwarte an einen mediterranen Standort gedacht. In der zeitlichen Abfolge kam dieser Station der Vorrang zu, da die Fertigstellung der für sie bestimmten kleineren Teleskope abzusehen war. Auch die Erwartung, mit den organisatorischen Problemen einer Sternwarte im europäischen Ausland besser fertig zu werden als in der südlichen Hemisphäre und deshalb die neue Anlage relativ bald wissenschaftlich nützen zu können, war dabei ein nicht unwesentlicher Gesichtspunkt.

Anhand der Bewölkungsdaten ist schnell zu sehen, daß die klimatischen Bedingungen im europäischen Raum um so günstiger sind, je weiter südlich die ins Auge gefaßten Gegenden liegen. Die Vorstudien ergaben, daß die Südostecke von Spanien mit mehreren Höhenzügen über 2 000 m und der östliche Peloponnes mit seinen Gipfeln über 1 800 m besondere Aufmerksamkeit verdienten. Beide Regionen sind dann, nachdem die Gründung des neuen Instituts in Aussicht war, in den Jahren 1968 bis 1970 von uns ausführlich getestet worden. Die erste Wahl fiel schließlich auf den 2 168 m hohen Calar Alto, den höchsten Gipfel der Sierra de los Filabres in der andalusischen Provinz Almeria, einer Gegend vom Charakter einer Halbwüste, die an Kalifornien und Arizona erinnert. Wenn auch, aufs Ganze gesehen, die Unterschiede zwischen Spanien und Griechenland nicht sehr ins Auge springen, so gebührte der Vorzug doch dem andalusischen Gebirge. Im westlichen Mittelmeer verteilen sich die klaren Nächte gleichmäßiger über das Jahr, während im Osten einem ausgeprägten Maximum im Sommer relativ wenig Winternächte gegenüberstehen. Beim Seeing und der atmosphärischen Transparenz waren signifikante Unterschiede nicht festzustellen. Ein nicht geringer Teil dieser Resultate geht auf Kurt Birkle zurück, dem später die lokale Leitung der Calar Alto Sternwarte übertragen wurde. Mehrere Jahre lang hat er an den verschiedenen Stationen unter oft schwierigen Bedingungen Pionierarbeit geleistet.

Die inzwischen vorliegenden Erfahrungen von mehr als einem Jahrzehnt sprechen dafür, daß der Südosten Spaniens mit dem Calar Alto das Optimum der Bedingungen im Mittelmeerraum bietet. (Im nordafrikanischen Küstenbereich mag es noch günstigere Stellen geben, die aber aufgrund anderer Erwägungen nicht in Betracht kamen.) Die von den Testbeobachtungen geweckten Hoffnungen auf häufig vorkommendes Seeing erster

Abb. 8.5: *Geographie Südspaniens mit dem Calar Alto bei Almeria.*

Qualität haben sich voll erfüllt: Die Durchmesser der Sternbilder sind nicht selten merklich kleiner als 1 Bogensekunde. Im langfristigen Durchschnitt, bei starken Schwankungen von Jahr zu Jahr, sind jährlich etwa 180 Beobachtungsnächte zu erwarten, verglichen mit 40 bis 50 in den Breiten Mitteleuropas. Neben dem beträchtlichen Gewinn durch den Schritt nach Süden zeigen diese Zahlen indessen auch, daß selbst unter solchen erheblich günstigeren Umständen im Durchschnitt jede zweite Nacht ausfällt und der Astronom, hier wie überall, solange er die Atmosphäre nicht unter sich läßt, den Elementen ausgesetzt ist.

Auch im Vergleich mit den in den letzten Jahren wieder so hochgerühmten Kanarischen Inseln, die bei unseren ersten Überlegungen auch erwogen wurden, steht der Calar Alto nicht zurück. In bezug auf die Bewölkung sind die Verhältnisse etwa gleich, während die auf den Kanaren im Sommerhalbjahr häufig auftretende Eintrübung durch Saharastaub, der vom Passatwind in großer Höhe nach Westen verfrachtet wird – übrigens ein Phänomen, das deutschen Astronomen schon vor vielen Jahrzehnten auffiel und ihre Beobachtungen störte – am Calar Alto relativ selten vorkommt.

Die Calar Alto Sternwarte

Die Verhandlungen mit der spanischen Regierung über Errichtung und Betrieb einer Sternwarte auf dem Calar Alto erstreckten sich über zwei Jahre. Die spanische Seite zeigte sich sehr interessiert und stellte eigene Beiträge zur Realisierung des Projektes in Aussicht. Das endgültige Vertragswerk besteht aus einem Regierungsabkommen zwischen der Bundesrepublik Deutschland und Spanien, sowie einem Vertrag zwischen der Max-Planck-Gesellschaft und der Spanischen Kommission für Astronomie. Die deutsche Seite ist die Verpflichtung eingegangen, die wissenschaftlichen Einrichtungen und die ganzen baulichen Anlagen des Observatoriums zu erstellen und danach für den laufenden Betrieb zu sorgen. Der spanische Staat beschaffte das Gelände der Sternwarte und eine geschützte Umgebungszone von nahezu 100 Quadratkilometern. Dazu übernahm er dessen Erschließung durch den Bau von Strom- und Wasserleitungen, sowie einer 30 km langen Zufahrtstraße. Spanische Astronomen können dafür 10 Prozent der Beobachtungszeit an den Teleskopen nützen, dieser Anteil orientiert sich an den beidseitigen finanziellen Aufwendungen. Auch in der Benennung des Observatoriums als »Deutsch-Spanisches Astronomisches Zentrum« wird die Beteiligung Spaniens deutlich.

Abb. 8.6: *Die Teleskopgebäude auf dem Calar Alto.*
Von links nach rechts: das spanische 1.5-m-Teleskop, der Schmidt-Spiegel, das 1.2-m-Teleskop, das 2.2-m-Teleskop und das 3.5-m-Teleskop.

Die Bauarbeiten auf dem Berg begannen 1973. Das erste Teleskop, das von der Deutschen Forschungsgemeinschaft finanzierte Gerät mit 1.2 m Öffnung, war zwei Jahre danach betriebsbereit und ist seither ständig im Einsatz. Heute stehen auf dem Calar Alto vier weitere Teleskope: das in mehr als zehnjähriger Arbeit bei Zeiss in Oberkochen entstandene und von uns 1984 übernommene 3.5-m-Teleskop, eines mit 2.2 m Öffnung, der von Hamburg nach Andalusien verlegte Schmidt-Spiegel zur Photographie

Abb. 8.7: *Das spanische Königspaar auf dem Calar Alto aus Anlaß der Einweihung des Deutsch-Spanischen Astronomischen Zentrums im September 1979. Beim astronomischen Praktikum unter Assistenz von Dr. Kurt Birkle (rechts) und dem Autor. (Bild: P. Blachian)*

großer Himmelsfelder* und ein spanisches 1.5-m-Teleskop, das unter der Regie des Observatoriums Madrid läuft und als Gastgerät zu betrachten ist. Daneben sind in den letzten Jahren alle übrigen Anlagen entstanden, wie ein Institutsgebäude mit Werkstätten und Labors, Unterkünfte und ein Restaurant für die gegenwärtig rund 40 ständigen Mitarbeiter und die Gastastronomen, die technische Betriebszentrale für die Versorgung des ganzen Campus mit Wasser, Heizung usw. Der Abschluß der ersten Bauphase mit der Inbetriebnahme des 2.2-m-Teleskops war 1979 Anlaß für eine festliche Einweihung der Sternwarte durch das spanische Königspaar.

Die Abstufungen in der Teleskopgröße sind den astronomischen Aufgaben angepaßt. Ein Teleskop für ein Programm einzusetzen, das auch mit einem kleineren Gerät bearbeitet werden könnte, wird möglichst vermie-

---

* Öffnung der Korrektionsplatte 80 cm, Durchmesser des sphärischen Spiegels 120 cm, Brennweite 240 cm. Feld 5.5°x5.5°.

den; das wäre nicht ökonomisch. Die drei neuen Zeiss-Teleskope sind alle vom Typ Ritchey-Chrétien. Beim kleinsten mit 1.2 m Öffnung wird nur der sekundäre Fokus am hinteren Tubusende genutzt. Das mittlere, mit 2.2 m Öffnung, verfügt außerdem über eine raumfeste Coudé-Station, in einer Anordnung, wie sie bisher anderswo nicht verwirklicht ist. Meistens wird das Strahlenbündel über mehrere Spiegel in den unteren Teil der Polachse und einen schrägliegenden Spektrographenraum gelenkt. Hier dagegen (siehe Abb. 8.8) läuft es über einen ebenen dritten Spiegel nach oben, in Richtung Himmelspol, aus dem Tubus heraus und wird danach durch einen vierten Spiegel in die Vertikale geknickt. Diese Lösung kommt mit einem Minimum an Umlenkspiegeln aus; jeder weitere Spiegel bedeutet zusätzlichen Lichtverlust. Das Licht tritt dann in einen vertikal stehenden Spektrographen oder in ein horizontal liegendes Coudé-Labor unter dem Kuppelboden ein. In letzterem kann es für Arbeiten mit größeren Apparaturen in mehrere Richtungen geschickt werden. Diese Situation ist der bei großen Beschleunigern ähnlich, wo an den verschiedenen Ausgängen für den Teilchenstrahl voneinander unabhängige Experimente plaziert sind.

Beim 3.5-m-Teleskop sahen wir uns schon bei der Auftragserteilung spezifischen Problemen gegenüber, da wegen des ungewöhnlichen Umfangs dieses Projektes und der nicht völlig überschaubaren Risiken von Entwicklung und Herstellung ein Festpreisangebot für das Gerät als Ganzes nicht zu erhalten war, im Unterschied zu den anderen kleineren Teleskopen. Nachdem Zeiss 1970 eine Projektstudie erstellt hatte, diente diese als Grundlage für Verhandlungen über einen Liefervertrag. Das ganze Projekt wurde in eine Reihe von Teilbereichen gegliedert, für die Einzelverträge, einige davon auf der Basis der Selbstkostenerstattung, vereinbart worden sind. Der erste Teilvertrag betraf die Aufgaben einer Projektgruppe bei Zeiss, weitere hatten die Fertigung der optischen Komponenten, den Bau von Montierung und Tubus usw. zum Inhalt, bis am Ende auch die Bedingungen des Transports nach Südspanien und der Montage des Teleskops auf dem Berg festgelegt waren.

Ein Problem ganz anderer Art entstand dadurch, daß zum Zeitpunkt der Auftragserteilung der zukünftige Aufstellungsort des Teleskops – Süd- oder Nordhalbkugel? – noch nicht endgültig geklärt war. Für die Auslegung der Fernrohrmontierung ist aber die geographische Breite des Standorts wesentlich, wenn es ein äquatoriales Achsensystem sein soll. Eine azimutale Montierung hätte uns aus diesem Dilemma befreien können, diesen Ausweg wollten wir aber nicht gehen. Für ein Teleskop der fraglichen Größe ist das azimutale System keinesfalls zwingend. Wir fürchteten eine langwierige und kostspielige Entwicklungsphase mit unsicherem Ausgang, während uns doch daran lag, möglichst schnell zu einem einsatzfähigen Instrument zu kommen. Andererseits war der in Frage kommende Variationsbereich geographischer Breite (37°N Calar Alto bis 23°S Gamsberg/Südwestafrika) schon zu übersehen und so konnten wir wenigstens den Montierungstyp festlegen. Das machte es möglich, sogleich mit dem Entwurf zu beginnen. Wir entschieden uns, nach dem Vorbild des großen Palomarteleskops, für die Hufeisen-Rahmen-Montierung. Neben hoher Steifigkeit auch bei niederen Breiten bietet sie den Vorteil, daß das für die astronomische Arbeit besonders wichtige hintere Tubusende gut zugänglich ist.

Planung und Entwurf des Teleskops erfolgten in engem Kontakt der beauftragten Firmen mit dem Institut. In den Vereinbarungen mit Zeiss ist ein Schema gegenseitiger Konsultationen vertraglich festgelegt worden, das darauf abzielte, die astronomischen Erfordernisse und die technischen Möglichkeiten zu einer optimalen Synthese zu bringen. Dabei wurden selbstverständlich die für ähnliche Projekte im Ausland gewählten Lösungen berücksichtigt und die Erfahrungen unserer Kollegen verwertet. Das fertige Teleskop ist aber alles andere als ein Abklatsch fremder Muster. An vielen Stellen kam es unter Ausnützung modernster Technologie zu neuen Konzepten und originellen Lösungen, sie sind zum Teil im vorausgehenden Kapitel angesprochen. Ständige Fühlungnahme von Herstellern und Institut hatte sich bereits bei den 1.2- und 2.2-m-Teleskopen bewährt. Voraussetzung dafür sind kompetente Gesprächspartner auf beiden Seiten. Verantwortlicher Projektwissenschaftler beim Institut war von Anfang an Klaus Bahner, der diese Aufgabe zusammen mit einer im Lauf der Jahre wechselnd zusammengesetzten Gruppe von Astronomen und Ingenieuren wahrnahm. Für die Verhandlungen mit den Firmen waren die Generalverwaltung der Max-Planck-Gesellschaft und ihre Juristen, allen voran Günter Preiss, stets eine große unentbehrliche Hilfe.

Beim 3.5-m-Teleskop sind drei Foki realisiert, es ist also auch möglich, im Primärfokus zu beobachten. Der Astronom kann sich dazu in eine am vorderen Tubusende anzubringende Kabine zwängen und reitet dann auf

Abb. 8.8: *Das Gebäude des 2.2-m-Teleskops im Schnitt. Ein inneres Pfeilersystem (dunkles Raster) trägt das Instrument und den raumfesten Vertikalspektrographen im linken Teil. Die davon getrennte äußere Konstruktion trägt die drehbare Stahlkuppel und andere zu Vibrationen Anlaß gebende Einrichtungen. Der Coudé-Strahl wird von dem Hilfsspiegel über dem Spektrographen in die Vertikale geknickt. Im Erdgeschoß die Vakuumanlage zum Bedampfen der Spiegel mit einer reflektierenden Aluminiumschicht (vgl. Abb. 7.1).*

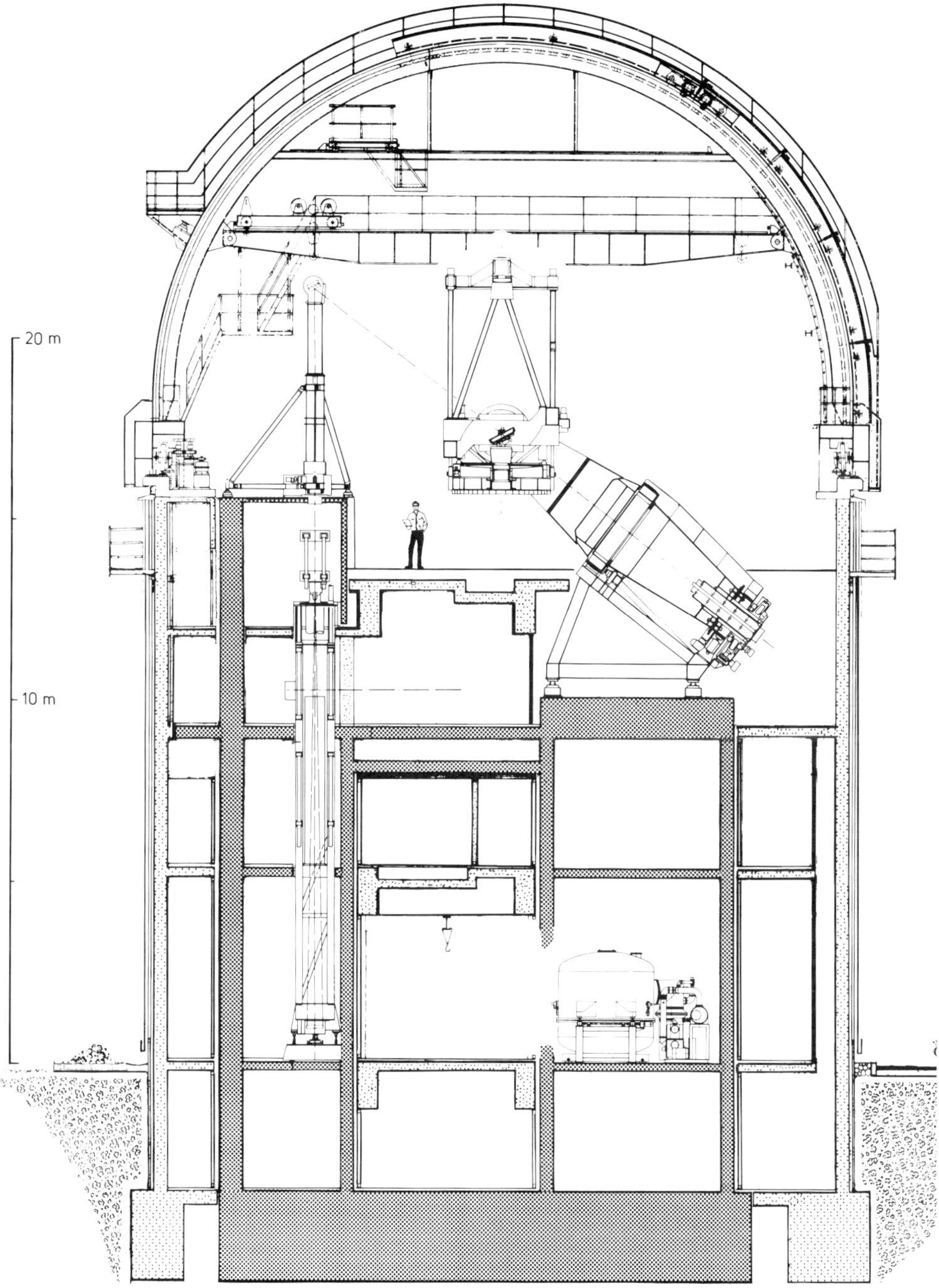
20 m
10 m

Abb. 8.9: *Der Hauptspiegel des 3.5-m-Teleskops während der Bearbeitung auf der Schleif- und Poliermaschine bei C. Zeiss Oberkochen (Werkphoto C. Zeiss).*

Abb. 8.10: *Das 3.5-m-Teleskop in der Montagehalle von C. Zeiss Oberkochen bei der Vorstellung während einer Pressekonferenz 1982. Der Tubus hängt in einem Rahmen, der auf der Nordseite von einem großen Hufeisen abgeschlossen wird. Tubus und Rahmen werden von dem massiven Untergestell getragen, dessen Stufenform der geographischen Breite des Calar Alto entspricht und die Orientierung der Teleskopmontierung zum Himmelspol gewährleistet.*

ZEISS

dem Teleskop mit. Das sollte aber die Ausnahme sein. Das Beobachtungsinstrumentarium ist so ausgelegt, daß es von einer Steuerzentrale aus fernbedient werden kann. Dort befindet sich auch das Schaltpult, mit dem das Teleskop selbst sowie Öffnung und Drehung der Kuppel und eine Reihe anderer Funktionen dirigiert werden.

Beide große Instrumente, das »3.5« und das »2.2«, lassen sich mit einer Genauigkeit von annähernd 10 Bogensekunden auf das Untersuchungsobjekt am Himmel ausrichten. Das bedeutet anschaulich folgendes: Man stelle sich einen Tennisball vor, der in beliebiger Richtung 1 km weit weg sein möge. Dem Teleskop werden über den Steuerrechner Koordinaten eingegeben, die ihm die Richtung des Balles sagen. Dann bewegt es sich auf Knopfdruck so, daß nach Ausführen des Befehls die optische Achse in ihrer Verlängerung den kilometerentfernten Ball trifft. Diese hohe Präzision des Positionierens ist ein großer Gewinn, da das Auffinden eines Objektes so viel weniger Zeit braucht als früher. Um diese Perfektion voll würdigen zu können, muß man sich vergegenwärtigen, daß die Teleskope infolge ihrer Größe und der zu bewegenden Massen keine absolut steifen Gebilde sind. Nun können allerdings innerhalb eines Suchkreises von 10 Bogensekunden noch immer Verwechslungen mit anderen schwachen Quellen vorkommen. Es bedarf deshalb zur sicheren Identifizierung zusätzlicher Hilfsmittel. Am 2.2- und 3.5-m-Teleskop sind das Fernsehleitgeräte, die im Heidelberger Institut gebaut wurden. Sie machen lichtschwache Sterne sichtbar und übertragen das eingestellte Feld auf einen Monitor. Mit ihrer Hilfe wird auch die Nachführung, wenn es etwa darauf ankommt, einen Stern exakt auf dem Spalt eines Spektrographen zu halten, überwacht und notfalls korrigiert.

Zu einem gut ausgestatteten Teleskop gehört heute ein ganzes Arsenal von Zusatzgeräten und Detektorsystemen, mit denen die eingefangene Strahlung registriert und analysiert werden kann. Die Fernrohre auf dem Calar Alto sind in dieser Hinsicht, vor allem dank der Arbeit des Instituts in Heidelberg, gut versorgt. Stets wird darauf geachtet, daß diese Apparate, soweit möglich und sinnvoll, zwischen den einzelnen Teleskopen austauschbar sind. Für präzise Helligkeitsmessungen in einem weiten Intervall von Wellenlängen stehen lichtelektrische Photometer verschiedensten Typs zur Verfügung. Die Photonen des sichtbaren Lichtes können mit Hilfe von Photomultipliern gezählt werden, während tiefgekühlte Bolometer im langwelligen Infrarot messen. Kameras für großformatige Photoplatten, Bildverstärkerröhren und digitale Bildsysteme ermöglichen Aufnahmen ausgedehnter Felder unterschiedlicher Größe. Ein wichtiges Requisit sind Spektrographen, die es gestatten, das empfangene Licht in seine Wellenlängen zu zerlegen. Alle drei Reflektoren sind im sekundären Fokus mit einem solchen ausgerüstet, wobei das Spektrum jeweils wieder konventionell photographiert oder mittels moderner Detektoren registriert werden kann.

Eine Besonderheit, und in dieser Form bisher einmalig, ist der dem Coudé-Fokus des 2.2-m-Teleskops angeschlossene Vertikalspektrograph. Leistungsfähigkeit und Abmessungen dieser Anordnung sind in erster Linie durch die Größe des verwendeten Beugungsgitters bestimmt. Seit wenigen Jahren gibt es bei Bausch & Lomb in den USA Gitter mit 30 cm Furchenlänge, solche sind hier verwendet. Die optischen Elemente des Geräts sind in einem Stahlrahmen großer Steifigkeit montiert, der über mehrere Stockwerke des Teleskopgebäudes reicht (Abb. 8.8 und 8.11). An der Basis sitzt der Kollimator von 30 cm Durchmesser und 12 m Brennweite. Er richtet das durch den Spalt eintretende divergente Lichtbündel

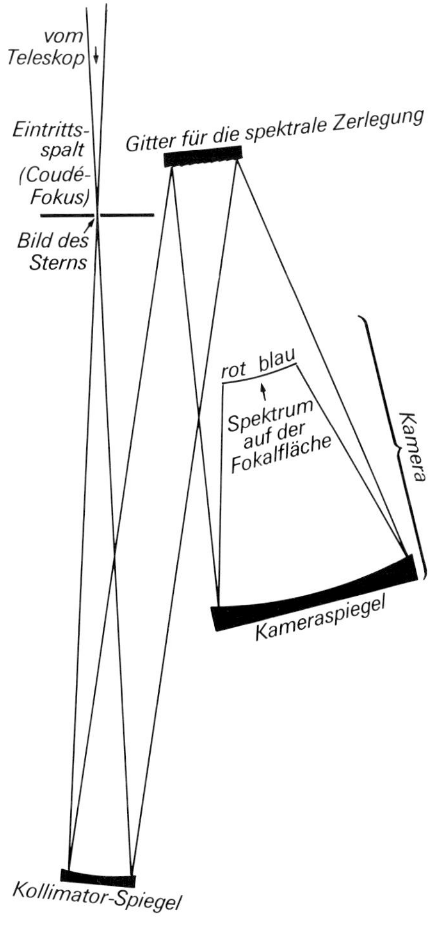

Abb. 8.11:
Schema des vertikalen Coudé-Spektrographen am 2.2-m-Teleskop.

parallel und wirft es auf das 30 x 40 cm^2 große Gitter am oberen Ende, etwa in Spalthöhe, zurück. Das entstehende Spektrum kann mit Schmidt-Kameras von 90 und 360 cm Brennweite, sie sind in zwei übereinanderliegenden Geschossen zugänglich, aufgenommen werden. Die lange Kamera läßt eine spektrale Auflösung von über 100 000 bei einer Dispersion von 2 Å/mm zu. Für Planung und Betreuung des Gerätes war und ist am Institut Josef Solf verantwortlich, gebaut wurde es von der amerikanischen Firma Perkin-Elmer. Dieser Spektrograph wird eingesetzt, wenn es darum geht, spektrale Details bei extremer Lichtzerlegung zu untersuchen. Inzwischen hat er bei zahlreichen Beobachtungsprogrammen seine ungewöhnliche Potenz, die ihresgleichen sucht, unter Beweis gestellt.

Die Teleskope und die von ihnen gespeisten Detektorsysteme sind komplexe technische Anlagen, die einer aufwendigen Infrastruktur und umfangreicher Hilfseinrichtungen bedürfen. Prozeßrechner zur Steuerung der Teleskope und der Datensysteme mit ihrem Park von Peripheriegeräten erfordern Räume mit vorgegebenem Klima. Für das Bedampfen der Spiegel mit einer hauchdünnen reflektierenden Aluminiumschicht, eine Aktion, die im Abstand von einigen Jahren regelmäßig wiederholt werden muß, sind Vakuumanlagen mit voluminösen Tanks vonnöten. Eine Luftverflüssigungsmaschine liefert den ständig als Kühlmittel gebrauchten flüssigen Stickstoff. Dunkelkammern dienen dem Sensibilisieren und Entwickeln photographischer Platten. Dies alles und einiges mehr hat seinen Platz in dem zylinderartigen Schaft der Teleskopgebäude, in den Stockwerken unter der Teleskopplattform. Die drehbaren Kuppeln sind selbsttragende, aus einzelnen Segmenten zusammengeschweißte Stahlschalen, hergestellt und auf dem Calar Alto montiert von der Firma DSD Dillinger Stahlbau Saarlouis. Sie schützen die Instrumente nicht nur vor Wind und Wetter, sondern übernehmen auch bei Operationen am Teleskop wichtige Funktionen. Das gilt vor allem für die Kuppel des 3.5-m-Teleskops. Diese trägt Hebezeuge und Aufzüge, die das Umrüsten auf ein anderes optisches System durch Auswechseln des Frontringes mit dem Sekundärspiegel automatisch ermöglicht, der Tubus wird dazu in die Senkrechte gestellt. Mit ihrem Durchmesser von 31 m und mehr als 500 Tonnen Gewicht hat sie wahrhaft gigantische Ausmaße. Zylindrisches Unterteil und Kuppel bringen das Gebäude auf eine Gesamthöhe von 43 m. Einer Kathedrale der Wissenschaft gleich überragt es die Sierra und ist wegen seines weißen Wärmeschutzanstrichs über große Distanzen zu sehen.

Südhalbkugelprobleme

Im Bereich der südlichen Subtropen gibt es drei Regionen, die sich durch besonders niedere Bewölkung auszeichnen. Das sind die südamerikanische Atacama-Wüste im Küstenvorland der Hochanden, die westlichen Ausläufer der südafrikanischen Kalahari-Wüste und Zentralaustralien.

Die klimatisch begünstigte Zone im inneren Australiens kommt für ein Observatorium kaum ernsthaft in Betracht. Sie ist einmal wenig erschlossen, zum andern fehlt es an ausreichend hohen Bergen. Die australischen Alpen mit Gipfeln über 2 000 m liegen am Südostrand in einer Region mit höherer Bewölkung. Hinzu kommt die große Entfernung und der dementsprechend hohe Zeit- und Kostenaufwand für Reisen. In Chile, am südlichen Ende der Atacama, etwa 600 km nördlich von Santiago, sind in neuerer Zeit mehrere größere amerikanische Observatorien und die Europäische Südsternwarte (ESO) entstanden, und es schien naheliegend, auch die Südhalbkugelsternwarte des MPI für Astronomie dort zu errichten.

Eine Konzentration fast aller größerer Observatorien der Südhalbkugel in Chile ist aber wohl kaum die optimale Lösung. Abgesehen von politischen Gesichtspunkten gibt es allein aus astronomischer Sicht eine Reihe von Argumenten, die für eine gleichmäßigere Verteilung in geographischer Länge sprechen. Bewölkte Nächte sollten nicht mehrere Observatorien simultan behindern. Differenzierung in geographischer Länge entkoppelt aber nicht nur die Beobachtungsklimata, sondern ermöglicht auch wegen der Zeitverschiebung eine wesentlich bessere Überwachung variabler Objekte. Für die Beobachtung von Quasaren, Pulsaren und anderer schnell veränderlicher Himmelskörper ist das ohne Frage von Interesse. Wir dachten deshalb an einen Standort im südlichen Afrika. Für einen solchen spricht zudem die kleinere Entfernung von Europa, bei geringeren Kosten ist er schneller erreichbar.

Wetterdaten zeigen sofort, daß dort in erster Linie das ehemalige Deutsch-Südwestafrika (Namibia), die Gegend um und südlich von Windhuk, in Frage kommt. Der Jahresgang der dortigen Bewölkung mit der günstigen Saison von April bis Oktober, während des Südwinters mit den langen Nächten, ist gerade komplementär zu dem der chilenischen Region, wo sich ESO befindet. Das ist ein weiterer positiver Aspekt, weil so, in Kombination mit der europäischen Sternwarte in Chile, das ganze Jahr über hervorragende Bedingungen gegeben wären. Auf La Silla, dem ESO-Berg, beläuft sich die jährliche Anzahl photometrischer Nächte – diese sind mindestens sechs Stunden wolkenlos – im Mittel auf 220. In Südwestafrika sind es nach unserer Erfahrung nicht weniger.

Als besonders attraktiv erschien uns der 2 350 m hohe Gamsberg, ein 120 km südwestlich von Windhuk liegender Tafelberg am Rande der Namib-Wüste. Von Windhuk aus, das einen großen Flughafen hat, ist er über eine der Hauptstraßen zur Küste in zwei Stunden zu erreichen. Sein Plateau ist 2.5 km lang, stellenweise fast 1 km breit und umfaßt eine Fläche von 240 ha; nach Osten erhebt er sich 500 m über die Umgebung. Nach Westen, zum Atlantik hin, ist der Höhenunterschied wesentlich größer (Abb. 8.13). Daß es sich um eine hervorragend geeignete Stelle handelt, war sehr schnell klar, und deshalb ein naheliegender Wunsch, sie durch Kauf zu sichern, nicht zuletzt um zu befürchtenden Spekulationen von vornherein einen Riegel vorzuschieben. Da die Hochfläche für die Viehzucht kaum genutzt werden konnte, wurden wir, dank der Vermittlung von Herrn Cranz, dem Farmer vom benachbarten Göllschau mit dem Besitzer rasch handelseinig, und so ging der Gamsberg 1970 für einen Quadratmeterpreis von 0.5 Pfennig in den Besitz der Max-Planck-Gesellschaft über. Eine halsbrecherische »Pad«, die teuerer wurde als der ganze Berg, macht es heute möglich, mit Hilfe geländegängiger Fahrzeuge sein Plateau zu erklimmen. Bis die Zufahrt fertig war, hauste Thorsten Neckel unter primitivsten Umständen über viele Monate auf dem Berg und gewann unter großen Mühen die ersten Daten.

Die Testbeobachtungen erbrachten exzellente Resultate. Die aus den Messungen folgende hohe Reinheit der Atmosphäre kommt auch in den

Abb. 8.12: *Seeing-Vergleich von La Silla/Chile und Gamsberg/SWA. Häufigkeit der Seeingwerte in Bogensekunden nach lichtelektrischen Messungen.*

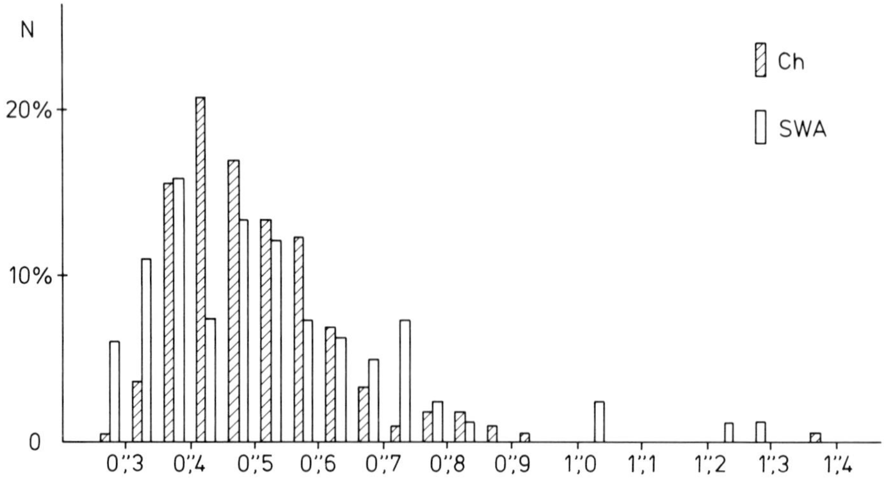

Abb. 8.13: *Der Gamsberg (2350 m) in Südwestafrika (Namibia).*

enormen horizontalen Sichtweiten zum Ausdruck, die in der Regel über 100 km liegen. Die Luftfeuchte ist nicht selten so gering, daß das Hygrometer an der Nullmarke kleben bleibt. Seeing wurde mit den vorher beschriebenen Methoden registriert. Um einen einwandfreien Vergleich mit den Bedingungen in Chile zu erhalten, standen Geräte derselben Bauart für längere Zeit auf dem ESO-Berg. Die Abbildung 8.12 enthält die Ergebnisse lichtelektrischer Messungen der Bildunruhe vom Gamsberg und La Silla, der Dissertation von Kurt Birkle entnommen, aus jeweils über 100 Nächten der Jahre 1971 bis 1973 nach dem in Abbildung 8.3 erläuterten Verfahren. Wie sie zeigt, kommen an beiden Stellen Seeingamplituden von etwa 0.5 Bogensekunden am häufigsten vor, die Bedingungen sind also im allgemeinen recht gut. Die besonders kleinen Werte bei 0.3 Bogensekunden wurden allerdings auf dem Gamsberg häufiger beobachtet als in Chile, was die herausragende Qualität der südwestafrikanischen Region kräftig unterstreicht.

Der Gamsberg ist im Lauf der Jahre zu einer kleinen Station ausgebaut worden, die auch andere Beobachtungsprogramme als nur die reinen Standorttests zuläßt. Neben einigen Baracken für technische Einrichtungen und Wohnzwecke steht dort eine Hütte mit abfahrbarem Dach, in der ein 50-cm-Teleskop untergebracht ist. Mit ihm sind unter anderem Tausende von photometrischen Messungen an jungen Sternen der südlichen Milchstraße ausgeführt worden, die unsere Kenntnis von der galaktischen Struktur am Südhimmel merklich vertieft haben. Diese bescheidenen Möglichkeiten des Gamsberges wurden in den vergangenen Jahren regelmäßig mit Erfolg genutzt. Dabei sahen wir die ersten Eindrücke immer wieder von neuem bestätigt, und aufgrund der inzwischen mehr als zehnjährigen Erfahrung sind wir überzeugt, eine Stelle gefunden zu haben, mit der sich nur wenige andere der Erdoberfläche an Qualität und Eignung für eine Sternwarte messen können.

Aber während wir in aller Unschuld unsere astronomischen Interessen verfolgten, kam die Politik ins Spiel! Nachdem die Absicht, in Südwestafrika ein großes Observatorium zu errichten, bekanntgeworden war, schrieb der damalige Forschungsminister Leussink im März 1971 dem Präsidenten der Max-Planck-Gesellschaft, daß ihm »aus politischen Gründen« ein Standort in Namibia wenig geeignet erscheine. Er hob auf die Resolution 283 der Vereinten Nationen vom Jahr zuvor ab, in der diese ihre Mitgliedsländer aufforderten, sich jeglicher Vorhaben und Investitionen zu enthalten, die Anerkennung und Stützung der Autorität der südafrikanischen Regierung im Gebiet von Südwestafrika bedeuten könnten. Die UN bekräftigten mit dieser Resolution erneut ihre Auffassung, die Anwesenheit der Republik Südafrika in Namibia sei nach Ablauf des Völkerbundmandats illegal und hindere die Vereinten Nationen, ihre unmittelbare Verantwortung für dieses Land bis zu seiner völligen Unabhängigkeit wahrzunehmen. Einer der Gründe für den Einspruch war offensichtlich, daß sich unsere Regierung zu jener Zeit um die Mitgliedschaft der Bundesrepublik in den UN bemühte und nachteiligen Reaktionen, die sie vor allem in den schwarz-afrikanischen Ländern befürchtete, vorbeugen wollte. (Übrigens wurde auch die Aufstellung in Chile als nicht wünschenswert bezeichnet.)

Die Intervention der Bundesregierung erregte beträchtliches Aufsehen und fand in den Medien starken Widerhall. Der Tenor der kritischen Stimmen spiegelt sich in der Anfrage des Abgeordneten Dr. Franz (CDU/CSU) vom 7. November 1973 im Deutschen Bundestag wider: »Treffen Pressemeldungen zu, daß die Bundesregierung die Max-Planck-Gesellschaft daran hindert, im von der Republik Südafrika verwalteten Südwestafrika die von ihr projektierte Sternwarte zu bauen, obwohl wissenschaftliche Gründe für die Errichtung an diesem Ort sprechen, und teilt – bejahendenfalls – die Bundesregierung die Auffassung, daß gerade die Erfahrungen in Deutschland von einer Politisierung wissenschaftlicher Entscheidungen abhalten sollten?« Die Bundesregierung vertrat dagegen wiederholt die Auffassung, die Wissenschaftsorganisationen sollten bei ihren internationalen Aktivitäten stets in Übereinstimmung mit den staatlichen Instanzen handeln.

Die Max-Planck-Gesellschaft, die immer darauf bedacht ist, wissenschaftsfremde Einflüsse abzuwehren, hat sich in diesem delikaten Fall auch dazu bekannt, für die endgültige Entscheidung, die von ihrem Senat zu treffen war, politische Gegebenheiten nicht außer acht lassen zu wollen. Ohnehin war die Position der Wissenschaft in dieser Angelegenheit keine sonderlich starke. Für die Finanzierung der Sternwarte und der Teleskope war allein der Bund zuständig, und wir konnten nicht ausschließen, daß die Bewilligung der beträchtlichen Mittel von der Standortwahl abhängig gemacht werde.

Auf diesem Hintergrund war 1973 die geographische Breite für die Montierung des 3.5-m-Teleskops festzulegen; bei längerem Zuwarten hätten die Entwurfsarbeiten an dem Instrument unterbrochen werden müssen. Daß dann zugunsten des Calar Alto entschieden wurde, war indessen nicht allein durch die Furcht bestimmt, das Projekt des großen Teleskops überhaupt zu gefährden. In den Diskussionen mit dem wissenschaftlichen Beirat des Instituts spielte besonders die Frage eine Rolle, wie sich die geographische Verteilung der Großteleskope insgesamt entwickle und ob sich etwa eine einseitige Bevorzugung der Südhalbkugel abzeichne. Zu bedenken war dabei auch, daß die wachsende Luft- und Lichtverschmutzung im Westen der USA die Spitzenobservatorien in Kalifornien und Arizona zunehmend behindert.

Eine neue Bewertung des Nordhimmels und seiner Bedeutung im Vergleich zum Südhimmel kam hier zum Vorschein. In den fünfziger und sechziger Jahren ist, wie schon früher, vielfach die Meinung vertreten worden, die Zukunft der Astronomie liege in erster Linie auf der südlichen Halbkugel mit dem günstigen Blick zum galaktischen Zentrum und den einzigartigen Magellanschen Wolken. Der Nordhimmel sei »ausgelaugt« und biete nur noch wenig Neues. Daran ist richtig und nach wie vor gültig, daß die Erforschung des südlichen Himmels weit weniger vorangetrieben ist als die des nördlichen, und insofern sind die großen Anstrengungen zum Ausbau der südlichen Astronomie nötig und gerechtfertigt. Die überraschenden Entdeckungen in den bis dahin unzugänglichen Wellenlängenbereichen, die auch, wie an anderer Stelle ausgeführt, der optischen Astronomie ganz neue Perspektiven eröffnet haben, machten aber deutlich, daß auch der Nordhimmel alles andere als *terra cognita* ist. Ihn zu vernachlässigen, hieße, die Weichen falsch stellen; die Entwicklung der Astronomie im letzten Jahrzehnt hat daran keinen Zweifel gelassen.

Die Entscheidung für den Calar Alto fiel um so leichter, als wir damals bereits wußten, daß auch dort recht häufig mit exzellentem Seeing gerechnet werden kann. Ein Platz für das Gebäude des 3.5-m-Teleskops war ohnehin bei den Geländeplanungen von Anfang an reserviert worden. Allerdings war auch klar, daß es auf dem Calar Alto weniger wolkenlose Nächte geben wird als auf dem Gamsberg.

Die Hoffnungen, den Gamsberg doch noch nützen und ausbauen zu können, waren damit aber nicht gestorben. Das zweite 2.2-m-Teleskop war von vorherein für die Südhalbkugel bestimmt und 1970 bei Zeiss zusammen mit dem ersten, das heute in Andalusien steht, in Auftrag gegeben worden. Sein endgültiger Standort mußte zwar zum damaligen Zeitpunkt offenbleiben; beide Instrumente derselben Bauart gleichzeitig zu bestellen, bedeutete aber einen wesentlichen Preisvorteil. Zudem hatten wir uns davon überzeugt, daß es immer noch billiger kommen werde, eventuell die Polhöhe der Montierung nachträglich zu ändern (innerhalb gewisser Grenzen), als das Teleskop II später separat bauen zu lassen. Das Instrument war dann 1976 fertig. Wir hatten gehofft, die namibische Problematik würde sich in der Zwischenzeit soweit entschärfen, daß das politische Hindernis vergessen und nach der Lieferung des Teleskops mit der Gamsberg-Sternwarte angefangen werden könnte. Das war, aus heutiger Sicht, naiver Optimismus: Südwestafrika ist nach wie vor umstritten und seine Lage heute noch immer im wesentlichen dieselbe wie damals!

Schwierigkeiten ganz anderer Art kamen dazu. Einmal sahen wir uns bei den Bauarbeiten auf dem Calar Alto erheblichen Kostensteigerungen gegenüber, die neue Ausschreibungen und einen Wechsel der Baufirma erzwangen. Eine Folge davon waren erhebliche Verzögerungen im Bauablauf. Zum andern mußte der Staat in jenen Jahren bei der Forschungsförderung kürzer treten. Der Bundesminister für Forschung und Technologie berief 1975 einen Ausschuß »Großinvestitionen in der Grundlagenforschung«, der unter dem Vorsitz von Professor Heinz Maier-Leibnitz sechs größere Projekte im Bereich von Astronomie, Physik und Weltraumforschung zu beraten hatte und im Hinblick auf die kürzer werdende Finanzdecke Prioritäten festlegen sollte. Die Sternwarte auf der Südhalbkugel war eines dieser Vorhaben, und es war zu befürchten, daß sie als nicht weiterhin förderungswürdig eingestuft werde. In den Empfehlungen des Ausschusses hieß es dann: »An der Südsternwarte besteht für die deutschen Astronomen nach wie vor ein offensichtlicher Bedarf bei interessanten Fragestellungen. Aufgrund der Verzögerungen und der erheblichen Verteuerungen beim Aufbau der Nordsternwarte des Max-Planck-Instituts für Astronomie und der Schwierigkeiten bei der Festlegung eines Standorts sollte die Errichtung zu einem späteren Zeitpunkt vorgesehen werden. Dies kann insofern hingenommen werden, weil der Nutzungswert des Teleskops wegen der Fortentwicklungsmöglichkeiten der Zusatz-Meßinstrumente nicht abnimmt.« Auf dem Calar Alto sind alles in allem rund 200 Millionen DM investiert worden. Mit der sicher nicht ganz billigen Erschließung des Gamsberges konnte unter diesen Umständen so bald nicht gerechnet werden.

Es blieb somit zunächst nichts anderes übrig, als das fertige 2.2-m-Teleskop II im Keller des Astrolabors auf dem Königstuhl einzulagern. Wir vom Institut waren ohnedies mit dem Aufbau des Calar Alto voll beschäftigt. Ein gangbarer Ausweg aus dieser frustrierenden Situation deutete sich erstmals an, als Italien und die Schweiz der Europäischen Südsternwarte als siebtes und achtes Mitglied beitreten wollten. Der größere Kreis von ESO-Nutzern verlangte nach einer Kompensation durch zusätzliche Teleskope auf La Silla. Und so kam das 2.2-m-Teleskop II schließlich doch nach Chile! In einem 1980 ausgehandelten Vertrag wurde vereinbart, der europäischen Organisation das Gerät für 25 Jahre als Leihgabe zu überlassen. ESO hat dafür neben den Lasten des laufenden Betriebs die Kosten des Umbaus der Montierung, der Montage am Ort und des neuen Teleskopgebäudes übernommen. Die Astronomen der Max-Planck-Gesellschaft können das Teleskop zu 25 Prozent in eigener Regie benützen, die übrige Zeit wird es nach den gleichen Regeln wie alle anderen Instrumente auf La Silla an die Beobachter der Mitgliedsländer, also auch an diejenigen aus der Bundesrepublik, vergeben. Zwar war es für uns eine bittere Pille, daß sich ESO aus finanziellen Gründen nicht in der Lage sah, das Teleskop mit einem Duplikat des leistungsstarken Coudé-Spektrographen seines Zwillings vom Calar Alto auszustatten, und wir hielten diese Entscheidung für kurzsichtig. Trotzdem ist die Potenz der La Silla-Sternwarte mit dem

2.2-m-Teleskop – wurde dort 1984 in Betrieb genommen – spürbar verstärkt worden. Der Gamsberg ist dadurch, jedenfalls vorerst, »ins Aus« geraten. Er sollte jedoch darüber nicht vergessen werden, denn es gibt nur noch wenige ungestörte Stellen seiner Qualität, und die geschilderten Argumente zu seinen Gunsten sind weiterhin gültig.

Aber wenn die Blütenträume des Anfangs auch nicht alle gereift sind, zu Unmut oder gar Resignation gibt es wenig Grund. Das wesentliche Ziel ist ohne Frage erreicht worden: die Lage der beobachtenden Astronomie unseres Landes grundlegend zu verbessern und der deutschen Forschung nach einer viele Jahrzehnte langen Durststrecke wieder zeitgemäße Instrumente in die Hand zu geben. Und ein erfreulicher Begleiteffekt sei nicht übersehen: An dieser Entwicklung waren deutsche Firmen maßgeblich beteiligt. Das dabei erarbeitete Know-how hat ihre Chancen auf dem Weltmarkt beträchtlich gesteigert und ihnen in neuerer Zeit ansehnliche Aufträge aus dem Ausland eingebracht.

9 Galaxien

Die bisherigen Betrachtungen betrafen vorwiegend unsere kosmische Nachbarschaft, das Milchstraßensystem mit seinen vielerlei jungen und alten Objekten, einschließlich der Sonne, unserem Licht und Leben spendenden Hausstern. Wir wollen jetzt über das eigene Sternsystem hinaustreten, hinein in den extragalaktischen Raum, dessen Erforschung gerade in neuerer Zeit an Überraschungen so reich war. Dort sind die Astronomen heute dabei, den überschaubaren Kosmos nicht nur in seinen räumlichen Grenzen, sondern auch in der zeitlichen Erstreckung zurück bis zu den ersten Anfängen auszuloten.

Wie sie aussehen

Die Galaxien, die großen Sternsysteme, können als die eigentlichen Bausteine des materieerfüllten Universums betrachtet werden. Sie präsentieren sich in einer Vielfalt von Formen und Größen. Am auffälligsten sind die Spiralsysteme, aber keineswegs am häufigsten. Der in Abbildung 1.3 gezeigte Andromedanebel, M 31 nach dem Katalog von Messier, ist die uns räumlich nächste Spiralgalaxie. Mit bloßem Auge im Sternbild Andromeda gerade noch als kleiner blasser Fleck erkennbar, bietet sie sich bereits im Feldstecher recht eindrucksvoll dar. Für den Astronomen ist sie nicht zuletzt deshalb von besonderem Interesse, weil man heute weiß, daß sich ihre Struktur von der des Milchstraßensystems nur wenig unterscheidet. Wir sehen uns hier gleichsam selber, von außen betrachtet. Die Bezeich-

Abb. 9.1: *Die Spiralgalaxie M 51 mit dem Begleiter NGC 5195 (Aufnahme: 5-m-Teleskop Mt. Palomar Observatorium).* ▷

Abb. 9.2: *Die Spiralgalaxie M 33, photographisches Negativ (Aufnahme W. Kunkel, 2.2-m-Teleskop Calar Alto).* ▷▷

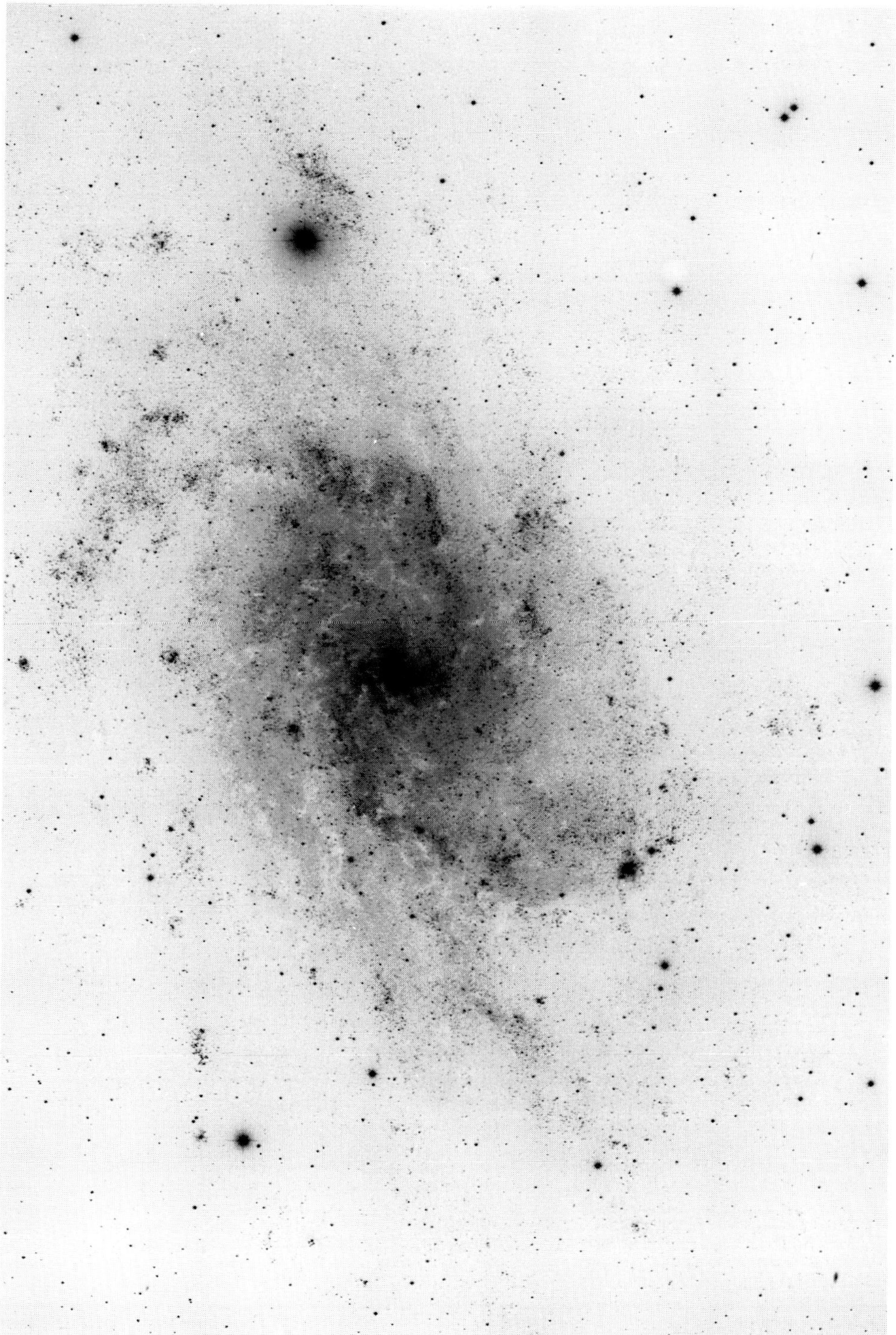

nung Nebel ist historisch bedingt und leicht irreführend. Wie wir von der Milchstraße wissen, umfaßt ein solches System insgesamt etwa 100 Milliarden Einzelsterne. Auf der Photographie, wie bei der visuellen Beobachtung, entsteht der an eine Nebelwolke erinnernde Eindruck durch das sich überlagernde Licht dieser vielen Sterne, die vor allem bei den weiter entfernten Systemen selbst mit den stärksten Teleskopen nicht einzeln zu erkennen sind.

Den Andromedanebel sehen wir unter schrägem Winkel, er erscheint uns deshalb in elliptischem Umriß. Dagegen zeigt uns die Spiralgalaxie M 51 (Abb. 9.1) ihre Hauptebene unverzerrt. Der zentrale, relativ kleine Kern, mit den paarweise angesetzten Armen, zeichnet sich hier deutlich ab. Die Galaxie rotiert um dieses Zentrum, um eine auf der Hauptebene senkrecht stehende Achse, die in diesem Fall ziemlich genau mit unserer Blickrichtung übereinstimmt.

Andere Beispiele von ebenfalls relativ nahen Spiralnebeln enthalten die Abbildungen 3.4 und 9.2; sie deuten den Variantenreichtum des Phänomens an. Während sich bei M 51 im wesentlichen zwei helle, mit Staub durchsetzte Spiralarme fast zweimal eng um den Kern winden, spalten sie sich bei M 101 mehrfach auf und sind an Hand von HII Regionen und hellen Einzelsternen weit hinaus zu verfolgen. M 33 tendiert noch mehr zum Irregulären.

Die Galaxie von Abbildung 9.3 zeigt sich unter einem gegenüber M 51 um etwa 90 Grad versetzten Winkel. Wir schauen jetzt auf die Kante des Systems, das uns demonstriert, daß die Spiralgalaxien platte Scheiben sind, im Vergleich zu ihrer Ausdehnung dünne Blätter. Der Kern ist wieder als zentrale Verdickung zu erkennen, dort sitzt ein wesentlicher Teil der gesamten Masse. Auch die in die Hauptebene eingebettete Schicht absorbierender Staubwolken erinnert an die Photographie der Milchstraße (Abb. 2.5). Wie das Milchstraßensystem uns von innen gesehen erscheint, ist mit diesem Beispiel leicht zu verstehen. Die Sonne stünde hier im Randbezirk der Scheibe, fast genau in der Hauptebene. Längs dieser trifft der Blick eines internen Beobachters auf sternreiche Zonen, die am Himmel den Eindruck eines Milchstraßenbandes mit vielen schwachen Lichtpunkten hervorrufen. Senkrecht dazu, aus der Ebene heraus, sind die Himmelsfelder dagegen dünn besetzt. In unserem System entspricht das am Nordhimmel der Richtung zum Sternbild Coma Berenices, einer auffallend sternarmen Gegend.

Abb. 9.3: *Die Galaxie NGC 4565 (Aufnahme: K. Birkle, 2.2-m-Teleskop Calar Alto).*

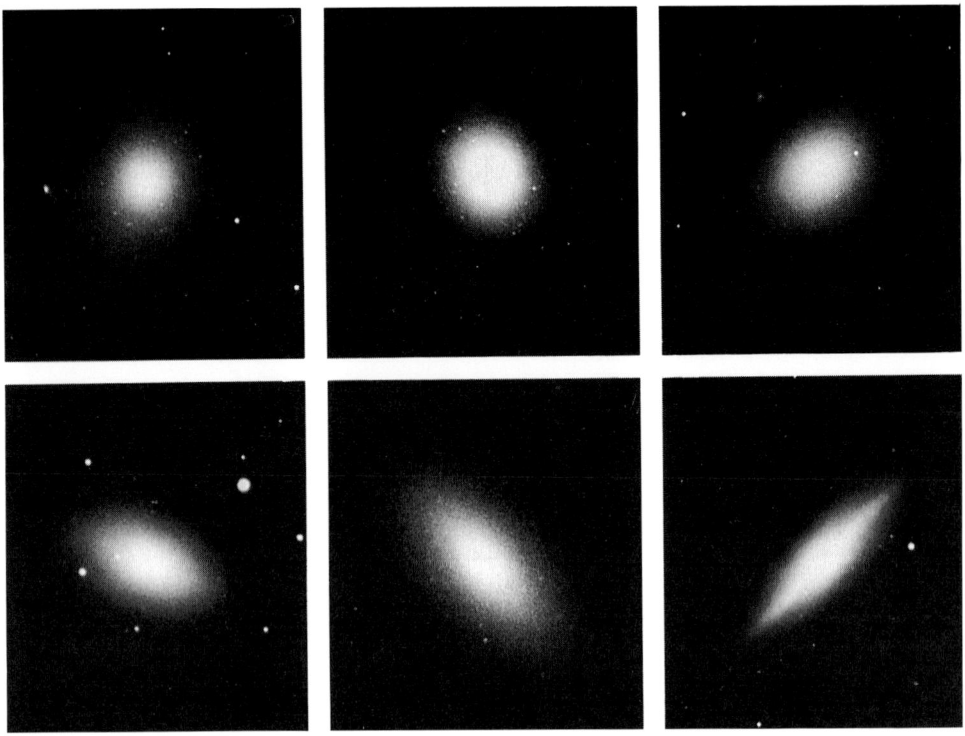

Abb. 9.4: *Beispiele elliptischer Galaxien (aus: A. Sandage, The Hubble Atlas of Galaxies).*

Von den tausend hellsten Galaxien am Himmel gehören etwa zwei Drittel zur Klasse der Spiralsysteme. In Wahrheit sind aber die im Durchschnitt leuchtschwächeren elliptischen Galaxien häufiger, das heißt innerhalb eines bestimmten Raumvolumens ist dieser Typ am stärksten vertreten. Abbildung 9.4 enthält mehrere Beispiele davon. Die elliptischen Systeme sind weniger abgeplattet als die Spiralnebel, auch weniger strukturiert, insbesondere zeigen sie kaum Spuren von interstellarem Staub und Gas. An Sternreichtum und Masse können sie die größten Spiralsysteme übertreffen.

Aber auch die beiden Begleiter von M 31 gehören zu dieser Sorte. Es sind zwei relativ kleine, der Andromedaspirale räumlich benachbarte Exemplare. Die Abbildung 1.3 demonstriert somit die wahren Größenverhältnisse. Die elliptischen Galaxien überdecken also einen weiten Bereich in Leuchtkraft und Abmessung, den selteneren Riesensystemen steht eine große Zahl elliptischer Zwerggalaxien gegenüber.

Eine dritte Art stellen die irregulären Galaxien dar. Wie der Name sagt, ist ihr Aufbau weniger geordnet und von geringerer Symmetrie. Leuchtkraft und Masse zeigen ebenfalls eine beträchtliche Variationsbreite, reichen aber im Extrem nicht an die Giganten der spiraligen und elliptischen Systeme heran. Bei einzelnen steckt ein hoher Anteil der Gesamtmasse in der interstellaren Materie.

Typische Vertreter sind die Große und Kleine Magellansche Wolke, dem bloßen Auge auffallende Objekte des südlichen Himmels. Beide sind reich an diffus verteiltem Gas und Staub (Abb. 9.5 und 9.6). Viele dieser Systeme sind klein und arm an Masse, mehr oder weniger scheint ein kontinuierlicher Übergang zu den großen kugelförmigen Sternhaufen zu bestehen.

Der französische Astronom Charles Messier war einer der ersten, die darangingen, die kosmischen Nebel systematisch zu erfassen. Sein Hauptinteresse galt jedoch den Kometen. Um Verwechslungen mit den oft kometenähnlichen, ständig vorhandenen Nebeln zu vermeiden, erarbeitete er eine 1784 publizierte Liste von 103 Objekten. Die Bezeichnungen des Messier-Kataloges werden heute noch verwendet. Hundert Jahre später lag der von John Dreyer zusammengestellte New General Catalogue (NGC) vor, der nahezu 8000 Nebel und Sternhaufen umfaßte, von denen ein großer Teil auf die Entdeckungen von Wilhelm Herschel und seinen Sohn John zurückging. Um 1908 waren rund 15000 Nebel katalogisiert und charakterisiert. Da zu dieser Zeit der grundsätzliche Unterschied zwischen galaktischen Gasnebeln und externen Galaxien noch nicht erkannt war, mußte in den meisten Fällen die Natur der registrierten Objekte offen bleiben.

Edwin Hubble hat dann mit dem 100-Zoll-Teleskop des Mt. Wilson Observatoriums nicht nur die nächsten Galaxien in einzelne Sterne aufgelöst, sondern auch zu ermitteln versucht, wie viele extragalaktische Systeme es bis zu der schwächsten für ihn erreichbaren Helligkeit gibt. Wegen des kleinen Gesichtsfeldes seines Teleskops war nicht daran zu denken, etwa den ganzen Himmel abzusuchen. Wie Wilhelm Herschel bei seinen Sternzählungen, konzentrierte er sich vielmehr auf eine größere Zahl von Stichproben. Er photographierte 1283 Himmelsfelder und zählte die von seinen Aufnahmen erfaßten Galaxien innerhalb verschiedener Helligkeitsintervalle. Insgesamt kam er auf 44000 Objekte. Daraus folgte, daß mit dem 100-Zoll-Teleskop am ganzen Himmel etwa 100 Millionen Galaxien zu finden wären. Das entspricht einigen hundert in einem Feld von der Größe des Mondes!

Und gewiß ist von noch merklich höheren Zahlen auszugehen, wenn man

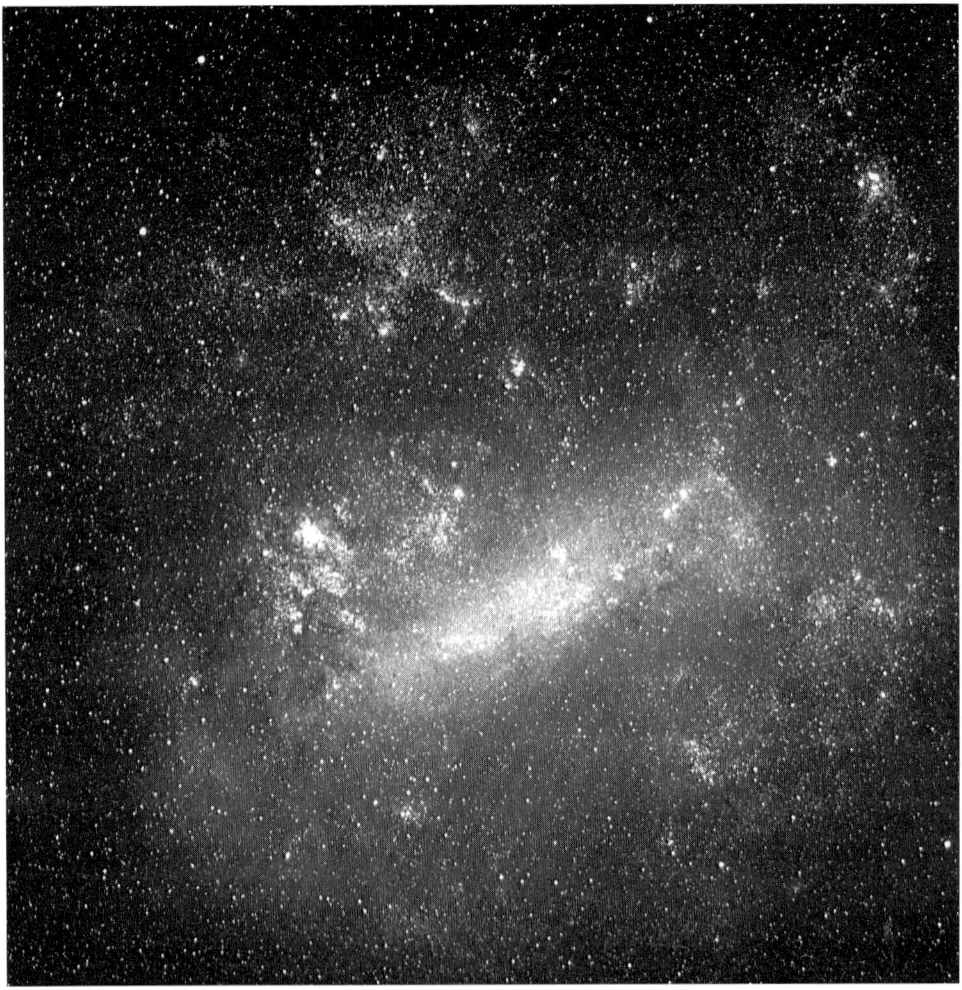

Abb. 9.5: *Die Große Magellansche Wolke.*

an die heute vorhandenen Instrumente und empfindlichen Detektoren denkt. Ein zweiter wesentlicher Befund Hubbles war, daß die Häufigkeit zu den schwachen Helligkeiten hin so ansteigt, wie es zu erwarten ist, wenn die Galaxien in den Tiefen des Raumes und nach allen Richtungen nahezu gleichmäßig verteilt sind. Sieht man von lokalen Schwankungen ab, auf die wir noch zurückkommen werden, so scheint das Universum großräumig sehr gleichförmig zu sein.

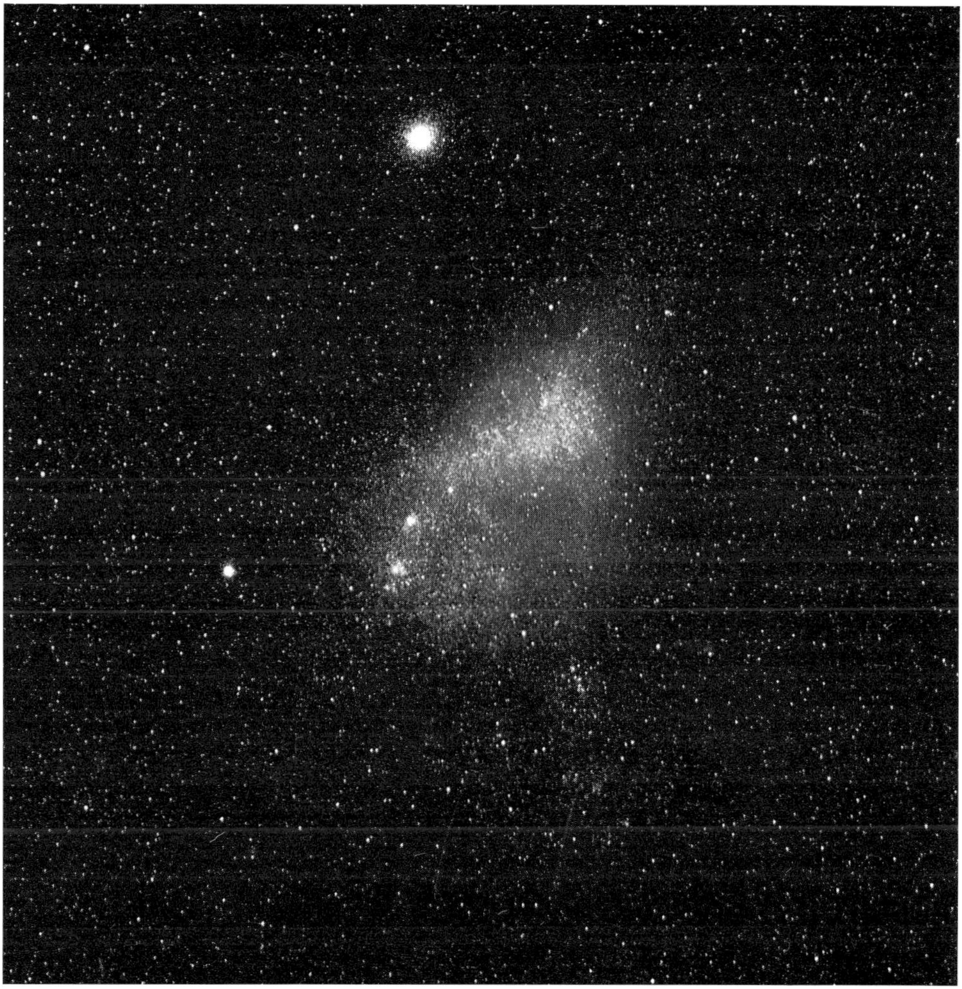

Abb. 9.6: *Die Kleine Magellansche Wolke und der kugelförmige Sternhaufen 47 Tucanae (oben). (Aufnahmen: H. Elsässer, 25-cm-Refraktor Boyden Sternwarte)*

Ihre Entfernungen

Für das Weitere sind die Entfernungen der Galaxien wichtig; sie erschließen uns die Dimensionen der extragalaktischen Welt. Freilich scheidet hier die Methode der trigonometrischen Parallaxen von vornherein aus: Wie wir gesehen haben, stehen bereits die weitaus meisten Sterne des Milchstraßensystems jenseits ihrer Reichweite. Um so mehr sind die Astronomen auch für extragalaktische Distanzen auf photometrische Messungen nach dem in Kapitel 2 erläuterten Prinzip angewiesen: Ein Objekt erscheint um so lichtschwächer, je weiter es weg ist. Kennt man seine absolute Helligkeit, dann kann aus der beobachteten scheinbaren auf seine Entfernung geschlossen werden. Woher aber die absolute Helligkeit nehmen?

In den näheren Galaxien lassen sich zum Glück einzelne Sterne identifizieren, deren spezifische Eigenschaften mit denen galaktischer Objekte übereinstimmen. Diese Entdeckung war ja überhaupt der schlagende Beweis für die extragalaktische Natur der spiralförmigen Nebel. So hatte Hubble im Andromedanebel und in M 33 Sterne ausgemacht, deren Helligkeit periodisch schwankte wie er es von galaktischen δ-Cephei-Veränderlichen kannte. Auch die in verschiedenen Nebeln auftretenden Novae erinnerten an ihresgleichen im Milchstraßensystem. Artgleichheit vorausgesetzt, konnte es aufgrund der beobachteten Helligkeiten an ihrer enormen Entfernung keinen Zweifel geben. Damit ist die wesentliche Annahme bereits angedeutet: Die photometrische Bestimmung extragalaktischer Distanzen geht davon aus, daß galaktische und extragalaktische Objekte desselben Typs auch absolut gleich hell sind.

So simpel sich dieses Prinzip anhören mag, so schwierig und irreführend kann es in der praktischen Anwendung sein. Die Cepheiden und die mit ihrer Hilfe ermittelten Entfernungen sind dafür das klassische Beispiel. Die Veränderlichen dieser Gruppe, Prototyp ist der Stern δ Cephei, zeichnen sich durch einen sehr regelmäßigen Lichtwechsel mit Perioden zwischen 1 und 50 Tagen aus (Abb. 9.7). Die Helligkeitsschwankungen sind durch rhythmisches Aufblähen und Schrumpfen ihrer äußeren Schichten bedingt, sie gehören zur Klasse der pulsierenden Veränderlichen. Ihre Bedeutung als

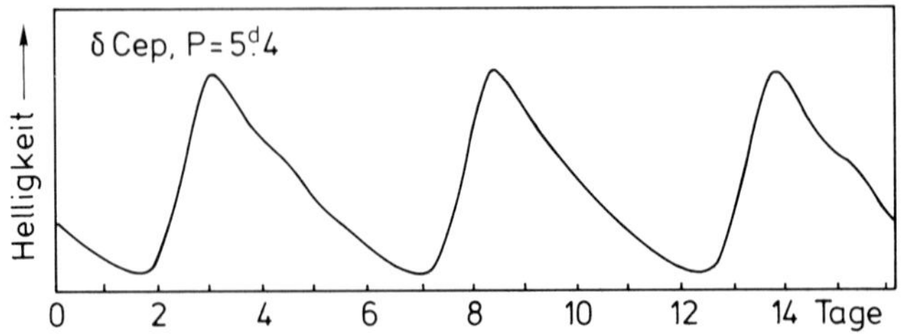

Abb. 9.7: *Lichtkurve des pulsierenden Veränderlichen δ Cephei. Periode des Lichtwechsels 5.4 Tage. Im Maximum ist der Stern etwa doppelt so hell wie im Minimum.*

Entfernungsindikatoren beruht darauf, daß zwischen der Periode des Lichtwechsels und der Helligkeit, gemittelt über die Lichtkurve, eine enge Kopplung besteht: Die Helligkeit steigt zu den großen Perioden an; Cepheiden mit dem langsamsten Lichtwechsel sind etwa fünfundzwanzigmal heller als die mit den kürzesten Perioden.

Diese Perioden-Helligkeits-Beziehung ist 1912 von Henrietta Leavitt, einer Astronomin des Harvard College Observatory, bei Untersuchungen an der Kleinen Magellanschen Wolke entdeckt worden. Sie hatte dort 25 Cepheiden identifiziert und aufgrund der beobachteten Helligkeiten ihre Lichtkurven abgeleitet. Da alle Objekte dieses Sternsystems von uns praktisch gleich weit entfernt sind, entsprechen die gemessenen unterschiedlichen scheinbaren Helligkeiten auch unterschiedlichen Absoluthelligkeiten. Der gefundene Zusammenhang mit der Periode des Lichtwechsels gilt also auch für die Leuchtkräfte und zeigt uns eine wahre Eigenheit dieses Veränderlichentyps. Da aber damals die Entfernung der Magellanschen Wolken nicht bekannt war, konnte Miss Leavitt die von ihr beobachteten Helligkeiten nicht in absolute umwandeln, der Zusammenhang zwischen Periode und wahrer Helligkeit der Cepheiden war quantitativ vorerst nicht herzustellen. Er ist für die Bestimmung von Entfernungen deshalb so bedeutsam, weil Cepheiden an Hand ihres Lichtwechsels relativ leicht zu erkennen sind und die Periodenlänge aus der beobachteten Lichtkurve unmittelbar hervorgeht. Steht dann mit der Periode auch die absolute Helligkeit fest, so folgt aus ihrem Unterschied zur scheinbaren sofort die gesuchte Distanz.

Die absoluten Helligkeiten der Cepheiden zu ermitteln, die Perioden-Leuchtkraft-Beziehung zu »eichen«, war ein schwieriges Unterfangen, das die Astronomie jahrzehntelang beschäftigt hat. Ansetzen mußte man dafür bei den galaktischen Cepheiden, von denen heute nahezu tausend bekannt sind; rund ein Dutzend ist mit bloßem Auge sichtbar. Es gibt aber nicht einen, der so nahe wäre, daß seine trigonometrische Parallaxe gemessen werden könnte. Außerdem stehen die meisten dicht bei der galaktischen Ebene, ihre Helligkeit ist deshalb durch interstellare Staubextinktion beeinträchtigt. Diese beiden grundsätzlichen Schwierigkeiten verhinderten einen schnellen Erfolg. Sehr förderlich war es, als sich in neuerer Zeit einige Cepheiden als Mitglieder von Sternhaufen entpuppten. Daraufhin konnte das in Kapitel 2 beschriebene Verfahren herangezogen werden, das Distanzen mit Hilfe des Farben-Helligkeits-Diagramms von Haufen zu gewinnen erlaubt. Nun war einigermaßen sicheres Terrain erreicht, ein merklicher Gewinn an Zuverlässigkeit war die Folge. Insbesondere waren jetzt Entfernungen und Absoluthelligkeiten der Cepheiden an die Hyaden angekoppelt.

Die Pioniere der extragalaktischen Astronomie hatten es da schwerer, ohne es immer zu wissen. Hubble berichtet in seinem 1936 erschienenen Buch »The Realm of the Nebulae« über seine Cepheidenbeobachtungen in M 31 und kommt mit der damals für korrekt gehaltenen Perioden-Leuchtkraft-Beziehung zu einer Entfernung des Andromedanebels von 680000 Lichtjahren. Als 1948 das 200-Zoll-Teleskop auf Mt. Palomar fertiggestellt war, wurde es von Walter Baade, der sich zuvor schon jahrelang mit unserer Nachbargalaxie beschäftigt und dafür ebenfalls das 100-Zoll-Teleskop von Mt. Wilson verwendet hatte, sogleich für die Beobachtung der Veränderlichen in M 31 eingesetzt. Er erwartete, mit dem merklich leistungsfähigeren Instrument die RR-Lyrae-Sterne des Andromedanebels finden zu können.

Diese Sorte veränderlicher Sterne ist uns bereits im Zusammenhang mit dem galaktischen Zentrum und seinem Abstand von der Sonne begegnet (S. 85). Sie sind auch pulsierende Veränderliche mit Perioden von 1 Tag und darunter. Lange Zeit galten sie als die kontinuierliche Fortsetzung der Cepheiden am unteren Ende der Periodenskala zu den schwächeren Absoluthelligkeiten hin. Sie waren deshalb für die Eichung der Perioden-Leuchtkraft-Beziehung mitverwendet worden. Bei der Lichtstärke des 200-Zöllers sollten sie zu Hunderten in den Kugelhaufen und im Halo von M 31 auftauchen. Baades Versuche blieben jedoch ohne Erfolg. Das konnte nur an einer falschen Entfernung liegen, der Andromedanebel mußte in Wirklichkeit weiter weg sein. War die Perioden-Leuchtkraft-Beziehung daran schuld?

Wie Baade dann merkte, gibt es zwei Sorten von Cepheiden. Bei den pulsierenden Veränderlichen stieß er erneut auf die von ihm schon früher erkannten beiden unterschiedlichen Sternpopulationen der Spiralarme und des Halos (S. 88). Die im Andromedanebel beobachteten Cepheiden sind solche der jungen Population I, auch δ Cephei selbst und die in den Magellanschen Wolken gefundenen gehören dazu. Heute werden sie klassische Cepheiden genannt. Bei gleicher Periodenlänge sind sie etwa viermal so hell wie die der alten Halopopulation, die W-Virginis-Sterne nach heutigem Sprachgebrauch. In der Tat schließen die letzteren lückenlos an die RR-Lyrae-Veränderlichen an. In der galaktischen Scheibe trifft man jedoch nebeneinander auf Cepheiden beider Populationen. Zuvor wurden beide in einen Topf geworfen, heute können sie aufgrund ihrer etwas verschiedenen Lichtkurven auseinandergehalten werden. In beiden Gruppen sind Periode und Leuchtkraft miteinander korreliert. Die erste

Eichung aber war vor allem an den RR-Lyrae-Sternen aufgehängt, dadurch wurden den klassischen Cepheiden zu geringe Absoluthelligkeiten zugeordnet und infolgedessen kamen die mit ihnen gewonnenen Distanzen zu klein heraus. Gleicher Typ – gleiche absolute Helligkeit? Wir sehen, daß es schon problematisch sein kann, der ersten Forderung dieses Prinzips gerecht zu werden.

Mit der jetzt gültigen Eichung der Perioden-Leuchtkraft-Beziehung und einigen anderen als notwendig erkannten Korrekturen ergibt sich die Entfernung des Andromedanebels zu 2.2 Millionen Lichtjahren, einem Mehrfachen des ursprünglichen Hubble-Wertes. Durch diese gegenüber früher deutlich weitere Distanzskala entspannte sich auch eine andere, als unbehaglich empfundene Situation: Vorher schien das Milchstraßensystem in seinen Abmessungen gegenüber anderen Spiralgalaxien herausgehoben zu sein. Mit den größeren Entfernungen wuchsen aber auch die linearen Durchmesser der externen Galaxien und unser System erwies sich danach als normal dimensioniert.

Heute gelten die δ-Cephei-Sterne als die wichtigsten und besten Entfernungsmarken im näheren extragalaktischen Raum. In rund einem Dutzend Galaxien sind sie sicher identifiziert, allein im Andromedanebel kennt man fast 50 davon. Die Reichweite dieser Methode ist aber leider spürbar begrenzt: Trotz ihrer hohen Leuchtkraft als Überriesen sind die Cepheiden jenseits von 10 Millionen Lichtjahren nicht mehr sicher auszumachen. Selbst die absolut hellsten mit den längsten Perioden erscheinen dann so lichtschwach, daß sie sich von Untergrund und Umgebung nicht mehr eindeutig abheben. An die Distanzen fast aller extragalaktischen Systeme ist deshalb so nicht heranzukommen.

Nun gibt es durchaus Objekte, die einzeln noch weiter weg zu sehen sind, weil sie die Cepheiden an Leuchtkraft übertreffen. Das gilt einmal für die jungen heißen Sterne großer Masse am oberen Ende der Hauptreihe. Im Extrem etwa zwanzigmal heller als die hellsten Cepheiden, wurden sie bisher in mehr als 100 Galaxien lokalisiert. Ähnlich verhält es sich mit extragalaktischen Novae, die keineswegs sehr selten sind; im Andromedanebel treten durchschnittlich 30 pro Jahr auf. Und dann die Supernovae, die im Maximum des Ausbruchs so hell sein können wie eine ganze Galaxie. Auch HII Regionen sowie rote Überriesen werden als Entfernungsindikatoren herangezogen, und nicht zuletzt Kugelhaufen, die allem Anschein nach in den verschiedensten Typen von Galaxien vorkommen und als Ganzes so hell sind, daß man sie noch in 50 Millionen Lichtjahren erkennen kann.

Bei keinem dieser Objekte gibt es aber ein so klares und leicht zugängliches Merkmal der Absoluthelligkeit wie die Periodenlänge der Cepheiden. Im Einzelfall treten merkliche Abweichungen von der durchschnittlichen Leuchtkraft der Klasse auf, so ist zum Beispiel Nova nicht gleich Nova. Um den Einfluß dieser natürlichen Streuung zu reduzieren, müssen möglichst mehrere, besser viele gleichartige Objekte gemessen werden, etwa die zehn hellsten Kugelhaufen einer Galaxie. Die Cepheidenskala ist mit Sternen des Milchstraßensystems belegt und hängt heute, wie wir sahen, an der Entfernung des Hyadenstroms. Für diese Objekte hingegen ist die Eichung innerhalb unseres eigenen Systems, wenn überhaupt, nur unvollkommen möglich. Entfernungen galaktischer Novae sind extrem unsicher, dementsprechend die daraus folgenden Absoluthelligkeiten. Für galaktische Supernovae gilt ohnehin Fehlanzeige. Man ist deshalb auf die externen Galaxien selbst angewiesen.

Wie weit unsere Nachbarsysteme weg sind, sagen uns die Cepheiden. Bei bekannter Entfernung ergeben sich aber die Leuchtkräfte der dort beobachteten Kugelhaufen, Novae usw. unmittelbar aus ihren scheinbaren Helligkeiten, denn alle Mitglieder eines Systems dürfen wir in gleicher Distanz von uns annehmen. (Daß die Staubextinktion innerhalb der untersuchten Galaxie Schwierigkeiten machen kann, sei hier nur nebenbei erwähnt.) Die so geeichten Absoluthelligkeiten werden dann, in sinngemäßer Anwendung des vorher zitierten Prinzips, auf die Objekte gleichen Typs in weiter entfernten Galaxien übertragen. Das geht allenfalls so lange gut, bis die Sternsysteme nicht mehr aufgelöst werden können.

Noch weiter draußen braucht man dann Kriterien, die sich auf die Systeme als Ganzes beziehen. Ein wichtiges und vielbenütztes dieser Art ist die absolute Gesamthelligkeit einer Galaxie. Sie wird wieder an näheren Systemen bekannter Entfernung gemessen und für die weit entfernten, scheinbar lichtschwachen als gleich angenommen. Neuerdings zieht man dafür die von interner Extinktion weitgehend freie Gesamthelligkeit im Infraroten heran. Auf diese Weise lassen sich Entfernungen gewinnen, solange überhaupt noch Galaxien zu beobachten sind. Natürlich sieht man sich hier ebenfalls dem Problem gegenüber, daß die Leuchtkräfte breit streuen und die scheinbare Helligkeit der Galaxien, wie die der Sterne, kein eindeutiger Entfernungsindikator sein kann. Ein Ausweg ist zum Beispiel, in einem Galaxienhaufen (siehe unten) die hellsten Exemplare herauszugreifen. Damit sind jedenfalls enorme Distanzen zu erreichen, bis zu einigen Milliarden Lichtjahren. Eine ganz andere Frage ist, ob die weit entfernten Systeme den nahen gleichen oder mit wachsender Distanz immer stärker von ihnen abweichen.

Dieses stufenweise Vorgehen, Schritt für Schritt in den extragalaktischen Raum hinaus, hat den grundsätzlichen Nachteil, daß sich die unvermeidlichen Fehler der einzelnen Stufen aufsummieren und gegenseitig verstärken. Mit der Entfernung wächst ihr Fehler, die größten Abstände sind die unsichersten. Man muß hier allerdings unterscheiden zwischen relativen und absoluten Distanzen. Wievielmal die eine Galaxie weiter weg steht als die andere, ist leichter zu ermitteln und zuverlässiger bekannt als beider Distanzen in Lichtjahren. Wenn Baade die Entfernung des Andromedanebels der Cepheiden wegen verdoppeln mußte, dann rückten damit gleichzeitig auch alle anderen Systeme in doppelte Distanz. Das gegenseitige Verhältnis ihrer Abstände, ihre relativen Entfernungen, blieben aber von dieser Streckung der Skala unberührt. Die absoluten Distanzen in Lichtjahren leiden schon darunter, daß die Hyadenentfernung nicht fehlerfrei ist. Das wirkt sich auf die Leuchtkräfte der Cepheiden aus, die ihrerseits unvollkommen sind. Beides zusammen beeinträchtigt die Entfernung der nahen Galaxien. Diese Fehlerfortpflanzung ist für die extragalaktische Forschung eine ernsthafte Schwierigkeit. Wie wir noch sehen werden, sind sich die Astronomen über die Entfernungen außerhalb des mit Cepheiden abgesicherten Bereichs bis heute keineswegs völlig einig.

Rotverschiebung und Galaxienflucht

Wie schon im einleitenden Kapitel ausgeführt, ist die Erscheinung der allgemeinen Galaxienflucht ein wesentliches Element des heutigen Bildes vom Bau der Welt. Sie äußert sich grundsätzlich so: Im Spektrum einer Galaxie sind in der Regel Linien zu erkennen, die auf die vielen Einzelsterne und deren Anteil am Gesamtlicht zurückgehen. Diese sind gegenüber den Linien eines irdischen Vergleichsspektrums zum Roten hin, zu größeren Wellenlängen, verschoben, und zwar um so mehr, je weiter die Galaxie von uns entfernt ist. Nach dem Dopplereffekt ist das die Folge einer Relativbewegung: Lichtquelle und Beobachter entfernen sich voneinander. Bei Annäherung wären die Linien zu kürzeren Wellen, zum Blauen versetzt. Der Betrag der Verschiebung ist ein direktes Maß für die Radialgeschwindigkeit, mit der sich Sender und Empfänger aufeinander zu oder voneinander weg bewegen.

Dieser Effekt hat mit der Ausbreitung von Wellen zu tun und ist 1842 von dem österreichischen Physiker Christian Doppler erkannt worden. Beim Schall läßt er sich leicht beobachten. Die Höhe eines Tons ist bestimmt durch die Zahl von Schwingungen, die das Ohr pro Sekunde erreichen. Bewegt sich der Hörer auf die Schallquelle zu, so erscheint ihm der Ton höher als in Ruhe, da die Wellen in rascherer Folge sein Ohr treffen. Er registriert eine höhere Frequenz beziehungsweise eine kürzere Wellenlänge. Umgekehrt fällt der Ton ab, wenn er sich von der Quelle entfernt; die Wellen müssen jetzt dem Hörer nachlaufen und treffen verzögert ein.

Dasselbe Phänomen tritt auf, wenn sich der Sender bewegt und der Beobachter in Ruhe bleibt. Der Hupton eines Autos scheint höher zu sein, wenn dieses auf den Beobachter zukommt und wird im Augenblick des Vorbeifahrens tiefer. Ähnlich, mit fahrenden Eisenbahnzügen, ist der von Doppler vorhergesagte Effekt auch zum erstenmal nachgewiesen worden. Maßgebend ist das Verhältnis der Relativgeschwindigkeit Sender–Empfänger zur Geschwindigkeit, mit der sich die Wellen ausbreiten.

Dasselbe muß auch für Lichtwellen gelten, allerdings ist der Dopplereffekt beim Licht viel schwieriger nachzuweisen als beim Schall. Schallwellen breiten sich in der Luft mit etwa 300 Meter pro Sekunde aus, Licht dagegen mit 300000 Kilometer pro Sekunde. Merkliche Verschiebungen der Wellenlänge, das heißt die dafür erforderlichen Geschwindigkeiten, sind im irdischen Experiment nicht ganz einfach zu verwirklichen, jedoch kann man bei der Beobachtung von Himmelskörpern mit merklichen Effekten rechnen. Das hatte schon Doppler selbst erkannt, und der nach ihm benannte Effekt ist in der Tat zu einem außerordentlich wichtigen Hilfsmittel der Astronomie geworden, wie auch die vorangehenden Kapitel immer wieder belegen. Als Wellenlängen- oder Frequenzmarken dienen die Absorptions- und Emissionslinien im Spektrum eines Himmelskörpers. Sind sie gegenüber ihrer Ruhelage verschoben, konkret heißt das gegenüber den Linien einer irdischen Spektrallampe, dann folgt aus diesem Versatz die Geschwindigkeit, mit der sich Himmelskörper und Erde gegeneinander bewegen.

Daß das so ist, beweisen zum Beispiel die Linienversetzungen von Arktur, dem hellsten Stern im Sternbild Bootes. Dessen Spektrum verschiebt sich innerhalb eines Jahres periodisch gegenüber einer mittleren Lage, in einem Halbjahr zum Blauen, im anderen zum Roten, wobei die stärksten Auslenkungen einer Geschwindigkeit von nahezu 30 km/s entsprechen. Darin spiegelt sich die Bewegung der Erde um die Sonne (Abb. 9.8). Die Richtung zu Arktur bildet mit der Erdbahnebene keinen allzu großen Winkel. Bewegen wir uns auf Arktur zu, dann rücken seine Spektrallinien zum Blauen, ein halbes Jahr später entfernt sich die Erde von ihm, dann ist eine entsprechende Rotverschiebung zu beobachten.

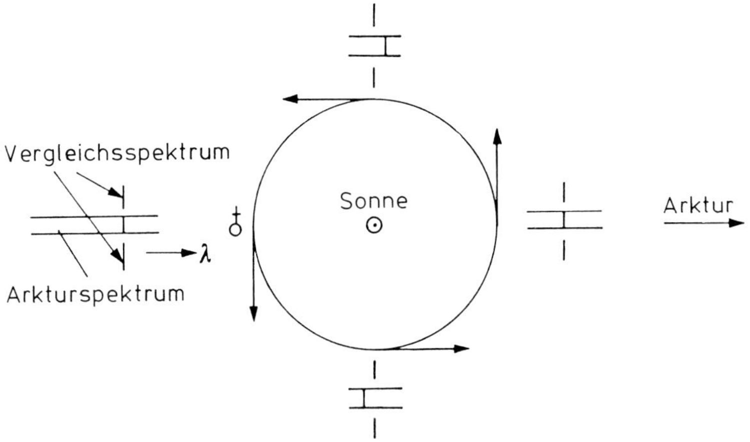

Abb. 9.8: *Linienverschiebungen im Spektrum des Sterns Arktur gegenüber einem irdischen Vergleichsspektrum. Bewegt sich die Erde senkrecht zur Verbindungslinie Sonne–Arktur so tritt keine Dopplerverschiebung auf, in einem halben Jahr Abstand davon maximale Auslenkungen nach Blau beziehungsweise Rot. Von der kleinen Versetzung, die sich durch die Bewegung von Arktur relativ zur Sonne ergibt, ist hier abgesehen.*

Dazwischen ist die Bewegungskomponente in Richtung Arktur null, und die Linien nehmen die Mittellage ein. Aus diesen Messungen folgt für die Geschwindigkeit der Erde in ihrer fast kreisförmigen Bahn um die Sonne der Wert von 30 km/s. Damit läßt sich der Umfang der Erdbahn als die in einem Jahr zurückgelegte Strecke und sodann der Abstand der Erde von der im Bahnmittelpunkt stehenden Sonne berechnen. Es finden sich dieselben Werte, die auf ganz anderem Weg ermittelt wurden (Kap. 4), und wir können darin die eindeutige Bestätigung für die Deutung der beobachteten Linienverschiebungen als Dopplereffekt sehen.

Die Beobachtungen an Arktur sind damit aber nicht ausgeschöpft. Die periodische Versetzung findet symmetrisch zu einer Mitte statt, die nicht mit dem irdischen Vergleichsspektrum zusammenfällt. Sie ist vielmehr etwas nach Blau verschoben, um einen Betrag, der einer Geschwindigkeit von 5 km/s entspricht. Das geht darauf zurück, daß die Sonne mit ihrem Planetensystem und Arktur nicht im Raum ruhen, sondern mit dieser Geschwindigkeit aufeinander zulaufen. Der jährliche Wechsel infolge der Bewegung der Erde um die Sonne überlagert sich dieser konstanten Verschiebung der Spektrallinien.

Solche Messungen der Radialgeschwindigkeit gehören zu den alltäglichen Aufgaben des Astronomen und sind für ihn, wie auch in Kapitel 2 geschildert, zu einer vielseitig anwendbaren und weitgehend unproblematischen Methode geworden. Dieses deutlich zu machen, erscheint mir angebracht, da vielfach noch immer der Eindruck besteht, die Astronomie sähe sich bei der Rotverschiebung der Galaxien einem völlig neuartigen, schwer deutbaren Phänomen gegenüber. Die beobachteten Effekte sind zwar von anderem Ausmaß, gleichwohl gibt es keinen triftigen Grund, andere Ursachen anzunehmen.

Schon die ersten, von Vesto M. Slipher am Lowell Observatorium in Arizona gewonnenen Galaxienspektren zeigten überraschend hohe Radialgeschwindigkeiten. Seine bis 1925 erarbeitete Liste von 41 Objekten enthielt Werte zwischen −300 km/s (für den Andromedanebel) und +1800 km/s (− steht für Blau-, + für Rotverschiebung). Das übertraf alle bis dahin bekannten kosmischen Geschwindigkeiten bei weitem. Auf einen möglichen Zusammenhang zwischen Radialbewegung und Entfernung machte dann als erster der Kieler Astronom Carl Wilhelm Wirtz aufmerksam. Die Distanzen schätzte er aus dem scheinbaren Durchmesser der Nebel ab, von der plausiblen Annahme ausgehend, daß die weiter entfernten Systeme kleiner erscheinen sollten als die nahen.

Das von Hubble 1929 veröffentlichte Diagramm mit den Radialgeschwindigkeiten von 46 Galaxien ließ an dieser Beziehung nur noch wenig Zweifel. Die von ihm angegebenen Entfernungen hatte er zum Teil mit Hilfe von Cepheiden und anderen Einzelsternen in den Nebeln bestimmt. In den Jahren danach ging es vor allem darum, größere Weiten zu erreichen, und die Spektren merklich schwächerer Galaxien zu vermessen. Dieser Aufgabe nahm sich insbesondere Milton Humason an. Bei Belichtungen, die sich oft für ein und dasselbe Objekt über mehrere Nächte erstreckten, sammelte er die nötigen Photonen. Bereits 1921 waren, wieder mit Hilfe des 100-Zoll-Teleskops und verbesserter Spektrographen, Radialgeschwindigkeiten bis nahezu 20000 km/s registriert. Der lineare Anstieg der Fluchtgeschwindigkeit mit der Distanz (doppelte Entfernung – doppelte Geschwindigkeit!) war jetzt überzeugend belegt. An der Expansion des Weltalls war nicht mehr zu zweifeln.

Dieser Befund bedeutete mit anderen Worten, daß Radialgeschwindigkeit und Entfernung in einem festen Verhältnis zueinander stehen und ihre Beziehung durch *eine* Zahl charakterisiert werden kann, die Hubblesche Konstante H_0 nach heutigem Sprachgebrauch. Sie wurde 1931 von Hubble und Humason zu 170 km/s·MLj beziehungsweise 560 km/s·Mpc gefunden und ist so zu verstehen: Für einen Schritt in der Distanz von 1 Million Lichtjahre (MLj) nimmt die Fluchtgeschwindigkeit um 170 km/s, entsprechend für 1 Million Parsec (Mpc) um 560 km/s zu. In 10 Millionen Lichtjahren Entfernung wäre demnach die Geschwindigkeit 1700 km/s, in der zehnfachen Distanz von 100 MLj 17000 km/s...

Die Zahl der Galaxien, deren Rotverschiebung gemessen ist, geht heute in die Tausende. Schließt man die Quasare mit ein, dann reichen die gefundenen Radialgeschwindigkeiten fast an die Lichtgeschwindigkeit heran, von »normalen« Galaxien sind Fluchtbewegungen bis etwa 60000 km/s, einem Fünftel der Lichtgeschwindigkeit, bekannt. Trotz aller Korrekturen der Entfernungsskala hat sich an der von Hubble erkannten Proportionalität von Geschwindigkeit und Entfernung nichts geändert, dagegen mußte der Wert von H_0 drastisch revidiert werden. Und noch immer ist die Hubblesche Konstante nicht befriedigend genau bekannt! Daß sie merklich kleiner sein muß als zunächst geglaubt, ist sicher. Die Mehrzahl der Astronomen dürfte heute der von Allan Sandage und Gustav Tammann propagierten Zahl von 15 km/s·MLj (50 km/s·Mpc) zuneigen, aber auch der doppelt so große Wert von H_0 hat seine Anhänger.

Die Kontroverse über H_0 wurzelt in der Unsicherheit jener Entfernungen, die nicht mehr mit Hilfe von Cepheiden in einem Schritt überbrückt werden können. Anlaß zu einiger Verwirrung war in dieser Hinsicht die fälschliche Identifizierung punktförmig erscheinender Einzelobjekte in Galaxien mittlerer Distanz als die hellsten Sterne dieser Systeme, während es sich in Wirklichkeit um kompakte Gasnebel und Kugelhaufen handelte. Eine grundsätzliche Schwierigkeit liegt indessen darin, daß die allseitige Expansion sich erst bei Entfernungen über 50 Millionen Lichtjahren oder Radialgeschwindigkeiten oberhalb 1000 km/s deutlich abzuheben beginnt.

Der Fluchtbewegung sind zusätzliche Eigenbewegungen der Galaxien überlagert, die als Mitglieder eines Haufens dessen Schwerezentrum umkreisen. Die entsprechenden Geschwindigkeiten gehen etwa von 100 bis 1000 km/s. Das ist auch der Grund, warum Andromedanebel und Milchstraßensystem sich mit 300 km/s einander nähern. Diese ungeordneten Bewegungen überdecken die allgemeine Expansion im extragalaktischen Nahbereich, und infolgedessen ist man für die Hubblesche Konstante gerade auf solche Galaxien angewiesen, die nur durch das Aneinanderfügen mehrerer Distanzskalen zu erreichen sind. Nach einer Untersuchung aus dem Jahre 1982 von Sandage und Tammann führt der gegenwärtig zuverlässigste Weg über die Leiter: Cepheiden – hellste rote Überriesen einer Galaxie – Supernovae vom Typ I. Sie reicht über den Nahbereich weit hinaus. Die beiden Autoren kommen so erneut zu ihrem oben genannten Wert von H_0 mit einer Fehlerspanne von ± 15 Prozent.

Ist die Entfernungs-Geschwindigkeits-Relation erst einmal richtig geeicht, das heißt die Hubblesche Konstante H_0 zuverlässig bestimmt, dann werden durch sie, in umgekehrter Anwendung, die Distanzen extragalaktischer Systeme bequem zugänglich: Man braucht nur die grundsätzlich einfach zu messende Rotverschiebung im Spektrum nach der Dopplerformel in Radialgeschwindigkeit umzurechnen, dann folgt mit H_0 sofort die entsprechende Entfernung. Die Angaben von Galaxienabständen in der Literatur sind in der Regel so gewonnen, das bedeutet nicht über primäre Entfernungsindikatoren, sondern mit Hilfe einer sekundären Methode, deren Gültigkeit vorher gesichert und geeicht werden mußte.

Die schon erwähnten Zweifel an der Deutung der Rotverschiebung werden natürlich durch die enormen, aus dem Dopplerschen Prinzip folgenden Geschwindigkeiten der Galaxien genährt. Und in der Tat gibt es keinen absolut zwingenden Beweis dafür, daß es sich um einen reinen Effekt der Relativbewegung von irdischem Beobachter und extragalaktischer Lichtquelle handelt, im Gegensatz etwa zu der beim Stern Arktur beobachteten Spiegelung des Erdumlaufs im Sonnensystem. Es gibt jedoch zum einen weitere Stützen für diese Interpretation, zum anderen sind alle sonstigen Erklärungsversuche über die heute bekannten und gesicherten physikalischen Gesetze hinausgehende Ad-Hoc-Konstruktionen.

Nach der Dopplerformel ist die Verschiebung innerhalb eines Spektrums proportional zur Wellenlänge. Findet man diese Beziehung aufgrund von Messungen bei ganz verschiedenen Wellenlängen bestätigt, so wird dies als ein wichtiges Indiz zugunsten der Deutung als Radialgeschwindigkeit gelten dürfen. In den letzten Jahren ist nun für eine größere Zahl von Galaxien die vom neutralen Wasserstoff dieser Systeme ausgestrahlte 21-cm-Linie vermessen worden, deren Wellenlänge rund 500000mal größer ist als die optischer Spektrallinien. Nach einer Zusammenstellung aus dem Jahre 1984 gibt es jetzt solche Messungen im Radiobereich und entsprechende im Sichtbaren für fast 1300 Galaxien. Tatsächlich sind ihre Linien mit hoher Genauigkeit so verschoben, wie es nach der Dopplerformel zu erwarten ist – anders ausgedrückt: Die aus dem Licht folgenden Radialgeschwindigkeiten sind identisch mit den aus der Radiolinie bestimmten. Mehrere dieser Galaxien erreichen Radialgeschwindigkeiten um 12000 km/s. Das Extrem aber repräsentiert ein Quasar, dessen Fluchtgeschwindigkeit sich sowohl nach optischen wie auch nach 21-cm-Messungen zu 116000 km/s ergibt!

Noch einmal sei darauf hingewiesen: Die beobachtete Galaxienflucht bedeutet nicht, wir mit unserem Milchstraßensystem wären der ruhende Mittelpunkt des Weltalls, von dem sich alles entfernt. Es ist gerade eine Konsequenz des linearen Zusammenhangs zwischen Distanz und Radialbewegung, daß von jeder anderen Galaxie aus das Pänomen sich in gleicher Weise darbietet. Jeder extragalaktische Beobachter könnte sich für das Zentrum halten. Was wir feststellen, ist das fortdauernde Anwachsen der gegenseitigen Abstände. In dieser Strömung allseitiger Expansion schwimmt unsere Milchstraße mit wie alle anderen Systeme.

Haufen und Superhaufen – Mittlere Dichte im Weltall

Wie schon mehrfach erwähnt, scheinen die Galaxien, großräumig gesehen, im Weltall recht gleichmäßig verteilt zu sein. Was aber heißt in diesem Zusammenhang »großräumig«? Betrachtet man unsere nähere extragalaktische Umgebung, dann kann von Gleichverteilung keine Rede sein. Schon die Anordnung der zirka 1000 hellsten Galaxien am Himmel macht das deutlich. So zeigt uns Abbildung 9.9, daß die Hemisphäre nördlich der Milchstraße weit mehr Systeme enthält als die südliche und daß sich diese zudem in einigen Himmelsfeldern stark häufen, während andere Gegenden völlig leer sind. Der klumpige Charakter dieser Verteilung ist nicht zu übersehen. Das wird nicht etwa durch einen Projektionseffekt vorgetäuscht. Tatsächlich sind die Galaxien innerhalb bestimmter Volumina konzentriert und stehen nicht unabhängig voneinander im Raum. Man spricht von einer Galaxiengruppe, wenn es sich um relativ wenig zusammengehörende Systeme handelt, von einem Haufen, wenn die Zahl der Mitglieder groß ist.

So gehören unser Milchstraßensystem und der Andromedanebel zusammen mit M 33, den beiden Magellanschen Wolken und weiteren etwa zwei Dutzend kleinerer Systeme zur »Lokalen Gruppe«. Diese ist in sich so strukturiert, daß die übrigen Mitglieder fast ausnahmslos jeweils einer der beiden großen Spiralgalaxien als Begleiter eng benachbart sind. Der Andromedanebel und das Milchstraßensystem, deren gegenseitiger Abstand etwa dem Zwanzigfachen ihrer Durchmesser entspricht, sind gravitativ aneinander gebunden, ähnlich einem Doppelstern, und schleppen bei ihrer Bewegung umeinander die anderen Systeme mit.

Auch für die weiter entfernten Galaxien minderer scheinbarer Helligkeit demonstriert ihre Verteilung an der Himmelssphäre, daß sie in übergeordneten Einheiten konzentriert sind. Darüber hinaus ist ihre Einbindung in eine Gruppe oder einen Haufen an relativ einheitlichen Radialgeschwindigkeiten der Systeme zu erkennen. Die Abweichungen von einem mittleren, die Fluchtgeschwindigkeit charakterisierenden Wert gehen auf die schon erwähnten zusätzlichen Bewegungen der Mitglieder um den gemeinsamen Schwerpunkt zurück. Einem Mückenschwarm ähnlich schwirren die Galaxien im Raum und werden dabei durch ihre gegenseitige Anziehung zusammengehalten. Das ist im Prinzip nicht anders als bei Sternhaufen. Natürlich sind die Mitglieder unter sich auch ähnlich hell, kommt doch in ihren scheinbaren Helligkeiten vor allem die Entfernung des Galaxienverbandes zum Ausdruck. Und das ist ebenfalls ein wichtiges Kriterium für die Identität eines Haufens.

Bald nach der Fertigstellung des Palomar Sky Survey (S. 232) ist dieser in den fünfziger Jahren von George O. Abell systematisch auf Galaxienhaufen durchmustert worden. Als Erkennungszeichen galt ein Klumpen mit mindestens 30 Mitgliedern. Der von ihm erarbeitete, den nördlichen Himmel abdeckende Katalog enthält insgesamt 2712 Galaxienhaufen. Einer der reichsten ist der etwa 400 Millionen Lichtjahre entfernte im Sternbild Coma Berenices, dem Tausende von Galaxien angehören (Abb. 1.4). Die fernsten der Abellschen Liste sind etwa zehnmal weiter weg und erreichen Radialgeschwindigkeiten bis zu 60000 km/s. Oft haben die Haufen eine Ausdehnung von einigen Millionen Lichtjahren. Eine uns nahestehende größere Ansammlung ist der Haufen im Sternbild Virgo (Abb. 9.10), dessen Kern sich in Abbildung 9.9 beim nördlichen galaktischen Pol deutlich abzeichnet. Von ihm spannt sich eine Brücke aus kleineren Haufen bis zu unserer Lokalen Gruppe. Ganz generell sind die äußeren Grenzen einer Galaxienkonzentration recht verschwommen, eine scharfe Trennung von anderen Haufen ist vielfach nicht zu erkennen. Oft erstrecken sich die Randgebiete in Form einer Kette oder dünnen Schicht über enorme Distanzen und bilden, ähnlich wie im Fall des Virgohaufens, Stege zu den benachbarten Ansammlungen. Dies wurde in den letzten Jahren klarer, seit mit Hilfe zahlreicher Messungen der Radialgeschwindigkeit auch die Differenzierung in der räumlichen Tiefe möglich geworden ist.

Heute gelten solche Brücken als Anzeichen dafür, daß die Haufen in eine Struktur höheren Grades, die Superhaufen, eingebettet sind, die größten bekannten Komplexe im Weltall. Diese müssen wir uns als lockeres Geflecht wechselnder Maschenweite vorstellen: Die Kerne der reichen Haufen bilden die dicken Knoten, sie sind durch dünne Schnüre miteinander verbunden. Zwischen den Haufen und ihren Brücken gibt es riesige Leerräume, in denen nur wenige oder keine Galaxien stehen. Das Lokali-

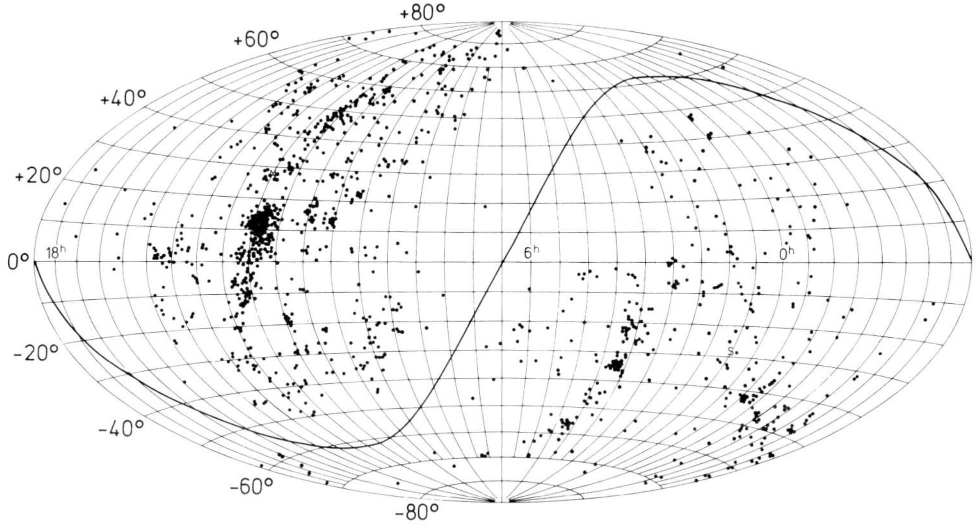

Abb. 9.9: *Die Verteilung der hellen Galaxien in der Projektion an die Sphäre (1280 Objekte heller als 13. Größe) nach dem Shapley-Ames-Katalog. Koordinaten: Rektaszension und Deklination. Die ausgezogene Linie markiert den Verlauf der Milchstraße. Links und oberhalb davon: Hemisphäre nördlich der Milchstraße, N nördlicher galaktischer Pol. S südlicher galaktischer Pol. Das Diagramm demonstriert unter anderem, daß der Virgo-Superhaufen ein flaches, lockeres Gebilde ist (siehe Text).*

sieren solcher Löcher durch den Befund, daß in ausgedehnten Himmelsfeldern über mehrere 1000 km/s große Intervalle der Radialgeschwindigkeit hinweg nicht eine Galaxie zu finden ist, hat dieses Bild stark beeinflußt. Zu dieser Thematik haben in jüngster Zeit Jaan Einasto und seine Mitarbeiter in Tartu/UdSSR Wesentliches beigetragen. Die Dimension einer solchen Superstruktur liegt jenseits von 100 Millionen Lichtjahren.

Unsere Lokale Gruppe gehört zu einem Superhaufen, der um den Virgohaufen angeordnet ist und die meisten der in Abbildung 9.9 eingetragenen nördlichen Galaxien umfaßt, insbesondere den Haufen in Ursa Major. Die Superhaufen werden nicht mehr durch die Schwerkraft ihrer Untereinheiten zusammengehalten, sie dehnen sich vielmehr mit der allgemeinen Expansion aus. Allerdings muß man annehmen, daß bei den internen Bewegungen der gravitative Einfluß der reichen Haufen noch spürbar ist. So scheint sich der Abstand zwischen der Lokalen Gruppe mit dem Milchstraßensystem vom Virgohaufen nicht ganz gemäß der Hubble-

Relation zu vergrößern, sondern etwas gebremst. Das hat Komplikationen für die Bestimmung der Hubbleschen Konstante zur Folge, die erst neuerdings durchschaut worden sind.

Von einem gleichmäßig mit Galaxien erfüllten Universum können wir demnach nicht eher sprechen, als bis von Raumbereichen die Rede ist, die mehreren Superhaufen Platz bieten. Nach heutigem Kenntnisstand kann das Weltall als homogen angenommen werden, sobald die betrachteten Volumina sich über 1 Milliarde Lichtjahre hinaus erstrecken. Dann unterscheiden sich die einzelnen Raumzellen nicht mehr signifikant voneinander. Diese charakteristische Skala mag überraschend groß erscheinen, sie ist aber immer noch klein im Vergleich zur Ausdehnung des gesamten überschaubaren Universums mit mehr als 10 Milliarden Lichtjahren!

Aus Zahl und Verteilung der Galaxien im Raum läßt sich auf die mittlere Materiedichte im Weltall schließen, eine für unser Verständnis des Weltganzen fundamentale Größe, wie wir noch sehen werden. Folgendes ist gemeint: Denkt man sich die in all den Galaxien und ihren Sternen konzentrierte Materie über den durch Beobachtungen erfaßten Raum gleichmäßig ausgebreitet, dann entfällt eine bestimmte Menge auf die Volumeneinheit, die mittlere Dichte. Diese gedankliche Verschmierung der Weltmaterie bringt für jeden Kubikmeter nicht einmal 1 Wasserstoffatom ($2 \cdot 10^{-31}$ g/cm^3)! Das ist weit weit weniger als das beste im Labor erzeugte Vakuum erreichen kann. Das Weltall, so wie wir es heute beobachten, zeigt uns somit als eine wesentliche Eigenheit, daß es nahezu materieleer ist. Wie läßt sich das mit der enormen Zahl sternreicher Galaxien vereinbaren? Es ist Ausdruck und Folge der ungeheuer großen Räume, die zwischen den einzelnen Galaxien liegen, die die Galaxienhaufen voneinander trennen und die auch innerhalb der Galaxien zwischen den einzelnen Sternen stehen. Die Galaxien sind isolierte Materiekonzentrationen oder – um das schöne Wort Alexander von Humboldts zu gebrauchen – Weltinseln, die sich in den Weiten des Weltraumes trotz ihrer großen Anzahl fast verlieren.

Allerdings ist der genaue Wert der mittleren Materiedichte nicht unstrittig. Er setzt ja vor allem die zuverlässige Kenntnis der in den Galaxien versammelten Masse voraus. In Kapitel 2 war die Rede davon, wie aus der Rotation eines großen Sternsystems, dem inneren Bewegungszustand also, auf seine Masse geschlossen werden kann. Seit einiger Zeit verstärkt sich indessen der Eindruck, daß die Randbezirke der Galaxien mehr Materie enthalten als bisher angenommen wurde, und das in den hellen inneren Teilen beobachtete Rotationsverhalten nur einen Teil der wirklichen

Abb. 9.10: *Das Zentrum des Virgo-Galaxienhaufens. Die helle Galaxie in der Nähe des unteren Randes (Bildmitte) ist das elliptische Riesensystem M 87. Siehe auch Abbildung 9.14. (Aufnahme: K. Birkle, Schmidt-Teleskop Calar Alto).*

Gesamtmasse widerspiegelt. Viele Galaxien könnten von ausgedehnten lichtschwachen Halos umgeben sein, in denen ein merklicher Massenanteil steckt. Ein anderer Befund ist in dieser Hinsicht bemerkenswert: Die Schwarmbewegungen der Mitglieder eines Galaxienhaufens geben Auskunft über die insgesamt in einem solchen Verband konzentrierte Masse, denn für die Bewegung des einzelnen Systems ist das von der Gesamtheit der übrigen ausgehende Schwerefeld maßgebend (Virialsatz). Die so ermittelte Masse eines Galaxienhaufens kommt nun in der Regel merklich größer heraus als die Summe der Einzelmassen, wenn man diese so ansetzt, wie sie aus dem inneren Zustand der einzelnen Galaxien folgen.

Das spricht erneut dafür, daß die Masse des Einzelsystems größer ist und unter Umständen bis zum Zehnfachen dessen reicht, was bislang gemeinhin angenommen wurde. Die leuchtende Galaxie wäre dann gleichsam nur die Spitze eines Eisberges. Es kann aber auch bedeuten, daß zwischen den Galaxien eines Haufens diffus verteilte Materie in beträchtlichen Mengen vorhanden ist und zum gemeinsamen Schwerefeld spürbar beiträgt. Solche intergalaktische Materie gibt es, heute ist das durch Beobachtungen gesichert: Eine ganze Reihe von Galaxienhaufen strahlen im Röntgenlicht, wobei die Messungen zeigen, daß dieses nicht nur von den Galaxien selbst, sondern auch aus dem Raum zwischen ihnen kommt. Und zwar ist die Röntgenleuchtkraft um so höher, je schneller die Galaxien im Mittel den Haufenschwerpunkt umschwirren. Allem Anschein nach strahlt hier sehr heißes, stark verdünntes Gas, das den Galaxien entstammt und von ihnen abgeblasen wurde. Seine Temperatur von etwa 100 Millionen Grad geht vermutlich darauf zurück, daß die durcheinanderfliegenden Galaxien dieses intergalaktische Medium ständig umrühren, ihm so einen Teil ihrer Bewegungsenergie zuführen und es dadurch aufheizen. Auch wenn die mittlere Dichte im Weltall in Wirklichkeit etwas größer sein sollte als vorher erwähnt, ändert das nichts an der Feststellung, das Universum im Ganzen käme nahezu dem idealen Vakuum gleich. Den genauen Wert der mittleren Dichte zu wissen, ist jedoch für die Frage wichtig, ob sich das Weltall für immer ausdehnen wird, oder ob zu einem fernen Zeitpunkt die allgemeine Expansion in eine allgemeine Kontraktion umschlagen kann.

Aktive Galaxien

Die Entdeckung, daß einzelne Galaxien starke Radioquellen sind, eröffnete eine neue Ära der extragalaktischen Astronomie. Zwar scheinen alle großen Sternsysteme auch im Radiobereich zu strahlen, bei den »normalen« Galaxien wie dem Milchstraßensystem und dem Andromedanebel macht die Radioleuchtkraft aber nur einen kleinen Bruchteil der Leuchtkraft im Sichtbaren aus. Bei jenen relativ seltenen Exemplaren dagegen ist dieses Verhältnis deutlich zugunsten der Radiowellen verschoben. Auch die Strahlungsleistung insgesamt, über das ganze Spektrum hinweg, vom Röntgenlicht bis zu den längsten Wellen, ist oft merklich verstärkt gegenüber den Normalsystemen, manchmal mehr als tausendfach. Die Ursache der überhöhten Energieabstrahlung sind explosive Prozesse in den Zentren dieser Galaxien, man spricht deshalb heute von aktiven galaktischen Kernen und aktiven Galaxien.

Abb. 9.12: *Die Radioemission von Cen A im Kontinuum bei 21 cm Wellenlänge. Das geschwärzte Rechteck im Zentrum entspricht etwa dem Bildfeld der Abbildungen 9.11 und 9.13. (Nach B.F.C. Cooper et al.)*

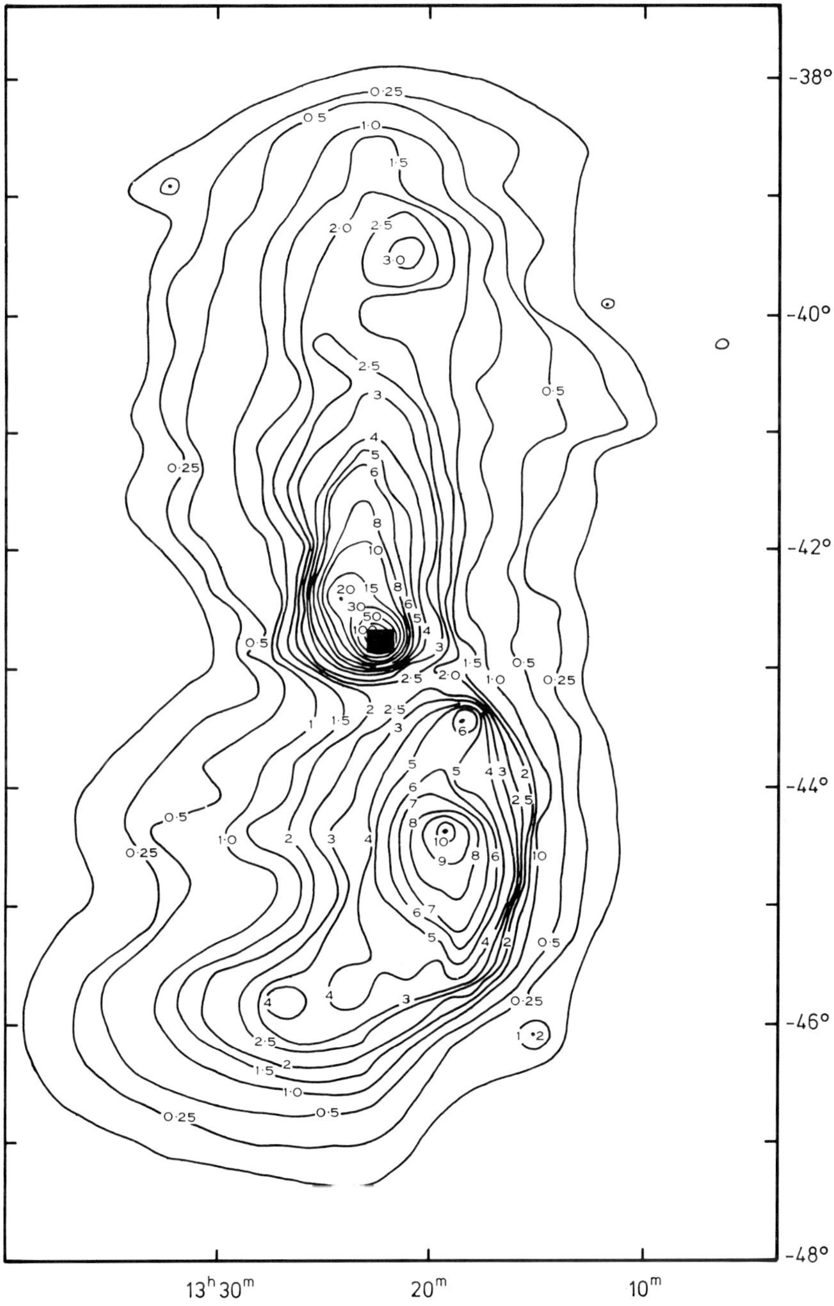
-38°
-40°
-42°
-44°
-46°
-48°
13h 30m
20m
10m

Die erste Identifikation einer Radioquelle mit einer Galaxie gelang 1951 und geht auf Walter Baade zurück. In den Jahren davor war die Meßtechnik der Radioastronomie soweit verbessert worden, daß die stärksten Quellen am Himmel relativ genau lokalisiert werden konnten. Damit war die wesentliche Voraussetzung geschaffen, um mit Aussicht auf Erfolg nach optischen Spuren der Radioobjekte zu suchen. Am Ort der zweitstärksten Radioquelle des nördlichen Himmels im Sternbild Schwan, sie heißt Cygnus A, fand Baade mit dem 200-Zoll-Teleskop von Mt. Palomar eine recht lichtschwache Galaxie, die zwei Kerne zu haben schien oder nach einem Doppelsystem aussah. Wie sich dann herausstellte, ist es eine elliptische Galaxie mit einem querliegenden Staubgürtel, der die Teilung in zwei etwa gleiche Hälften vortäuscht. Baade vermutete, daß es sich um zwei zusammenstoßende Systeme handelte und sah in der Kollision die Ursache für die intensive Radiostrahlung. Bei einem Zusammenstoß sollte sich in der Tat vor allem das interstellare Gas der Galaxien miteinander vermischen und aufheizen. Beobachtungen 1953 mit einem Interferometer wollten jedoch zu dieser Hypothese nicht recht passen: Die höhere räumliche Trennschärfe dieser Methode gab zu erkennen, daß die Radiostrahlung nicht von der Galaxie selbst ausgeht, sondern von zwei Stellen außerhalb, symmetrisch zur Galaxie liegend, von dieser aber deutlich abgesetzt. Wie man heute weiß, kommen solche Doppelquellen recht häufig vor, sie gelten geradezu als typisches Merkmal von Radiogalaxien.

Die Radialgeschwindigkeit des extragalaktischen Objektes am Ort der Cygnus-A-Quelle ergab sich zu fast 17000 km/s, nach der Messung von Baades Kollegen Rudolf Minkowski, einem deutschen Emigranten, der früher ebenfalls an der Hamburger Sternwarte gearbeitet hatte. Das bedeutete nach der Hubbleschen Beziehung eine Entfernung von nicht weniger als 1 Milliarde Lichtjahre – für eine der stärksten Radioquellen des Himmels! Welche ungeheuren Mengen an Energie mußten hier im Spiel sein! Und es war bereits zu ahnen, daß das Radiofenster kosmische Landschaften von enormer Distanz ins Blickfeld bringen wird.

Abb. 9.11: *Die elliptische Galaxie NGC 5128 = Radioquelle Cen A. Das Bildfeld dieser Aufnahme entspricht etwa dem geschwärzten Rechteck im Zentrum von Abbildung 9.12. (Aufnahme: 5-m-Teleskop Mt. Palomar Observatorium).*

Abb. 9.13: *Radiokarte des innersten Teils der Quelle Cen A für die Kontinuumsstrahlung bei 20 cm Wellenlänge aufgrund von Messungen mit dem »Very Large Array« (VLA) (nach E. J. Schreier et al.)*

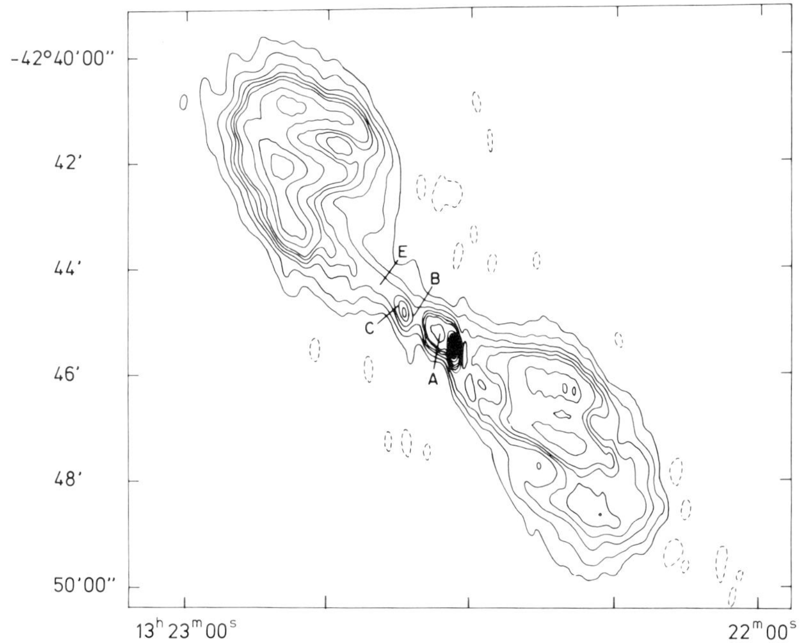

-42°40'00"
42'
44'
46'
48'
50'00"
13h 23m 00s
22m 00s
E
B
C
A

Heute kennt man einige hundert Galaxien dieses Typs. Bei einigen der näheren sind für das Verständnis des Phänomens richtungweisende Eigenheiten auszumachen. Die uns mit 15 Millionen Lichtjahren Abstand am nächsten stehende Radiogalaxie ist NGC 5128 im Sternbild Centaurus. Als Radioquelle heißt sie Centaurus A. Die Aufnahme im Optischen (Abb. 9.11) zeigt ähnlich wie im Fall von Cygnus A ein elliptisches System mit einem auffälligen und ganz untypischen Absorptionsband. Dieses Staub und Gas enthaltende Gebiet rotiert mit hoher Geschwindigkeit um eine senkrecht dazu stehende Achse. Die Radioemission reicht über den sichtbaren Körper der Galaxie weit hinaus und erstreckt sich in der Längsachse über 9 Grad am Himmel (Abb. 9.12). Das entspricht einer räumlichen Ausdehnung von mehr als 2 Millionen Lichtjahren und übertrifft den Abstand des Andromedanebels vom Milchstraßensystem!

Während die Karte der Abbildung 9.12 bereits 1965 von australischen Radioastronomen publiziert wurde, sind die in Abbildung 9.13 gezeigten Ergebnisse jüngeren Datums. Sie stammen aus dem Jahr 1981 und wurden mit dem »Very Large Array« (VLA) gewonnen, einem aus 27 Radioteleskopen bestehenden Interferometer in New Mexico/USA. Jeder dieser Antennenspiegel hat 25 m Durchmesser. Die einzelnen Teleskope sind in einer dem Buchstaben Y ähnlichen Figur angeordnet, mit Armen bis zu 20 km Länge. Mit dieser Anlage sind in den Radioquellen strukturelle Einzelheiten von Bogensekundengröße zu erkennen.

Die Abbildung 9.13 betrifft einen winzigen Ausschnitt des vorhergehenden Bildes, den Zentralteil von Cen A. Ein enger Schlauch von Radiostrahlung mit mehreren hellen Knoten weitet sich an den Enden, die in etwa mit dem Rand der sichtbaren Galaxie zusammenfallen, zu flächenhafter Emission in einer Doppelquelle auf. Die verschiedenen Strahlungsmaxima, einschließlich derjenigen im äußeren Bereich (Abb. 9.12), liegen alle nahezu auf einer Linie, deren Richtung durch den gebündelten Strahl im Kern vorgegeben ist, und fast rechtwinklig zu dem Absorptionsband. Sie werden als Anzeichen aufeinanderfolgender Explosionen im Galaxienkern gedeutet, in deren Folge Materie nach zwei Seiten, längs der Rotationsachse des Systems, mit hoher Energie ausgeschleudert wurde. Die innen liegenden Stellen erhöhter Radioemission wären demnach jüngeren Ursprungs als die weiter außen strahlende Materie. Daß die Ursache im Kern der Galaxie und seiner Aktivität zu suchen ist, wird auch durch Röntgenmessungen mit dem 1978 gestarteten Einstein-Satelliten nahegelegt: Das Röntgenbild von Cen A enthält einen knotigen »Jet«, der vom Zentrum ausgeht und genau mit der strahlartigen inneren Radioemission von Abbildung 9.13 zusammenfällt.

Abb. 9.14: *Das Innere der elliptischen Galaxie M 87 = Radioquelle Virgo A. Siehe auch Abbildung 9.10. (Aufnahme: 5-m-Teleskop Mt. Palomar Observatorium)*

Bei anderen relativ nahen Radiogalaxien findet man ähnliches. Die Quelle Virgo A ist mit dem elliptischen Sternsystem M 87 identisch und steht im Virgohaufen (Abb. 9.10). M 87 ist eine ungewöhnlich massereiche Galaxie, eine der größten heute bekannten. Mehr als 500 Kugelhaufen gehören ihr an. Ihrem Kern entspringt ein etwa 6000 Lichtjahre langer Materiestrahl, der mit seinen hellen Knoten im Optischen zu sehen ist (Abb. 9.14). Im Radiobild zeichnet sich dieser Jet ebenfalls scharf ab, und auch im Röntgenlicht ist er nachgewiesen.

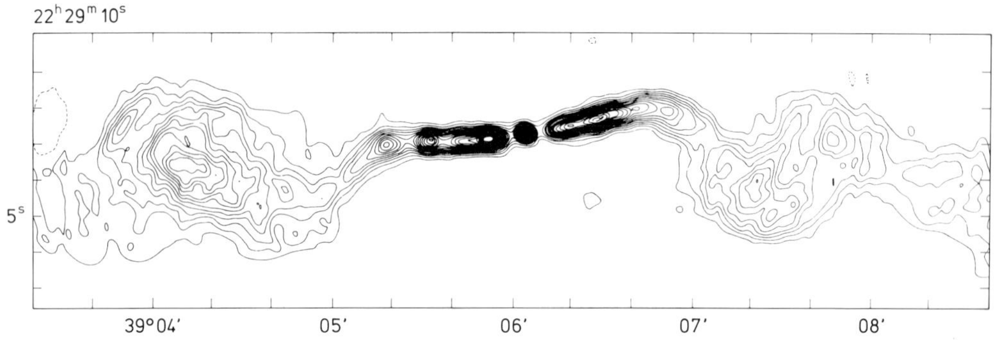

Abb. 9.15: *Die Radiogalaxie 3 C 449 nach VLA-Messungen der Kontinuumsstrahlung bei 20 cm Wellenlänge (nach R. A. Perley et al.).*

Ein weiteres eindrucksvolles Beispiel für die Struktur einer Radiogalaxie enthält die Abbildung 9.15, wiederum nach VLA-Messungen. Auch hier sitzt im Zentrum eine optisch identifizierte elliptische Galaxie, von der selbst Radiostrahlung kommt. Sie gehört zu einem 350 Millionen Lichtjahre entfernten Haufen, der seinerseits Teil des Perseus Superhaufens ist.

Die Extremfälle der aktiven Galaxien sind die Quasare. Ihr Name ist die Kurzform der anfänglichen Bezeichnung »Quasi Stellar Radio Sources« für eine Klasse von Objekten, die als Radioquellen mit sternartigem Erscheinen im Sichtbaren entdeckt wurden. Wie man heute weiß, ist jedoch die Radiostrahlung nicht die entscheidende Erkennungsmarke, es gibt auch viele »radioruhige« Quasare. Oft wird deshalb jetzt die neutralere Bezeichnung QSO (Quasi Stellar Object) vorgezogen. Wesentlich ist ihr praktisch punktförmiges Aussehen, dessenthalben sie zuerst für Sterne mit absonderlichen Eigenschaften gehalten wurden. Ihr optisches Spektrum zeigt jedoch breite Emissionslinien und widersetzte sich zunächst jeglicher Deutung.

Der Durchbruch kam, als Maarten Schmidt vom Mt. Palomar Observatorium 1963 merkte – bis dahin waren vier solche »Radiosterne« gefunden worden –, daß es sich um stark ins Rot verschobene Linien des Wasserstoffs und anderer wohlbekannter Elemente handelte. Das konnten keine Sterne sein. Als Dopplerverschiebung gedeutet, kam bereits für den hellsten Quasar 3 C 273 eine Radialgeschwindigkeit von 50000 km/s heraus, für 3 C 48, ein etwa zur gleichen Zeit entdecktes Objekt, fast 100000 km/s. Es

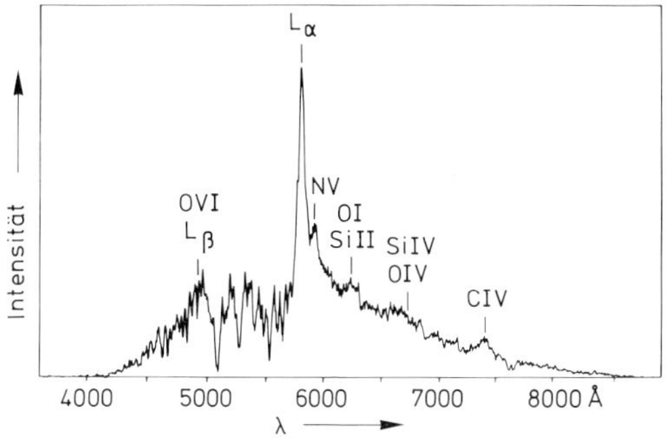

Abb. 9.16: *Spektrum des Quasars PKS 2000-330 mit der Rotverschiebung z=3.78. Untere Skala: Beobachtete Wellenlänge in Å. Einzelne Emissionslinien sind identifiziert. (Nach B. A. Peterson et al.)*

erschien viel plausibler, die Rotverschiebung kosmologisch zu interpretieren, als Fluchtgeschwindigkeit der kosmischen Expansion. Die Quasare mußten weit draußen im extragalaktischen Raum stehen!

Die jetzt rund 1500 bekannten Quasare sind offensichtlich nur ein kleiner Teil der Gesamtpopulation dieser Objektklasse. Aus den vorliegenden Daten geht eindeutig hervor, daß ihre Zahl im Bereich der schwachen Helligkeiten stark ansteigt. Mit einer Durchmusterung des Himmels jenseits der 20. Größenklasse müßten Millionen von Quasaren zu finden sein. Aber schon die bisher identifizierten sind aufregend genug! Viele der beobachteten Fluchtgeschwindigkeiten übertreffen alle von anderen Himmelskörpern bekannten bei weitem. Üblicherweise wird die Rotverschiebung durch $z = \Delta\lambda/\lambda_0$ ausgedrückt, mit $\Delta\lambda$ als Differenz zwischen der beobachteten Wellenlänge λ der versetzten Spektrallinie und ihrer Ruhe- oder Laborwellenlänge λ_0. Die bei Quasaren beobachteten z-Werte setzen bei 0.1 ein und reichen nach einer Häufung um 2.0 bis über 3 hinaus.

Die Quelle mit der gegenwärtig größten bekannten Rotverschiebung ist 1982 mit dem anglo-australischen 3.9-m-Teleskop entdeckt worden, Abbildung 9.16 enthält eine Reproduktion ihres Spektrums. Einige der Emissionslinien sind dort gekennzeichnet. Die Laborwellenlänge der stark herausragenden Wasserstofflinie Lyman α ist 1246 Å, die der Kohlenstofflinie C IV 1549 Å. Wie die Skala am unteren Bildrand zeigt, ist die Lyman α-Linie in diesem Fall nach 5800 Å, die C IV-Linie nach 7400 Å verschoben. Der Mittelwert von z ergibt sich somit, wenn man auch die anderen Linien berücksichtigt, zu 3.78. Wir müssen uns dabei vor Augen halten, daß dieser ultraviolette Teil des Spektrums normalerweise vom Erdboden aus ganz unzugänglich ist, hier aber rutscht er durch die enorme Rotverschiebung, sprich Fluchtgeschwindigkeit, in das atmosphärische Fenster des sichtbaren Lichtes.

Nach der Dopplerformel, einschließlich ihrer relativistischen Korrektur, die bei so großen z-Werten merklich wird, entspricht z = 3.78 einer Radialgeschwindigkeit von 92 Prozent der Lichtgeschwindigkeit, das sind 276000 km/s. Mit Hilfe der Hubble-Relation, von der freilich nicht bekannt ist, ob sie für diese extremen Fluchtgeschwindigkeiten noch genau gilt, läßt sich die Entfernung dieses Quasars mindestens abschätzen: Geht man von der früher genannten Hubble-Konstante H_0=15 km/s·MLj aus, dann folgt seine Distanz zu 18.4 Milliarden Lichtjahre. Und auch viele andere bekannte Quasare stehen in Entfernungen jenseits von 10 Milliarden Lichtjahren – nahe dem Rand des überschaubaren Universums!

Daß sie in solchen Abständen überhaupt noch zu sehen sind, ist eine Folge ihrer phantastischen Energieabstrahlung. Aus beobachteter scheinbarer Helligkeit und Entfernung ergeben sich ja unmittelbar die Leuchtkräfte der Quasare, die nicht selten an das Tausendfache einer normalen Galaxie heranreichen. Das Extrem in dieser Hinsicht ist ein 1982 am Steward Observatory in Tucson von Helmut Kühr und Kollegen entdecktes Objekt. Trotz seiner Rotverschiebung von z = 3.41, der viertgrößten gegenwärtig bekannten, erscheint es als ein relativ heller Stern (Abb. 9.17). Dieser Quasar stellt alle anderen in den Schatten: Er ist 60000mal leuchtkräftiger als das Milchstraßensystem. Diese enormen Exzesse an Energie,

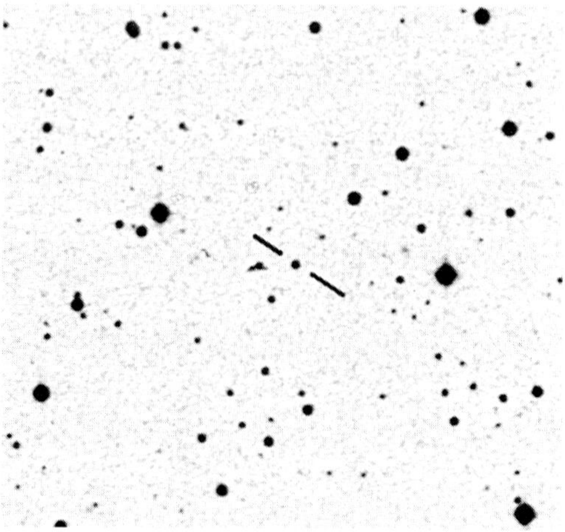

Abb. 9.17: *Identifikation des Quasars S 5 0014+81 mit z=3.41 (zwischen der Markierung). Dieses Objekt extremer Leuchtkraft unterscheidet sich hier in nichts von den anderen Sternen im Bildfeld. (Nach H. Kühr et al.)*

verglichen mit den meisten anderen Galaxien, sind nicht etwa nur im Sichtbaren und bei der Radiostrahlung festzustellen. Quasare sind oft auch intensive Röntgen- und Infrarotquellen. Gerade die schon kurz erwähnten radioruhigen QSOs scheinen über den ganzen kurzwelligen Bereich des Spektrums besonders aktiv zu sein. Darauf gründet sich die Hoffnung, mit dem Röntgensatelliten ROSAT (Abb. 1.7), neben vielen anderen aktiven Galaxien Tausende bisher unbekannter Quasare zu entdecken.

Auf seinem weiten Weg zu uns nimmt das Licht der Quasare auch Informationen über die von ihm durchquerten Räume auf: Spektren hoher Auflösung enthalten Systeme schmaler Absorptionslinien von geringerer Rotverschiebung als der Quasar selbst. Bei dem soeben erwähnten Objekt hoher Leuchtkraft lassen sich aus den Hunderten von Linien auf der kurzwelligen Seite von Lyman α mindestens drei Gruppen herausfiltern mit $z = 1.1, 2.8$ und 3.3, die auf näherliegende intergalaktische oder an die Quelle selbst gravitativ gebundene Wolken zurückgehen. Die Analyse solcher Spektren mit dem Ziel, der extrem verdünnten Materie in den weiten intergalaktischen Räumen auf die Spur zu kommen, steht gegenwärtig an mehreren Instituten im Mittelpunkt des Interesses.

Mit den langen Lichtwegen von dort zu uns hat auch ein anderes verblüffendes Phänomen zu tun: Es gibt einige Paare annähernd gleich heller Quasare, die nur wenige Bogensekunden voneinander getrennt sind, sehr ähnliche Spektren und auch dieselbe Rotverschiebung haben. Gegenwärtig sind fünf solcher Fälle bekannt, und manches spricht dafür, daß diese Doppelbilder vorgetäuscht sind. In Wirklichkeit nämlich dürfte eine in nahezu derselben Richtung, jedoch etwa in halber Distanz stehende Galaxie das sie passierende Licht der entfernten Punktquelle ablenken und in mehrere Bilder aufspalten. Daß Lichtstrahlen von einem massereichen Schwerezentrum geknickt werden, ist ein von der Relativitätstheorie vorhergesagter und empirisch bestätigter Effekt. So erscheinen Sterne und wiederum Quasare, an denen die Sonne bei ihrer jährlichen Bewegung über den Himmel dicht vorbeistreicht, in ihren Positionen um Beträge versetzt, wie sie von der Theorie verlangt werden. Die als Gravitationslinse wirkende Galaxie ist unter Umständen zu lichtschwach, um selbst gesehen zu werden. Mindestens in einem Fall scheint sie jedoch eindeutig identifiziert zu sein, und zwar als das hellste System eines fernen Haufens, das genau zwischen dem Bildpaar des Quasars liegt.

Die Einzelheiten dieser »gravitativen Optik« seien hier übergangen. Es soll nur noch erwähnt werden, daß ähnlich einem das Sonnenlicht sammelnden Brennglas auch eine Gravitationslinse die Leuchtdichte zu steigern vermag: Steht der Quasar genau hinter der abbildenden Galaxie, dann bündelt diese sein Licht zu *einem* Bild verstärkter Helligkeit. Deshalb ist schon vermutet worden, die enormen Leuchtkräfte der Quasare entsprächen gar nicht der Realität. Das kann man aber sicher ausschließen, zu selten treffen die Positionen so genau zusammen. Auch im Fall des diskutierten leuchtkräftigsten Quasars blieb die sorgfältige Suche nach einer vordergründigen Galaxie ohne Erfolg. Hingegen sind die Doppelquasare, sofern die geschilderte Deutung zutrifft, ein klarer Beweis für deren große Entfernungen – weit hinter den lichtablenkenden Galaxien.

Nach heutiger Auffassung – und nur noch wenige Astronomen zweifeln daran – sind Quasare die kompakten aktiven Kerne weit entfernter Galaxien. Im allgemeinen tritt nur der überaus helle Kern in Erscheinung und erweckt schon der großen Distanz wegen den punktförmigen Eindruck. Diese energiestrotzenden Zentren sind indessen tatsächlich überraschend klein. Das geht einmal aus interferometrischen Messungen hervor. Zum anderen sind die beobachteten Schwankungen der optischen und der Radiostrahlung nur mit kleinsten Durchmessern der Quellen verträglich. Vielfach werden innerhalb von Wochen, manchmal sogar von Tagen, beträchtliche Steigerungen der ausgestrahlten Energie festgestellt. Die Zeitskala solcher Änderungen muß aber etwa der Laufzeit des Lichtes innerhalb der leuchtenden Quelle entsprechen. Andernfalls sähe der weit entfernte Beobachter die Helligkeitsvariation stark gedämpft und verschmiert, da das von den verschiedenen Teilen eines ausgedehnten Kerns kommende Licht bei ihm im zeitlichen Nacheinander einträfe. Lichtwochen und -monate müssen deshalb die typischen Abmessungen sein. Das Gebiet, das in den Quasaren weit mehr Energie als ein großes Sternsystem abstrahlt, ist also merklich kleiner als unser Abstand zum nächsten Fixstern!

Neuerdings ist es nun auch bei einer ganzen Reihe von Objekten gelungen, die dazugehörende Galaxie als lichtschwachen Halo um den Quasarkern nachzuweisen. Wichtige Ergebnisse dieser Art sind von Josef Fried, Thomas Gehren und Peter Wehinger am Calar Alto mit dem 2.2-m-Teleskop erarbeitet worden. Solchen Messungen steht sowohl der starke Kontrast zwischen Mitte und Rand im Weg, wie auch die außerordentlich geringe Flächenhelligkeit des galaktischen Nebelchens, die nur wenige Prozent der Nachthimmelshelligkeit ausmacht. Hier waren aufs neue die Qualitäten des CCD-Detektors, sein großer dynamischer Bereich und seine hohe Empfindlichkeit ausschlaggebend (S. 249). Er ermöglichte, das radiale Helligkeitsprofil der Quellen bis in ausreichend große Abstände vom Kern abzuleiten und zu belegen, daß es innen dem eines Sterns gleicht, weiter außen dagegen wesentlich langsamer abfällt und so verläuft, wie es von Galaxien zu erwarten ist.

Bei 3 C 48, einem der hellsten Quasare, konnten Todd A. Boroson und J. B. Oke mit Hilfe des 200-Zoll-Teleskops von Mt. Palomar sogar das Spektrum der assoziierten Galaxie registrieren. Sie fanden es ganz normal aus Sternlicht bestehend, die Radialgeschwindigkeit dieses schwachen Lichtkranzes ergab sich als übereinstimmend mit der des hellen Kerns.

Diese Beobachtungsbefunde haben sehr klärend gewirkt, gleichwohl schwelt der Streit über die wahre Natur der Quasare noch immer. Einzelne meiner Kollegen lehnen die »kosmologische« Interpretation nach wie vor ab und setzen auf lokale Hypothesen. So wird die auffällige Häufung von Quasaren im Umkreis relativ naher Gelaxien als räumliche Nachbarschaft gedeutet und als Hinweis auf die Herkunft der sternartigen Objekte aus dem Galaxieninneren. Wieweit hier der Zufall mitspielt und in der Tiefe weit Getrenntes bei der Projektion an die Sphäre dicht zusammenholt – dieses Problem der Statistik ist eines der Themen, um die sich die Diskussion über lokale Hypothesen dreht.

Natürlich wären dann die Leuchtkräfte der Quasare weniger dramatisch und die Frage nach ihren Energiequellen vielleicht einfacher zu beantworten. Jedoch, es wäre gar nicht viel gewonnen: Bei anderen aktiven Galaxien, an deren zum Teil ebenfalls enormen Entfernungen es nicht den geringsten Zweifel geben kann, stellen sich fast die gleichen Probleme. Und eines der starken Argumente für die kosmologische Natur der Quasare ist gerade ihre enge Verwandtschaft mit ähnlich strukturierten Quellen, wie den an Beispielen diskutierten Radiogalaxien und den bisher nicht erwähnten Seyfert- und N-Galaxien mit ihren überhellen Zentren. Die Quasare ragen zwar durch ihre Extreme heraus. Ihre typischen Eigenschaften sind aber bei den anderen Klassen aktiver Galaxien in unterschiedlicher Ausprägung ebenfalls vorhanden, und insbesondere gibt es fließende Übergänge zu den quasistellaren Exoten.

Explosionen – Kollisionen

Die Aktivität der galaktischen Kerne ist mit dem Auswurf von Materie verbunden. Die Doppelblasen der Radiogalaxien werden über enge Röhren aus den Zentren gespeist. Symmetrische radiostrahlende Flecken sind auch von Quasaren bekannt, und 3 C 273 hat einen Jet, der in vielem an den von M 87 (Abb. 9.14) erinnert. Interferometrische Messungen an den Radioknoten solcher Quellen finden extrem schnelle nach außen gerichtete Bewegungen; zuerst sah es sogar danach aus, als kämen Überlichtgeschwindigkeiten vor. Auch wenn dies als Scheineffekt entlarvt wurde, so gibt es doch heute keinen Zweifel daran: Aus den Kernen werden Geschosse mit Geschwindigkeiten von 100000 km/s und mehr abgefeuert! Unabhängig davon sagt uns die spektrale Verteilung der Strahlung, daß enorm beschleunigte Materie im Spiel ist. Die vielfach das ganze elektromagnetische Spektrum überdeckenden Beobachtungen zeigen stets als wesentlichen Bestandteil ein von Linien freies, zu den Radiowellen ansteigendes Kontinuum – das typische Kennzeichen der Synchrotronstrahlung hochenergetischer Elektronen (S. 207). Natürlich bedeutet das auch die Anwesenheit von Magnetfeldern. Die breiten optischen und ultravioletten Emissionslinien, von denen vorher die Rede war (Abb. 9.16), sitzen auf diesem Strahlungskontinuum und müssen, wie aus dem Ionisationsgrad der beteiligten Atome hervorgeht, weniger heißen Zonen am Rand des inneren Kerns entstammen.

Die Geschwindigkeit der nach außen schießenden Materie und ihr Abstand vom Kern lassen auf den Zeitpunkt der Explosionen im Inneren schließen. Es sind durchweg Ereignisse von relativ kurzer Zeitskala, rasch abbrennende Feuerwerke: Bei einer größeren Zahl von Radiogalaxien ergeben sich 10000 bis 1 Million Jahre für die Dauer zwischen Auswurf und jetzt beobachtetem Zustand. Und auch das Alter des radial herausstoßenden Jets vom Quasar 3 C 273 – mit mehr als 100000 Lichtjahren ist er um ein Vielfaches länger als der Stachel von M 87 – ist kaum höher, wenn man annimmt, daß er sich ähnlich schnell bewegt, wie es bei anderen Objekten die Messungen direkt zeigen. Allem Anschein nach ist die Aktivitätsphase galaktischer Kerne insgesamt kein Phänomen von allzu langer Dauer.

Schon der gigantische Energiebedarf steht dem entgegen, neben Argumenten, die im nächsten Kapitel zur Sprache kommen und mit der Häufigkeit der aktiven Galaxien und ihrer räumlichen Verteilung zu tun haben.

Sollte das Kraftwerk im Zentrum durch die nukleare Verbrennung in Sternen gespeist werden, dann müßte innerhalb eines Volumens von einem Lichtmonat Durchmesser ein Vielfaches des Sterngehaltes unseres Milchstraßensystems konzentriert sein. Diese Vorstellung erscheint zunächst nicht als völlig abwegig. Extrem dichte Sternhaufen, in denen es fortwährend zu Zusammenstößen und Supernovaausbrüchen am laufenden Band kommt, sind als Quasarkerne ernsthaft diskutiert worden. Man darf dann aber nicht vergessen, daß mit einer solchen Massierung auf kleinstem Raum auch ein entsprechend starkes Schwerefeld verknüpft ist. Und viel

Masse, stark komprimiert, läuft Gefahr, in einem Schwarzen Loch zu verschwinden! Das haben wir in ganz anderem Zusammenhang, beim Sternkollaps gesehen (S. 210). Diese Grenze zum Abgrund wird mit solchen Modellen schnell überschritten. Das schönste Kraftwerk in einem Schwarzen Loch nützt aber gar nichts, weil die Energie nicht heraus kann. Das alles unterstreicht nur aufs neue, wie ungewöhnlich die Verhältnisse in den Kernen aktiver Galaxien sein müssen und wie sie unser Bemühen um Verständnis herausfordern.

Die Prozesse der Energieproduktion in diesen Monstern sind noch immer eines der großen Rätsel der heutigen Astronomie – und ein Gefilde für Spekulationen. Dabei spielen gegenwärtig Schwarze Löcher wieder eine zentrale Rolle, jetzt aber unter einem ganz anderen Aspekt. Wie wir ebenfalls vom Sternkollaps und den Neutronensternen wissen, wird beim Sturz auf kleine massereiche Körper Gravitationsenergie in großem Umfang frei und zum Beispiel in Strahlung umgesetzt, weil die einfallende Materie durch das anziehende Schwerezentrum auf enorme Geschwindigkeiten beschleunigt werden kann. Ähnlich könnte sich ein materieverschlingendes Schwarzes Loch im Kern einer aktiven Galaxie auswirken. Vor dem endgültigen Verschwinden sollte es in dem Strudel einströmender Materie zur Erhitzung und Abstrahlung kommen. Das Attraktive an diesem Bild ist die relativ geringe Masse, die im Sturz gebraucht wird, um zum Beispiel die Leuchtkraft eines Quasars zu decken: Dank der hohen Ausbeute dieses Prozesses reicht pro Jahr eine Sonnenmasse Futter für das Schwarze Loch aus! Vielleicht deutet sich hier die Lösung des Rätsels an.

Zum Abschluß sei noch ein ganz anderes Thema aufgegriffen, das in neuester Zeit zunehmend Interesse findet und vermutlich auch mit den im vorhergehenden diskutierten Erscheinungen zu tun hat. Gemeint ist die Wechselwirkung zwischen Galaxien, die so weit gehen kann, daß große Sternsysteme unter dem Einfluß ihrer gegenseitigen Anziehung zusammenstoßen und sich gegenseitig durchdringen. Bei vielen Systemen sieht man Abweichungen vom regulären Aufbau, seien es Lichtbrücken vom einen zum anderen oder heraushängende Schwänze, die offenbar von einer nahen Nachbargalaxie angezogen werden. Ein Beispiel ist das in Abbildung 9.1 gezeigte Paar: M 51 und sein Begleiter NGC 5195. Solche gegenseitigen Einwirkungen sind die natürliche Folge der Schwarmbewegung in den Gruppen und Haufen, von denen vorher die Rede war.

Begegnungen von Galaxien und die dabei auftretenden Effekte sind in den letzten Jahren mit umfangreichen Rechnungen auf Großcomputern simuliert worden. Wie bereits einfachere Überlegungen zeigen, verhalten sich die Sterne dabei grundsätzlich anders als das interstellare Medium. Sie unterliegen nur gravitativen Kräften. Ihre gegenseitigen Abstände sind so groß, daß selbst bei einem direkten Zusammenstoß von Galaxien die Sterne aneinander vorbeifliegen. Dagegen wird ihre weitere Bahn merklich modifiziert und der Aufbau der betroffenen Systeme unter Umständen vollständig umgekrempelt. Bei engen Begegnungen und unterschiedlicher Größe der Partner kann das sogar dazu führen, daß sich die eine Galaxie die andere einverleibt. Das ist der Kannibalismus von Galaxien. Bleiben die Systeme auf Distanz, dann sind die schon erwähnten Schwänze und Brücken zu erwarten. Das interstellare Medium spürt natürlich auch das verstärkte Schwerefeld; sie kommen aber bei einer Kollision außerdem in engen Kontakt miteinander. Die Gasatome stoßen sich gegenseitig, ihre Wolken heizen sich dabei auf.

Das Objekt NGC 6240 (Abb. 9.18) scheint uns die Kollision zweier Galaxien gerade vorzuführen. Es fiel zunächst durch seine ungewöhnliche Form und als relativ starke Radioquelle auf. Josef Fried und Hartmut Schulz haben sich auf dem Calar Alto mit diesem System eingehend beschäftigt und dabei mit der CCD-Kamera am 2.2-m-Teleskop die zwei sichtbaren Kerne im Zentrum entdeckt. Diese sind umgeben von ausgedehnten Gebieten heißen Gases, in denen große Unterschiede von einigen 100 km/s in der Geschwindigkeit vorkommen. Während einer der ersten Beobachtungsnächte am 3.5-m-Teleskop Mitte 1985 ist ein Spektrum des Doppelkerns aufgenommen worden, nach dem die Radialgeschwindigkeiten dieser hellen Knoten um 160 km/s voneinander differieren. Nicht viel anderes als die Beobachtungen zeigen, ist nach den theoretischen Voraussagen über den Zusammenstoß zweier Galaxien zu erwarten.

Die Kollision ist sicher ein relativ seltenes Ereignis, viel häufiger sind Vorbeiflüge in größeren Abständen. Viele Abnormitäten in Galaxien werden heute jedenfalls auf die äußeren Einflüsse solcher Begegnungen zurückgeführt. Das gilt für die Systeme, in denen momentan in ungewöhnlicher Intensität, wie in einem Ausbruch, Sterne entstehen. Auch die vom IRAS-Satelliten aufgespürten Galaxien mit einem enormen Helligkeitsüberschuß im langwelligen Infrarot sind vermutlich hier einzuordnen. Und dann stellt sich natürlich die Frage, ob auch die Radiogalaxien und Quasare vom Austausch mit ihrer Außenwelt leben. Immerhin fällt auf, daß die Radiogalaxien oft mit dem hellsten System eines Haufens identisch sind, siehe Virgo A. Sind das die vollgefressenen Kannibalen?

Man sollte dabei aber nicht allein an benachbarte Galaxien denken, auch das intergalaktische Medium könnte von Bedeutung sein als Material- und Energiereservoir. Wie wir schon erörtert haben, gibt es sich in man-

Abb. 9.18: *NGC 6240, vermutlich zwei Galaxien in Kollision, nach einer CCD-Aufnahme von J. Fried am 2.2-m-Teleskop auf dem Calar Alto. Die zwei hellen Kerne sind deutlich getrennt zu sehen, wie die ganz irregulären Ausläufer.*

chen Haufen durch seine Röntgenstrahlung zu erkennen. Auch die Struktur von Radiogalaxien vermag es bei ausreichender Dichte zu beeinflussen. So sind bei den nicht allzu häufigen »Kopf-Schwanz«-Galaxien die äußeren Radioquellen und der Galaxienkern nicht geradlinig ausgerichtet, sondern erinnern an eine Kaulquappe mit der Galaxie als Kopf. Es entsteht der Eindruck, als schwimme das System in einem widerstehenden Mittel, und die vom Kern ausgeworfene Materie bliebe gegenüber dessen Bewegung zurück. Nicht zuletzt aber sind die Jets nur zu verstehen, wenn ein Medium vorhanden ist, gegen das sie anlaufen müssen und das zu ihrer Bündelung beiträgt. Das demonstrieren uns täglich die Düsenstrahlen von Flugzeugen beim Durchdringen des Luftkörpers. Wenn die Leuchtkraft der aktiven Galaxien aus Gravitationsenergie und der Zufütterung von Materie gedeckt wird, dann ist es offenbar nicht allzu schwierig, geeignete Lieferanten auszumachen. Und am Ende lag Walter Baade mit seiner spontanen Erklärung für Cygnus A vielleicht doch ganz richtig!

Was wir aber in erster Linie beobachten, ist nicht Kollision oder Zufluß, sondern der Auswurf von Materie, die Explosionen aus dem Inneren. Sowenig die Natur des zentralen Kraftwerks geklärt ist, sowenig gibt es dazu eine befriedigende Deutung der Einzelheiten. Indessen sind gewisse Parallelen zu den bei Sternen beobachteten Ausbrüchen, den Nova- und Supernovaexplosionen und anderen Aktivitätserscheinungen, nicht zu übersehen, wenn auch die umgesetzte Energie von ganz anderer Größenordnung ist. Absinkende Materie könnte sich auch in den Galaxienkernen zunächst in einer Akkretionsscheibe sammeln, bis ein Stau aufgebaut ist, der sich nach außen Bahn brechen muß. Der durchstoßende Jet wird sich wieder die Richtung der Rotationsachse aussuchen als Stelle des geringsten Widerstandes und dann einen bipolaren Ausfluß nachziehen. Es erscheint also keineswegs so abwegig, aus dem Studium der aktiven Sterne etwas über die Galaxien lernen zu wollen.

10 Ursprung und Entwicklung des Weltalls

Von einer 10 Milliarden Lichtjahre entfernten Galaxie ist das Licht 10 Milliarden Jahre unterwegs, bis es unsere Teleskope erreicht. Es übermittelt uns einen Zustand, in dem sich das Sternsystem vor 10 Milliarden Jahren befand. Folglich können wir in großen Distanzen Phänomene aus fernen Zeiten studieren, aus weit zurückliegender Vergangenheit, als Sonne und Erde noch nicht existierten. Wenn Geologen und Paläontologen das Erdreich tiefer aufwühlen, um noch ältere Fossilien zu finden, dann schaut der Astronom tiefer in den Weltraum hinein, um den Anfängen näherzukommen. Kosmische Geschichte wird so zu einem Gegenstand empirischer Erforschung.

Weltalter und Weltmodelle

Die allgemeine Expansion, die ständig wachsenden Abstände zwischen den Galaxien, demonstrieren uns, daß die in den Weiten des Weltraumes verteilte Materie früher dichter beieinander gewesen sein muß. Mit den gemessenen Geschwindigkeiten und Entfernungen lassen sich die Distanzen der Vergangenheit rekonstruieren und insbesondere läßt sich berechnen, zu welchem Zeitpunkt das Auseinanderlaufen begann, wenn man davon ausgeht, die Galaxien seien ursprünglich auf engem Raum vereinigt gewesen. Im Rahmen dieses Bildes gewinnt die Hubblesche Relation eine bisher nicht erwähnte einfache, aber fundamentale Bedeutung: Nehmen wir an, die Galaxien hätten sich von Anfang an mit den heute beobachteten Geschwindigkeiten voneinander entfernt, dann folgt aus dem Quotienten Entfernung durch Geschwindigkeit die Zeit, seit der sie auseinanderfliegen. Die Hubble-Relation sagt uns aber gerade, wie Distanz und Fluchtgeschwindigkeit miteinander verknüpft sind – sie charakterisiert einen gleichförmigen Bewegungsablauf –, und die gefragte Zeit entspricht dem Kehrwert $1/H_0$, wobei H_0 die Hubblesche Konstante ist. Diese Größe, sie wird oft als das Weltalter bezeichnet, folgt mit dem im vorhergehenden Kapitel erwähnten Zahlenwert von H_0 = 15 km/s · MLj zu 20 Milliarden Jahre. Die Annahme gleichförmiger Bewegung, das heißt zeitlich konstanter Geschwindigkeiten, ist vermutlich nicht ganz zutreffend. Diese vereinfachende Betrachtung informiert uns indessen über die Größenordnung der für das beobachtete Universum charakteristischen Zeitskala und hebt die grundlegende Bedeutung der Hubbleschen Konstante hervor. Daß dieses Alter der Welt in etwa richtig sein muß, bestätigen andererseits die davon ganz unabhängig bestimmten Alterswerte für Sterne, von denen in Kapitel 2 die Rede ist: Nach den neuesten Beobachtungsdaten und Rechnungen zur Entwicklung der Sterne in Kugelhaufen, den ältesten Objekten im Milchstraßensystem, gilt als der beste Wert für ihr Alter 17 Milliarden Jahre, mit einer Unsicherheit von ± 4 Milliarden Jahre. Das paßt gut zueinander! Hingegen würde ein merklich höherer Wert von H_0 als der von Sandage und Tammann vertretene, das heißt ein deutlich geringeres Weltalter, unverständliche Diskrepanzen heraufbeschwören.

Über den Zustand der Welt in dieser Frühphase wird im folgenden zu sprechen sein, zunächst jedoch noch einige Ausführungen über Weltmodelle und Expansionsgesetz. Schon lange bevor der Astronomie die Hilfsmittel zur Verfügung standen, den Aufbau des Universums im großen empirisch zu erforschen, sind Ansätze zu einer Theorie des Weltganzen versucht worden. So hat sich bereits Isaac Newton, nachdem er 1665 das Gravitationsgesetz entdeckt hatte, mit dem dynamischen Verhalten der im Weltall verstreuten Materie auseinandergesetzt. Er stellte sich den Raum unendlich ausgedehnt vor und gleichmäßig mit sich gegenseitig anziehender Materie ausgefüllt. Weltmodelle dieser Art sind im Rahmen der kosmologischen Theorien unseres Jahrhunderts im Detail studiert worden mit dem Resultat, daß sie widerspruchsfrei nur dann denkbar sind, wenn unter dem Einfluß der Gravitation großräumige Bewegungen der Materie angenommen werden. Ein gleichmäßig erfülltes Universum, dessen Materie in Ruhe verharrt, eine statische Welt, ist mit der Physik nicht zu vereinbaren, ähnlich wie es ein System aus zwei frei beweglichen gravitierenden Körpern ohne Bewegung nicht geben kann.

Heute sind die relativistischen, auf der Gravitationstheorie Einsteins beruhenden Weltmodelle maßgebend, die aber viele Züge mit denen der Newtonschen Kosmologie gemeinsam haben. Stets ist eine wesentliche Voraussetzung das sogenannte Weltpostulat, das die Erfahrungen aus dem überschaubaren Teil des Weltalls verallgemeinert und sowohl großräumige Homogenität wie Isotropie verlangt. Das heißt, es wird gleichmäßige Massenverteilung im großen und die Gleichwertigkeit aller Richtungen im Raum angenommen. Das Weltsubstrat habe also überall die gleiche Dichte, und bei der allgemeinen Expansion zum Beispiel darf keine Richtung ausgezeichnet sein. Eine andere Formulierung besagt: Jedem Beobachter, der an der Galaxienflucht teilnimmt, soll das Weltall großräumig denselben Anblick bieten. Die Welt ohne Mitte – im Einleitungskapitel sprachen wir schon davon.

Das Weltpostulat bringt eine starke Vereinfachung der komplexen Einsteinschen Feldgleichungen mit sich. Diese Grundgleichungen der allgemeinen Relativitätstheorie beschreiben den Zusammenhang zwischen der Verteilung von Materie und Energie einerseits und der von ihr bestimmten Raum-Zeit-Struktur andererseits. Sie sind die mathematische Formulierung der Einsteinschen Vorstellung, daß gravitierende Materie auf die Struktur des Raumes einwirkt und große Massenkonzentrationen ihn im Sinne der Riemannschen Geometrie verkrümmen. Die im vorhergehenden Kapitel erwähnte Lichtablenkung durch Galaxien und die Sonne ist ein Beispiel dafür. Heute ist anhand meßbarer Effekte gesichert, daß die relativistische Gravitationstheorie die physikalische Wirklichkeit genauer beschreibt als die klassische Newtonsche Mechanik. Aber auch nach ihr muß das Weltall großräumig in Bewegung sein.

Relativistische Weltmodelle mit Expansion gehen auf den russischen Mathematiker Alexander Friedmann zurück und sind von ihm als Lösungen der durch das Weltpostulat vereinfachten Einsteinschen Gleichungen 1922 und 1924 zu einer Zeit gefunden worden, als die Galaxienflucht noch nicht entdeckt war. Er betrachtet die Galaxien als mitschwimmende Massenpunkte, deren gegenseitige Abstände sich aufgrund der Ausdehnung des Raumes vergrößern. Die überall gleiche Expansion wird durch den universellen, allein von der Zeit abhängigen Skalenfaktor $R(t)$ beschrieben, der seinerseits direkt mit der Raumkrümmung zusammenhängt: Der gleichfalls universelle Krümmungsradius wird mit wachsendem $R(t)$ kontinuierlich kleiner.

Wesentliche Eigenheiten der klassischen wie der relativistischen Modelle sind einfach und anschaulich zu interpretieren. Die kosmische Materie unterliegt bei der Ausdehnung dem Einfluß der eigenen Schwerkraft. Die Expansion ist deshalb nur als gebremste oder verzögerte Bewegung möglich, wie auch ein in die Höhe geworfener Körper von der Erdanziehung gebremst wird. Ob er zurückfällt oder entweichen kann, ist neben dem irdischen Schwerefeld einzig und allein davon abhängig, mit welchem Schwung er gestartet wurde. So muß die kosmische Expansion nach Erreichen maximaler Ausdehnung in Kontraktion umschlagen, wenn die Bremsung ausreichend stark ist, oder sie verlangsamt sich zwar, hält aber für immer an. Der lineare Zusammenhang zwischen Zeit und zurückgelegter Entfernung, wie er von der Hubbleschen Relation nahegelegt wird und einer ungebremsten Bewegung entspräche, kann deshalb nur näherungsweise richtig sein.

Dies wird verdeutlicht durch Abbildung 10.1. Für verschiedene Expansionsgesetze ist dort der Skalenfaktor R(t) in Abhängigkeit von der Zeit aufgetragen. Beobachten wir die Bewegung der Galaxien nur in der näheren Umgebung – wobei sich räumliche und zeitliche Nähe nach den Ausführungen am Anfang entsprechen –, dann finden wir ein Expansionsverhalten, das durch die Tangente an die verschiedenen Kurven zur Zeit $t = 0$ (= Gegenwart) dargestellt wird. Über die Krümmung der Kurven, sie charakterisiert die Verzögerung der Expansion, können wir so noch nichts aussagen. Die Berechnung des Weltalters als Kehrwert der Hubble-Konstante H_0 entspricht der linearen Extrapolation dieser Tangente, ihrer geraden Verlängerung, die bei 20 Milliarden Jahren in der Vergangenheit die $R = 0$ entsprechende Linie schneidet. Wie die Abbildung zeigt, ist das so bestimmte Weltalter größer als es den Weltmodellen mit verzögerter Expansion zukommt. Um zu wissen, welches Modell das Universum richtig beschreibt, muß die Krümmung der Expansionskurve durch Beobachtung ermittelt werden. Das erfordert Messungen an weit entfernten Galaxien, das heißt den Blick in ausreichend ferne Vergangenheit, wo die Unterschiede zur linearen Näherung, zur Tangente, merklich sind und die Expansion einer größeren Hubble-Konstante entsprach als jetzt.

Die einzelnen Expansionsgesetze werden üblicherweise durch einen Verzögerungsparameter q_0 charakterisiert, ein Maß für die Abbremsung. Es ist leicht einzusehen, daß q_0 von der mittleren Materiedichte im Weltall abhängt, je größer diese ist, desto stärker ist die verzögernde Wirkung der Schwerkraft. Wie wir gesehen haben, kennt man ihren Wert heute leider noch immer nicht mit der wünschenswerten Zuverlässigkeit. Aber auch die Raumstruktur wird von der vorhandenen Materie bestimmt, die Geometrie der relativistischen Weltmodelle läßt sich deshalb gleichfalls durch den Verzögerungsparameter q_0 kennzeichnen. Es gilt folgendes:

$0 < q_0 < 0.5$ bedeutet offener, hyperbolischer Raum (negative Krümmung)
$q_0 = 0.5$ bedeutet ebener, euklidischer Raum (Krümmung null)
$q_0 > 0.5$ bedeutet geschlossener, sphärischer Raum (positive Krümmung).

Die Weltmodelle mit $q_0 > 0.5$ entsprechen dem durch die unterste Kurve von Abbildung 10.1 dargestellten Typ. Die Expansion schlägt nach etlicher Zeit in Kontraktion um, die Welt zieht sich wieder zusammen. Geometrisch ist es das dreidimensionale Analogon zur zweidimensionalen Ober-

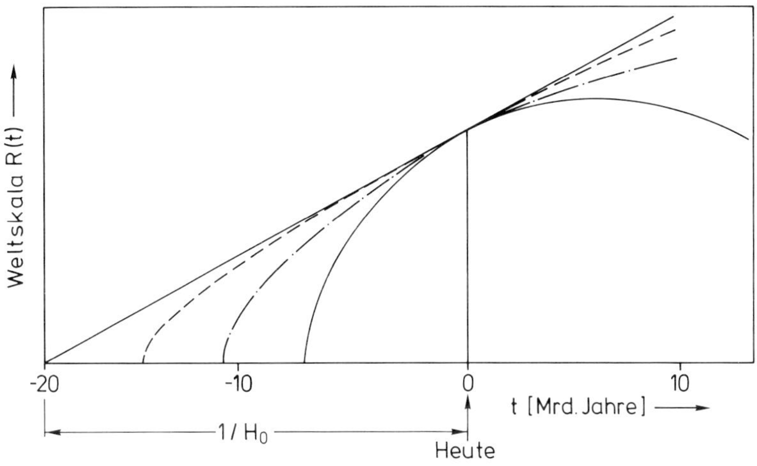

Abb. 10.1: *Verschiedene Expansionsgesetze charakterisiert durch den Skalenfaktor R(t) in Abhängigkeit von der Zeit t. H_o Hubblesche Konstante.*

fläche einer sich aufblähenden Kugel: Die gegenseitigen Abstände innerhalb eines aufgebrachten Punktmusters vergrößern sich durch die Expansion um so schneller, je weiter zwei Punkte auseinanderliegen, wobei die Struktur des Musters erhalten bleibt. Auch in einem solchen gekrümmten Raum gilt für eine engere Umgebung stets die Euklidische Geometrie mit der Winkelsumme im Dreieck von 180 Grad. In dem Grenzfall $q_o = 0.5$ zwischen positiver und negativer Krümmung gilt dies auch großräumig; die entsprechende Expansion kommt erst nach unendlich langer Zeit zum Stehen. Der Wert $q_o < 0.5$ charakterisiert ein Weltall, das für immer expandiert. Diese Modelle bezeichnet man deshalb als offen. Das zweidimensionale Analogon dieses hyperbolischen Typs ist eine Sattelfläche. In einem materieerfüllten Universum muß $q_o > 0$ sein. Die in Abbildung 10.1 eingezeichnete und verlängerte Tangente repräsentiert dagegen den Fall $q_o = 0$, die materiefreie Welt in ungebremster Expansion. Schließlich sei noch erwähnt, daß sich die Hubblesche »Konstante« und der Verzögerungsparameter im Lauf der Zeit ändern (mit Ausnahmen für $q = 0$ und 0.5), wie ebenfalls anhand des Diagramms einzusehen ist. Durch den Index 0 ist angedeutet, daß es sich um die in der Gegenwart ($t = 0$) erfaßten Werte handelt.

Nach diesen etwas abstrakten Ausführungen noch einmal zurück zur beobachteten Expansion. In Abbildung 10.2 sind in einem Hubble-Dia-

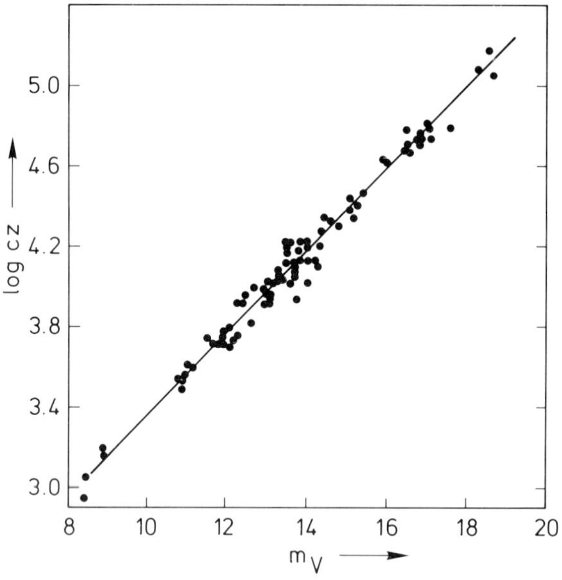

Abb. 10.2:
Hubble-Diagramm für die jeweils hellsten Galaxien von 82 Haufen. Logarithmus der Rotverschiebung cz (c Lichtgeschwindigkeit) aufgetragen gegen die scheinbare Helligkeit m_V als Maß der Entfernung.

gramm gemessene Rotverschiebungen für die jeweils hellste Galaxie eines Haufens und deren Entfernungen gegeneinander aufgetragen. Die Rotverschiebung der fernsten Galaxien entspricht etwa $z = 0.4$. Die Meßwerte liegen mit geringer Streuung auf einer Geraden, reichen aber nicht ganz so weit, wie es für eine zuverlässige Bestimmung von q_o nötig wäre. Der Gedanke liegt nahe, aktive Galaxien und Quasare zu benützen, um in größere Distanzen vorzudringen. Leider hilft das jedoch vorerst wenig, und zwar weil es an brauchbaren Entfernungsindikatoren fehlt. Es kommt ja gerade darauf an, die Entfernung *nicht* über die Radialgeschwindigkeit und durch Anwendung der bekannten Hubbleschen Beziehung zu gewinnen, sondern unabhängig davon eventuelle Abweichungen von der im Nahbereich gültigen, in Abbildung 10.2 dokumentierten Relation zwischen Radialgeschwindigkeit und Abstand aufzuspüren. Man kennt aber bis heute von aktiven Galaxien kein Leuchtkraftkriterium, das ihre Distanzen mit der erforderlichen Genauigkeit erkennen ließe.

Auch andere Wege, auf denen q_o zu fassen wäre, werden seit langem diskutiert und versucht. So könnte der scheinbare Durchmesser von Galaxien benützt werden, um das richtige Weltmodell auszusondern. Während dieser im extragalaktischen Nahbereich mit wachsender Distanz unterschiedslos kleiner wird, nimmt er in großer Entfernung wieder zu, wobei die Lage des Minimums und der darauffolgende Anstieg von q_o abhängen. Aber auch diese Chance zur Differenzierung zwischen den verschiedenen Möglichkeiten kann vorerst nur unzureichend genützt werden, neben anderen Schwierigkeiten ist das Fehlen sicherer Distanzmarken hier ebenfalls das entscheidende Hindernis.

Mit dem Space-Teleskop der NASA (S. 245) wird es voraussichtlich möglich sein, normale Galaxien in merklich größeren Entfernungen als den gegenwärtig zugänglichen zu erreichen und mit ihrer Hilfe an die kritischen Weiten heranzukommen. Allerdings wird dann ein anderes Problem immer gewichtiger: Die Entwicklung der Sterne einer Galaxie kann langfristig nicht ohne Einfluß bleiben auf die Leuchtkraft des Gesamtsystems. Insbesondere ist damit zu rechnen, daß die Sternsysteme im jugendlichen Alter mehr massereiche junge Sterne enthielten als heute und ihre Leuchtkräfte dementsprechend größer waren. Bei Galaxien in sehr großen Entfernungen und folglich früheren Entwicklungsstadien, auch wenn es keine aktiven Objekte sind, ist das zu berücksichtigen, wenn über scheinbare Helligkeit und Leuchtkraft auf ihre Distanz geschlossen werden soll. Es gibt heute ausführliche Rechnungen zu dieser alles andere als simplen Frage der zu erwartenden Alterseffekte von Galaxienleuchtkräften, gleichwohl sind sie die Quelle weiterer Unsicherheiten.

In einer vor kurzem publizierten Arbeit versucht Wolfgang Priester in Bonn, die heute vorliegenden und zum Teil nicht sonderlich sicheren Daten unter einen Hut zu bringen und für ein Friedmannsches Weltmodell die plausiblen Parameterwerte einzugrenzen. Er findet 18 Milliarden Jahre für das Weltalter, $5 \cdot 10^{-31} g/cm^3$ für die mittlere Materiedichte und $q_o = 0.05$ für den Verzögerungsparameter. Das kommt dem Fall der ungebremsten Expansion, dem Grenzfall der Geraden in Abbildung 10.1, recht nahe. Dichte und q_o liegen merklich unter den »kritischen« Werten für ein geschlossenes Universum. Wenn diese Zahlen einigermaßen die Wirklichkeit treffen, dann wird sich das Weltall für immer ausdehnen.

Der Anfang im Urknall

In welchem Zustand befand sich die Welt vor jenem Zeitraum, den wir das Weltalter nennen? Wesentliche Hinweise darauf enthält eine der wichtigsten neueren Entdeckungen am Himmel, die 3-Grad-Kelvin-Hintergrundstrahlung. Bei Messungen mit einer großen Hornantenne (Abb. 10.3) im Zentimeterbereich, die mit den Radioechos von Satelliten zu tun hatten, fanden Arno Penzias und Robert Wilson von den Bell Telephone Laboratories 1965 unbeabsichtigt eine schwache Strahlung, die vom Weltraum aus allen Richtungen in völlig gleicher Stärke auf die Erde einfällt. Allein das Faktum dieser vollkommenen Isotropie war schon etwas Ungewohntes und Aufregendes. Die erste Messung von Penzias und Wilson war bei 7.5 cm Wellenlänge, hier stört die kontinuierliche Radiostrahlung der Milchstraße nur noch wenig. Es zeigte sich dann, daß der neu entdeckte Hintergrund zu den kurzen Radiowellen hin heller wird, im Gegensatz zur galaktischen Strahlung. Dort stellte sich jedoch die Erdatmosphäre in den Weg und verhinderte zuverlässige Beobachtungen im mm-Bereich und darunter. Solche waren aber wichtig, um zu wissen, wie lange die Intensität ansteigt oder ob sie abflacht und schließlich vielleicht wieder abfällt. Endgültigen Aufschluß darüber gaben erst die Ergebnisse von D. P. Woody und P. L. Richards von der University of California in Berkeley, denen es 1979 gelang, den kurzwelligen Teil des Spektrums von einer Ballongondel aus zu vermessen. In der Abbildung 10.4 sind die heutigen Kenntnisse über die spektrale Energieverteilung zusammengefaßt. Sowohl im Verlauf mit der Wellenlänge als auch in ihrer Intensität entspricht diese einer Planckschen Strahlungskurve der Temperatur 3 Grad absolut (= −270 °C).

In den letzten Jahren ist mehrfach nach Abweichungen von der idealen Isotropie gesucht worden. Ein 1983 gestarteter sowjetischer Satellit war zum Beispiel mit einem Meßgerät ausgerüstet, das ein Zuviel oder Zuwenig bis herab zu 0.01 Promille der mittleren Strahlungsintensität nachzuweisen vermochte. Es fand geringfügige systematische Abweichungen, auf die frühere amerikanische Ballonexperimente auch schon gestoßen waren: Die Strahlung aus der Richtung des Sternbildes Hydra ist um 1 Promille stärker, aus der Gegenrichtung 1 Promille schwächer als das Mittel über große Teile des Himmels. Diese winzige Anisotropie ist darauf zurückzuführen, daß das Milchstraßensystem, vermutlich zusammen mit dem Virgo-Galaxienhaufen, sich relativ zum Photonenmeer der Hintergrundstrahlung bewegt. Die Strahlung aus der Flugrichtung muß dann etwas blauverschoben und deshalb intensiver sein, umgekehrt ist es auf der Rückseite. Die Messungen sprechen für eine Geschwindigkeit von etwa 500 km/s in Richtung Hydra. Sieht man von diesem Effekt ab, dann erweist sich die kosmische Hintergrundstrahlung als praktisch vollkommen isotrop.

Was hat das alles zu bedeuten? Diese Strahlung ist der stärkste Beweis dafür, daß die Expansion des Weltalls von einem Zustand hoher Materiedichte und Temperatur ausging. Sie lehrt uns, daß vor zirka 20 Milliarden Jahren die heute in den Galaxien zu findende Materie innerhalb eines kleinen Volumens konzentriert war und die Welt, so wie wir sie heute

Abb. 10.3: *Hornantenne der Bell Telephone Laboratories in Holmdel/USA, mit der Penzias und Wilson die kosmische Hintergrundstrahlung entdeckten (Bild: MPI für Radioastronomie).*

sehen, aus dieser Extremsituation entstand und von dort ihren Anfang nahm. Das ist insoweit im Einklang mit den Friedmannschen Weltmodellen, als diese für den Anfang auf eine mathematische Singularität führen, jedoch nur pauschale Aussagen über die Stunde Null zulassen. Mit einer mehr physikalischen Theorie die kosmische Frühphase zu beschreiben, ist dann bald nach den ersten Beobachtungen der Galaxienflucht von dem belgischen Abbé Georges Lemaitre versucht worden.

Aus heutiger Sicht ist dieses Bild angemessen: Rückt man die Weltmaterie immer dichter aufeinander – in Umkehrung der Expansion –, dann resultiert nach Auflösung all der uns heute geläufigen Erscheinungsformen, der Galaxien und Sterne, eine immer heißer und heißer werdende Materiesuppe. Sie ist durchsetzt von Strahlung ständig wachsender Temperatur und Intensität. In vorgerücktem Stadium werden die Atome in ihre Bausteine, in Protonen, Neutronen und Elektronen zerlegt. Dann zerstrahlen die materiellen Teilchen infolge ihrer hohen Energie und übrig bleibt schließlich ein Strahlungsfeld enormer Intensität, ein unvorstellbar heißer Feuerball aus Gamma-Licht. Aus ihm heraus hat die Entwicklung eingesetzt, dort war die Energie gespeichert, die in einem explosiven »Urknall« die Expansion einleitete.

Die physikalischen Prozesse des Feuerballstadiums hat in den vierziger Jahren George Gamow, ein in den USA arbeitender russischer Theoretiker, eingehender untersucht und vorhergesagt, daß die heiße Strahlung des Anfangs in einer stark expandierten Welt noch immer nachzuweisen sein müßte, allerdings wäre sie dann infolge der Expansion wesentlich abgekühlt, nach seiner Schätzung auf gegenwärtig etwa 5 Grad Kelvin. Diese These Gamows war völlig vergessen, als Penzias und Wilson ihre Entdeckung machten, für die sie im Jahre 1978 mit dem Nobelpreis für Physik ausgezeichnet wurden. Es gibt jedoch heute kaum einen Zweifel daran, daß diese Strahlung, die an der Expansion teilnimmt, im Gegensatz zur Materie den Weltraum aber völlig gleichmäßig ausfüllt, ein Relikt des anfänglichen Feuerballs darstellt, ein Fossil aus der Zeit der Weltentstehung.

Das Interesse George Gamows und seiner Mitarbeiter Ralph Alpher und Robert Herman galt indessen weniger der Reststrahlung des Urknalls, sie gingen vielmehr der Frage nach, ob in dem heißen Urgas, unter Bedingungen, die dem Inneren massereicher Sterne nicht unähnlich waren, die chemischen Elemente in ihren heute beobachteten Häufigkeiten durch schrittweisen Aufbau aus Protonen und Neutronen entstanden sein könnten. Das betraf eine für unser Naturverständnis ganz fundamentale Thematik, die sich bis dahin jedem Erklärungsversuch verweigert hatte. Allerdings hat sich dann herausgestellt, daß die Kette der Fusionsprozesse nicht allzuweit reicht, sondern nach dem Helium bereits abbrechen muß. Die daran anschließenden Kerne (Atomzahlen 5 bis 8) sind nämlich instabil und zerfallen viel schneller als sie in der explodierenden Feuerkugel bei rapide absinkender Temperatur aufgebaut werden. Über die Isotope des Wasserstoffs, Deuterium und Tritium, sowie des Heliums hinaus können nach heutiger Auffassung im Urknall – Protonen und Neutronen hatten dort allenfalls einige Minuten Gelegenheit intensiv miteinander zu reagieren – nur noch Spuren von Lithium entstanden sein. Für die höheren Elemente ist das Innere entwickelter Sterne der bessere Brutplatz (siehe Kap. 6).

Auch wenn sich die Hoffnungen von Gamow und Kollegen in dieser Hinsicht nicht ganz erfüllten, so führten ihre Arbeiten doch auf eine wichtige Spur und wirken noch heute fort. Sie machten nicht nur einsichtig, warum das Häufigkeitsverhältnis von Wasserstoff zu Helium überall im Kosmos praktisch dasselbe ist, darüber hinaus öffneten sie die Augen dafür, daß den beobachteten Häufigkeiten der leichten Elemente und ihrer Isotope Informationen über die Umstände ihrer Entstehung und den physikalischen Zustand des Feuerballstadiums eingeprägt sind. Zusammen mit der 3-Grad-Strahlung sind sie Zeugen des Anfangs.

Ein Modell des Weltbeginns resultiert aus der oben skizzierten Umkehrung der Expansion, aus der gedanklichen Kompression des extrem verdünnten, aus Materie und Strahlung bestehenden Weltsubstrats. Für den von uns beobachteten Zustand des Kosmos ist ein wesentliches Merkmal, daß die mittlere Materiedichte trotz ihres winzigen Betrags die Dichte der Hintergrundstrahlung um das Tausendfache übertrifft.* Man spricht deshalb von einem materiedominierten Kosmos. Modelle der Entwicklung des Weltganzen können nur dann ernstgenommen werden, wenn sie für das heutige Weltalter in diesen Zustand einmünden. In den Frühphasen muß dagegen, unabhängig von den Einzelheiten, die Strahlung dominierend gewesen sein, und zwar weil die Strahlungsdichte mit wachsendem Volumen schneller abnimmt als die Materiedichte. Die Strahlung selbst wird dabei immer röter und »kälter«. Geht man also zurück, dann kommt der Zeitpunkt, zu dem die Strahlung gegenüber der Materie die Vorhand gewinnt, und im Extrem ergibt sich daraus für den Anfang ein reiner Strahlungskosmos.

Die heutigen Vorstellungen über die Stunde Null gehen von dieser Situation aus. Danach herrschte am Anfang eine extrem hohe Temperatur, mehr als 1 Billion Grad, und eine Strahlungsdichte, deren Massenäquivalent weit höher war als die Dichte der Atomkerne. Die Existenz stabiler Teilchen war unter diesen Umständen nicht möglich. Wenn heute überhaupt gewagt wird, über die ersten Mikrosekunden (!) der Welt etwas auszusagen, dann nur deshalb, weil die Hochenergiephysiker das Verhalten der Elementarteilchen unter solch extremen Bedingungen genügend gut zu kennen glauben. Sie stützen sich dabei auf die mit Hilfe der großen Beschleuniger gewonnenen experimentellen Erfahrungen. Im urtümlichen Feuerball müssen zwar ständig Paare von Teilchen und Antiteilchen, der ganze Zoo der materiellen Elementarbausteine, entstanden sein, die aber sofort wieder zerstrahlten und sich in masselose Photonen zurückverwandelten. Dieser Zustand war jedoch nur von kurzer Dauer, innerhalb der ersten 100 Sekunden sackte die Temperatur infolge der rapiden Expansion auf weniger als 1 Milliarde Grad ab. In dieser Phase, so wird heute angenommen, sind die Bausteine der Atomkerne, Protonen und Neutronen, »ausgefroren« und am Leben geblieben.

---

* Die Energiedichte der Strahlung ist dazu mit der Einsteinschen Formel $E = mc^2$ (S. 80) in die äquivalente Massendichte umgerechnet.

Es scheint dabei zu einer vorerst noch nicht ganz durchschauten Asymmetrie gekommen zu sein, mit leichten Nachteilen für die Antimaterie: Auf etwa 1 Milliarde Proton-Antiproton-Paare, die sich wieder zu Strahlung auflösten, muß 1 Proton übriggeblieben sein, das sich in die folgende Ära niederer Temperatur hinüberretten und dort der reduzierten Energiedichte wegen der Vernichtung entgehen konnte. Hätte es diese winzige Ungleichheit nicht gegeben, dann wäre überhaupt keine Materie in die Welt gekommen, diese wäre für immer eine Strahlungswelt geblieben. Die Physiker haben heute durchaus die Hoffnung, im Rahmen einer »Grand Unified Theory« (GUT), mit der die vier bekannten Grundkräfte auf eine einzige zurückgeführt werden sollen, diese für unsere Existenz ausschlaggebende Asymmetrie zu verstehen.

In jenen ersten Minuten hatten die Protonen und Neutronen die Chance, zu verschmelzen und die Kerne der leichteren Elemente zu bilden. Das ist die schon von Gamow ins Auge gefaßte Periode, deren physikalische Umstände sich klar eingrenzen lassen. Wesentlicher Anhaltspunkt sind die durch Beobachtungen relativ gut bekannten Häufigkeiten der leichten Elemente einschließlich ihrer verschiedenen Isotope. Ein wichtiger Baustein, der für die weiteren Schritte gebraucht wird, ist der aus einem Proton und einem Neutron bestehende Kern des schweren Wasserstoffs, des Deuteriums. Sinkt die Temperatur merklich unter 1 Milliarde Grad, dann entsteht dieser zu selten, bei zehnmal höherer Temperatur wird er wieder zu schnell zerstört. Ähnlich kritisch ist es mit dem aus zwei Protonen und einem Neutron gebauten Heliumisotop, über das die Fusionskette zum normalen Helium läuft, der Endstation für die meisten Neutronen. Schließlich sollten etwa drei Viertel der vorhandenen Masse für den Wasserstoff übrigbleiben und ein Viertel in den anderen leichten Kernen aufgehen, das lehren die empirischen Häufigkeitsverhältnisse. Ein Modell der ersten Minuten muß diesen und anderen Kriterien gerecht werden, nur dann kann es Glaubwürdigkeit beanspruchen.

Auf die Phase der schweren Teilchen folgt die der leichten. Im Prinzip wiederholt sich dasselbe Spiel auf der nächsttieferen Temperaturstufe. Dem schnellen Wandel von Strahlung in Elektron-Positron-Paare und umgekehrt entziehen sich Elektronen negativer Ladung und frieren aus. Bei anhaltender Expansion nähern sich jetzt aus dem oben genannten Grund Materiedichte und Strahlungsdichte immer stärker einander an. Die Photonen des Strahlungsfeldes treffen häufig auf freie Elektronen und werden von diesen in der Ausbreitung behindert, andererseits sind die materiellen Teilchen dem hohen Druck der Strahlung ausgesetzt. Wegen dieser engen Wechselwirkung entspricht die Verteilung der Photonenenergie einer Planckschen Strahlungskurve derselben Temperatur, wie sie auch für das heiße Teilchengas gilt. Dieses Stadium thermischen Gleichgewichts hält relativ lange an, bis die Weltuhr auf mehr als 100000 Jahre vorgerückt ist. Dann aber kommt es zu einem entscheidenden Ereignis!

Materie und Strahlung hatten sich mittlerweile soweit verdünnt, daß die Gasdichte etwa der in den dichteren galaktischen Nebeln entsprach, rund 1000 Atomen/cm^3. Die Temperatur der schon stark abgekühlten Welt hatte die 10000-Grad-Marke unterschritten. Die Strahlung war jetzt nicht mehr energiereich genug, um die Elektronen davon abzuhalten, sich an die Protonen zu binden und stabile Wasserstoffatome zu bilden. Damit war aber das wesentliche Hindernis aus dem Weg geräumt: Das vorher undurchsichtige Plasma aus positiv geladenen Kernteilchen und negativen Elektronen wurde durchsichtig. Die Strahlung war ab jetzt von der Materie entkoppelt und breitete sich unbehindert aus. Seit diesem Zeitpunkt kann man von der kosmischen Hintergrundstrahlung sprechen. Ihr weiteres Schicksal ist allein durch die Expansion des Raumes bestimmt. Ihr Charakter als Plancksche Strahlung bleibt davon unbehelligt, nur ihre Temperatur nimmt mit wachsender Raumausdehnung ab, und zwar wie der Kehrwert des Skalenfaktors R(t). Seit ihrem letzten Kontakt mit der Materie ist sie von 3000 auf 3 Grad Kelvin abgekühlt.

Aus diesen beiden Zahlen folgt unmittelbar, daß die Welt zu jener Zeit, als Strahlung und Materie sich endgültig trennten, etwa tausendmal kleiner war verglichen mit heute, denn die Faktoren R von jetzt und damals stehen im gleichen Verhältnis zueinander. Präzise ist gemeint: Die gegenseitigen Abstände machen zu jener Zeit nur 1/1000 der jetzigen aus – eine zweifellos recht anschauliche Aussage. In einer Friedmannschen Welt steht der Skalenfaktor R auch zur Rotverschiebung, charakterisiert durch z (Kap. 9), in einfacher Beziehung. Das Verhältnis 1000 in den Distanzen entspricht danach einem z von 999. Die heute beobachtete 3-Grad-Strahlung ist nichts anderes als das enorm weit ins Rot verschobene Licht des Feuerballs aus jener Epoche, als es sich bei 3000 Grad von der Materie abkoppelte. Das Maximum des Planckschen Energiespektrums lag damals bei 1 μm, bis heute ist es zu der tausendmal größeren Wellenlänge von 1 mm verschoben (Abb. 10.4). Wenn wir uns daran erinnern, daß die z-Werte der entferntesten zur Zeit bekannten Quasare kleiner sind als 4.0, dann wird deutlich, wie weit uns die kosmische Hintergrundstrahlung in Vergangenes zurückblicken läßt und wie nahe sie uns an den Ursprung heranführt.

In den fünfziger Jahren ist die Theorie des stationären Universums (Steady State Theory) stark propagiert worden. Sie erweitert das Weltpostulat um die Forderung, der Anblick des Weltalls solle nicht nur für

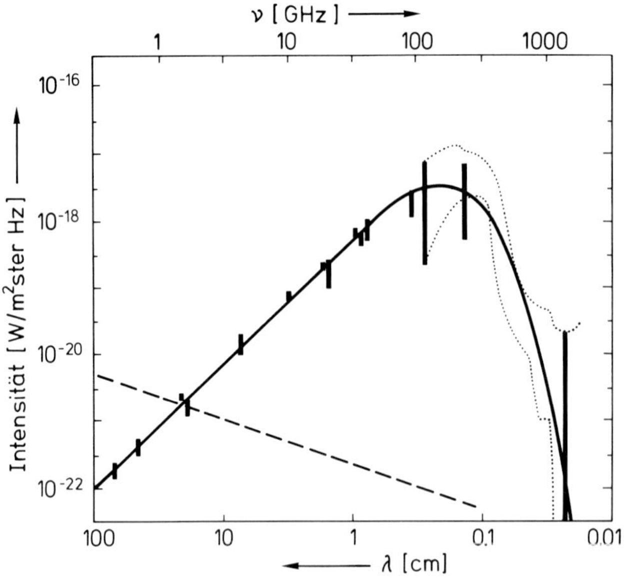

Abb. 10.4: *Energieverteilung der kosmischen Hintergrundstrahlung in Abhängigkeit von der Wellenlänge (untere Skala) beziehungsweise der Frequenz (obere Skala). Die Balken zeigen die einzelnen Meßwerte mit ihren Fehlergrenzen. Im rechten Teil liegen eine Reihe nicht einzeln aufgeführter Messungen innerhalb des punktierten, wegen atmosphärischer Einflüsse relativ breiten Fehlerbandes. Gestrichelt: Radiostrahlung der Milchstraße. Ausgezogen: Plancksche Strahlungskurve für 3 K.*

jeden Standort des Beobachters derselbe sein, sondern auch für jeden Zeitpunkt. Es ist dann ohne Sinn, von einem Weltalter zu sprechen. Um die mittlere Dichte trotz Expansion konstant zu erhalten, war die Annahme nötig, das Weltall werde ständig mit neuer Materie angereichert. Heute ist die Theorie des stationären Universums aus der Diskussion ausgeschieden, sie wird mit dem Phänomen der 3-Grad-Strahlung nicht fertig. Diese ist ein klares Indiz für ein Entwicklungsuniversum, das in seiner Frühphase ganz anders aussah als heute. Sie führt uns konsequent auf einen heißen Anfang der Welt, auf den Feuerball, in dem alle Energie konzentriert war, die es heute im Kosmos und auch auf unserer Erde gibt. Ob wir Kohle oder Öl verbrennen, ob wir Atomenergie nutzen, stets greifen wir letztlich auf das Energiedepot Feuerball zurück.

In der vorhergehenden Skizze der kosmischen Vergangenheit mußten viele Details des heute allgemein akzeptierten Bildes unerwähnt bleiben. Es wäre auch ganz falsch, zu glauben, mit diesem Modell seien alle Rätsel der kosmischen Frühgeschichte gelöst. Zwei Punkte möchte ich noch nachtragen:

Bei den hochenergetischen Reaktionen im Feuerballstadium sollten auch in großer Zahl Neutrinos entstanden sein, die heute das Universum erfüllen. Wie schwierig sie nachzuweisen sind, sehen wir an den in Kapitel 4 erörterten solaren Neutrinos. Dort ist auch die Rede davon, daß sie vielleicht, entgegen der bisherigen Annahme, nicht völlig masselos sind. Für das Weltganze hätte das im wahrsten Sinn des Wortes schwerwiegende Konsequenzen. Dann nämlich könnte der größere Teil der kosmischen Masse in den Neutrinos stecken und die uns jetzt bekannte Materie der leuchtenden Galaxien und Sterne wäre nur die weniger wichtige Garnierung. Gegenwärtig ist es allerdings keineswegs klar, trotz einschlägiger experimenteller Anstrengungen, ob die Neutrinos Masse besitzen und schon gar nicht, welche.

Ein anderer dunkler Punkt hängt mit der hochgradigen Isotropie zusammen, die nicht allein bei der 3-Grad-Strahlung beobachtet wird. Sie wäre verständlich, wenn alle Teile des Weltalls früher kausalen Kontakt miteinander gehabt hätten und das Weltsubstrat dadurch ideal homogenisiert worden wäre. Wie wir vorher gesehen haben, war die Welt zu der Zeit, als sich Strahlung und Materie trennten, im Vergleich zu heute zwar merklich kleiner, jedoch keinesfalls punktähnlich. Da sich physikalische Wirkungen mit endlicher Geschwindigkeit und allenfalls so schnell wie das Licht fortpflanzen, ist es schwer vorstellbar, daß in dem rapide expandierenden Medium alle Ungleichheiten vollkommen ausgebügelt werden konnten. Wie aber kommt es dann, daß wir aus Teilen des Universums, zwischen denen es keine Wechselwirkung gegeben haben kann, genau dieselbe Hintergrundstrahlung empfangen? Von dem gegenwärtig diskutierten »Inflationären Universum« erhofft man sich die Lösung dieses Problems. Zwangsläufig muß auf ganz klein dimensionierte Bereiche zurückgegangen werden, noch näher am Zeitpunkt Null als alles bisher Erwähnte, aus denen heraus durch »inflationäres« Anwachsen der Kosmos entstanden sein soll. Diese Überlegungen von stark spekulativem Charakter stehen in engem Zusammenhang mit der Suche nach der vorher kurz erwähnten »Einheitlichen Feldtheorie« (GUT). Ob sie den Weltanfang besser zu durchleuchten helfen, muß sich erst noch herausstellen.

Und was war davor? – Diese Frage liegt einem schon lange auf der Zunge. Wissenschaftler reagieren darauf gern mit dem Hinweis, es sei ohne Sinn, so zu fragen. Ein Vorher habe es nicht gegeben, denn Raum und Zeit seien erst zusammen mit der Welt entstanden. Diese Antwort ist wenig befriedigend, sie wird geradezu als Ausrede empfunden, wohl auch deshalb, weil die Welt ja nicht leise und verstohlen auf den Plan trat, sondern mit einem energischen Paukenschlag begann. Ex nihilo nihil: aus nichts kommt nichts – soll das beim Urknall anders gewesen sein? Walter Bargatzky, der frühere

Staatssekretär und Präsident des Deutschen Roten Kreuzes, ein bestens informierter Außenseiter, bringt zum Beispiel dieses Unbehagen in seinem Buch »Das Universum lebt« (1978) klar zum Ausdruck. Er bewundert den Optimismus, mit dem die Fachleute glauben, die Ereignisse bis zum Punkt Null lückenlos rekonstruieren zu können und dann der strengen Kausalität ab dem Urknall die Akausalität des Davor gegenüberstellen.

Abgesehen von der durchaus berechtigten Frage, ob ein kosmologisches Modell bei der Extrapolation auf die Extreme der ersten Sekunden sich noch auf sicherem physikalischen Terrain bewegt, besteht die folgende prinzipielle Schwierigkeit: Eine seriöse Aussage muß sich auf feststellbare Fakten stützen, das ist wissenschaftliches Prinzip: Von der Empirie zur Theorie! Deshalb war die Entdeckung der kosmischen Hintergrundstrahlung so bedeutsam. Das Feuerballstadium hat aber die Eigenschaft, alle Spuren seiner vorausgegangenen Geschichte, sofern es eine solche gab, zu zerstören und auszulöschen. Wir können deshalb nicht auf Fossilien hoffen aus Schichten vor der Weltentstehung. Eine undurchdringliche Wand scheint hier die Grenze unseres Erkenntnisvermögens zu markieren. Wir dürfen darüber spekulieren, was dahinter war, wir dürfen glauben, wir können aber nicht an Erfahrung prüfen.

Entstehung und Entwicklung der Galaxien

Wie vorher erläutert, stammt die Hintergrundstrahlung aus einer Epoche, als die Welt wenige 100000 Jahre alt war, ihre Rotverschiebung entspricht einem z von etwa 1000. Zu jener Zeit dürfte es noch keine Galaxien gegeben haben. Sie müssen ja durch die Zusammenballung von Materie entstanden sein, gegen starke Klumpungen des Weltsubstrats in einem sehr frühen Stadium spricht aber die Isotropie der 3-Grad-Strahlung. Die entferntesten Quasargalaxien sehen wir hingegen mit z-Werten nahe 4, zur Stunde ihrer Geburt muß z also größer gewesen sein. Das weite Loch zwischen $z = 4$ und 1000, das allem Anschein nach die Ära der Galaxienbildung umschließt, hat sich bisher der unmittelbaren Beobachtung verweigert. Wir gehen indessen kaum fehl, wenn wir annehmen, die Galaxien, mindestens eine erste Generation, wären im Weltalter von etwa 1 Milliarde Jahre in der Entstehung begriffen gewesen.

Im Grundsätzlichen begegnet man bei der Galaxienbildung ähnlichen Problemen wie bei der Sternentstehung. Aus einem weitverbreiteten dünnen Medium sollen sich Einheiten großer Masse absondern, verdichten und durch die eigene Schwerkraft binden. Im Weltsubstrat ist mit zufälligen

Schwankungen der Dichte zu rechnen, mit lokalen Verstärkungen, die aus der Umgebung weitere Materie an sich ziehen und so die Konzentration zu einer Galaxie einleiten können. Wie bei den Sternen wird also von einer Gravitationsinstabilität ausgegangen, die wie dort dem Jeansschen Kriterium (S. 90) gerecht werden muß, wenn aus ihr etwas Dauerhaftes entstehen soll. Bei den Galaxien kommt allerdings ein weiterer Faktor ins Spiel: Die allgemeine Expansion wirkt der Zusammenballung entgegen und muß durch die Schwerkraft zusätzlich überwunden werden. Konkret stellt sich heraus, daß unter den damaligen Bedingungen eine stabile Konzentration dann zu erwarten ist, wenn eine solche Störung des Weltsubstrats mindestens 1 Million Sonnenmassen erfaßt, das heißt etwa die Masse eines großen Kugelsternhaufens. Dann ist mit Absonderung und weiterer Verdichtung zu rechnen.

Der Vorgang der Galaxienbildung ist im einzelnen noch wenig geklärt. Gegenwärtig geht es unter anderem darum, wie die übergeordneten Strukturen einzuordnen sind. Haben sich die einzelnen Galaxien zuerst gebildet und danach infolge ihrer gegenseitigen Anziehung in Haufen und Superhaufen versammelt? Oder sind die Überstrukturen das Primäre, die noch erhaltenen Spuren großräumiger Schwankungen des Ausgangsmediums, in denen die Galaxien als Sekundärprodukte auskondensieren? Für die erste Alternative sprechen Simulationsrechnungen, die das zeitliche Verhalten eines großen Galaxienverbandes auf dem Computer nachvollziehen. Studien dieser Art werden heute an mehreren Stellen ausgeführt. Die Abbildung 10.5 enthält Ergebnisse einer Gruppe um S. J. Aarseth von der Cambridge University/England, die das Schicksal von 4000 Galaxien unter dem Einfluß ihrer gegenseitigen Schwereanziehung über 17 Milliarden Jahre hinweg verfolgt hat. Der Radius der die Galaxien umschließenden Kugel beträgt 150 Millionen Lichtjahre für die Gegenwart ($z = 0$). In der Figur ist er auch für die frühere Epoche ($z = 14$) gleich groß gezeichnet, bei den Rechnungen hingegen ist der Einfluß der allgemeinen Expansion selbstverständlich berücksichtigt. Aus einer statistischen Verteilung ohne auffällige Klumpen in der Vergangenheit resultiert für die Gegenwart ein Bild, das den am Himmel beobachteten Konstellationen verblüffend ähnlich ist. Neben dichten Haufen sind lockere Gruppen wie auch größere, von Galaxien gesäuberte Löcher zu sehen. Die Gruppenbildung wird entscheidend gefördert durch ihre selbstverstärkende Wirkung: Ist erst einmal eine kleine Konzentration entstanden, dann hat sie gute Chancen, weitere Mitglieder zu gewinnen und an sich zu binden.

Während dieses Konzept davon ausgeht, die Galaxien seien mehr oder weniger unabhängig voneinander entstanden und als erstes da, nimmt die

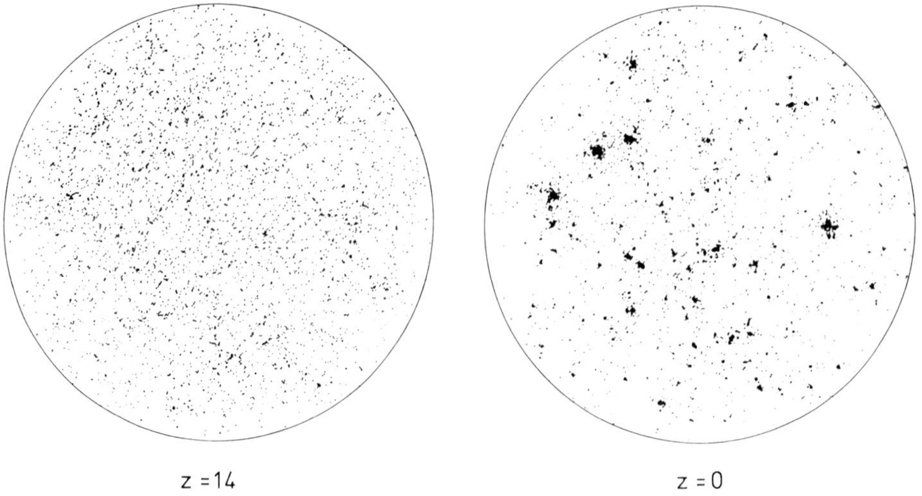

Abb. 10.5: *4000 Galaxien unter dem Einfluß ihrer gegenseitigen Schwereanziehung für z – 14 und z = 0 (Gegenwart) nach Rechnungen von S. J. Aarseth et al.*

Moskauer Schule um R. A. Syunyaev und Y. B. Zeldovich großräumige Dichteschwankungen in einem sehr frühen Stadium des expandierenden Universums an. Um der Auflösung zu entgehen, sollten sie die Masse eines ganzen Superhaufens umfassen. Eine solche Fluktuation wird ihrer großen Ausdehnung wegen kaum kugelförmig sein und sich deshalb nicht in allen Richtungen gleichmäßig zusammenziehen. Die sowjetischen Wissenschaftler erwarten flache pfannkuchenartige Wolken, in denen die Galaxienhaufen und die einzelnen Galaxien als Untereinheiten auskondensieren. Dabei könnten auch Zusammenstöße zwischen verschiedenen »Pfannkuchen« eine auslösende Rolle spielen. Die Theorie zielt vor allem darauf ab, die mit ihren Knoten und Löchern an ein Gewebe erinnernde Struktur der großräumigen Galaxienverteilung (siehe Kap. 9), die als originäres Merkmal gewertet wird, zu reproduzieren.

Die Entstehung der Einzelgalaxie wird so beginnen: Entweder schließt sich eine Reihe der vorher erwähnten kleineren Zellen von der Masse eines Kugelhaufens zusammen oder eine Wolke mit der Masse einer Galaxie koppelt sich als Ganzes vom übrigen Medium ab. Der Kollaps zur fertigen Galaxie braucht dann seine Zeit. Eine enorme Materiemenge aus einem vielfach größeren Volumen als das endgültige System ist zusammenzuholen und zu komprimieren. Die typische Zeitskala dieses Vorgangs dürfte 1 Milliarde Jahre sein. Im Kollaps muß die Protogalaxie danach in Bruchstücke aufspalten, sicher in mehreren Schritten, um schließlich Sterne zu bilden. Wie sich das in etwa abspielen könnte, geht aus den am Milchstraßensystem gewonnenen Einsichten in die Besonderheiten der verschiedenen Sterngenerationen hervor (siehe Kap. 2, letzter Abschnitt).

Unser Sternsystem ist eine platte Scheibengalaxie mit Spiralstruktur. Die elliptischen Galaxien, unter denen sogar die Kugelform vorkommt, sind dagegen im Aufbau viel weniger von der Rotation des Gesamtsystems geprägt. Ähnlich wie im Halo der Milchstraße laufen ihre Sterne ungeordnet in allen Richtungen um das Zentrum, im Gegensatz zu den geordneten Kreisbahnen innerhalb einer flachen Scheibe. Daraus ist zu schließen, daß die elliptischen Systeme aus Wolken ohne großen Drall hervorgegangen sind und ihre internen Bewegungen in erster Linie aus dem freien Fall zur Mitte hin resultieren.

Der andere auffällige Unterschied zu den Spiralsystemen ist der geringe Gehalt an interstellarer Materie. In den elliptischen Galaxien wurde offenbar das ursprünglich vorhandene Gas fast vollständig in Sterne umgesetzt und das Stadium der Sternbildung relativ schnell durchlaufen. Die Sterne fliegen durch das System, ohne sich zu stoßen, es kam deshalb zu keiner größeren Umordnung im Inneren. Die Galaxie behielt mehr oder weniger die ursprüngliche Gestalt ihrer Mutterwolke bei.

In den Spiralsystemen, wie in den irregulären, entstehen dagegen nach wie vor Sterne aus diffus verteilter Materie, wenn auch sicher weniger intensiv als am Anfang. Die Spiralarme sind überhaupt primär ein Phänomen der interstellaren Materie und nicht, wie lange Zeit geglaubt wurde, der Ausdruck großer Unterschiede der Sterndichte in den Armen und dazwischen. Die Aufnahmen von Galaxien rufen in dieser Hinsicht leicht falsche Eindrücke hervor, weil früher vorwiegend blauempfindliche Photoplatten benützt wurden. Die Spiralarme kontrastieren aber gerade durch die jungen blauen Sterne hoher Leuchtkraft gegen den relativ roten Sternuntergrund des Galaxienkörpers. Sie haben eher den Charakter einer Garnierung, die zur Masse des Kuchens wenig beiträgt.

Nach heutiger Auffassung gehen die Spiralarme auf eine die Scheibe durchlaufende Dichtewelle zurück, die vor allem das interstellare Medium längs des Wellenkamms verdichtet und im Wellental entsprechend verdünnt. Sie bewegt sich als starres spiralförmiges Muster relativ zur Scheibe, nimmt also nicht an der differentiellen Rotation teil und erfaßt dadurch fortlaufend andere Teile des Systems. Durch die erhöhte Konzentration von Gas und Staub im Wellenkamm wird die Neigung zur Sternbildung gefördert. Mit diesem kurzen Hinweis auf einen komplexen und auch nicht restlos geklärten Sachverhalt will ich mich hier begnügen.

Noch ein Wort zu den aktiven Galaxien. Über viele Jahre haben die Radioastronomen mit umfangreichen Meßprogrammen die räumliche Verteilung der Radiogalaxien untersucht. Zunächst standen dabei kosmologische Fragen im Vordergrund. Nimmt man an, die Objekte seien gleichmäßig im Weltall verteilt und alle hätten dieselbe Radioleuchtkraft, dann muß die Zahl der Quellen innerhalb eines bestimmten Himmelsfeldes mit abnehmender Stärke nach einer einfachen Relation anwachsen, weil die schwächeren Quellen weiter weg sind und das erfaßte Raumvolumen dadurch größer ist. Diese Quellenstatistik ist aber vom Weltmodell abhängig: In großen Distanzen wirken sich die Expansion und Abweichungen von der euklidischen Geometrie auf die Volumeninhalte und damit auf die Zahl der registrierten Quellen aus. Bereits Hubble hatte versucht, aus den Zahlen schwacher Galaxien etwas über die Raumstruktur zu erfahren. Bessere Chancen durfte man sich von den Radiogalaxien erhoffen wegen ihrer weit größeren Entfernungen.

Die Durchmusterungen, für die auch das 100-m-Radioteleskop in Effelsberg eingesetzt wurde, zeigten jedoch etwas ganz anderes. Die Zahl steigt zunächst viel stärker an als es irgendein Weltmodell vorhersagt, um bei den ganz schwachen Quellen wieder abzufallen, ebenso entgegen jeglicher Erwartung. Die Verteilung im Raum ist offensichtlich alles andere als gleichmäßig, sondern vielmehr so zu verstehen: In den großen Distanzen sehen wir die Galaxien in einem jüngeren Stadium, näher an der Stunde ihrer Entstehung. Die Energieausbrüche der aktiven Galaxien scheinen vor allem ein Phänomen der Jugendphase von begrenzter Dauer zu sein. Ganz weit zurück findet man wieder weniger Quellen, weil das aktive Stadium noch nicht begonnen hat, oder weil es überhaupt weniger Galaxien gibt.

In dieselbe Richtung weisen die Radialgeschwindigkeiten der Quasare. Sie häufen sich mit einer ausgeprägten Spitze um $z = 2$, während zu größeren Werten hin die Zahl der bekannten Objekte stark ausgedünnt ist. Ob bei dieser abrupten Abnahme methodisch bedingte Auswahleffekte mitspielen, kann gegenwärtig nicht mit letzter Sicherheit ausgeschlossen werden. Hier Klarheit zu schaffen, ist eine wichtige Aufgabe der näheren Zukunft, die allerdings den Einsatz der leistungsfähigsten optischen Instrumente, wie den des 3.5-m-Teleskops auf dem Calar Alto, erfordert. Eines aber geht aus den vorliegenden Daten schon jetzt überzeugend hervor: Quasare sind in großen Entfernungen weit häufiger als in unserer extragalaktischen Nachbarschaft, in der $z = 2$ entsprechenden Distanz ist ihre Raumdichte etwa tausendfach höher als in unserer Nähe. Daraus ist derselbe Schluß zu ziehen wie aus der Statistik der Radioquellen: Die enorme Energieabstrahlung der Quasare dürfte eine Art Pubertätserscheinung der betreffenden

Galaxien sein, die erst *nach* der Geburt einsetzt und mit dem Alter relativ rasch abklingt. Das eigentliche Quasarstadium hält vielleicht 10 bis 100 Millionen Jahre an. Danach ist die Aktivität des Galaxienkerns aber vermutlich nicht vollständig erloschen. Selbst bei normalen Galaxien, wie dem Milchstraßensystem und dem Andromedanebel, scheint es noch Spuren davon zu geben.

Mensch im Kosmos

Vorher kam mehrmals die beobachtete Isotropie des Universums zur Sprache als eine wichtige und nicht ohne weiteres zu deutende Information über frühe Zustände. Die gründliche Durchleuchtung dieses Themas führte die beiden Theoretiker Berry Collins und Stephen Hawking aus Cambridge 1973 zu recht merkwürdigen Resultaten. Sie stießen einmal darauf, daß die Friedmannschen Weltmodelle im allgemeinen dazu tendieren, im zeitlichen Ablauf anisotrop zu werden und nur unter ganz speziellen Startbedingungen auf Dauer in der Nähe der Isotropie bleiben. Zum anderen fanden sie, daß auch die Galaxienbildung mit allem, was sich daran anschließt, einschränkenden Voraussetzungen unterliegt. Wenn das Weltsubstrat zu schnell expandiert, nach den Modellen mit sehr kleinem Verzögerungsparameter q_0, dann hat die Materie keine Chance, sich in Galaxien zusammenzuballen. Eine geschlossene, oszillierende Welt mit Expansion und anschließender Kontraktion andererseits neigt zu sehr zur Anisotropie und wird deshalb der Wirklichkeit nicht gerecht. Überdies reicht die Zeit nicht aus, um hochorganisierte Lebensformen zu entwikkeln. Collins und Hawking kommen zu dem Schluß, in dem weiten Spektrum möglicher Modelle stelle die von uns beobachtete und erlebte Welt einen höchst unwahrscheinlichen Ausnahmefall dar. Sie gehen so weit, zu sagen: »Das Weltall ist isotrop, weil es uns gibt!«

Dieses »anthropische Prinzip« ist in den letzten Jahren von einzelnen Autoren noch verschärft worden. Dazu werden Argumente folgender Art angeführt: Wären die Naturgesetze oder fundamentale Naturkonstanten, wie die Gravitationskonstante, nur geringfügig anders, dann hätte sich eine Welt entwickelt, ohne intelligente Beobachter hervorzubringen. Es wird damit eine vom Ziel bestimmte Evolution unterstellt, die schon in ihren Anfängen auf uns als Zweck angelegt war. Dies erinnert an Auseinandersetzungen in der Biologie, als es vor Jahrzehnten darum ging, ob das Leben auf physikalisch-chemische Kräfte und Gesetze zurückzuführen sei oder »Entelechien«, eine teleologische *Vis Vitalis*, dahinter stünden. Für mich ist das anthropische Prinzip, insbesondere in seiner erweiterten Form, mehr oder weniger die Rückkehr zu dem an früherer Stelle zitierten »sehr alten Kardinal« von Bertolt Brecht (S. 16), ein neuer Schwenk zum Menschen als Mittel und Zweck der Welt.

Damit sollen nicht etwa die Collins-Hawkingschen Einsichten in Frage gestellt werden, es geht um deren Interpretation. Otto Heckmann, ehemals Leiter der Hamburger Sternwarte und erster Direktor des European Southern Observatory (ESO) von 1962 bis 1969, dem die Kosmologie wichtige Beiträge verdankt, bezieht in seinen Lebenserinnerungen »Sterne Kosmos Weltmodelle« die sicher angemessenere und weit nüchternere Position: »Unsere wirkliche Welt ist höchst unwahrscheinlich. Die gleiche unwahrscheinliche Welt enthält die notwendigen Voraussetzungen für unsere eigene Existenz.«

Der Mensch tritt in der kosmischen Entwicklung erst sehr spät in Erscheinung. Das macht folgender öfters benutzte Vergleich deutlich. Wir bilden dazu die 4.6 Milliarden Jahre der Geschichte unseres Sonnensystems auf den Zeitraum eines Jahres ab, so daß die Entstehungsphase auf den Jahresbeginn, die Gegenwart auf das Jahresende fallen. Im Universum sind nach diesem Zeitmaß schon fast vier Jahre vergangen, bis das Sonnensystem geboren wird. Die ältesten Lebensspuren auf der Erde stammen dann zwar bereits vom Februar oder März unseres Modelljahres, die ersten Vorläufer des *Homo sapiens,* der Peking-Mensch zum Beispiel, treten jedoch erst am 31. Dezember gegen 23 Uhr auf. Und die heutigen Menschenrassen, die sich in der letzten Eiszeit bildeten, 5 Minuten vor Jahresende! Die Entfaltung des Lebens von den ersten Anfängen bis zu den hochorganisierten Arten wie Säugetiere und Mensch erstreckte sich über mehrere Jahrmilliarden.

Nach Meinung vieler Astronomen ist die Annahme keinesfalls abwegig, anderswo im Kosmos seien ähnliche Entwicklungen abgelaufen oder im Gange. Sie wehren sich fast instinktiv dagegen, der Erde mit ihren Organismen den Charakter des Bevorzugten und Singulären zuzuschreiben. Aus der Geschichte ihrer Wissenschaft haben sie gelernt, in dieser Hinsicht dem »Prinzip der Durchschnittlichkeit« zu huldigen. Überdies gibt es eine Reihe von Hinweisen, die dafür zu sprechen scheinen, daß die Bedingungen, die zur Entstehung irdischen Lebens und zur Entwicklung komplexer biologischer Formen führten, allein schon im Milchstraßensystem vielfach verwirklicht sind.

Zahllose Sterne unserer Galaxis sind in ihren physikalischen Eigenschaften sonnenähnlich, und auch an erdähnlichen Planeten dürfte es nicht fehlen. Heute ist es in der Tat keine gewagte Hypothese mehr, Sterne mit planetarischen Begleitern als ein gängiges und häufig vertretenes Phänomen zu betrachten. Schon die in Kapitel 3 besprochene Theorie der Sternentstehung, wie die dort erwähnten, bei jungen Objekten entdeckten Staubscheiben legen das nahe. Mit dem IRAS-Satelliten sind solche ausgedehnten, im Infrarot leuchtenden Staubgürtel auch als Anhängsel älterer Sterne, zum Beispiel bei Wega, dem hellsten Stern in der Leier, gefunden worden. Vielleicht wird es mit dem Space-Teleskop (S. 245) sogar möglich, die sicherlich sehr lichtschwachen Planeten anderer Sterne im Optischen direkt zu sehen. Im Infraroten sind die Chancen dafür weit günstiger, weil der Helligkeitskontrast zwischen der heißen Zentralsonne und einem kalten Planeten dort geringer ist. Amerikanische Astronomen haben kürzlich berichtet, auf diesem Wege den jupiterähnlichen Begleiter eines sonnennahen Sterns identifiziert zu haben.

Schon seit langem wird versucht, bei uns benachbarten Sternen aus winzigen periodischen Schwankungen ihrer Position auf die Existenz unsichtbarer Begleiter zu schließen. Es ist dieselbe Methode, mit der Bessel einen Weißen Zwerg als Doppelsternpartner von Sirius erkannte (S. 212). Umfangreiche Messungen dieser Art, die außerordentlich genau

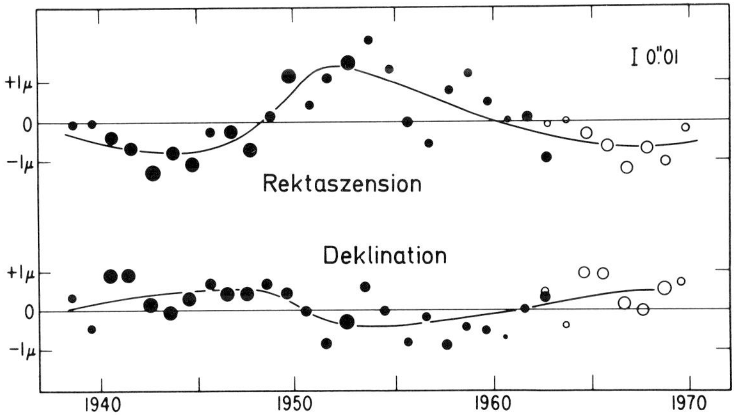

Abb. 10.6: *Periodische Positionsschwankungen des Barnardschen Sterns in den beiden Koordinaten Rektaszension und Deklination über 30 Jahre nach Messungen von P. van de Kamp. Die vertikale Marke entspricht 0.01 Bogensekunden. Der unsichtbare Begleiter umkreist den Stern einmal in 25 Jahren, seine Masse ist nicht ganz das Doppelte der des Jupiters. Dieses System gehört mit 6 Lichtjahren Entfernung zu den uns am nächsten stehenden Sternen.*

sein müssen und die Grenze des Möglichen streifen, sind über Jahrzehnte hinweg von Peter van de Kamp am Sproul Observatory/USA gemacht worden. Er glaubt, in etwa 20 Fällen den Schwereeinfluß von Begleitern zu sehen, für 4 kommt er auf planetenähnliche Massen. Das Beispiel des Barnardschen Sterns zeigt Abbildung 10.6.

Aber Planet heißt noch lange nicht Leben. Dafür ist unser eigenes System der beste Beweis. Selbst auf dem Mars, dem der Erde ähnlichsten Planeten des Sonnensystems, konnten die beiden an zwei verschiedenen Landeplätzen stationierten Viking-Sonden keinerlei Lebensspuren finden. Es kann nicht den geringsten Zweifel daran geben, daß es zu Lebensformen nur unter sehr speziellen Umweltvoraussetzungen kommen kann. Wie oft solche etwa im Milchstraßensystem gegeben sind, läßt sich allenfalls grob abschätzen. Aus astronomischer Sicht ist aber zu erwarten, daß bei den ungeheuer vielen Realisierungschancen – wie wir wissen, geht die Zahl der galaktischen Sterne in die 100 Milliarden – selbst bei sehr geringer Wahrscheinlichkeit Leben sich trotzdem vielerorts entfalten sollte.

Der Optimismus der Astronomen wird bestärkt durch die im Weltraum existierenden zahlreichen Molekülsorten, die aus dem Labor als die Grundstoffe organischer Materie bekannt sind (Kap. 3). Sodann muß auf die in kohligen Chondriten, kohlenstoffreichen Meteoriten, entdeckte Vielfalt organischer Moleküle hingewiesen werden. Nicht zuletzt sind dort Aminosäuren und Basen von Nukleinsäuren gefunden worden, darunter solche, die auf der Erde gar nicht vorkommen. Sie können also nicht auf irdische Verschmutzung der Meteorite zurückgehen. Das sind natürlich alles noch lange keine Lebewesen. Unter dem Eindruck dieser Fakten geht die Meinung aber heute doch dahin, daß die Bausteine lebender Substanzen sich offenbar viel leichter zusammenschließen als man bisher glaubte, selbst unter unwirtlichen Weltraumbedingungen. Deshalb liegt es nahe, Leben überall dort zu erwarten, wo die äußeren Umstände günstig sind und das für genügend lange Zeiten. Wenn die Astronomen dieses glauben, dann auch deshalb, weil sie auf die von Manfred Eigen am Max-Planck-Institut für biophysikalische Chemie in Göttingen erforschte Selbstorganisation der Materie zu höheren Formen bauen.

Viele Biologen jedoch sehen das ganz anders. Sie wissen, daß die Entwicklung zu einem lebenden Organismus aus einer Vielzahl von Einzelschritten besteht, die alle jeweils auch eine andere Richtung einschlagen könnten. Aus einer fast endlosen Kette wenig wahrscheinlicher Einzelereignisse entstehe am Ende ein komplexes Gebilde, dem aufgrund seiner Vorgeschichte Einmaligkeit zukomme; das gelte insbesondere für hochorganisierte Lebensformen. Der Bonner Evolutionsbiologe Heinrich Erben

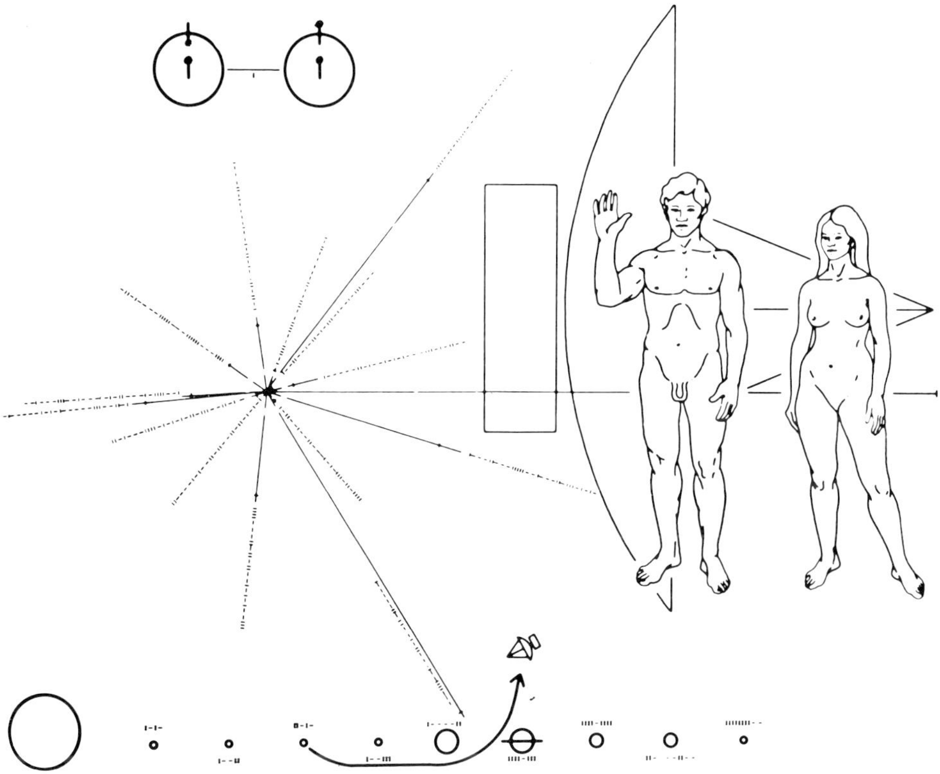

Abb. 10.7: *Visitenkarte der irdischen Zivilisation für außerirdische Adressen. Den Pioneer-Sonden 10 und 11 zum Jupiter wurden 1972 und 1973 vergoldete Aluminiumplatten mitgegeben, deren Oberflächen diese Darstellung trugen. Am unteren Rand schematisch das Sonnensystem mit der Bahn der Sonden, die zwischen Jupiter und Saturn unser System verlassen. Die strahlenförmige Figur informiert über unseren Standort im Milchstraßensystem. Die einzelnen Pfeile entsprechen den Richtungen der stärksten Pulsare. Deren Perioden sind im Binär-Code angegeben. Links oben das Symbol für neutrale Wasserstoffatome und den Übergang vom parallelen zum antiparallelen Spinzustand, der für die 21-cm-Linie verantwortlich ist. Im Rücken des Menschenpaares die Konturen der Sonde. Die männliche Gestalt hebt die rechte Hand zu friedlichem Gruß. Sind da noch Mißverständnisse möglich? (NASA-Bild)*

hält es in seinem Buch »Intelligenzen im Kosmos?« (1984) zwar für denkbar, daß im Universum an geeigneten Stellen präbiotische Systeme, vielleicht auch hin und wieder niedere Lebensformen entstanden seien. Die Chancen, daß eine Entwicklung irgendwo außerhalb unserer Erde bis zu intelligenzbegabten Wesen und einer technischen Zivilisation fortschreiten könne, beurteilt er dagegen als praktisch gleich Null. Die Hoffnung auf Tausende und Abertausende von zivilisierten Welten im Kosmos mag zu naiv sein, wenn man aber die Argumente der biologischen Fachkollegen hört, zweifelt man allerdings fast an der eigenen Existenz.

Daß die vorhandenen oder nichtvorhandenen extraterrestrischen Zivilisationen in astronomischen Kreisen ernstgenommen werden, demonstriert die 1982 gegründete Kommission 51 der Internationalen Astronomischen Union mit dem Titel: Suche nach außerirdischem Leben. Eines ihrer Ziele ist, außerirdische Signale im Mikrowellenbereich aufzuspüren, die entweder ausgesendet werden um interstellaren Kontakt aufzunehmen, oder die ungewollt von den dortigen Rundfunksystemen in den Weltraum hinaussickern. Suchprogramme dieser Art sind in den vergangenen Jahren unternommen worden, bislang jeweils mit negativem Ausgang. Es hat auch schon Ansätze gegeben, auf unsere eigene Zivilisation weltweit aufmerksam zu machen, sei es ebenfalls mit Botschaften über Radiosender oder mit Hilfe von Raumsonden, die das Sonnensystem verlassen (Abb. 10.7). Daß es dabei Sprachprobleme von ganz anderen Dimensionen als auf internationalen Konferenzen gibt, versteht sich von selbst. Ein fast unüberwindliches Hindernis für Kontakte und Informationsaustausch sind jedoch die Distanzen. Der Abstand zwischen bewohnten Planeten beträgt mindestens einige 10 Lichtjahre, Nachrichten werden deshalb zwangsläufig Jahrzehnte unterwegs sein. Interstellare Gespräche brauchen einen langen Atem!

Zum Schluß die Apokalypse: Der Mensch als Spätling des Sonnensystems hat in der kosmischen Geschichte keine große Zukunft. Nachdem er erst in den letzten Minuten unseres Modelljahres aufgetaucht ist, wird er vor dem Ende des darauffolgenden wieder verschwinden. Die Sonne wird dann ihre inneren Energiereserven nahezu erschöpft haben und sich zum Roten Riesen aufblähen. Ihre strahlende Oberfläche wird immer größere Teile des Himmels bedecken, und die Erde wird wieder wüst und leer sein.

Leben ist befristet. Auch das gehört zu dem auf den ersten Seiten erwähnten Prozeß der Desillusionierung: die Menschheit eine kosmische Episode! Vergessen wir darüber aber nicht, das Wunder zu bestaunen, daß der Mensch trotz all seiner Kleinheit und Begrenztheit diesen gewaltigen Kosmos zu begreifen vermag.

Sachregister

Aberration 17
Akkretionsscheiben 217–219, 223, 324
»Almagest« 12, 55
Alterskollaps von Sternen 201, 203
Andromedanebel 18, 283
anthropisches Prinzip 345
Astronomische Einheit 129f.
Astronomisches Recheninstitut 62
Astrophysik 31f.
Ausschuß »Großinvestitionen in der Grundlagenforschung« 281

Bedeckungsveränderliche 63f.
Bogensekunde 17
Bonner Durchmusterung 45
Borosilikatglas 234

Calar Alto, Sternwarte 253, 263–268, 272, 279–281
CCD (Charge-Coupled Device) 249–251
Chondrite, kohlige 348
Coudé-Spektrograph 273
Crabnebel 188–194
δ-Cephei-Veränderliche 20, 292–295

Detektor, Quantenausbeute 246f.
Detektoren, lichtelektrische 246f.
Deutsch-Spanisches Astronomisches Zentrum 264, 266
Deutsche Forschungsgemeinschaft 254, 256, 265
Doppelsterne 49, 63f. 195f.
Dopplereffekt 297f.
Drehimpuls, Planetensystem 94
Drehimpulsproblem 92
Dunkelwolken 51, 53
Dunkelwolke L 1551 117f.

Eindeutigkeitssatz 76
Einschlagskrater 138, 173f.
Eisenbarriere 202
Ekliptik 124f.
elektromagnetische Strahlung 24
Elementhäufigkeit 38f., 76, 87, 157f., 334
Energieerzeugung 40f.
Energietransport 74f.
Epizykel 13
Erdatmosphäre 23
Europäische Südsternwarte (ESO) 275, 281
Evolution, kosmische 41, 44
Expansionsgesetze 327f.
extraterrestrische Forschung 28, 349f.

Farbindex 63
Farben-Helligkeits-Diagramm (FH-Diagramm) 65, 70–73
Feuerball 334f.
Fixsterne 55f.
Fokus, Cassegrain 227, 230
–, Coudé 228, 273
–, Primär 227, 230f.
Fundamentalsystem 62
Fusionsreaktor 74

Galaxien 18, 20, 52
–, aktive 308f.
–, Comahaufen 304
–, elliptische 286, 288, 343
–, Entfernungen 291–297
–, Entfernungs-Geschwindigkeitsrelation 301f.
–, Entstehung 340–342
–, Flucht 22, 297–301
–, Haufen 303–308, 341f.
–, Irreguläre 286
–, Jets 312, 319, 324
–, Kannibalismus 322
–, Kollisionen 322f.
–, Kopf-Schwanz- 324
–, Leuchtkräfte 296
–, Lokale Gruppe 303
–, Massen 307
–, M 31 283, 288
–, M 33 285f.
–, M 51 283f., 286
–, M 101 286
–, N- 319
–, NGC 4565 286f.
–, Radiostrahlung 310–314, 344
–, Rotation 59, 61
–, Seyfert- 319
–, Spiral- 283, 286, 343
–, Superhaufen 303–307, 341f.
–, Virgohaufen 304
Gamsberg, Südwestafrika 268, 276–282
Gas, interstellar 26, 51
Gasentartung 203, 211
Gasnebel 51f., 94, 98
–, bipolare 114, 116
–, M 17 109
–, S 106 113–116
–, S 140 110
–, W 3 100, 103, 106, 109, 112
–, W 4 100, 109, 112
–, W 5 100, 109
geozentrisches Weltbild 13f., 23, 123
GIRL (German Infrared Laboratory) 121f.
Glaskeramik 233–237
Grand Unified Theory (GUT) 336, 339
Gravitation 32–34
Gravitationslinse 317
Gravitationsinstabilität 90, 341
Großteleskope 225–229, 238–245

H II-Region 96, 100, 109–113
Hauptreihe, HR-Diagramm 66, 68, 70
Helios-Sonde 176–179, 181, 258
heliozentrisches Weltbild 13f., 23, 123
Helligkeit, absolute 48f.
–, scheinbare 48
Herbig-Haro-Objekte 117–120
Herkules X-1 195–199
–, Röntgenspektrum 197f.
Hertzsprung-Russell-Diagramm (HR-Diagramm) 65–68, 70–73
Himmelsmechanik 33
Himmelsphotographie 51
Hintergrundstrahlung, kosmische 331–333
Hubble-Diagramm 330
Hubblesche Konstante 300f., 325, 329
Hyaden 58, 70

Infrarotquellen 103–106
Infrarotsatelliten 122
Instabilitätskriterium 90
Intelligenzen, extraterrestrische 350
intergalaktische Materie 308, 322, 324
interplanetarer Staub, Größenverteilung 174f.
–, Infrarotstrahlung 182
Io 140, 144

Jupiter, Inneres 144f.
–, Monde 149
–, Roter Fleck 142, 146

Kalenderordnung 11
Keplersche Gesetze 127
Kernfusion 40, 134, 334–338
Kleinplaneten 128, 150f.
Kohlenstoffzyklus 77
Kollaps, Materiewolke 89–93
Komet Halley 152, 154–156
Kometenmodell 152
Kometenwolke 152
Kosmologie, Newtonsche 326f.
–, relativistische 327
Kugelhaufen 73, 84, 342

Lagunennebel 94
Laser 106
La Silla, Chile 275, 277
Leben, extraterrestrisch 348–350
Leuchtkraft 49, 63f.
Lichtjahr 17
Linienspektrum 35, 63

Magellansche Wolken 280, 289–291
Mars, Canyon 141, 143
–, Olympus Mons 140f.
Maserquellen 106f.
Masse-Leuchtkraftbeziehung 68, 79
Max-Planck-Institut für Astronomie 253, 256–258
Messier-Katalog 289
Meteore 174f.
Meteorit Allende 158f.
–, Krähenberg 159
Meteoriten, Alter 156–160, 162f.
–, chemische Analyse 157f., 165
Mikrokrater, lunare 173–175
Milchstraßensystem 18, 20, 45–88
–, Halo 86, 88
–, Masse 61
–, Rotation 59–61
–, Spiralstruktur 82–84
Mittlere Dichte im Weltall 306–308
Moleküle, interstellare 108–112
Multi-Mirror-Teleskop 242–244

Neutrinos, kosmische 339
–, solare 131–133
Neutronenstern 187, 204f.
New General Catalogue (NGC) 289
Nova Delphini 220–223
Novae 187, 218, 295

Orionnebel 96

Palomar Sky Survey 232
Parsec 49
Pekuliarbewegungen 57f.
Perioden-Helligkeits-Beziehung 293
Perioden-Leuchtkraft-Beziehung 294f.
Photoemulsion 246
Planetarische Nebel 213–215
Planeten, Bahnen 129f.
–, Bahnperioden 124f.
–, Dichte 136
–, Durchmesser 129f.
–, erdähnliche 346f.
–, Massen 129f.
–, Rotation 125
–, Schleifenbahn 125–127, 130
–, Temperaturen 146f.
Planetesimals 162
Plejaden 69f.
Positionsastronomie 62
Poynting-Robertson-Effekt 183
Proton-Proton-Reaktion 77
Protosterne 105f.
Pulsare 191f., 194

Quasare 31, 314–321, 340
–, Doppel- 318
–, Helligkeitsvariationen 318
–, radioruhige 314

Radialgeschwindigkeit 56–61
Radioastronomie 25f., 28, 30, 344
Radiointerferometrie 106f.
Reflektoren 226–228
Ringe, planetare 148–150
Ritchey-Chrétien-System 230–234
Roche-Modell 214–217
Röntgenastronomie 28
ROSAT 29, 317
Rosettennebel 96
Rote Riesen 66, 79, 213, 218f.
Rotverschiebung 297–302
RR Lyrae-Sterne 85–87, 294f.

Saturn, Inneres 144f.
–, Ringe 147–150
Schmidt-Spiegel 232, 256, 265
Schwarzes Loch 210, 321
SEC-Vidicon 248
Seeing 259–264
Solarnebel 161f., 164
Solarer Wind 152, 165

Sonnenbewegung 57
Sonnenkorona 166, 169
Space-Teleskop 245
Spanische Kommission für Astronomie 264
Spektralanalyse 35
Spektraltyp 37
Staub, interplanetarer 169, 171f., 174
–, interstellarer 51, 110f.
Staubdetektor 181
Staubhüllen 104–106
Staubscheiben 113–118
Sterne, Alter 79–82, 201
–, Bewegungen 55–58
–, Durchmesser 62
–, Haufen 34, 69, 73
–, Inneres 39f., 43, 73–81
–, Jets 118
–, Massen 34, 66, 130
–, Parallaxe 16f., 46–48
–, Populationen 88, 294
–, Ströme 58
–, Temperatur 38–40, 63, 65
Strahlungsdruck 183
Streufunktion 168, 170f.
Supernovae 187–194
Synchrotronstrahlung 207–209, 320

Tangentialgeschwindigkeit 58
Teleskope, Auflösungsvermögen 238f.
–, Montierung 227, 243f.
–, Spiegel 227–229
Treibhauseffekt 148

Universum, inflationäres 339
–, Isotropie 345
–, stationäres 337
Urknall 334

Venus, Wolken 142
Very Large Array (VLA) 312
Verzögerungsparameter 328f.
Vulkanismus, planetarer 138f.

Wasserstofflinie (21-cm-Linie) 26, 52, 83
Weiße Zwerge 66, 68, 187, 211–213, 218f.
–, Massen 212
Weltalter 325
Weltinseln 20, 308
Weltmodelle 326f.
Weltpostulat 327, 338
Weltraumteleskop, gekühlt 120–122
W-Virginis-Sterne 294

Zerodur 235f.
Zivilisationen, extraterrestrische 350
Zodiakallicht 165–172, 180
Zusatzgeräte 272